R을 이용한 조건부과정분석

| 문건웅 저 |

매개분석, 조절분석 및 조절된 매개분석

Conditional Process Analysis with R

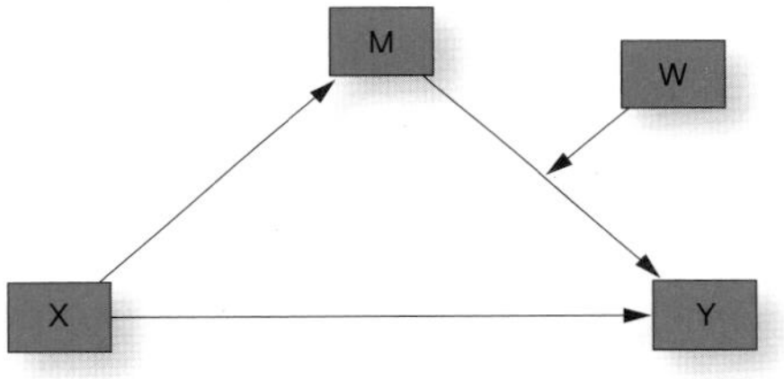

학지사

R을 이용한 조건부과정분석

머리말

이 책은 조건부과정분석을 다룬 책이다. 조건부과정분석은 매개분석과 조절분석을 결합한 분석기법으로 SPSS와 SAS에서는 Andrew Hayes 교수가 개발한 프로세스 마크로(PROCESS macro)가 널리 사용되며 Hayes 교수의 책 『Introduction to mediation, moderation, and conditional process analysis: A regression-based approach』(2nd Ed., Guilford, 2018)은 조건부과정분석의 교과서로 사용되고 있다. 하지만 오픈소스 소프트웨어인 R을 이용하여 조건부과정분석을 할 수 있는 방법은 없었다. 저자는 SPSS 및 프로세스 마크로의 사용 경험은 없으나 다년간의 R 패키지 개발 경험을 바탕으로 R에서 조건부과정분석을 쉽게 할 수 있도록 processR 패키지를 개발하여 CRAN 및 Github을 통해 배포하고 있으며 R을 이용하여 조건부과정분석을 하고자 하는 연구자들을 위하여 이 책을 집필하였다.

SAS 또는 SPSS와 비교하여 R의 장점은 바로 뛰어난 그래프 및 표 기능이라고 할 수 있는데, processR 패키지는 R의 이러한 장점을 이용하여 Hayes 교수의 책에 있는 거의 모든 표와 그림들을 출판 가능한 형태로 만들어 주는 함수들을 포함하였다. 이 책에 있는 모든 그림과 표는 재현 가능한 연구(reproducible research) 방법으로 만들어 R코드와 같이 제공하여 이 책을 읽는 독자가 바로 사용할 수 있도록 하였고, 사용자의 편의를 위해 모든 결과물을 마이크로소프트 워드나 파워포인트 파일 형식으로 바로 제작할 수 있도록 재현 가능한 연구를 부록에 추가하였다. R 패키지 processR은 Andrew Hayes 교수의 프로세스 마크로에서 영감을 받아 제작하였으나 Andrew Hayes 교수는 이 패키지의 개발에 참여하지 않았으며 따라서 이 패키지의 결과를 보장하지 않는다. 이 패키지에서 분석을 할 때에는 전통적인 보통의 최소제곱회귀 및 Yves Rossel이 제작한 lavaan 패키지를 사용한다. 이 책의 내용 중 통계적인 추론 부분은 Andrew Hayes 교수의 책을 참조로 하여 기술하였고 경우에 따라서는 이 책의 내용을 번역하여 기술하였다. 또한 이형권 교수가 번역한 『PROCESS macro를 이용한 매개분석, 조절분석 조절된 매개분석』(신영사, 2015)도 참고로 하였다.

이 패키지는 다른 R 패키지와 마찬가지로 저자 혼자의 힘으로 개발한 것은 아니다. 가장 중요한 자료의 분석에는 Yves Rossel이 제작한 lavaan 패키지를 이용하여 분석하도록 하였으며 개념적 모형과 통계적 모형을 그릴 때에는 Karline Soetaert의 diagram 패키지를 이용하였다. 또한 조건부 효과의 시각화에는 Hadley Wikham의 ggplot2 패키지를 이용하였다. 또한 각종 테이블을 그려 주는 함수에서는 David Gohel의 flextable 패키지를 사용하였고 MS 워드 및 파워포인트 출력 부분 또한 David Gohel의 officer 패키지를 이용하였다. 저자가 조건부과정분석에 관심을 갖고 processR 패키지를 개발할 수 있도록 동기부여를 해 준 홍석영 박사님께 깊은 감사를 드린다. 이 책과 processR 패키지가 R을 이용하여 조건부과정분석을 하고자 하는 모든 연구자들에게 도움이 되길 바란다.

저자가 개발한 processR 패키지는 완벽한 것은 아니다. 모든 소프트웨어가 그렇듯 버그가 있을 수 있으며 개선해야 할 점도 있을 수 있다. 버그가 개선해야 할 점 등은 processR 패키지의 홈페이지인 https://github.com/cardiomoon/processR을 통해 소통하기를 기대해 본다.

끝으로, 본서의 출간을 허락해 주신 학지사의 김진환 사장님께 감사드린다.

2019년 9월

문 건 웅

차례

I 편

R 설치 및 processR 체험하기

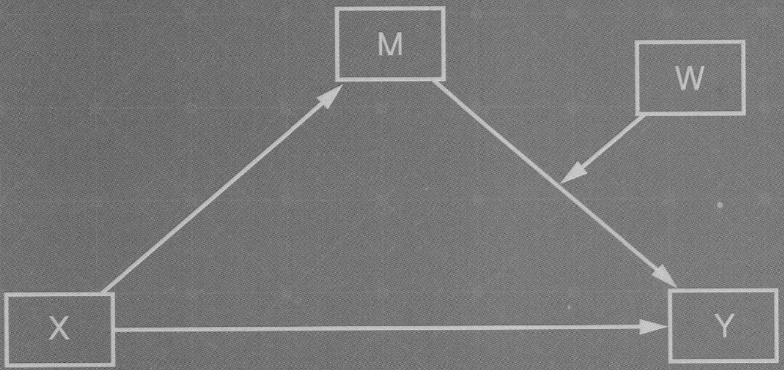

제1장 R 및 RStudio 설치하기

제1장
R 및 RStudio 설치하기

이번 장에서는 R을 처음 접하는 사람들을 위하여 인터넷을 통해 R 및 RStudio를 설치하는 방법을 다루고 있으며 패키지를 설치하고 그 패키지를 이용하여 그래프를 쉽게 그리고 원하는 형식으로 그래프를 저장하는 방법을 배워 본다.

제 1 절　프로그램 설치 순서

먼저 R을 설치한 후 RStudio를 설치하면 되는데, 자신의 컴퓨터의 운영체제가 무엇인지 알고 시작해야 한다. 운영체제가 Windows라면 7/8/10인지, Mac OS라면 10.14인지, 리눅스라면 Ubuntu인지 openSUSE인지를 확인한 후 설치를 시작하자!

제 2 절　R 설치하기

1. R 프로젝트의 홈페이지(www.r-project.org)를 방문하여 CRAN을 클릭한다.

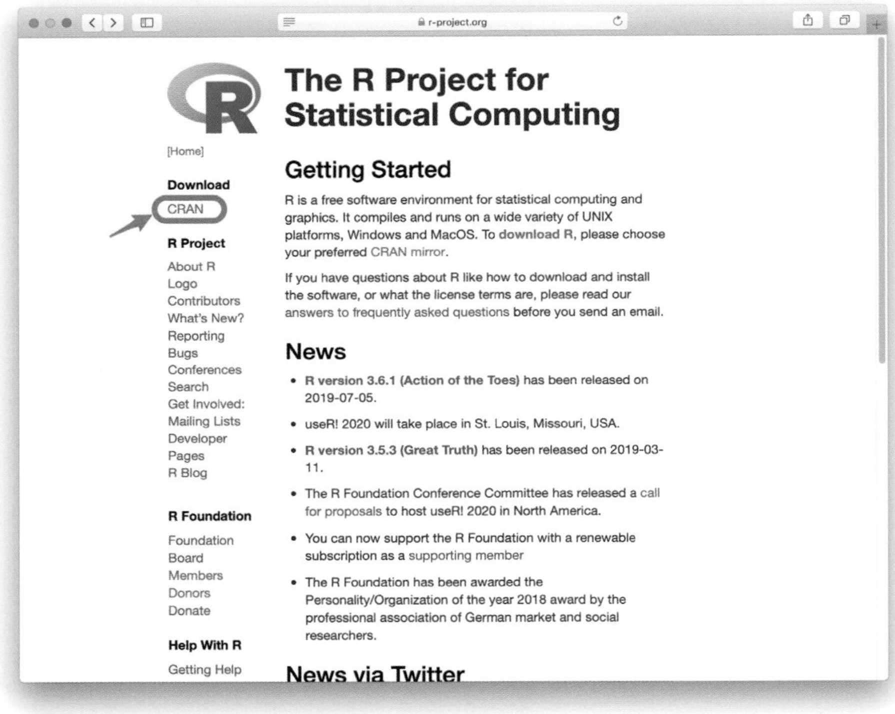

2. 화면에 나타나는 CRAN mirror 중 하나를 선택하여 클릭한다. 0-Cloud 중 하나를 선택해도 된다.

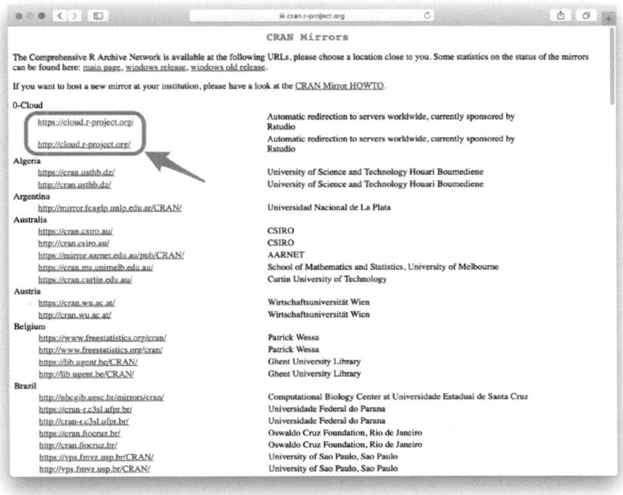

3. 다음 화면에서 자신의 컴퓨터 운영체제에 맞는 프로그램을 선택하여 설치한다. 1-2를 건너뛰고 직접 cloud.r-project.org를 방문하여 설치해도 마찬가지이다.

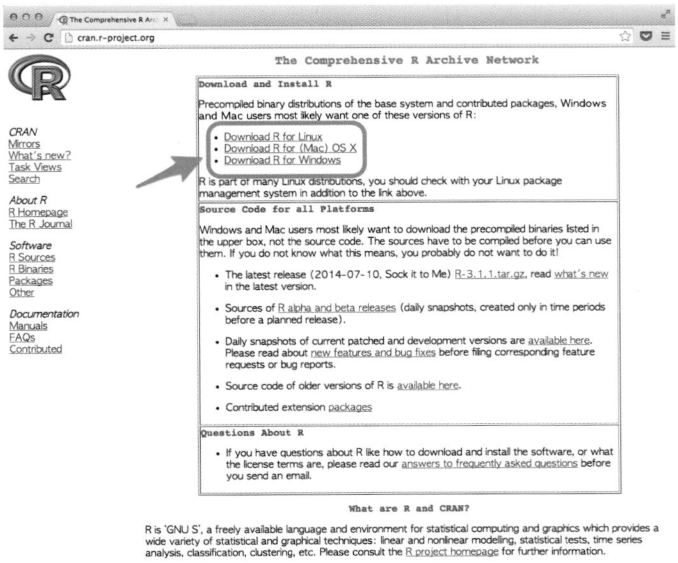

제 3 절　RStudio 설치하기

RStudio의 홈페이지(www.rstudio.com)를 방문하여 product 중 RStudio를 선택하거나 직접 https://www.rstudio.com/products/rstudio/download/#download 페이지를 방문하여 자신의 컴퓨터 운영체제에 맞는 RStudio Desktop을 골라서 설치한다.

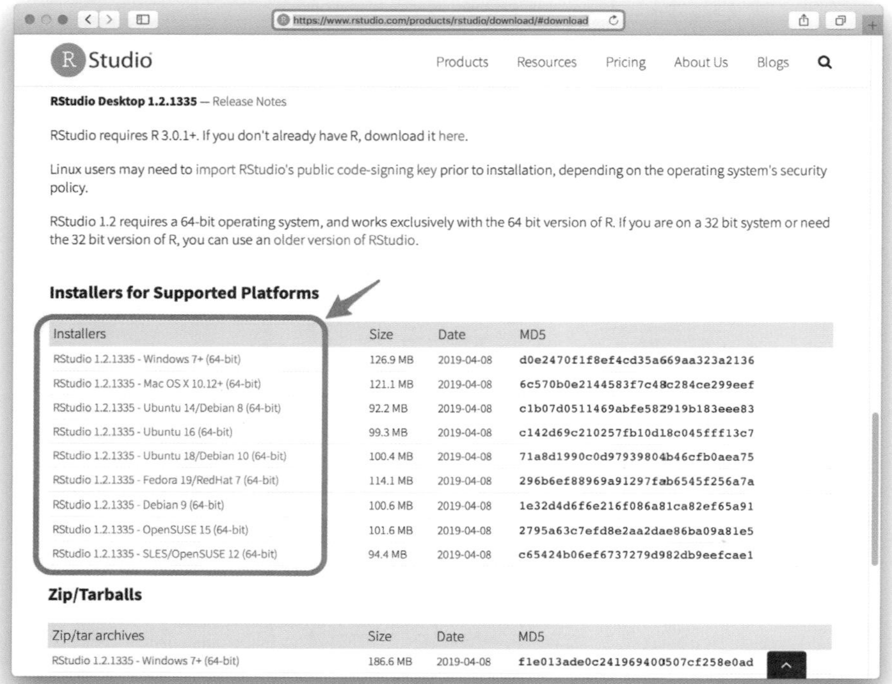

제 4 절 RStudio 처음으로 실행하기

RStudio의 설치를 마쳤으면 이제 설치한 RStudio 프로그램을 실행시키자! RStudio를 처음 실행시킨 화면은 윈도즈 화면과 매킨토시 화면이 약간 차이는 있으나 대략 다음과 같다.

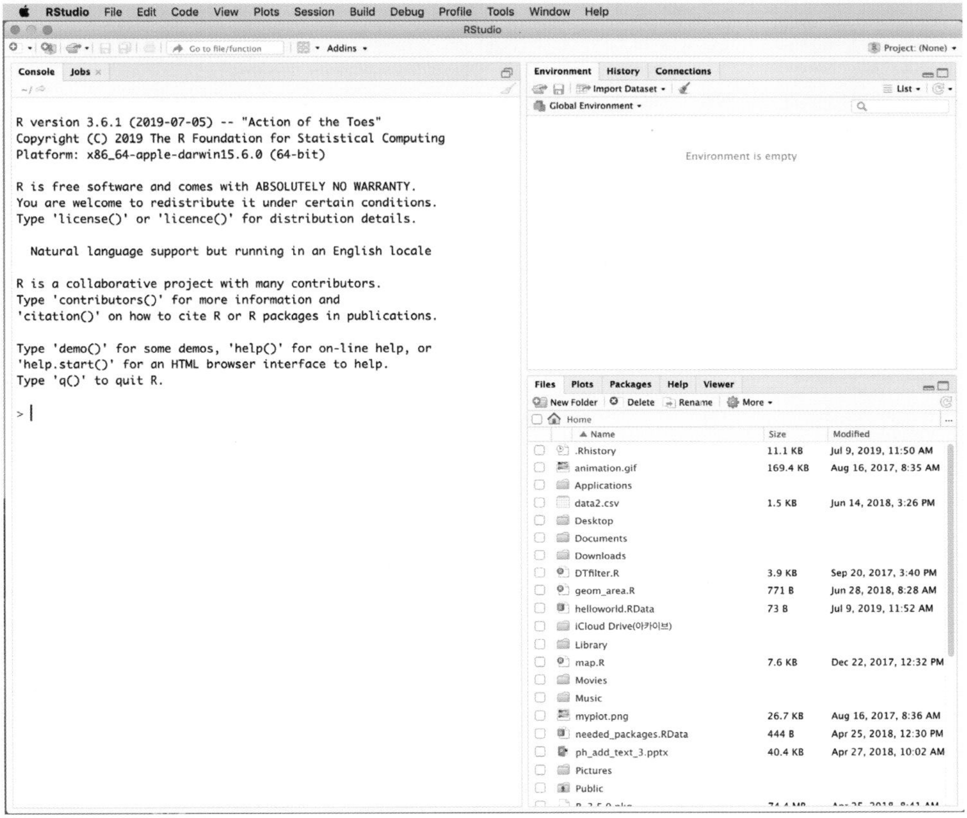

이 화면은 매킨토시 컴퓨터에서 실행시킨 화면이다. 컴퓨터의 운영체제 및 RStudio의 버전에 따라 모양이 약간 다를 수 있는데 걱정할 필요는 전혀 없다. 먼저 화면이 크게 세 개의 창로 나뉘어 있는데 왼쪽에 하나 그리고 오른쪽에는 위아래로 두 개로 나뉘어져 있다. 왼쪽 창의 제일 윗부분에 보면 **Console**이라고 써 있는데 앞으로 이 창을 **R콘솔**이라고 부르겠다. 화면 오른쪽 윗부분의 창은 2 ~ 3개의 탭이 있는데 처음 탭에는 **Environment**라고 써 있다. 이 창은 **Workspace**라고도 부른다. 오른쪽 아래 창은 5개의 탭이 있는데 그 중 처음의 탭에는 **Files**라고 써 있다.

제 5 절　처음으로 R에게 일 시키기

이제 처음으로 R에게 뭔가 일을 시킬 차례이다. 먼저 화면 제일 위쪽의 **File** 메뉴를 클릭한 후 가장 처음의 **New File**, 그리고 **R Script**를 마우스를 이용해 클릭한다. 아래 그림을 참조하자.

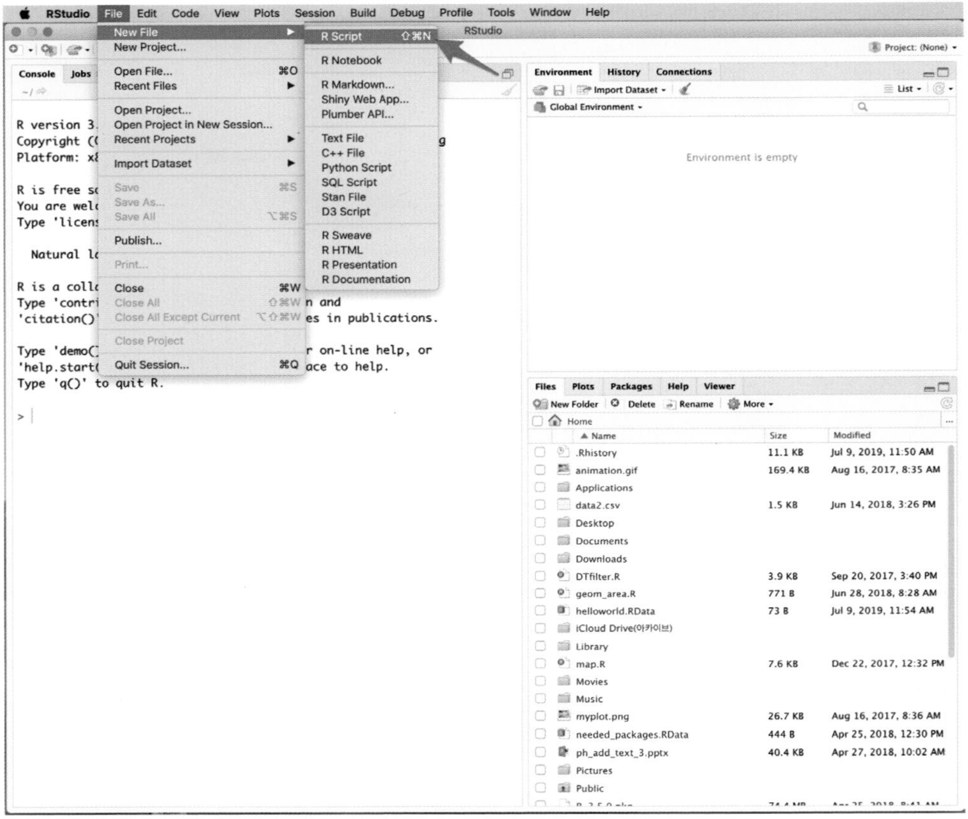

R Script를 선택하면 화면이 바뀌는데 왼쪽에 크게 있었던 **R콘솔**이 왼쪽 아래로 내려가고 왼쪽 위쪽에 새로운 창이 하나 생긴다. 이 창은 **R소스창** 또는 **Source창**이다. R소스창의 탭이 하나 생겨 있고 탭의 제목은 Untitled로 되어 있으며 커서가 깜박거리고 있다. 이제 명령을 기다리고 있는 것이다.

아래 그림의 다홍색 화살표 부분을 참조해서 먼저 R소스창 첫 번째 줄에 **iris**라고 입력한 후 파란 화살표가 가리키는 부분의 **Run**을 클릭한다. 그러면 화면 아래의 R 콘솔로 뭔가 휘리릭 지나간다. 키보드를 치다가 마우스를 클릭하는 것이 번거롭기 때문에 키보드로 처리하는 것이 효율적인데 윈도즈에서는 Control키를 누른 상태에서 엔터키를 누르면 되고(즉, **Control-Enter**) 매킨토시에서는 Command키를 누른 상태에서 엔터키를 누르면 된다(즉, **Command-Enter**). 이 단축키는 앞으로 수백 번, 수천 번 사용해야 하므로 반드시 기억해야 한다. 시간이 조금만 지나면 일일이 마우스를 클릭하는 것이 얼마나 비효율적이고 생산성이 떨어지는지를 알게 될 것이다.

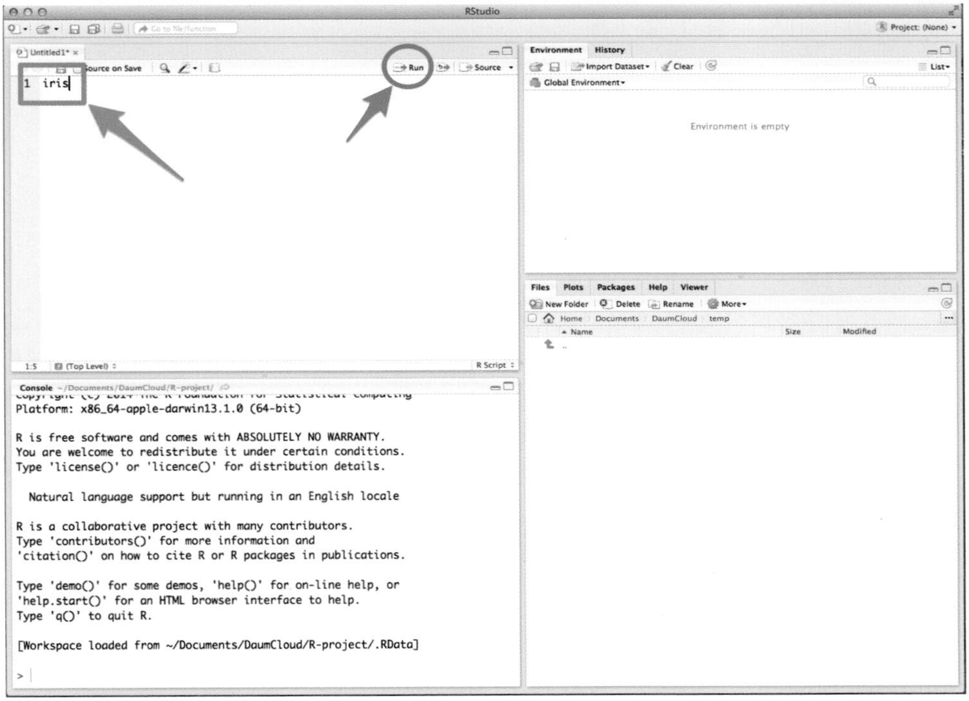

이 책에서는 이와 같이 한 줄 명령어를 입력하고 **Control-Enter** 또는 **Command-Enter**를 쳐서 실행시키는 것을 다음과 같이 표현할 것이다.

```
iris
```

이와 같이 소스창에 입력하고 **Control-Enter** 또는 **Command-Enter**를 치면 한 줄이 콘솔창으로 넘어가서 실행된다. 즉, 콘솔에서 한 줄을 입력하고 엔터를 치는 것과 동일하다. 그런데 왜 직접 콘솔에 입력하지 않고 소스창에 입력할까? 콘솔창에 입력할 경우 한 번에 한 줄씩 명령을 내릴 수가 있는 반면에 소스창에서는 한 번에 수십 개 수백 개의 명령을 입력했다가 한꺼번에 일을 시킬 수가 있기 때문이다. 또한 한 번 내린 명령어들을 파일로 저장해 두면 다시 명령어들을 일일이 입력하는 수고를 덜 수 있다. 이제 다음과 같이 해 보자.

```
str(iris)
```

```
'data.frame':   150 obs. of  5 variables:
 $ Sepal.Length: num  5.1 4.9 4.7 4.6 5 5.4 4.6 5 4.4 4.9 ...
 $ Sepal.Width : num  3.5 3 3.2 3.1 3.6 3.9 3.4 3.4 2.9 3.1 ...
 $ Petal.Length: num  1.4 1.4 1.3 1.5 1.4 1.7 1.4 1.5 1.4 1.5 ...
 $ Petal.Width : num  0.2 0.2 0.2 0.2 0.2 0.4 0.3 0.2 0.2 0.1 ...
 $ Species     : Factor w/ 3 levels "setosa","versicolor",..: 1 1 1 1 1 1 1 1 1 1 ...
```

iris는 R에 내장되어 있는 데이터들 중 하나로, 붓꽃의 종(Species)에 따른 꽃잎과 꽃받침의 길이와 넓이에 관한 데이터이다. **str(iris)**라는 명령어는 iris의 **structure**를 보여 주라는 명령어이다. 결과를 보면, 데이터 프레임이고 150개의 관찰수와 5개의 변수가 있다. 이들 5개의 변수 중 Septal.Length는 숫자(num, numeric의 약자)이고 Sepal.Width, Petal.Length와 Petal.Width도 숫자이며 마지막 줄의 Species는 범주형 변수(factor)로서 세 가지 종류이다. $ 표시는 iris라는 데이터 프레임의 열 이름이라는 것을 나타내 준다. 이 데이터에 대한 도움말을 보고 싶다면

```
?iris
```

위와 같이 입력하면 콘솔창이 아니라 오른쪽 아래 창의 **Help** 탭이 활성화되면서 iris 데이터에 대한 설명이 아주 자세히 나온다.

그냥 **iris**라고 이름을 실행시키면 데이터가 모두 표시되어 아까처럼 휘리릭 지나가므로 다음과 같이 해 보자.

```
head(iris)
```

```
  Sepal.Length Sepal.Width Petal.Length Petal.Width Species
1          5.1         3.5          1.4         0.2  setosa
2          4.9         3.0          1.4         0.2  setosa
3          4.7         3.2          1.3         0.2  setosa
4          4.6         3.1          1.5         0.2  setosa
5          5.0         3.6          1.4         0.2  setosa
6          5.4         3.9          1.7         0.4  setosa
```

데이터 프레임의 처음부터 6번째 열까지 표시된다. 만일 10개의 자료를 보고 싶으면 head(iris,10)으로 입력하면 된다. 자료의 마지막 부분을 보고 싶으면 다음과 같이 입력한다.

```
tail(iris,10)
```

```
    Sepal.Length Sepal.Width Petal.Length Petal.Width   Species
141          6.7         3.1          5.6         2.4 virginica
142          6.9         3.1          5.1         2.3 virginica
143          5.8         2.7          5.1         1.9 virginica
144          6.8         3.2          5.9         2.3 virginica
145          6.7         3.3          5.7         2.5 virginica
146          6.7         3.0          5.2         2.3 virginica
147          6.3         2.5          5.0         1.9 virginica
148          6.5         3.0          5.2         2.0 virginica
149          6.2         3.4          5.4         2.3 virginica
150          5.9         3.0          5.1         1.8 virginica
```

자료의 끝을 보면 자료의 개수를 덤으로 알 수 있어서 좋다.

제 6 절 패키지 설치하기

6.1 CRAN에 있는 패키지 설치하기

R의 최대 장점 중 하나는 무료라는 점이다. 두 번째 장점은 수없이 많은 패키지가 개발되어 있는데 그 패키지들도 무료로 쓸 수 있다는 것이다. 패키지는 R을 쉽게 쓸 수 있도록 도와주는 명령어들의 집합체라고 할 수 있는데 이 중 우리에게 꼭 필요한 패키지를 설치하는 방법을 알아보자. 먼저 **devtools**라는 패키지(Wickham 등, 2019)를 설치해 보자. 화면 위쪽 풀다운 메뉴 중 **Tools**에 있는 **Install Packages...**를 클릭해 보자.

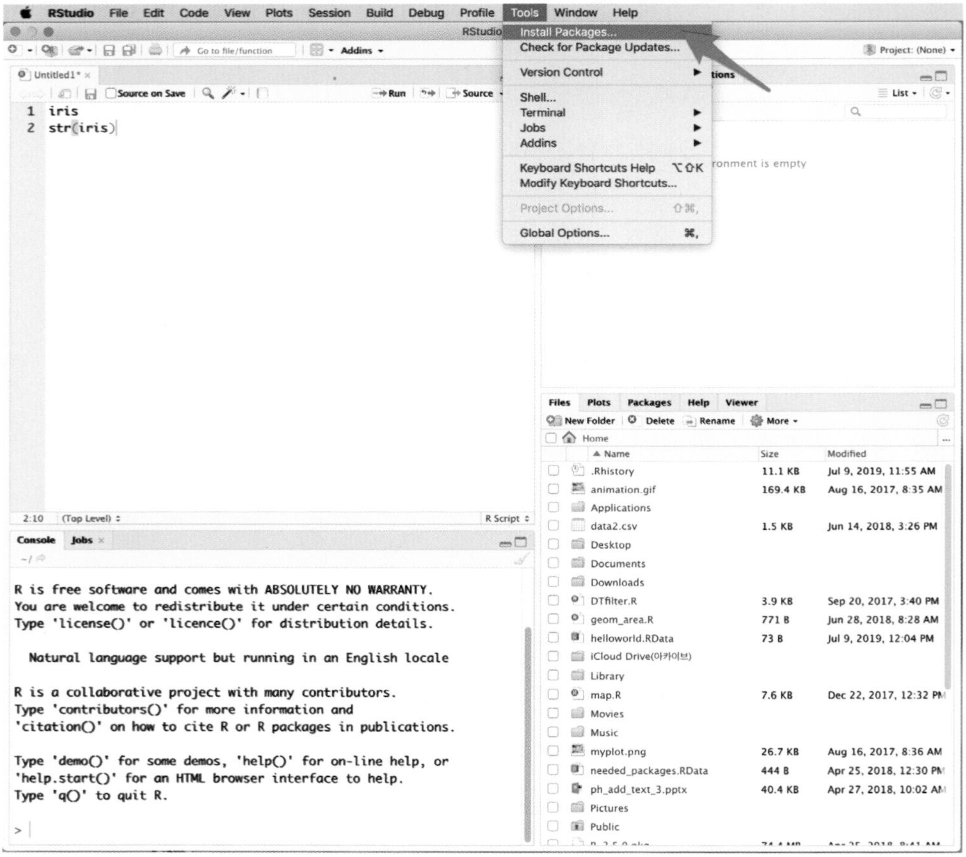

그러면 다음과 같은 팝업 창이 나타난다. Packages에 **devtools**를 입력하고 **install** 버튼을 클릭하고 잠시 기다린다.

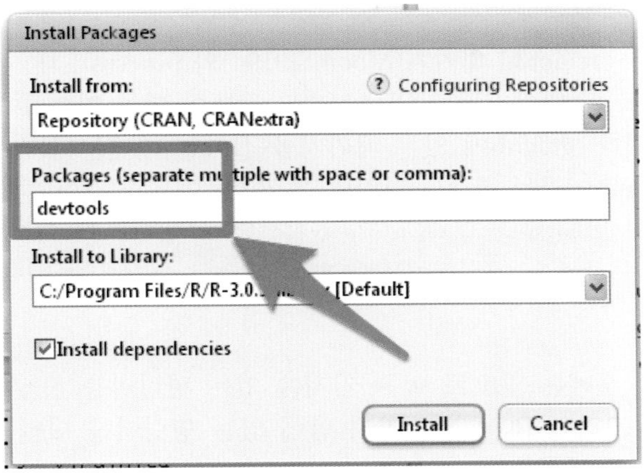

잠시 기다리면 우리가 원하는 패키지가 설치된다. 익숙해지면 마우스를 이용하지 않고 다음과 같이 입력해도 동일하다.

```
install.packages("devtools")
```

이때 주의할 점 두 가지 !

- 패키지를 하나 설치할 때도 꼭 복수를 쓴다. **install.packages()**
- 패키지의 이름은 꼭 따옴표를 붙인다. **"devtools"**

앞으로 사용할 **tidyverse** 패키지(Wickham, 2017)와 **stringr** 패키지(Wickham, 2019)를 설치해 보자.

```
install.packages(c("tidyverse","stringr"))
```

성공적으로 패키지의 설치가 되었다면 이번에는 lavaan 패키지(Rosseel, 2012)를 설치해 보자. 이 패키지는 CRAN에도 등록되어 있으나 processR 패키지에는 최신버전의 lavaan 패키지(>= 0.6-5.1457)가 필요하다. 다음 명령어로 lavaan 패키지를 설치한다.

```
install.packages("lavaan", repos = "http://www.da.ugent.be", type = "source")
```

R에서 사용할 수 있는 패키지는 2019년 7월 31일 현재 14,641개이며 계속 늘어나고 있다. 이들은 CRAN에 등록된 것도 있고 github에 등록된 것도 있다. 패키지를 설치하는 과정이 조금 차이는 있으나 일단 설치한 후 사용하는 데는 차이가 없다.

6.2 github에 있는 패키지 설치

이제 저자가 만든 predict3d 패키지(Moon, 2019a)와 processR 패키지(Moon, 2019b)를 설치해야 한다. 이 패키지들은 CRAN에도 등록이 되어 있으나 최신 버전의 패키지는 github에 있다. github에 있는 패키지를 설치할 때에는 devtools 패키지 안에 있는 install_github이라는 함수(=명령어)를 쓴다. 다음과 같이 한다.

```
devtools::install_github("cardiomoon/predict3d")
devtools::install_github("cardiomoon/processR")
```

패키지를 설치한 후에는 앞으로 이 패키지에 있는 명령어를 쓸 예정이라고 R에게 알려 줘야 한다. 그러면 R은 그 패키지 안에 있는 명령어를 미리 예습해 두었다가 명령을 내리면 바로 실행한다. 이때에는 require() 또는 library() 함수를 쓰는데, 거의 비슷하지만 require()를 쓸 것을 권한다. 다음과 같이 한다.

```
require(processR)
```

명령어가 어느 패키지 안에 있는지 알려주지 않은 경우에는 어느 패키지 안에 있는 어떤 명령이라고 알려줘야 하는데 앞서 우리가 사용한 devtools::install_github()이라는 명령은 devtools 패키지 안에 있는 install_github이라는 함수를 실행하라는 명령이다. 둘 다 마찬가지이나 패키지 설치처럼 명령을 한 번만 실행할 경우에는 굳이 require()를 사용할 필요가 없고 패키지 안에 있는 명령을 여러 번 쓰는 경우나 패키지 안에 있는 데이터를 쓰는 경우 require()를 사용하는 것이 좋다.

제 7 절 그래프 저장하기

그럼 패키지 설치 및 require()로 불러오기가 잘 되었는지 다음과 같은 명령어를 입력해 보자. 이 명령의 내용은 제5장 매개분석에서 배울 것인데, 여기서는 그래프를 내가 원하는 파일 형식과 크기로 저장하는 법을 배워 보기로 한다.

```
labels=list(X="cond",M="pmi",Y="reaction")
drawModel(labels=labels,box.col="lightcyan")
```

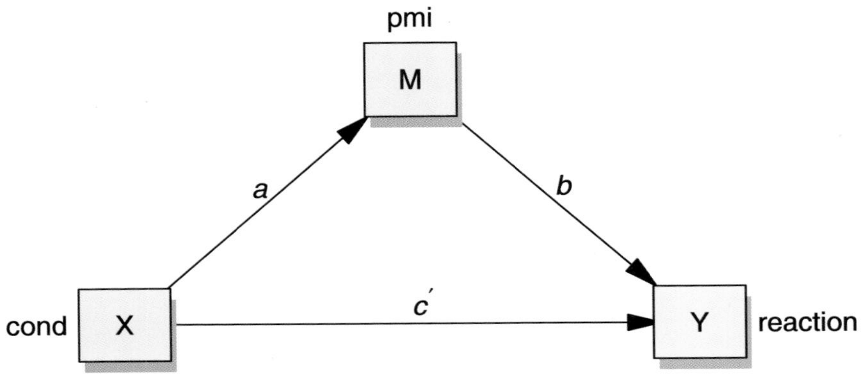

7.1 그래프 저장하기

위의 명령을 제대로 입력하면 화면 오른쪽 아래 창에 **Plots** 탭이 활성화되면서 그래프가 하나 나타났을 것이다.

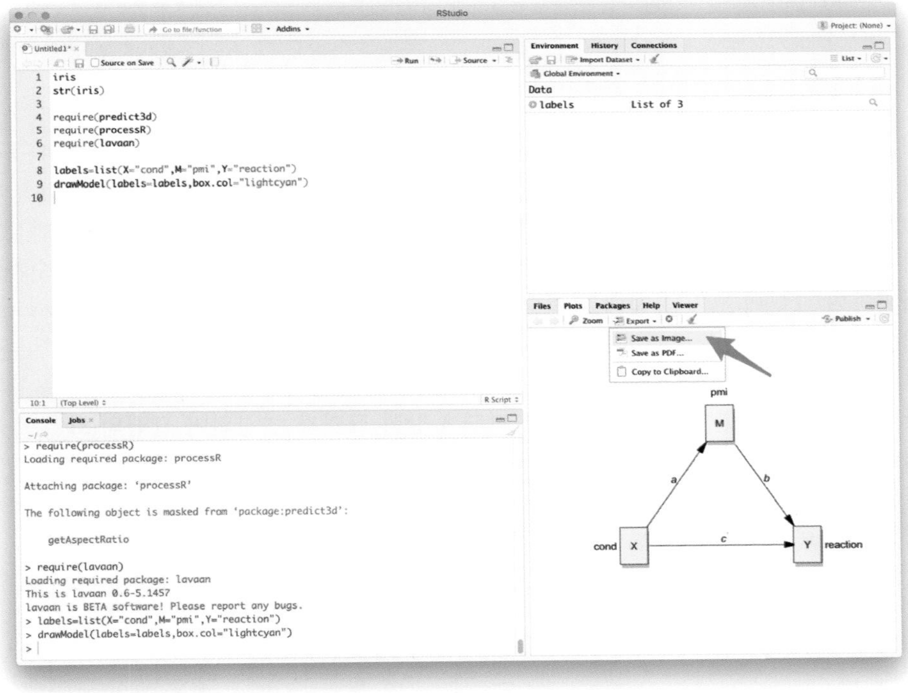

위의 그림을 참조하여 **Export** 버튼을 클릭한 후 **Save as image...** 를 선택해 보자. 그러면 다음과 같은 팝업 창이 나타난다.

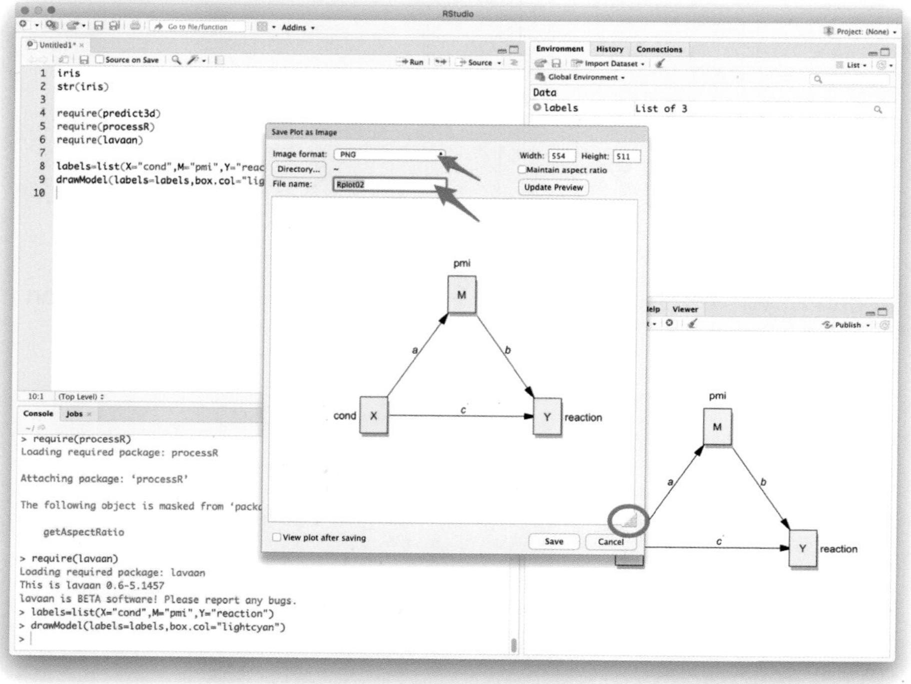

먼저 다홍색 화살표 부분을 보면 현재 Image format이 **PNG**로 되어 있는데 이곳을 클릭하면 PNG, JPEG, TIFF, BMP, SVG, EPS 형식 중의 하나로 저장할수 있다. **Directory...** 버튼을 누르면 그림파일이 저장될 경로를 지정할 수 있고, 파란 화살표가 가리키는 부분에서 파일 이름을 정할 수 있다. 오른쪽의 Width와 Height에 숫자를 입력하여 그림의 크기를 임의로 정할 수 있다. 숫자를 바꿨을 경우 **Update Preview** 버튼을 클릭하면 원하는 크기로 보여진다. 화면 오른쪽 아래에 동그라미 쳐진 부분에 보면 삼각형 모양이 있는데, 이 부분을 마우스로 드래깅하면(마우스 왼쪽버튼을 누른 상태에서 마우스를 움직이고 버튼을 뗀다.) 창의 크기가 변경되며 그림의 크기도 변경된다. 원하는 모양이 나올 때까지 창의 크기를 조절하거나 Width, Height에 숫자를 입력한 후 원하는 이름으로 저장할 수 있다. 또한 그림파일 말고도 아까의 **Export** 버튼을 누르면 PDF파일로 저장하거나 클립보드로 복사할 수도 있다.

7.2 표 만들기

이번에는 이 매개모형의 회귀계수를 요약한 테이블을 만들어 본다.

```
modelsSummaryTable(labels=labels,data=pmi)
```

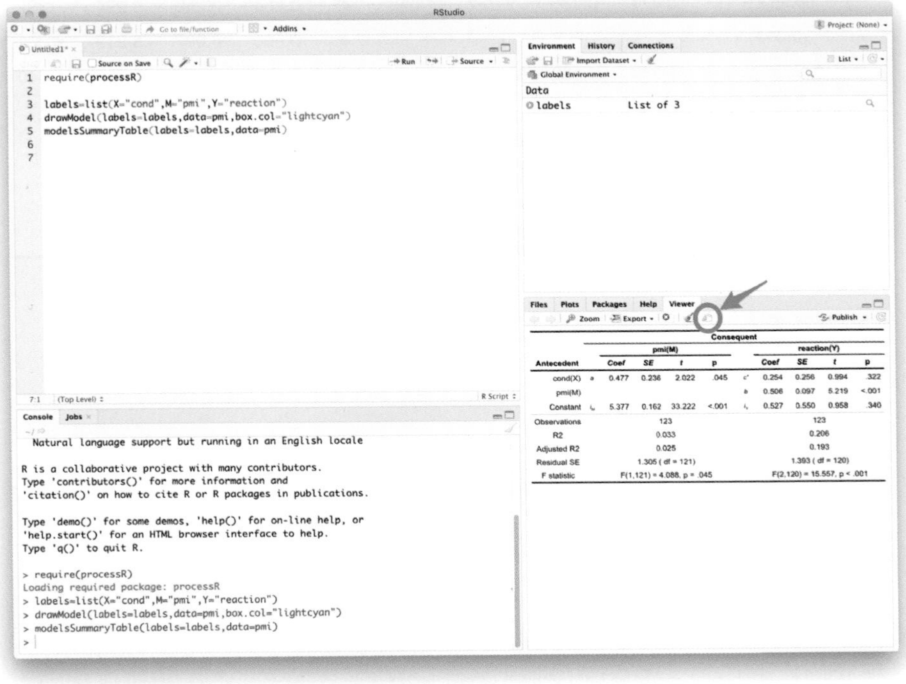

화면의 우하면에 회귀계수를 요약한 표가 나타난다. 이 표를 웹브라우저를 통해 보기 위해 웹브라우저 버튼을 클릭한다.

		Consequent								
		pmi(M)					reaction(Y)			
Antecedent		***Coef***	***SE***	***t***	**p**		***Coef***	***SE***	***t***	**p**
cond(X)	*a*	0.477	0.236	2.022	.045	*c'*	0.254	0.256	0.994	.322
pmi(M)						*b*	0.506	0.097	5.219	<.001
Constant	i_M	5.377	0.162	33.222	<.001	i_Y	0.527	0.550	0.958	.340
Observations		123					123			
R2		0.033					0.206			
Adjusted R2		0.025					0.193			
Residual SE		1.305 (df = 121)					1.393 (df = 120)			
F statistic		F(1,121) = 4.088, p = .045					F(2,120) = 15.557, p < .001			

이제 이 회귀계수를 통계적 모형에 넣은 모형을 그려 본다.

```
drawModel(labels=labels,data=pmi,whatLabel = "est")
```

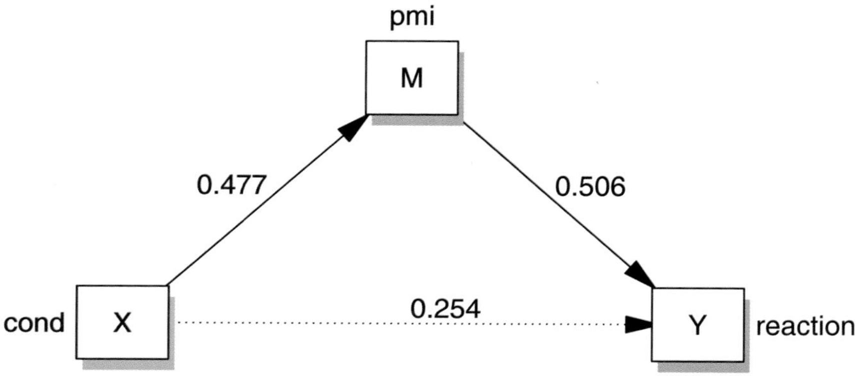

제 8 절 통계 결과를 파워포인트로

R의 가장 강력한 기능 중의 하나는 재현 가능한 연구(reproducible research)이다. 이 기능은 다른 통계 소프트웨어(SAS, SPSS 등)로는 구현이 불가능한 기능으로 연구자들이 연구하는 데 드는 노력을 획기적으로 경감시켜 줄 수 있다. 이에 관하여는 부록의 재현 가능한 연구에서 자세히 다루기로 하고 이번 장에서는 그 기능을 살짝 엿보기로 한다.

지금 열려 있는 R창을 닫고 새로 R파일을 만든다. 화면 제일 위쪽의 **File** 메뉴를 클릭한 후 가장 처음의 **New File**, 그리고 **R Script**를 마우스를 이용해 클릭한다. 아래 그림을 참조하자.

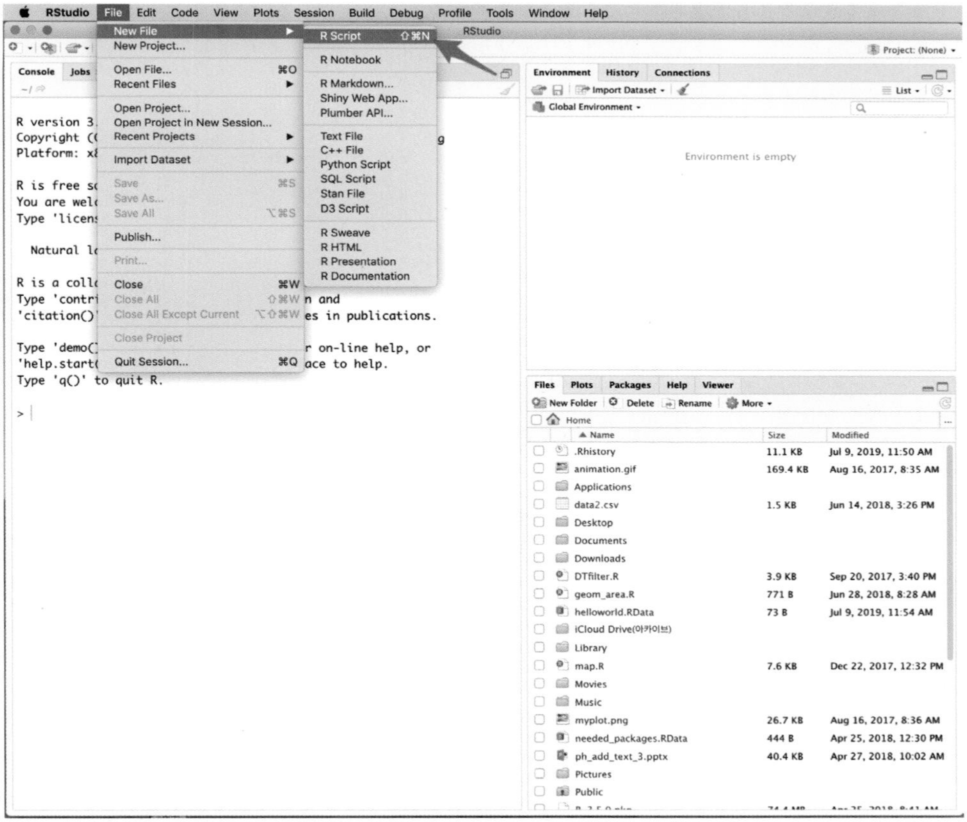

이렇게 만든 새 파일에 다음과 같이 입력한다.

```
require(processR)

labels=list(X="cond",M="pmi",Y="reaction")
drawModel(labels=labels,data=pmi,box.col="lightcyan")
modelsSummaryTable(labels=labels,data=pmi)
drawModel(labels=labels,data=pmi,whatLabel="est")
```

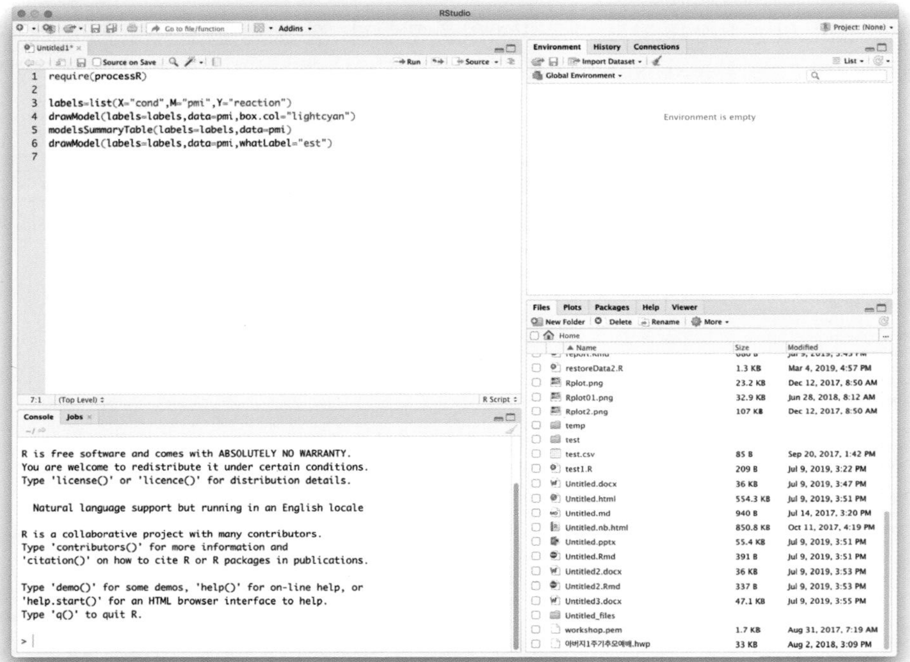

화면 제일 위쪽의 **File** 메뉴를 클릭한 후 **Save**를 누르고 파일의 이름을 “test1.R”로 저장한다.

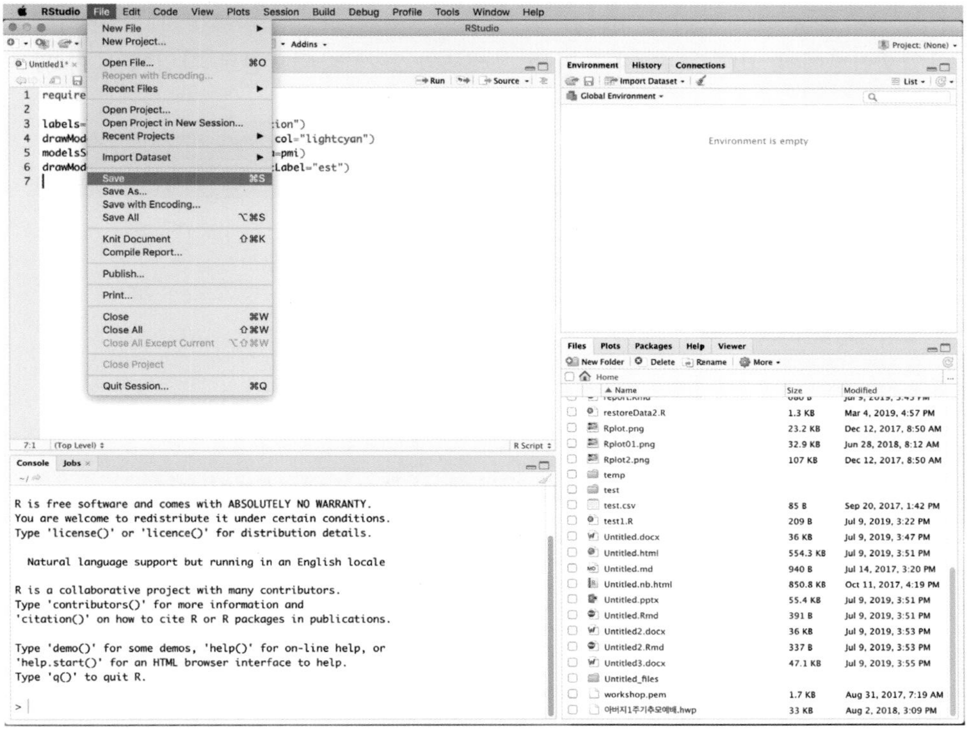

R console에 다음 명령어를 입력한다.

```
r2pptx("test1.R")
```

잠시 기다리면 뭔가 휘리릭 지나간 후 “report.pptx” 파일이 만들어진다. 이 파일을 파워포인트에서 열어 보면 지금 만든 그래프와 표가 파워포인트 파일에 들어 있는 것을 알 수 있다.

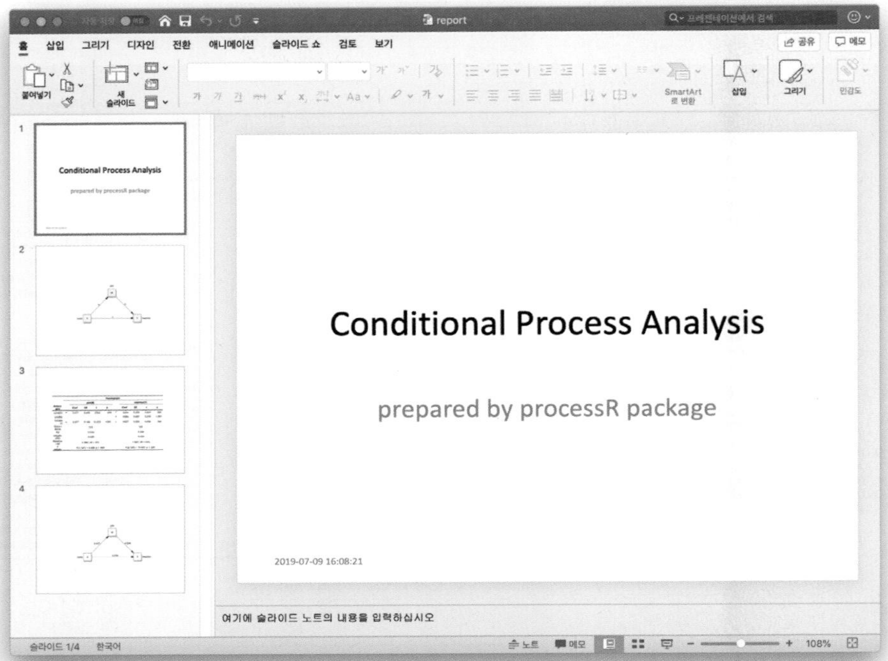

재현 가능한 연구에 관한 자세한 사항은 부록에서 다룬다.

Ⅱ 편

조건부과정분석의 기초

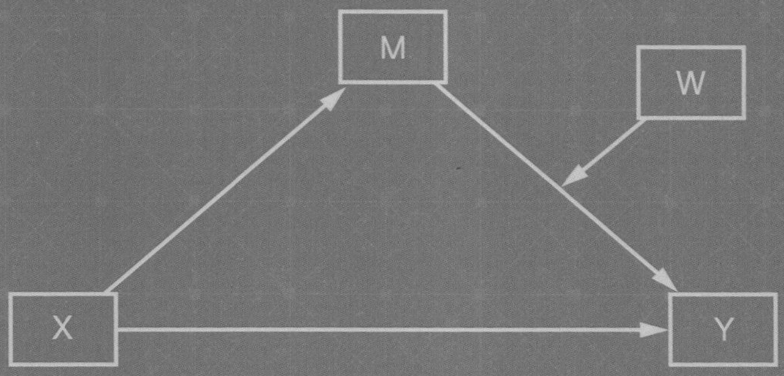

제2장 회귀에서 조절까지

제3장 회귀에서 매개모형으로 | **제4장** processR 패키지 소개

제2장
회귀에서 조절까지

통계학에서 회귀분석은 관찰된 연속형 변수들에 대해 두 변수 사이의 모형을 구한 뒤 적합도를 측정해 내는 분석 방법이다. 하나의 종속변수와 하나의 독립변수 사이의 관계를 분석할 경우를 단순회귀분석(simple regression analysis), 하나의 종속변수와 여러 독립변수 사이의 관계를 규명하고자 할 경우 다중회귀분석(multiple regression)이라고 한다. 또한 독립변수들 사이에 상호작용이 있는 경우도 있는데 이러한 경우 상호작용이 있는 회귀분석이라고 할 수 있으며, 이 경우 하나의 변수(조절변수)의 값이 변화함에 따라 다른 독립변수와 종속변수 사이의 회귀선의 기울기가 변하는데 이것을 조절효과라고 할 수 있다.

0.1 사용하는 패키지

이번 장에서 사용하는 패키지는 ggplot2, predict3d와 processR이다. 다음의 R 코드로 패키지를 불러올 수 있다.

```
library(ggplot2)
library(predict3d)
library(processR)
```

제 1 절　단순회귀분석

가장 간단한 회귀모형은 하나의 종속변수(반응변수)와 하나의 독립변수(설명변수)로 구성된 모형이다. mtcars 데이터는 1974년 미국의 Motor Trend 잡지에서 추출된 데이터로 32종 자동차의 공차중량(wt, weight)과 마력(hp, horse power), 연비(mpg, miles per gallon)에 관한 데이터이다. 이 데이터에서 mpg와 wt의 관계를 산점도로 살펴보면 다음과 같다.

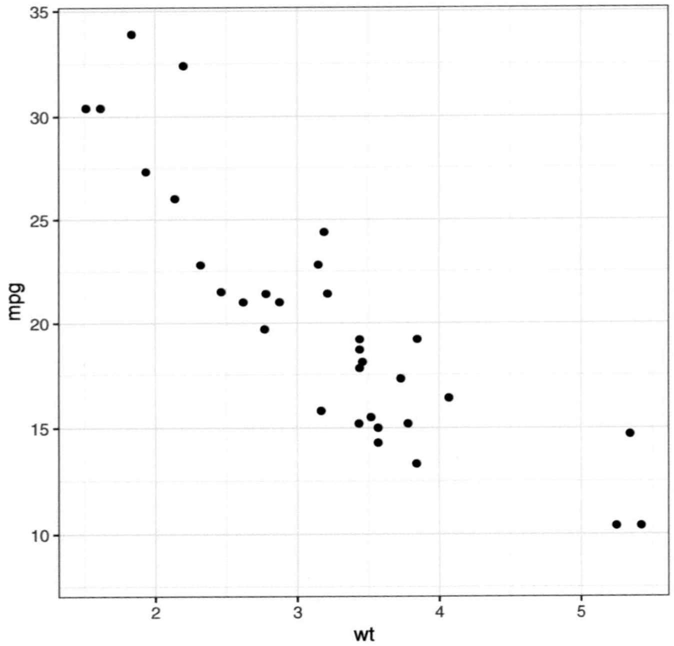

이 산점도에서 mpg와 wt의 관계를 살펴보면 wt가 증가할수록 mpg가 적어지는 것을 알 수 있다(즉, 자동차의 공차중량이 커질수록 연비가 나빠진다). 이 두 변수의 관계를 대충 직선으로 나타내 본다면 다음 그림의 A,B,C 등과 같이 그려 볼 수 있다.

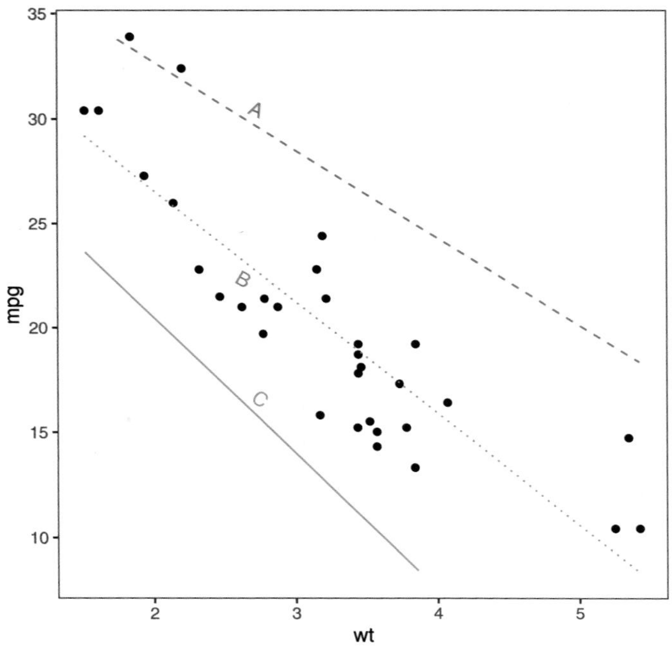

위와 같은 여러 개의 직선들 중 두 변수의 관계를 가장 잘 나타내 주는 직선은 어떤 직선일까? 회귀분석은 이 두 변수 사이의 관계를 정량화하여 두 변수의 관계를 가장 잘 나타내 주는 직선의 기울기와 y절편을 구해 준다. R에서 mpg를 반응변수로, wt를 설명변수로 하는 회귀모형을 만들어 보면 다음과 같다.

```
fit=lm(mpg ~ wt, data=mtcars)
summary(fit)
```

```
Call:
lm(formula = mpg ~ wt, data = mtcars)

Residuals:
    Min      1Q  Median      3Q     Max
-4.5432 -2.3647 -0.1252  1.4096  6.8727

Coefficients:
            Estimate Std. Error t value Pr(>|t|)
(Intercept)  37.2851     1.8776  19.858  < 2e-16 ***
wt           -5.3445     0.5591  -9.559 1.29e-10 ***
---
Signif. codes:  0 '***' 0.001 '**' 0.01 '*' 0.05 '.' 0.1 ' ' 1

Residual standard error: 3.046 on 30 degrees of freedom
Multiple R-squared:  0.7528,    Adjusted R-squared:  0.7446
F-statistic: 91.38 on 1 and 30 DF,  p-value: 1.294e-10
```

회귀분석의 결과 회귀선의 기울기는 -5.34이고 y절편은 37.29이다. 즉, 회귀직선을 식으로 나타내면 다음과 같다.

$$mpg = -5.34wt + 37.29$$

위 공식을 일반화하여 종속변수를 Y, 독립변수를 x, 회귀선의 y절편을 a, 기울기를 b 라고 하면 반응변수 y의 추정치(yhat, $\hat{y}$)는 다음과 같다.

$$\hat{y} = a + b * x$$

이 직선을 산점도와 같이 그려 보면 다음과 같다.

```
ggPredict(fit)
```

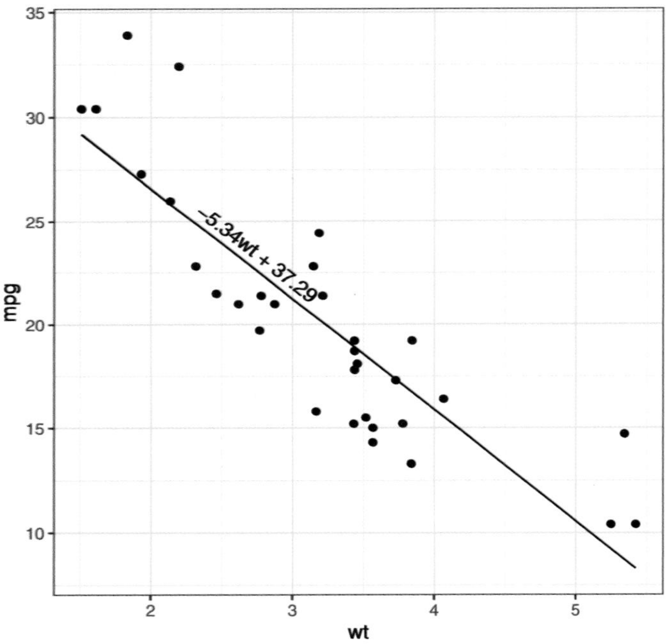

이 그래프의 점들과 회귀직선은 정확히 일치하지 않는다. 즉, 각각의 관측치와 회귀식으로 추정되는 추정치 사이에는 오차(error) 또는 잔차(residual)가 존재하는데, 이를 그래프로 나타내 보면 다음과 같다.

```
ggPredict(fit,show.text=FALSE, show.error=TRUE)
```

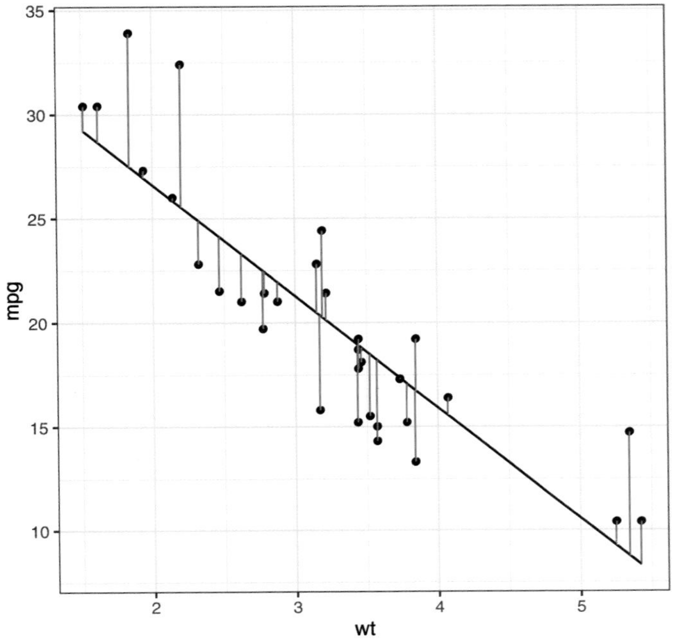

반응변수 y의 i번째 관측치 yi는 다음과 같이 나타낼 수 있다.

$$y_i = a + bx_i + \varepsilon_i$$

여기서 $a + bx_i$는 i번째 반응변수의 추정치 $\hat{y}_i$이므로 i번째 잔차 ε_i는 다음과 같다.

$$\varepsilon_i = y_i - \hat{y}_i$$

이들 잔차는 회귀선의 적합도를 나타내는데, 잔차의 합은 0이 되므로 잔차의 제곱합을 사용하며 보통의 OLS(ordinary least square) 회귀에서는 잔차의 제곱합이 최소가 되도록 기울기와 y절편을 추정한다.

1.1 단순회귀분석의 개념적 모형과 통계적 모형

지금까지 살펴본 바와 같이 R로 단순회귀분석을 할 경우 lm()함수의 formula로 $Y \sim X$와 같이 사용하며 이를 개념적 모형으로 나타내면 다음과 같다.

$$R\ formula : Y \sim X$$

```
pmacroModel(0,radx=0.1)
```

통계적 모형으로 나타낼 때는 기울기를 같이 표시해 준다. 이때 기울기를 b라고 하면 $Y \sim b * X$로 표시할 수 있다. lavaan 패키지의 sem()함수를 이용하여 분석을 할 경우 이와 같이 기울기를 지정해 주는 것이 좋다.

$$Model\ syntax : Y \sim b * X$$

```
statisticalDiagram(0,ylim=c(0.1,0.6))
```

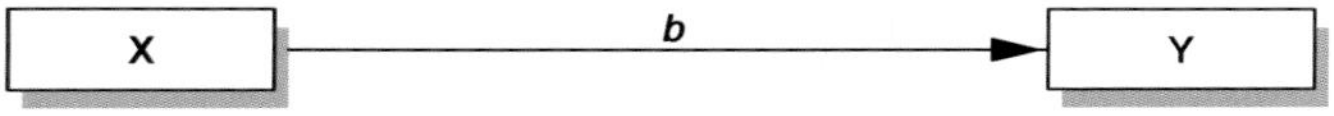

제 2 절 다중회귀분석

2.1 상호작용이 없는 다중회귀분석

이번에는 하나의 반응변수에 두 개의 설명변수가 있는 모형을 생각해 보자. mtcars 데이터의 vs변수는 engine이 "V-shape"인 경우 0, "straight"인 경우 1로 되어 있다. 연비(mpg)의 설명변수로 공차중량(wt)과 함께 vs를 설명변수로 하는 회귀모형을 만들면 다음과 같다.

```
fit1=lm(mpg~wt+vs,data=mtcars)
summary(fit1)
```

```
Call:
lm(formula = mpg ~ wt + vs, data = mtcars)

Residuals:
    Min      1Q  Median      3Q     Max 
-3.7071 -2.4415 -0.3129  1.4319  6.0156 

Coefficients:
            Estimate Std. Error t value Pr(>|t|)    
(Intercept)  33.0042     2.3554  14.012 1.92e-14 ***
wt           -4.4428     0.6134  -7.243 5.63e-08 ***
vs            3.1544     1.1907   2.649   0.0129 *  
---
Signif. codes:  0 '***' 0.001 '**' 0.01 '*' 0.05 '.' 0.1 ' ' 1

Residual standard error: 2.78 on 29 degrees of freedom
Multiple R-squared:  0.801,	Adjusted R-squared:  0.7873 
F-statistic: 58.36 on 2 and 29 DF,  p-value: 6.818e-11
```

위의 회귀분석의 결과를 보면 mpg를 y축으로, wt를 x 축으로 하는 회귀선의 기울기는 -4.44로 동일하나 y절편은 vs에 따라 달라진다.

- vs가 0인 경우 $intercept \approx 33.0$
- vs가 1인 경우 $intercept \approx 33.00042 + 3.1544 \approx 36.16$

이 모형을 시각화하면 다음과 같다.

```
ggPredict(fit1)
```

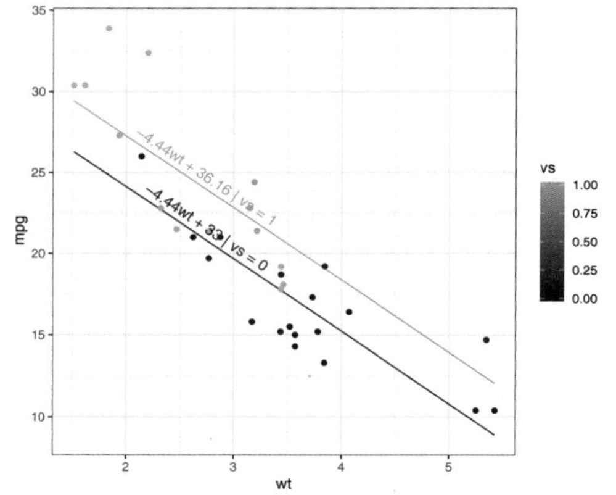

이를 3차원 모형으로 확장해 보면 다음과 같다. 이차원 그래프에서 회귀직선들이 3차원 그래프에서는 편평한 회귀면(flat regression plane)으로 나타나는 것을 알 수 있다.

```
predict3d(fit1,radius=0.5)
```

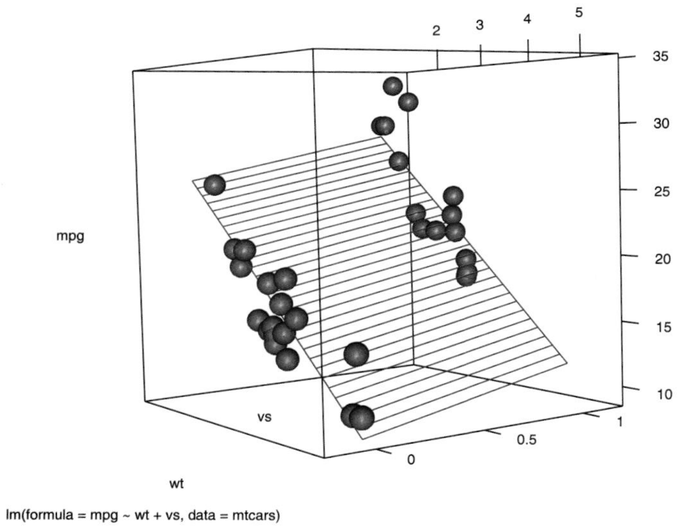

2.1.1 상호작용이 없는 다중회귀분석의 개념적 모형과 통계적 모형

상호작용이 없는 다중회귀분석의 경우 다음과 같은 R formula를 사용한다. 이때 C는 공변량(covariate)을 뜻한다.

$$R\,formula : Y \sim X + C$$

개념적 모형은 다음과 같다.

```
pmacroModel(0,covar=list(name="C",site=list("Y")))
```

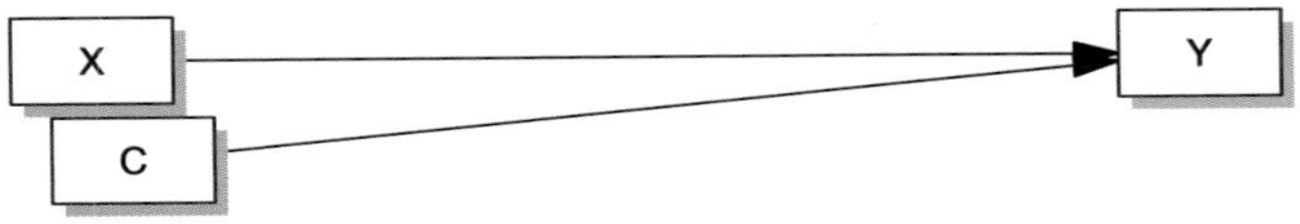

Model syntax는 다음과 같이 사용한다. 공변량의 회귀계수는 Y에 영향을 미치는 공변량의 경우 g1, g2,. . . 로 붙인다. M에 영향을 미치는 공변량의 경우 f1, f2,. . . 로 붙인다. 공변량이 하나인 경우는 첨자를 생략한다.

$$Model\ syntax : Y \sim b * X + g * C$$

통계적 모형은 다음과 같다.

```
statisticalDiagram(0,radx=0.06,
                   covar=list(name="C",site=list("Y")),ylim=c(0.1,0.6))
```

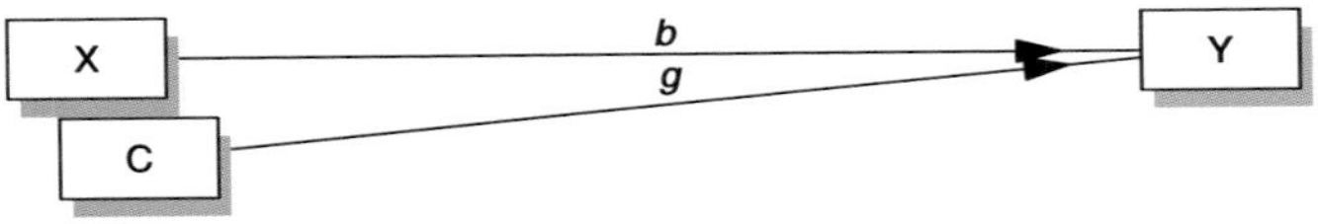

2.2 상호작용이 있는 다중회귀모형(1)

다중회귀모형에서 설명변수 간에 상호작용이 있는 경우를 생각해 보자. X와 Z의 상호작용이 있는 경우 R formula에서는 $X : Z$ 와 같이 표기한다. Y 가 반응변수이고 X, Z가 설명변수이고 X와 Z의 상호작용이 있는 경우의 모형을 R formula로 나타내면 다음과 같다.

$$Y \sim X + Z + X : Z$$

위의 formula를 간단하게 $Y \sim X * Z$으로 쓸 수도 있다. $*$ 는 모든 가능한 상호작용을 뜻한다.

$$X * Z = X + Z + X : Z$$
$$A * B * C = A + B + C + A : B + B : C + A : C + A : B : C$$

전절에서 사용한 mtcars 데이터에서 반응변수 mpg에 대하여 설명변수 wt, vs 그리고 wt:vs(wt와 vs의 상호작용)가 있는 다중회귀모형을 생각해 보자.

```
fit2=lm(mpg ~ wt*vs,data=mtcars)
summary(fit2)
```

```
Call:
lm(formula = mpg ~ wt * vs, data = mtcars)

Residuals:
    Min      1Q  Median      3Q     Max
-3.9950 -1.7881 -0.3423  1.2935  5.2061

Coefficients:
            Estimate Std. Error t value Pr(>|t|)
(Intercept)  29.5314     2.6221  11.263 6.55e-12 ***
wt           -3.5013     0.6915  -5.063 2.33e-05 ***
vs           11.7667     3.7638   3.126   0.0041 **
wt:vs        -2.9097     1.2157  -2.393   0.0236 *
---
Signif. codes:  0 '***' 0.001 '**' 0.01 '*' 0.05 '.' 0.1 ' ' 1

Residual standard error: 2.578 on 28 degrees of freedom
Multiple R-squared:  0.8348,    Adjusted R-squared:  0.8171
F-statistic: 47.16 on 3 and 28 DF,  p-value: 4.497e-11
```

이 모형에서 wt와 engine의 상호작용 wt:engine은 통계적으로 의미 있다($p = .0236$). 이 모형에서 wt를 설명변수로, engine을 조절변수의 역할을 한다고 생각해 본다. mpg와 wt 사이의 회귀식의 기울기와 y절편은 vs의 값에 따라 달라진다.

- y절편
  - vs가 0인 경우 $intercept \approx 29.5314$
  - sv가 1인 경우 $intercept \approx 29.5314 + 11.7667 \approx 41.3$
- 기울기
  - vs가 0인 경우 $slope \approx -3.5013$
  - vs가 1인 경우 $slope \approx -3.5013 - 2.9097 \approx 6.41$

이를 그림으로 나타내 보면 다음과 같다.

```
ggPredict(fit2)
```

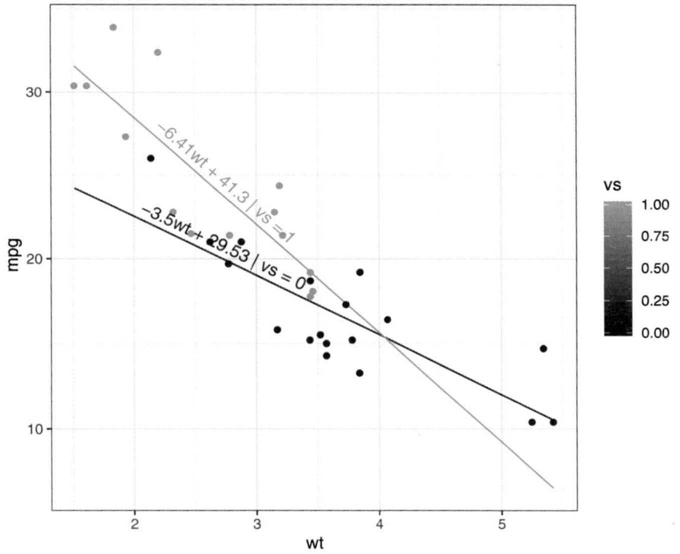

상호작용이 없는 경우 회귀선의 기울기는 변하지 않고 y절편만 변하는 데 비해, 상호작용이 있는 경우 회귀선의 기울기와 y절편이 모두 달라진다.

이를 3차원 그래프로 나타내보면 다음과 같다. 2차원 그래프에서는 회귀직선이 서로 교차하는 것으로 보이지만 3차원 그래프에서는 회귀면(regression plane)이 꼬여 있는 것을 알 수 있다.

```
predict3d(fit2,radius=0.5)
```

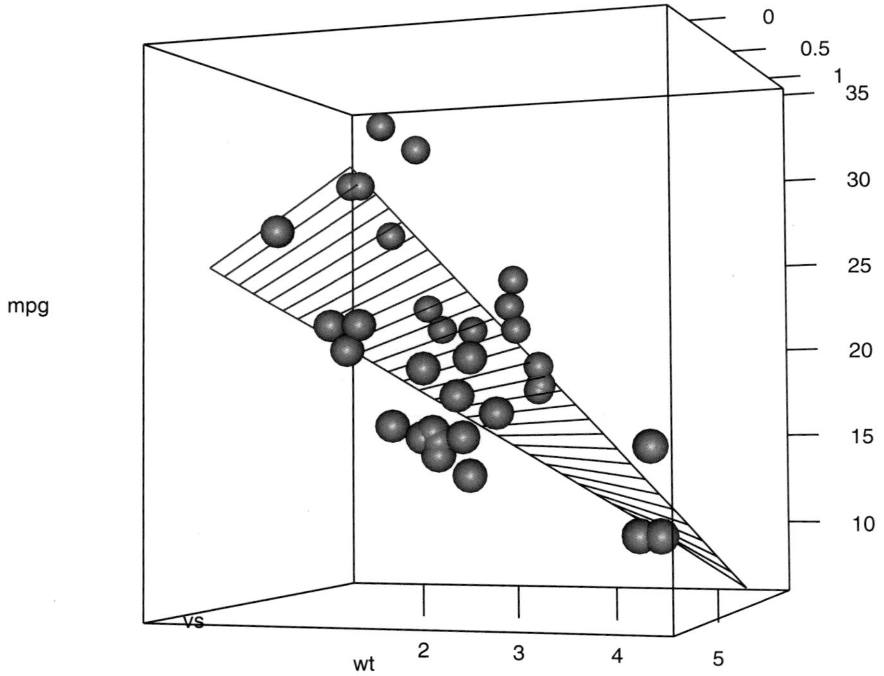

lm(formula = mpg ~ wt * vs, data = mtcars)

2.3 상호작용이 있는 다중회귀모형(2)

두 개의 설명변수가 연속형 변수인 모형을 생각해 보자. mtcars 데이터에서 mpg를 반응변수로, wt와 hp 및 wt:hp를 설명변수로 하는 모형은 다음과 같다.

```
fit3 = lm( mpg ~ wt*hp, data=mtcars)
summary(fit3)
```

```
Call:
lm(formula = mpg ~ wt * hp, data = mtcars)

Residuals:
    Min      1Q  Median      3Q     Max
-3.0632 -1.6491 -0.7362  1.4211  4.5513

Coefficients:
            Estimate Std. Error t value Pr(>|t|)
(Intercept) 49.80842    3.60516  13.816 5.01e-14 ***
wt          -8.21662    1.26971  -6.471 5.20e-07 ***
hp          -0.12010    0.02470  -4.863 4.04e-05 ***
wt:hp        0.02785    0.00742   3.753 0.000811 ***
---
Signif. codes:  0 '***' 0.001 '**' 0.01 '*' 0.05 '.' 0.1 ' ' 1

Residual standard error: 2.153 on 28 degrees of freedom
Multiple R-squared:  0.8848,    Adjusted R-squared:  0.8724
F-statistic: 71.66 on 3 and 28 DF,  p-value: 2.981e-13
```

이 모형에서 wt를 설명변수로, hp를 조절변수로 생각하고 hp에 따른 wt와 mpg 사이의 회귀선의 기울기와 y절편을 생각해 보자. 먼저 wt의 평균과 평균−표준편차, 평균+표준편차를 계산해 보면 다음과 같다.

```
mean(mtcars$hp, na.rm=TRUE) + c(-1,0,1)* sd(mtcars$hp, na.rm=TRUE)
```

```
[1]  78.12463 146.68750 215.25037
```

mtcars 데이터의 hp변수의 평균은 약 146.69이고 표준편차는 약 68.56이다. 각각의 경우 회귀선의 기울기와 y절편을 계산해 보면 다음과 같다.

- y절편
  - hp가 78.12인 경우 $intercept \approx 49.81 - 0.12 \times 78.12 \approx 40.43$
  - hp가 146.69인 경우 $intercept \approx 49.81 - 0.12 \times 146.69 \approx 32.19$
  - hp가 215.25인 경우 $intercept \approx 49.81 - 0.12 \times 215.25 \approx 23.96$
- 기울기
  - hp가 78.12인 경우 $slope \approx -8.22 + 0.028 \times 78.12 \approx -6.04$
  - hp가 146.69인 경우 $slope \approx -8.22 + 0.028 \times 146.69 \approx -4.13$

– hp가 215.25인 경우 $slope \approx -8.22 + 0.028 \times 215.25 \approx -2.22$

이를 그래프로 나타내 보면 다음과 같다.

```
ggPredict(fit3)
```

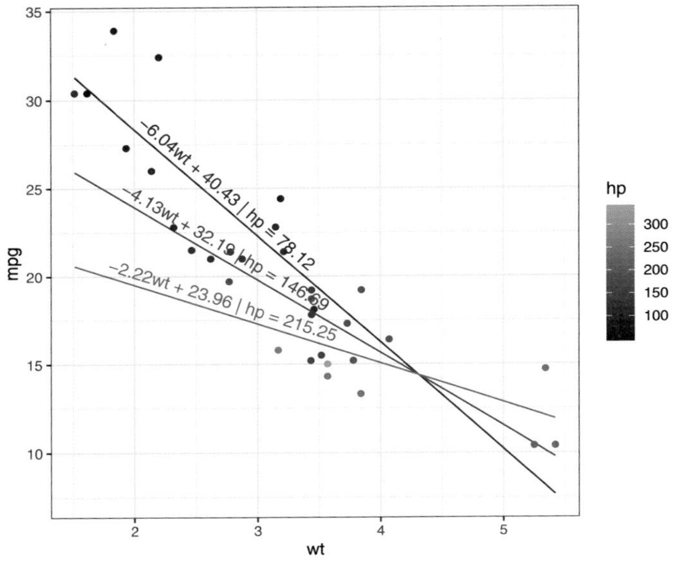

이 그래프에서 hp의 값에 따른 회귀선을 50개 그려 보면 다음과 같다.

```
ggPredict(fit3,mode=3,colorn=50,show.text = FALSE)
```

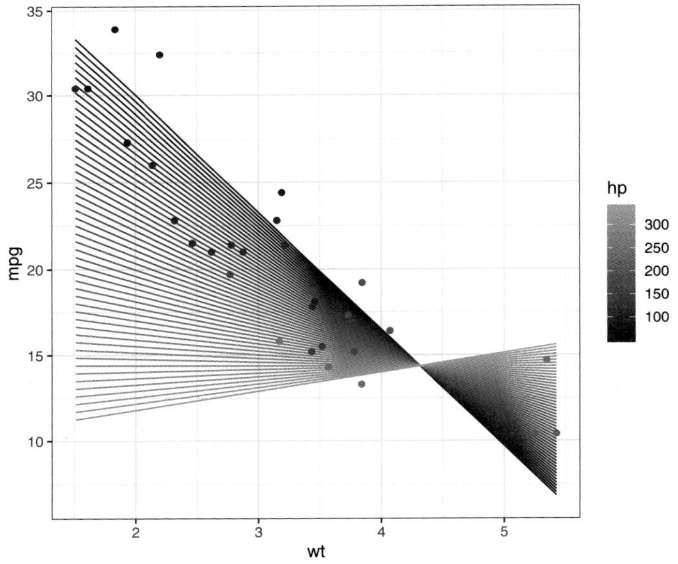

이를 3차원 그래프로 그려 보면 다음과 같다. 회귀면이 꼬여 있는 것을 알 수 있다.

```r
predict3d(fit3, show.error = TRUE)
```

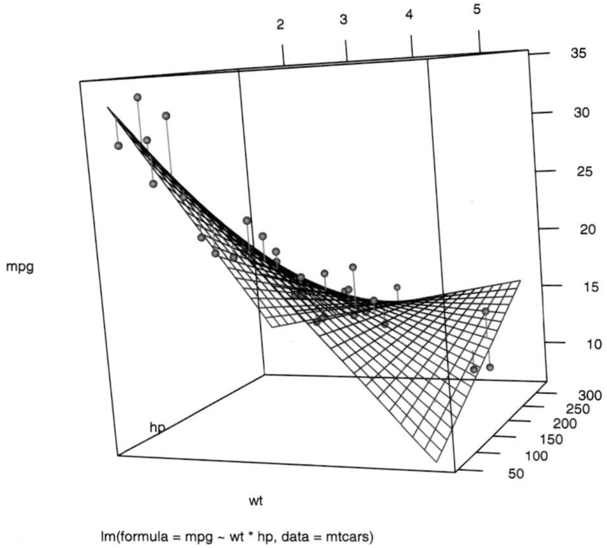

2.3.1 상호작용이 있는 다중회귀분석(조절효과)의 개념적 모형과 통계적 모형

상호작용이 있는 다중회귀분석은 Hayes의 PROCESS macro 모형 1에 해당한다. 다음과 같은 R formula를 사용한다.

$$R\,formula : Y \sim X * W$$

개념적 모형은 다음과 같다.

```r
pmacroModel(1,radx=0.1,rady=0.07)
```

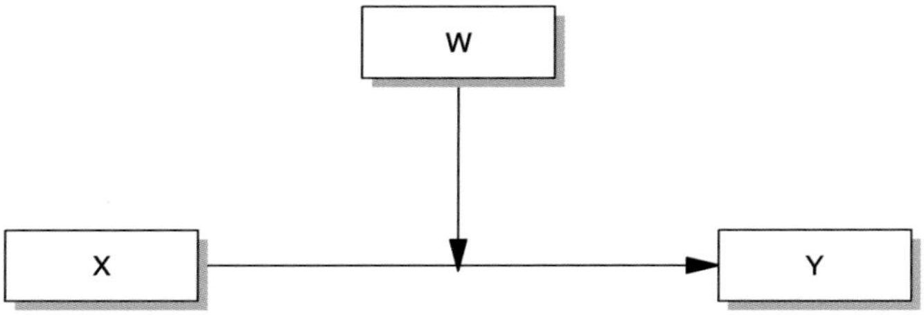

Model syntax는 다음과 같다.

$$Model\ syntax : Y \sim b_1 * X + b_2 * W + b_3 * X : W$$

통계적 모형은 다음과 같다.

```
statisticalDiagram(1,radx=0.1,rady=0.07)
```

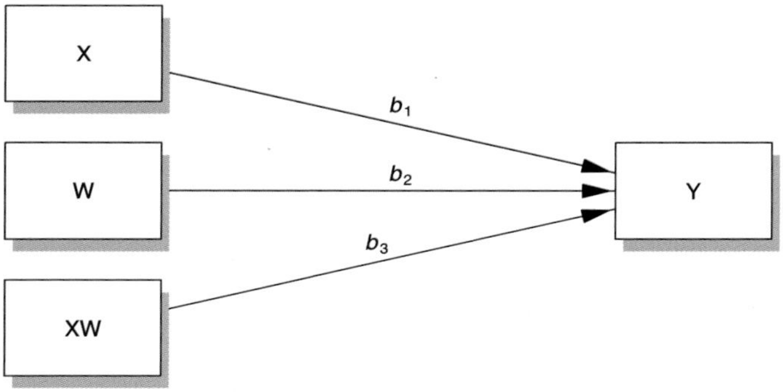

제 3 절 조절된 조절(moderated moderation)

이번에 살펴볼 모형은 설명변수가 3개 있고 모두 상호작용이 있는 모형이다. 이 모형은 조절된 조절이라고 할 수 있으며 Hayes의 PROCESS macro 모형 3에 해당한다.

```
fit4=lm(mpg ~ wt * hp * vs,data=mtcars)
summary(fit4)
```

```
Call:
lm(formula = mpg ~ wt * hp * vs, data = mtcars)

Residuals:
    Min      1Q  Median      3Q     Max
-3.4392 -1.4404  0.0168  1.3475  3.8171

Coefficients:
            Estimate Std. Error t value Pr(>|t|)
(Intercept) 46.34789    9.27508   4.997 4.19e-05 ***
wt          -7.68255    2.97908  -2.579   0.0165 *
hp          -0.10291    0.04901  -2.100   0.0464 *
vs          -4.54377   12.64388  -0.359   0.7225
wt:hp        0.02509    0.01503   1.669   0.1081
wt:vs        3.92911    4.67846   0.840   0.4093
hp:vs        0.05489    0.10581   0.519   0.6086
wt:hp:vs    -0.03745    0.03927  -0.954   0.3497
---
Signif. codes:  0 '***' 0.001 '**' 0.01 '*' 0.05 '.' 0.1 ' ' 1

Residual standard error: 2.175 on 24 degrees of freedom
Multiple R-squared:  0.8992,    Adjusted R-squared:  0.8698
F-statistic: 30.58 on 7 and 24 DF,  p-value: 1.819e-10
```

이 모형에서 hp와 vs의 값에 따른 wt와 mpg 사이의 회귀식의 기울기와 절편은 구하는 과정은 생략하고 그래프에서 어떻게 보이는지 살펴본다.

```
ggPredict(fit4,show.point=FALSE)
```

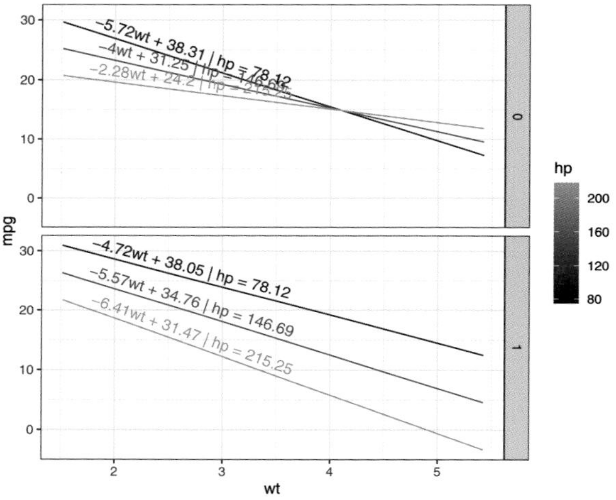

3차원 그래프로 vs가 0인 경우와 1인 경우를 나누어 그려 보면 다음과 같다.

```
predict3d(fit4, radius=4)
```

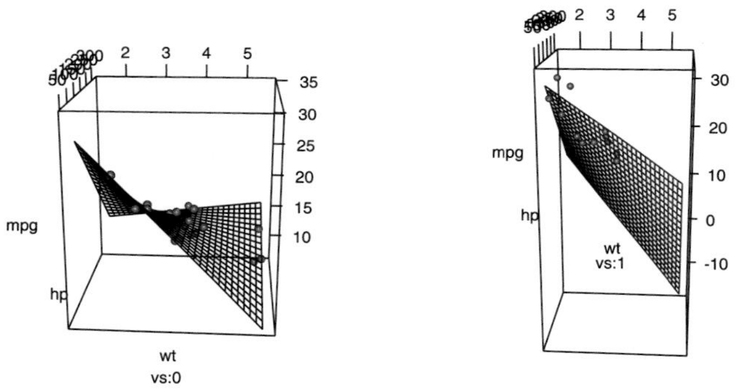

두 개의 3차원 그래프를 하나로 합쳐 보면 회귀면이 서로 교차하는 것을 알 수 있다.

```
predict3d(fit4, overlay=TRUE)
```

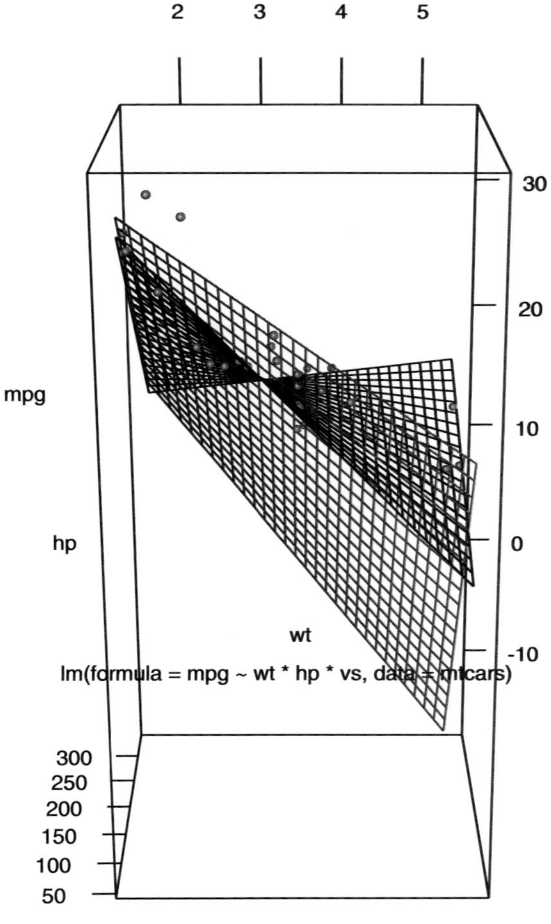

3.0.1 조절된 조절의 개념적 모형과 통계적 모형

설명변수가 3개 있고 모두 상호작용이 있는 모형은 조절된 조절이라고 할 수 있으며 Hayes의 PROCESS macro 모형 3에 해당한다.

$$R\,formula : Y \sim X * W * Z$$

개념적 모형은 다음과 같다.

```
pmacroModel(3,radx=0.1,rady=0.07)
```

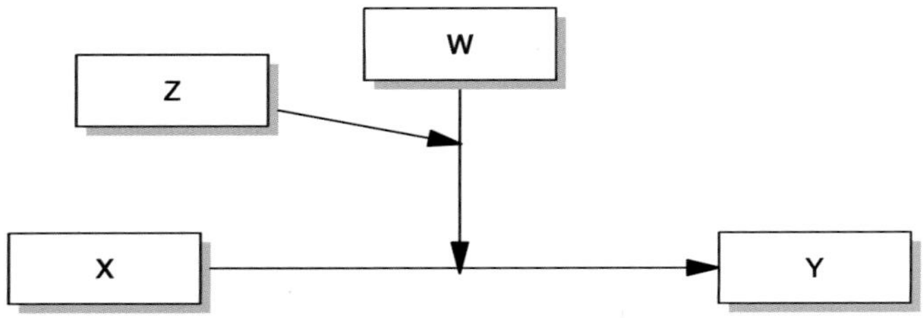

Model syntax는 다음과 같다.

$$Y \sim b_1 * X + b_2 * W + b_3 * Z + b_4 * X : W + b_5 * X : Z + b_6 * W : Z + b_7 * X : W : Z$$

```
statisticalDiagram(3)
```

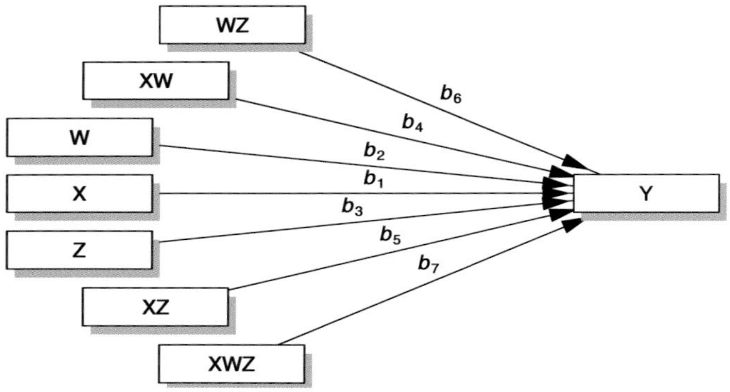

제 3 장
회귀에서 매개모형으로

가장 간단한 매개모형은 하나의 변수 X(독립변수)가 두 번째 변수 M에 영향을 미치고 다시 M은 세 번째 변수 Y(종속변수)에 영향을 미치는 인과관계의 사슬로 구성된 모형이다. 이때 M은 설명변수 X의 결과인 동시에 종속변수 Y의 설명변수가 된다. X 또한 Y의 설명변수이며(직접효과), 또한 M을 통하여 Y에 영향을 미칠 수 있으므로(간접효과) 이러한 변수 M을 매개변수(mediator variable) 또는 중개변수(intermediary variable)라고도 할 수 있다. R에서 매개모형을 분석하는 방법은 크게 세 가지가 있는데, 첫째, Baron과 Kenny(1986)의 방법, 둘째, mediation 패키지를 이용하는 방법, 세째, lavaan 패키지를 이용하여 분석하는 방법이다. 이번 장에서는 klaR 패키지에 포함되어 있는 countries 데이터를 사용하여 각각의 방법으로 매개모형 분석을 해 보고자 한다.

0.1 패키지 설치 및 데이터 불러오기

이번 장에서 사용되는 패키지들은 다음과 같다. require(패키지이름)로 패키지를 불러오고 패키지의 설치가 되어 있지 않은 경우 install.packages("패키지이름")로 패키지를 설치 후 패키지를 불러온다.

```
require(processR)
require(lavaan)
require(multilevel)  # sobel() 함수의 사용을 위해
require(bda)         # mediation.test() 함수의 사용을 위해
require(mediation)   # mediate() 함수의 사용을 위해
```

countries 데이터는 CIA World facebook http://www.cia.gov/cia/publications/factbook/에서 추출한 데이터로 42개 국가의 인구(Popul), 1인당 국민총생산(GDPpp), 문맹률(Illit), 유아사망률(InfMor), 평균기대수명(LifeEx) 등의 데이터이다. klaR 패키지가 설치되어 있지 않다면 다음 명령어로 패키지를 설치하고 데이터를 불러온다.

```
if(!require(klaR)) install.packages("klaR")  # countries 데이터의 사용을 위해
data(countries,package="klaR")
head(countries)
```

```
        Country     Popul    PopDens      GDPpp LifeEx InfMor Illit
AFG Afghanistan  28717213  44.350908   661.6241  46.97 14.248  64.0
DZ      Algeria  32818500  13.779206  5295.7935  70.54  3.774  30.0
RA    Argentina  38740807  16.265758 10423.1179  75.48  1.616   2.9
BD   Bangladesh 138448210 961.445903  1720.4990  61.33  6.608  56.9
BR       Brazil 182032604  21.385497  7559.0854  71.13  3.174  13.6
CDN      Canada  32207113   3.225656 29002.9100  79.83  0.488   3.0
```

제 1 절 Baron과 Kenny의 방법

Baron과 Kenny(1986)는 단계적 인과관계 접근(causal steps approach)이라는 방법을 제안하였는데 최근까지 표준적인 방법으로 사용되어 왔다. 매개모형은 다음 그림과 같으며 이는 두 개의 회귀모형으로 이루어져 있다.

```
library(processR)
labels=list(X="Illit",M="InfMor",Y="LifeEx")
nodelabels=list(X="Illiteracy\nRate",M="Infant\nMortality Rate",
               Y="Mean Life\nExpectation")
drawModel(labels=labels,nodelabels=nodelabels)
```

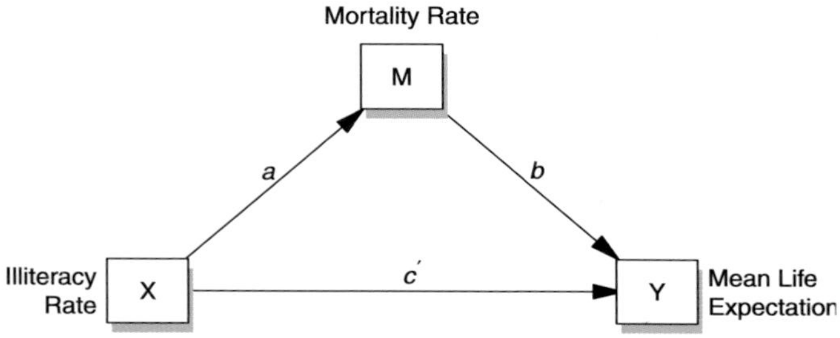

Baron과 Kenny의 방법은 네 개의 단계로 이루어진다.

1.0.1 전체효과

X를 독립변수로, Y를 종속변수로 하는 회귀모형을 만든다.

```
drawModel(labels=list(X="Illit",Y="LifeExp"),nodelabels=nodelabels,arrowslabels=list(c="c"))
```

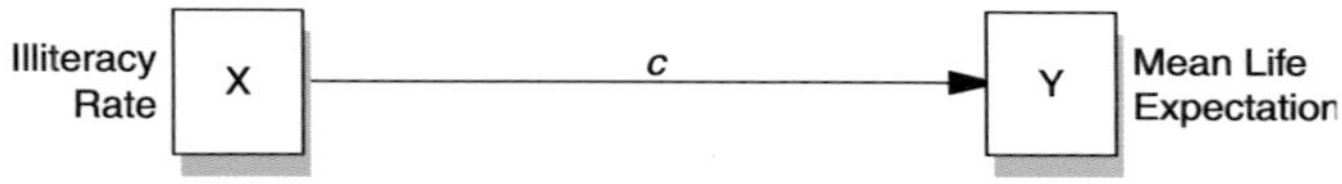

이 모형의 회귀식은 다음과 같다.

$$Y = i_Y + cX + \varepsilon_Y$$

위 식에서 i_Y는 Y절편 , ε_Y는 잔차를 나타낸다. 전체효과 c는 이 회귀모형의 기울기가 되며 이 모형에서 $c = 0$이라는 귀무가설을 기각할 수 있어야 다음 단계로 진행한다. 이 때 전체효과모형의 회귀계수는 관용적으로 c'이 아니라 c로 표현하는 것을 주의한다. c'은 보통 직접효과의 회귀계수를 표현한다.

```
fit1=lm(LifeEx~Illit,data=countries)
summary(fit1)
```

```
Call:
lm(formula = LifeEx ~ Illit, data = countries)

Residuals:
    Min      1Q  Median      3Q     Max
-22.569  -3.110   2.704   5.625  14.123

Coefficients:
            Estimate Std. Error t value Pr(>|t|)
(Intercept) 73.08551    1.84972  39.512  < 2e-16 ***
Illit       -0.35545    0.07334  -4.847 1.93e-05 ***
---
Signif. codes:  0 '***' 0.001 '**' 0.01 '*' 0.05 '.' 0.1 ' ' 1
```

```
Residual standard error: 8.84 on 40 degrees of freedom
Multiple R-squared:  0.37, Adjusted R-squared:  0.3542
F-statistic: 23.49 on 1 and 40 DF,  p-value: 1.927e-05
```

이 회귀모형에서 Illit의 기울기는 -0.355($p < .001$)로 기울기가 0이라는 귀무가설은 기각할 수 있으므로 다음 단계로 진행한다.

1.0.2 회귀모형 2

독립변수 X를 설명변수로, 매개변수 M을 종속변수로 하는 회귀모형을 만든다.

$$M = i_M + aX + \varepsilon_M$$

위 식에서 i_M는 Y절편 , ε_M는 잔차를 나타낸다. a는 이 회귀모형의 기울기가 되며 이 모형에서 $a = 0$이라는 귀무가설을 기각할 수 있어야 다음 단계로 진행한다.

```
fit2=lm(InfMor~Illit,data=countries)
summary(fit2)
```

```

Call:
lm(formula = InfMor ~ Illit, data = countries)

Residuals:
    Min      1Q  Median      3Q     Max 
-3.8328 -1.3094 -0.3552  0.7388  5.7571 

Coefficients:
            Estimate Std. Error t value Pr(>|t|)    
(Intercept)  1.68877    0.44512   3.794 0.000492 ***
Illit        0.13404    0.01765   7.595 2.82e-09 ***
---
Signif. codes:  0 '***' 0.001 '**' 0.01 '*' 0.05 '.' 0.1 ' ' 1

Residual standard error: 2.127 on 40 degrees of freedom
Multiple R-squared:  0.5905,	Adjusted R-squared:  0.5803 
F-statistic: 57.69 on 1 and 40 DF,  p-value: 2.817e-09
```

이 회귀모형의 기울기는 0.134이며 p값은 0.001 이하로 매우 낮아 $a = 0$이라는 귀무가설이 기각되며 다음 단계로 진행한다.

1.0.3 회귀모형 3

종속변수 Y를 종속변수로 하고 매개변수 M과 독립변수 X를 설명변수로 하는 회귀모형을 만든다.

$$Y = i_Y + c'X + bM + \varepsilon_Y$$

위 식에서 i_Y는 Y절편 , ε_Y는 잔차를 나타낸다. 이때 회귀계수 b는 X의 영향을 통제한 Y에 대한 M의 효과로 $b = 0$이라는 귀무가설을 기각할 수 있어야 다음 단계로 진행한다.

```
fit3=lm(LifeEx~Illit+InfMor,data=countries)
summary(fit3)
```

```
Call:
lm(formula = LifeEx ~ Illit + InfMor, data = countries)

Residuals:
     Min       1Q   Median       3Q      Max
-13.2024  -1.2989   0.7171   1.9393  10.7029

Coefficients:
            Estimate Std. Error t value Pr(>|t|)
(Intercept) 79.05483    1.14860  68.827  < 2e-16 ***
Illit        0.11836    0.06103   1.939   0.0597 .
InfMor      -3.53471    0.34988 -10.103 1.91e-12 ***
---
Signif. codes:  0 '***' 0.001 '**' 0.01 '*' 0.05 '.' 0.1 ' ' 1

Residual standard error: 4.707 on 39 degrees of freedom
Multiple R-squared:  0.8258,	Adjusted R-squared:  0.8169
F-statistic: 92.46 on 2 and 39 DF,  p-value: 1.582e-15
```

이 회귀모형에서 매개변수 Illit의 회귀계수 b는 -3.535이며 $p < .001$로 $b = 0$이라는 귀무가설을 기각할 수 있다. 또한 이 모형에서 독립변수 Illit의 회귀계수 c'은 약 0.118이며 이는 매개변수 InfMor의 영향을 통제한 상태에서 독립변수 Illit가 종속변수 LifeEx에 직접 영향을 미치는 직접효과이다.

1.0.4 직접효과와 전체효과의 비교

3단계에서 계산한 직접효과 c'과 1단계에서 계산한 전체효과 c를 비교한다. 전체효과 c는 직접효과 c'과 간접효과를 더한 것이다.

$$c = c' + ab$$

간접효과 ab 는 전체효과 c에서 c'을 뺀 것이 된다.

$$ab = c - c'$$

직접효과 c'이 c와 비교해 보다 0에 가까우며 c'이 통계적으로 유의하지 않다면 매개변수 M은 Y에 대한 X의 효과를 완전매개한다고 할 수 있다. 반면, 직접효과 c'이 c

와 비교해 보다 0에 가깝지만 통계적으로 0과 다르다면 매개변수 M은 Y에 대한 X의 효과를 부분매개한다고 할 수 있다. 이 모형에서는 직접효과 c'이 c보다 0에 가까우며 통계적으로 유의하지 않으므로 M은 Y에 대한 X의 효과를 완전매개한다고 할 수 있다.

1.0.5 간접효과에 대한 검정

간접효과의 유의성에 대한 검정은 크게 두 가지가 있는데 하나는 소벨(Sobel)검정이고 또 하나는 부트스트랩(bootstrapping)을 이용한 신뢰구간이다. 소벨검정은 표본의 분포가 정규분포 가정을 만족할때 사용할 수 있다. 또한 소벨검정은 표본수가 클 때에만 적절한 검정력을 갖기 때문에 부트스트랩 방법이 보다 추천된다.

소벨검정은 다음과 같이 할 수 있다.

```
library(multilevel)
sobel(countries$Illit,countries$InfMor,countries$LifeEx)
```

```
$`Mod1: Y~X`
             Estimate Std. Error   t value     Pr(>|t|)
(Intercept) 73.085514 1.84972038 39.511655 1.137290e-33
pred        -0.355446 0.07333579 -4.846828 1.926579e-05

$`Mod2: Y~X+M`
              Estimate Std. Error    t value     Pr(>|t|)
(Intercept) 79.0548296 1.14860485  68.826829 2.449561e-42
pred         0.1183575 0.06102843   1.939383 5.971313e-02
med         -3.5347146 0.34987641 -10.102752 1.914173e-12

$`Mod3: M~X`
             Estimate Std. Error  t value     Pr(>|t|)
(Intercept) 1.6887688 0.44512385 3.793930 4.919000e-04
pred        0.1340429 0.01764781 7.595443 2.817033e-09

$Indirect.Effect
[1] -0.4738035

$SE
[1] 0.0780431

$z.value
[1] -6.071049

$N
[1] 42
```

소벨검정은 종속변수 Y에 대한 독립변수 X의 효과가 매개변수 M이 존재할 때 유의하게 감소하는지 검정하는 특화된 t검정이다. miltilevel 패키지의 sobel()함수를 사용하면 세 개의 모형(Mod1 = 전체효과, Mod2 = path B, Mod3 = Path A) 및 간접효과의 측정치, 간접효과의 표준에러 및 z값을 제공해 준다. 이 값을 이용해 p값을 계산하거나 dba 패키지를 사용해 p값을 얻을 수 있다.

```
library(bda)
bda::mediation.test(countries$InfMor,countries$Illit,countries$LifeEx)
```

```
                Sobel         Aroian       Goodman
z.value -6.071049e+00 -6.052137e+00 -6.090140e+00
p.value  1.270775e-09  1.429371e-09  1.128123e-09
```

이때 sobel함수는 sobel(X,M,Y) 순으로 호출하며 mediation.test는 mediation.test(M,X,Y) 순으로 입력해야 하므로 유의하여야 한다. 부트스트래핑에 관하여는 다음 절에서 다룬다.

1.1 processR을 이용한 Baron과 Kenny 방법 분석

processR에서는 Baron과 Kenny 방법에 의한 분석을 손쉽게 할 수 있도록 mediationBK라는 함수를 제공한다. 사용하는 방법은 다음과 같다.

```
labels=list(X="Illit",M="InfMor",Y="LifeEx")
result=mediationBK(labels=labels,data=countries)
result
```

```
Results of Baron and Kenny Method
Step 1 : Path C (Total Effect) : c = -0.355 ( p < 0.001 )
Step 2 : Path A (X on M) : a = 0.134 ( p < 0.001 )
Step 3 : Path B (M on Y, controlling for X) : b = -3.535 ( p < 0.001 )
Step 4 : Path C' (Direct Effect, X on Y, controlling for M) : c' = 0.118 ( p = 0.060 )
Result : Complete mediation

Normal theory test for indirect effect(s) :

         ab        seab           z           p    ci.lower    ci.upper
-0.47380347  0.07828697 -6.05213666  2.00000000 -0.62724312 -0.32036382

Results of bda::mediation.test

                Sobel         Aroian       Goodman
z.value -6.071049e+00 -6.052137e+00 -6.090140e+00
p.value  1.270775e-09  1.429371e-09  1.128123e-09
```

mediationBK 함수의 결과인 result에는 회귀모형들이 포함되어 있는데, 회귀모형의 equation들을 보려면 다음과 같이 할 수 있다.

```
for(i in 1:3) {
  cat(paste0("fit",i),"=", result$equations[[i]],"\n")
}
```

```
fit1 = lm(LifeEx~Illit,data=countries)
fit2 = lm(InfMor~Illit,data=countries)
fit3 = lm(LifeEx~InfMor+Illit,data=countries)
```

또한 회귀모형들의 결과를 표로 요약해 보면 다음과 같다.

```
modelsSummaryTable(labels=labels,data=countries)
```

표 3.1: Baron과 Kenny 방법에 의한 매개모형 요약

		Consequent								
		InfMor(M)					LifeEx(Y)			
Antecedent		*Coef*	*SE*	*t*	p		*Coef*	*SE*	*t*	p
Illit(X)	*a*	0.134	0.018	7.595	<.001	*c'*	0.118	0.061	1.939	.060
InfMor(M)						*b*	-3.535	0.350	-10.103	<.001
Constant	i_M	1.689	0.445	3.794	<.001	i_Y	79.055	1.149	68.827	<.001
Observations		42					42			
R2		0.591					0.826			
Adjusted R2		0.580					0.817			
Residual SE		2.127 (df = 40)					4.707 (df = 39)			
F statistic		F(1,40) = 57.691, p < .001					F(2,39) = 92.456, p < .001			

매개모형의 결과를 plot으로 그리려면 다음과 같이 한다.

```
nodeslabels=list(X="Illiteracy\nRate",M="Infant\nMortality Rate",
                 Y="Mean Life\nExpectation")
plot(result,type=1,radx=0.12,rady=0.09,nodeslabels=nodeslabels)
```

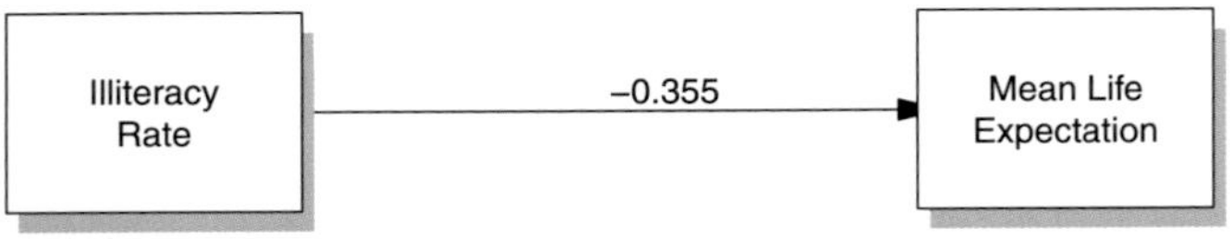


```
plot(result,radx=0.12,rady=0.09,nodeslabels=nodeslabels)
```

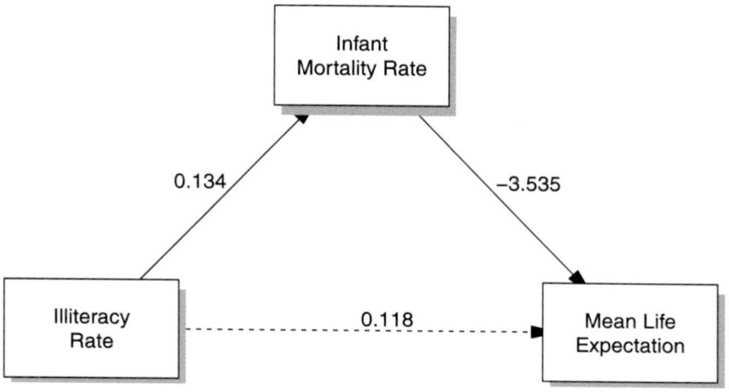

1.2 Baron과 Kenny의 방법에 대한 비판

단계적 인과관계 접근은 Baron과 Kenny(1986)가 사용한 방법으로 비교적 최근까지 표준적인 방법으로 사용되어 왔다. 하지만 몇 가지 문제가 있어 현재는 권장되지 않는다. 이 부분에 대하여는 Hayes(2018)의 책에 잘 기술되어 있으며 다음은 그 내용을 요약한 것이다. 첫 번째 문제는 간접효과 $ab = 0$이라는 가설에 대한 검정이 아니라 $a = 0, b = 0$이라는 귀무가설에 대한 검정을 따로 실시하여 $ab = 0$이라는 가설을 간접적으로 추론한다는 점이다. 드물기는 하지만 a와 b가 모두 통계적으로 0과 다르지만 간접효과가 없는 경우도 있으며, 더 중요한 것은 a와 b가 모두 유의하지 않지만 ab가 유의한 경우도 있을 수 있다. 간접효과의 추정치는 ab, 즉 a와 b의 곱이며 a와 b 각각의 통계적인 유의성은 매개효과의 필요조건이 아니다. 둘째, 이 방법으로 매개효과를 증명하기 위해서는 세 개의 귀무가설($c = 0, a = 0, b = 0$)을 연속하여 성공적으로 기각하여야 한다. 하지만 가설에 대한 검정은 가정들이 만족하여야 하며 또한 항상 1종 또는 2종의 오류가 일어날 수 있다. 가설에 대한 가정들이 만족된다고 하더라도 하나의 주장을 하기 위해 여러 개의 가설을 검정한다면 그만큼 오류를 일으킬 가능성이 많아지므로 간접효과에 대한 하나의 총괄추론만으로 검정하는 것이 보다 바람직하다. 세 번째로 단계적 인과관계 접근을 사용하는 많은 사람들이 매개변수로 이분형 변수를 생각한다. 즉, X 의 Y에 대한 효과가 M에 의해 매개되는가 아닌가 하는 정성적인 방법을 생각한다. 간접효과는 정량화되어야 하며 간접효과가 있다 또는 없다는 흑백논리가 아닌 간접효과의 신뢰구간을 제시하는 것이 보다 바람직하다. 넷째, 이 방법은 첫 단계로 X가 Y에 영향을 미치는가 하는 검정에서 시작한다. 전체효과 $c = 0$이라는 귀무가설을 기각하지 못하면 M의 매개효과에 대한 다른 검정들은 부적절한 것으로 취급하여 중단된다. 이 논리는 효과가 존재하지 않으면 매개될 것도 없으며 효과가 존재하지 않는 기전을 설명할 필요도 없다는 주장이다. 이러한 주장은 잘못된 것으로 전체효과가 0과 다르지 않더라도 X가 M을 통하여 Y에 영향을 미칠 수 있다. 전체효과의 크기가 간접효과의 크기를 결정하거나 제한하지 않는다. 전체 효과가 0과 다르지 않더라도 간접효과는 얼마든지 0과 다를 수 있다.

제 2 절 mediation 패키지를 사용한 매개효과 분석

R을 이용하여 부트스트랩한 신뢰구간을 포함하여 매개모형을 분석하는 방법은 여러 가지가 있을 수 있으며, 이 책에서는 mediation 패키지를 이용한 방법과 lavaan패키지를 이용하는 방법을 소개한다. 먼저 mediation 패키지를 이용하여 매개효과를 분석할 때는 두 개의 회귀모형을 만든다.

```
library(mediation)

fitM = lm(InfMor ~ Illit,data = countries)
fitY = lm(LifeEx ~ Illit + InfMor, data= countries)
```

위와 같이 두개의 회귀모형을 만든 후 mediate()함수의 인수로 넣어 준다. 이 함수의 treat인수에는 독립변수 X를 지정해주고 mediator인수에는 매개변수 M을 지정해 준다.

```
set.seed(123)
fitMed=mediation::mediate(fitM, fitY, treat="Illit", mediator="InfMor",
                          sims=999, boot=TRUE, boot.ci.typoe="bca")
summary(fitMed)
```

```
Causal Mediation Analysis

Nonparametric Bootstrap Confidence Intervals with the Percentile Method

               Estimate 95% CI Lower 95% CI Upper p-value
ACME            -0.4738      -0.7095        -0.30  <2e-16 ***
ADE              0.1184      -0.0144         0.29   0.078 .
Total Effect    -0.3554      -0.5119        -0.22  <2e-16 ***
Prop. Mediated   1.3330       0.9667         1.95  <2e-16 ***
---
Signif. codes:  0 '***' 0.001 '**' 0.01 '*' 0.05 '.' 0.1 ' ' 1

Sample Size Used: 42


Simulations: 999
```

fitMed모형의 요약 출력에서 ACME(average causal mediation effect)는 간접효과 ab를 나타내며 95% 부트스트랩 신뢰구간이 제시된다. 귀무가설 ACME = 0은 신뢰구간에 포함되지 않으므로 유아사망률(InfMor)은 문맹률(Illit)이 평균수명(LifeEx)에 미치는 영향을 매개한다고 결론 내릴 수 있다. ADE(average direct effect)는 직접효과 c'를 나타내며 전체효과는 $ab + c'$이다. 마지막의 Prop.mediated는 간접효과를 전체효과로 나눈 것이다. 이 예에서 문맹률(Illit)이 평균수명(LifeEx)에 미치는 영향 중 약 133.3%(97.5 - 196 %)가 문맹률(InfMor)에 의해 매개된다고 할 수 있다. 다음은 이 결과를 그래프로 나타낸 것이다.

```
plot(fitMed)
```

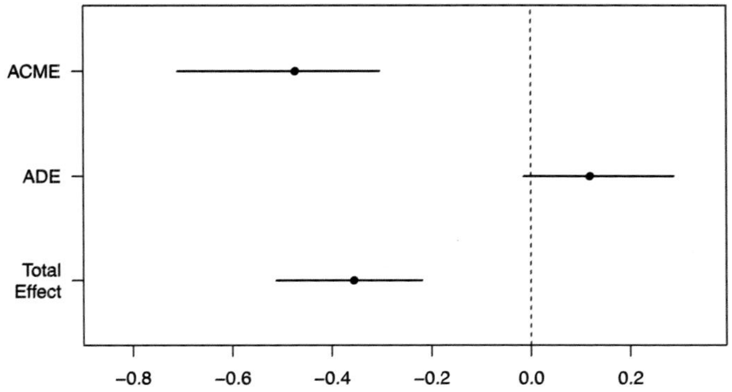

제 3 절 lavaan 패키지를 사용한 매개효과 분석

lavaan 패키지를 이용하여 분석하려면 먼저 두 개의 회귀식을 만들어야 한다. 이때 lm()함수에 쓰는 회귀식과 달리 회귀계수의 이름을 넣어 주는 것이 좋다. 또한 간접효과(indirect) 가 회귀계수 a와 b의 곱이라는 것을 알려 주고 total 및 prop.mediated를 지정해 주면 결과에서 쉽게 찾아볼 수 있다. 또한 재현가능한 결과를 얻기 위해 set.seed()함수로 시드값을 정해 준다.

```
library(lavaan)
model <- '
InfMor ~ a*Illit
LifeEx ~ b*InfMor + c*Illit
indirect := a*b
direct := c
total := direct + indirect
prop.mediated := indirect / total
'
set.seed(123)
semfit=sem(model=model,data=countries, se="boot")
parameterEstimates(semfit, boot.ci.type = "perc", ci=TRUE)[c(1:5,9,10,8)]
```

```
         lhs op        rhs     label     est ci.lower
1     InfMor  ~      Illit         a   0.134    0.091
2     LifeEx  ~     InfMor         b  -3.535   -4.833
3     LifeEx  ~      Illit         c   0.118   -0.018
4     InfMor ~~     InfMor             4.310    2.039
5     LifeEx ~~     LifeEx            20.576    7.439
6      Illit ~~      Illit           345.965  345.965
7   indirect :=        a*b  indirect  -0.474   -0.711
```

```
8          direct :=                c        direct   0.118   -0.018
9           total := direct+indirect          total  -0.355   -0.514
10 prop.mediated :=  indirect/total prop.mediated   1.333    0.958
   ci.upper pvalue
1     0.178  0.000
2    -2.650  0.000
3     0.290  0.135
4     6.324  0.000
5    31.556  0.001
6   345.965     NA
7    -0.318  0.000
8     0.290  0.135
9    -0.218  0.000
10    1.970  0.000
```

결과 출력을 보면 indirect, direct, total 및 prop.mediated를 볼 수 있다. 간접효과는 전체효과의 133.3%로 간접효과가 전체효과보다 더 크다는 것을 알 수 있다. 이 결과에서 추정량은 mediation 패키지와 같지만 95% 부트스트랩 신뢰구간은 약간 다른데, 이것은 부트스트랩 방법의 차이("bca"와 "perc") 및 부트스트랩의 특성으로 시행할 때마다 약간씩 달라질 수 있다.

3.1 processR 패키지를 사용한 매개효과 분석

processR 패키지는 복잡한 모형의 분석에 사용할수 있는 lavaan syntax를 만들어 준다. 이 모형의 경우 다음과 같이 lavaan syntax를 만들 수 있다.

```
library(processR)
labels=list(X="Illit",M="InfMor",Y="LifeEx")
model=tripleEquation(labels=labels)
cat(model)
```

```
InfMor~a*Illit
LifeEx~c*Illit+b*InfMor
indirect :=(a)*(b)
direct :=c
total := direct + indirect
prop.mediated := indirect / total
```

연구자가 할 일은 독립변수 X,매개변수 M, 종속변수 Y의 이름을 리스트로 만들기만 하면 된다. 그 후 tripleEquation()함수에 넣어 주면 복잡한 lavaan syntax를 자동으로 만들어 준다. 그 후 이 lavaan syntax를 사용하여 분석을 하면 된다.

```
set.seed(123)
semfit=sem(model=model,data=countries, se="boot")
```

medSummaryTable()함수는 위의 매개효과를 요약해 MS word나 파워포인트에서 사용할 수 있는 표로 만들어 준다.

```
medSummaryTable(semfit)
```

표 3.2: 매개모형의 매개효과 요약

Effect	Equation	estimate	95% Bootstrap CI
indirect	(a)*(b)	-0.474	(-0.711 to -0.318)
direct	c	0.118	(-0.018 to 0.290)
total	direct+indirect	-0.355	(-0.514 to -0.218)
prop.mediated	indirect/total	1.333	(0.958 to 1.970)

boot.ci.type = perc

제 4 절 mediation 패키지와 lavaan 패키지의 장단점

mediation 패키지는 코드가 직관적으로 사용하기 쉽고 선형회귀뿐 아니라 glm, GAM, poisson회귀 등에도 사용할 수 있는 장점이 있으나 복잡한 모형에는 사용할 수 없다. lavaan 패키지는 복잡한 모형에도 사용할 수 있으며 잠재변수도 사용할 수 있는 반면, 복잡한 모형인 경우 제대로 동작하는 syntax를 만들기 매우 어렵다. 저자가 만든 processR 패키지는 복잡한 모형의 분석에 사용할 수 있는 lavaan syntax를 만들어 주므로 lavaan을 이용한 조건부 과정 분석의 진입 장벽을 낮추어 연구자들이 보다 쉽게 분석이 가능하도록 하였다. 다음 장에서는 processR 패키지를 사용하여 조건부 과정 분석을 하는 과정을 소개하고자 한다.

제4장 processR 패키지 소개

processR 패키지는 SPSS 및 SAS에서 conditional process analysis에 널리 사용되는 Andrew Hayes 교수의 PROCESS macro에서 영감을 받아 제작한 패키지이다. Andrew Hayes 교수는 이 패키지의 개발에 참여하지 않았으며 따라서 이 패키지의 결과를 보장하지 않는다. 이 패키지에는 새로운 통계학적인 분석 방법이 없으며 분석을 할 때에는 lavaan 패키지를 사용한다. 이 패키지의 주요기능 중 하나는 복잡한 모형에서 lavaan을 이용한 분석을 할 수 있도록 syntax를 만들어 주는 것이다.

제 1 절 기본 매개 모형

processR 패키지는 PROCESS macro와 달리 model 번호와는 상관이 없다. processR 패키지는 일단 단순매개모형을 기본으로 변수를 확장한다. 다음은 기본매개모형을 나타낸다. 독립변수 X, 매개변수 M, 종속변수 Y를 따로 지정하지 않고 리스트에 묶어서 한꺼번에 지정한다(PROCESS macro 모형 4번에 해당한다).

```
require(processR)
labels=list(X="X",M="M",Y="Y")
drawModel(labels=labels)
```

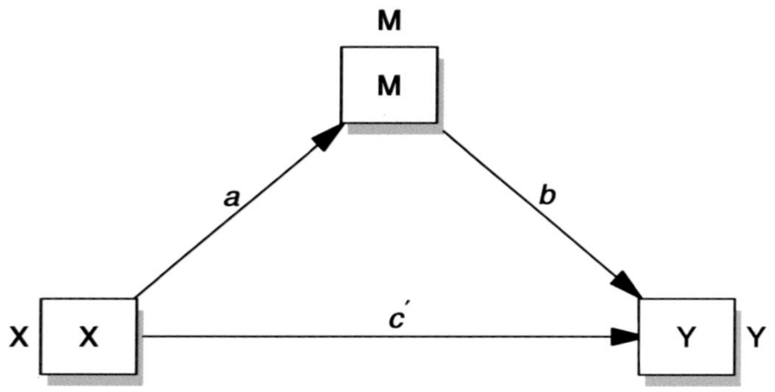

이 모형에서 경로 a는 M을 종속변수로, X를 독립변수로 하는 경로를 나타내며 경로 b는 Y를 종속변수로 M을 독립변수로 하는 경로를 나타낸다. 또한 경로 c'은 Y를 종속변수로, X를 독립변수로 하는 경로다. 원래는 전체효과 c와 비교하기 위해 c'을 사용하지만 processR 패키지에서 조절변수의 위치를 지정할 때에는 편의상 c로 지정한다. 또한 매개변수 M은 경우에 따라 여러 개 지정할 수 있다. 이 모형에 해당하는 lavaan syntax는 다음과 같이 만들 수 있다. 이때 tripleEquation()함수를 사용한다.

```
model=tripleEquation(X="X",M="M",Y="Y")
cat(model)
```

```
M~a*X
Y~c*X+b*M
indirect :=(a)*(b)
direct :=c
total := direct + indirect
prop.mediated := indirect / total
```

위와 같이 지정해도 되지만 X, M, Y 등을 따로 list로 저장하여 사용하면 여러 번 반복하여 입력하지 않아도 되므로 편리하다.

```
labels=list(X="Independent",M="Mediator",Y="Dependent")
model <- tripleEquation(labels=labels)
cat(model)
```

```
Mediator~a*Independent
Dependent~c*Independent+b*Mediator
indirect :=(a)*(b)
direct :=c
total := direct + indirect
prop.mediated := indirect / total
```

또한 drawConcept와 drawModel함수를 사용하여 개념적 모형과 통계적 모형을 그릴 때 nodemode인수를 지정해 주면 nodemode=1(디폴트)인 경우 변수의 라벨과 이름 출력, 2인 경우 이름만 출력, 3인 경우 이름(라벨) 형태로 출력, 4인 경우 라벨만 출력한다. 또한 box의 넓이는 radx인수로 조절하고 box의 높이는 rady인수로 조절할 수 있다. 다음은 통계적 모형에서 이름만 출력한 예이다.

```
labels=list(X="Independent",M="Mediator",Y="Dependent")
drawModel(labels=labels,nodemode=2,radx=0.14)
```

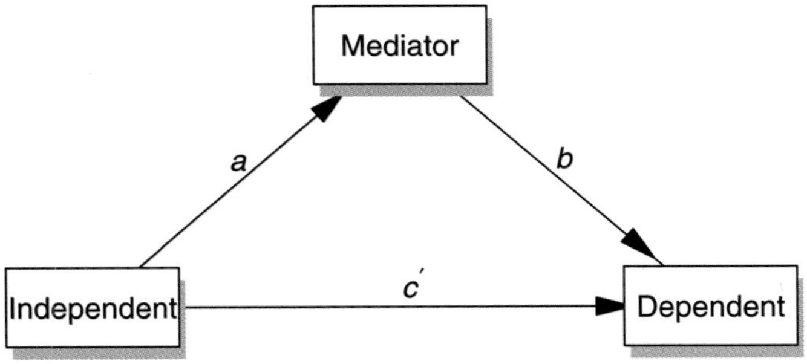

제 2 절 공변량이 있는 모형

공변량(covariate)은 회귀모형에서 interaction이 없는 다중회귀모형의 독립변수이다. 단순매개모형에 $C1$이라는 공변량이 M과 Y를 종속변수로 하는 다중회귀모형의 공변량으로 작용하고 $C2$라는 공변량이 Y를 종속변수로 하는 다중회귀모형의 공변량으로 작용한다면 개념적인 모형은 다음과 같다. 공변량은 list 형태로 지정해 주는데 먼저 공변량의 이름을 지정해 주고 공변량이 작용하는 위치를 site라는 이름의 리스트로 지정해 주면 된다. 이 경우 공변량 $C1$은 M과 Y에 작용하고 공변량 $C2$은 Y에 작용하므로 공변량은 다음과 같이 지정한다.

```
labels=list(X="X",M="M",Y="Y")
covar=list(name=c("C1","C2"),site=list(c("M","Y"),"Y"))
drawConcept(labels=labels,covar=covar)
```

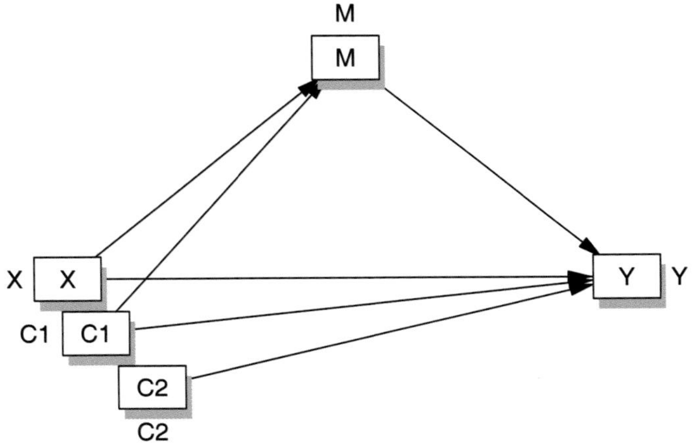

이 모형의 회귀식은 다음과 같다. 매개변수 M에 작용하는 공변량의 회귀계수는 편의

상 f로 시작하고 종속변수 Y에 작용하는 공변량의 회귀계수는 편의상 g로 시작한다.

$$M = i_M + aX + fC_1 + \varepsilon_M$$

$$Y = i_Y + cX + bM + g_1C_1 + g_2C_2 + \varepsilon_Y$$

이 모형은 lavaan으로 분석하기 위한 syntax는 다음과 같이 만들 수 있다.

```
model<-tripleEquation(labels=labels,covar=covar)
cat(model)
```

```
M ~ a*X + f*C1
Y ~ c*X+b*M + g1*C1 + g2*C2
indirect :=(a)*(b)
direct :=c
total := direct + indirect
prop.mediated := indirect / total
```

이 모형의 통계적 모형은 다음과 같이 그릴 수 있다.

```
drawModel(labels=labels,covar=covar)
```

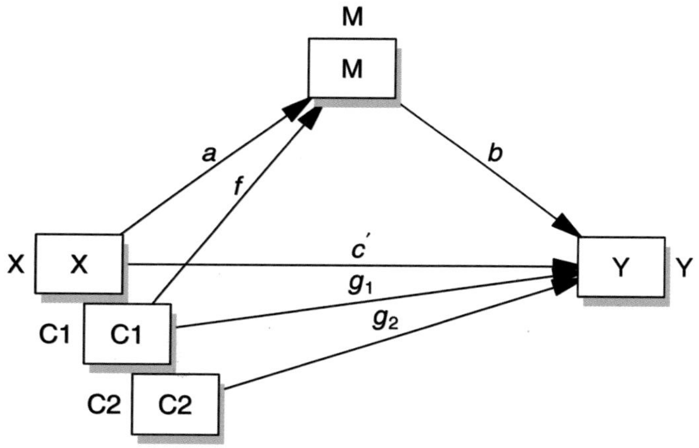

제 3 절 조절변수(Moderator)

조절변수(moderator)는 회귀식에서 상호작용하는 회귀식을 만든다. 예를 들어, 다음 모형을 보자(PROCESS macro 7번 모형에 해당한다). 이 모형은 경로 a에 W라는 조절변수가 있는 모형이다. 조절변수는 공변량과 마찬가지로 리스트 형태로 지정하는데 조절변수의 이름을 벡터 형태로 지정해 주고 조절변수가 작용하는 위치는 site에 리스트 형태로 지정한다.

```
labels=list(X="X",M="M",Y="Y")
moderator=list(name="W",site=list(c("a")))
drawConcept(labels=labels,moderator=moderator)
```

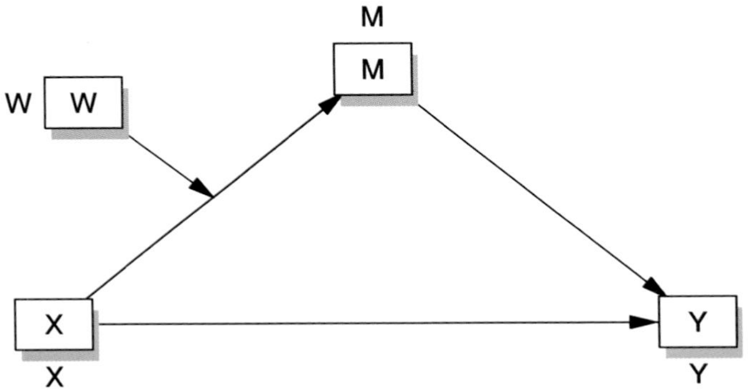

이 모형의 a경로의 회귀식은 다음과 같다.

$$M \sim X * W$$

위 식을 풀어 쓰면 다음과 같다.

$$M \sim X + W + XW$$

이 식을 회귀계수와 intercept, error가 있는 equation으로 나타내면 다음과 같다.

$$M = i_M + a_1X + a_2W + a_3XW + \varepsilon_M$$

이 모형을 lavaan으로 분석하기 위한 syntax는 다음과 같이 얻을 수 있다.

```
labels=list(X="X",M="M",Y="Y")
moderator=list(name="W",site=list("a"))
model=tripleEquation(labels=labels,moderator=moderator)
cat(model)
```

```
M~a1*X+a2*W+a3*X:W
Y~c*X+b*M
W ~ W.mean*1
W ~~ W.var*W
CE.XonM :=a1+a3*W.mean
indirect :=(a1+a3*W.mean)*(b)
```

```
index.mod.med :=a3*b
direct :=c
total := direct + indirect
prop.mediated := indirect / total
CE.XonM.below :=a1+a3*(W.mean-sqrt(W.var))
indirect.below :=(a1+a3*(W.mean-sqrt(W.var)))*(b)
CE.XonM.above :=a1+a3*(W.mean+sqrt(W.var))
indirect.above :=(a1+a3*(W.mean+sqrt(W.var)))*(b)
direct.below:=c
direct.above:=c
total.below := direct.below + indirect.below
total.above := direct.above + indirect.above
prop.mediated.below := indirect.below / total.below
prop.mediated.above := indirect.above / total.above
```

이 모형의 통계적 모형은 다음과 같다.

```
drawModel(labels=labels,moderator=moderator)
```

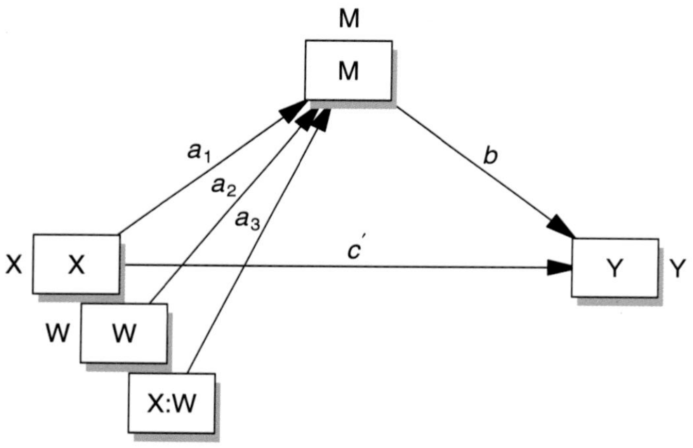

제 4 절　여러 개의 조절변수가 있는 모형

다음으로 여러 개의 조절변수가 있는 모형을 만들어 보자. 첫 번째 조절변수 W는 경로 a와 c에 작용하고, 두 번째 조절변수 Z는 경로 b에 작용한다. 이 모형은 프로세스 마크로 모형 22번에 해당한다.

```
labels=list(X="X",M="M",Y="Y")
moderator=list(name=c("W1","W2"),site=list(c("a","c"),c("b")))
drawConcept(labels=labels,moderator=moderator)
```

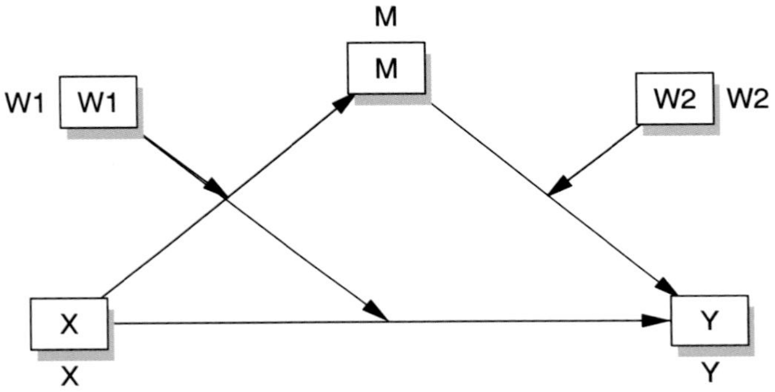

processR에서 사용할 수 있는 조절변수의 갯수에는 제한이 없다. 조절변수가 여러 개인 경우 조절변수의 라벨은 따로 정하지 않을 경우 $W1, W2, ...Wk$ 등과 같이 붙는다. 만일 조절변수의 라벨을 지정하고 싶으면 다음과 같이 label을 따로 정할 수 있다. 또한 조절변수를 나타내는 화살표는 경로의 중앙을 가리키는데, 이를 조절하기 위해서는 화살표의 위치를 arr.pos 리스트에 지정해 주면 된다. 다음 예는 조절변수의 이름과 라벨을 W, Z로 지정하고 조절변수 화살표 두 개를 겹치지 않도록 위치를 조절해 준다.

```
moderator=list(name=c("W","Z"),label=c("W","Z"),
              site=list(c("a","c"),c("b")),arr.pos=list(c(0.7,0.3),c(0.5)))
drawConcept(labels=labels,moderator=moderator)
```

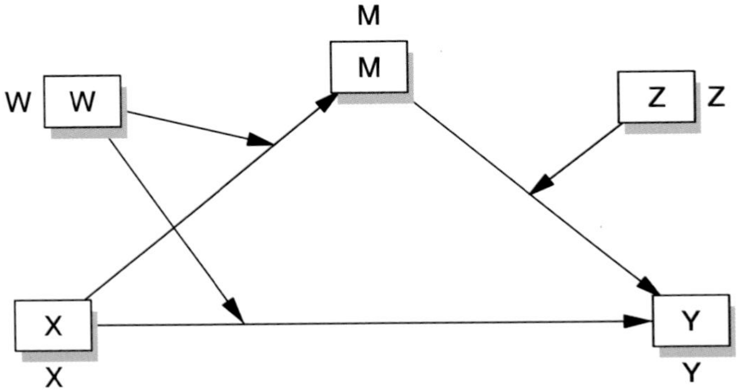

이 모형의 회귀식은 다음과 같다.

$$M = i_M + a_1X + a_2W + a_3XW + \varepsilon_M$$

$$Y = i_Y + c_1X + c_2W + c_3XW + b_1M + b_2V + b_3MV + \varepsilon_Y$$

모형을 분석하기 위한 lavaan syntax는 다음과 같이 얻을 수 있다.

```
model=tripleEquation(labels=labels,moderator=moderator)
cat(model)
```

```
M~a1*X+a2*W+a3*X:W
Y~c1*X+c2*W+c3*X:W+b1*M+b2*Z+b3*M:Z
W ~ W.mean*1
W ~~ W.var*W
Z ~ Z.mean*1
Z ~~ Z.var*Z
CE.XonM :=a1+a3*W.mean
CE.MonY :=b1+b3*Z.mean
indirect :=(a1+a3*W.mean)*(b1+b3*Z.mean)
index.mod.med :=a3*b1+a3*b3*Z.mean
direct :=c1+c3*W.mean
total := direct + indirect
prop.mediated := indirect / total
CE.XonM.below :=a1+a3*(W.mean-sqrt(W.var))
CE.MonY.below :=b1+b3*(Z.mean-sqrt(Z.var))
indirect.below :=(a1+a3*(W.mean-sqrt(W.var)))*(b1+b3*(Z.mean-sqrt(Z.var)))
CE.XonM.above :=a1+a3*(W.mean+sqrt(W.var))
CE.MonY.above :=b1+b3*(Z.mean+sqrt(Z.var))
indirect.above :=(a1+a3*(W.mean+sqrt(W.var)))*(b1+b3*(Z.mean+sqrt(Z.var)))
direct.below:=c1+c3*(W.mean-sqrt(W.var))
direct.above:=c1+c3*(W.mean+sqrt(W.var))
total.below := direct.below + indirect.below
total.above := direct.above + indirect.above
prop.mediated.below := indirect.below / total.below
prop.mediated.above := indirect.above / total.above
```

이 모형의 통계적 모형은 다음과 같다.

```
drawModel(labels=labels,moderator=moderator)
```

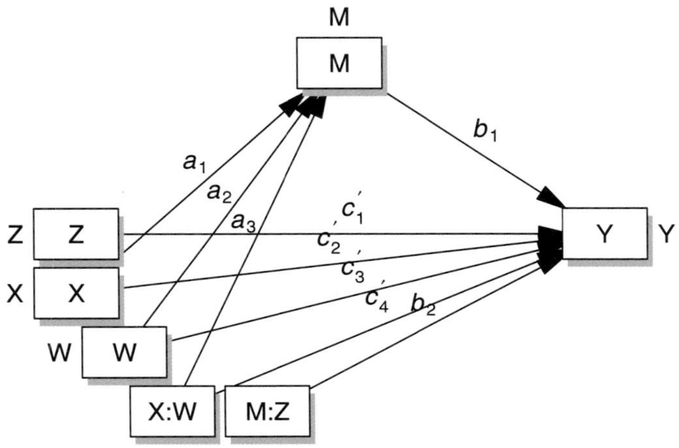
M
M
b1
a1
a2
a3
c1'
c2'
c3'
c4'
b2
Z
Z
X
X
W
W
X:W
M:Z
Y
Y

제 5 절 조절된 조절이 있는 모형

조절된 조절(moderated moderation)은 프로세스 마크로 모형 11 등과 같이 조절변수에 조절변수가 있는 모형이다. 조절된 조절변수를 지정할 때에는 vars라는 변수를 사용해 지정해 준다. 이때 주의해야 할 점은 공변량이나 매개변수를 지정할 때와 달리 이름을 벡터가 아닌 리스트 형태로 지정해 주어야 한다는 점이다. 조절된 조절에는 변수 이름이 두 개씩 들어가므로 여러 개의 조절된 조절이 있는 경우에도 사용할 수 있도록 리스트 형태로 지정한다(참고로 이 모형은 프로세스 마크로 11번에 해당한다.)

```
labels=list(X="X",M="M",Y="Y")
vars=list(name=list(c("W","Z")),site=list(c("a")))
drawConcept(labels=labels,vars=vars,nodemode=2)
```

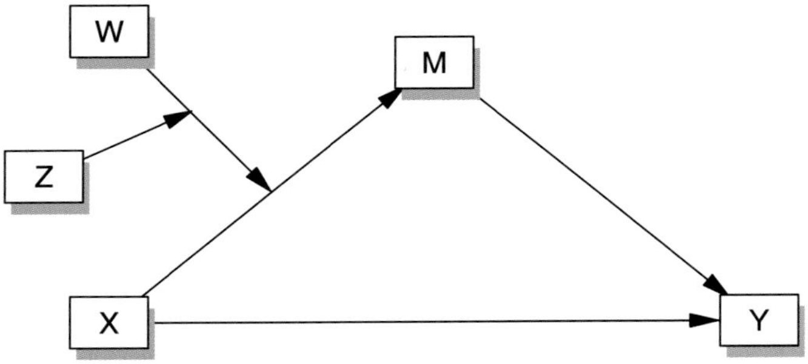

이 모형에 있는 조절된 조절은 회귀식으로 나타내면 triple interaction으로 표현할 수 있다.

$$M \sim X * W * Z$$

이를 회귀식으로 나타내면 다음과 같다.

$$M = i_M + a1X + a2W + a3Z + a4XW + a5XZ + a6WZ + a7XWZ + \varepsilon_M$$

이 모형을 분석하기 위한 lavaan syntax 는 다음과 같이 얻을 수 있다. 이때 triple interaction이 있는 변수들은 W, Z 두 개의 이름과 a, b, c의 경로로 지정할 수 있다.

```
model=tripleEquation(labels=labels,vars=vars)
cat(model)
```

```
M~a1*X+a2*W+a3*Z+a4*X:W+a5*X:Z+a6*W:Z+a7*interaction0
Y~c*X+b*M
W ~ W.mean*1
W ~~ W.var*W
Z ~ Z.mean*1
Z ~~ Z.var*Z
CE.XonM :=a1+a4*W.mean+a5*Z.mean
indirect :=(a1+a4*W.mean+a5*Z.mean)*(b)
index.mod.med :=a4*b
```

```
direct :=c
total := direct + indirect
prop.mediated := indirect / total
CE.XonM.below :=a1+a4*(W.mean-sqrt(W.var))+a5*(Z.mean-sqrt(Z.var))
indirect.below :=(a1+a4*(W.mean-sqrt(W.var))+a5*(Z.mean-sqrt(Z.var)))*(b)
CE.XonM.above :=a1+a4*(W.mean+sqrt(W.var))+a5*(Z.mean+sqrt(Z.var))
indirect.above :=(a1+a4*(W.mean+sqrt(W.var))+a5*(Z.mean+sqrt(Z.var)))*(b)
direct.below:=c
direct.above:=c
total.below := direct.below + indirect.below
total.above := direct.above + indirect.above
prop.mediated.below := indirect.below / total.below
prop.mediated.above := indirect.above / total.above
```

이때 한 가지 주의해야 할 사항은 lavaan에서는 triple interaction을 인식하지 못한다. 따라서 회귀식에 있는 lavaan syntax에 $a7 * X * W * Z$를 입력하면 에러가 나고 분석이 되지 않는다. tripleEquation()함수는 triple interaction 이 있는 경우 interaction0, interaction1,... 등으로 바꾸어 equation을 만들어주므로 테이터에서 interaction0,... 이라는 컬럼을 만들어주어야 한다. 위의 경우는 새로운 변수 interaction0을 만들어 준다.

```
data$interaction0 = data$X * data$W * data$Z
```

위와 같이 새로운 변수를 만들어 준 후 분석하면 에러 없이 분석이 가능하다. 이 모형의 통계적 모형은 다음과 같다.

```
drawModel(labels=labels,vars=vars)
```

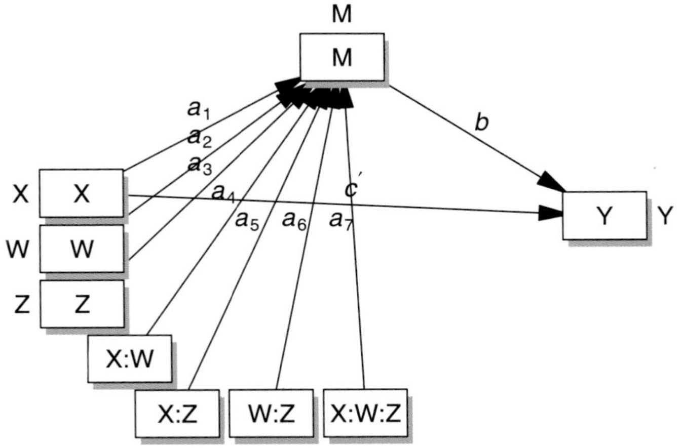

processR 패키지의 사용에 관한 자세한 내용은 부록에서 다룬다.

III 편

매개분석

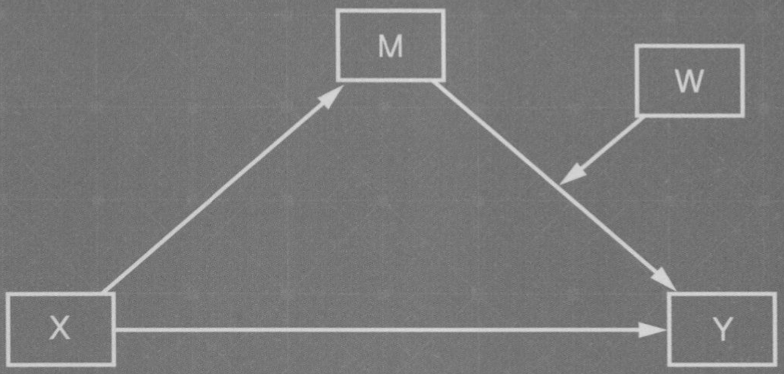

제5장 매개모형 분석 | **제6장** 다중매개모형 분석
제7장 범주형 독립변수가 포함된 매개모형분석

제5장 매개모형 분석

이번 장에서는 제3장에서 살펴본 매개모형 분석의 예제로 독립변수 X가 이분형 변수인 매개모형(예제 1), 독립변수 X가 연속형 변수인 매개모형(예제 2) 및 공변량을 포함하는 매개모형(예제 3)을 processR을 사용하여 분석하고자 한다.

0.1 사용하는 패키지

이번 장에서는 다음과 같은 패키지를 사용한다.

```
require(processR)
require(lavaan)
require(nortest)    # ad.test()의 사용을 위해
```

제 1 절 예제 1: X가 이분형 변수인 매개모형

이번 장에서는 미디어 영향력 연구(Presumed Media Influence, pmi) 데이터를 이용하여 단순매개모형 분석을 하고자 한다. 이 연구는 Tal-Or 등(2010)에 의해 이스라엘에서 수행된 연구로 Hayes(2108)의 책에 다루어졌으며 processR 패키지에 포함되어 있다. 총 123명의 참가자에게 설탕부족사태가 올 것이라는 신문기사를 읽게 하였는데 참가자들 중 반에게는 신문기사가 1면에 실릴 것이라고 얘기하였으며(cond=1) 다른 참가자들에게는 경제면 부록에 실릴 것이라고 얘기하였다(cond=0). 기사를 읽은 후 다른 사람들이 얼마나 이 기사에 영향을 받을 것인지에 대한 믿음(즉, 일반 대중이 이 기사의 영향으로 설탕을 사러 가는 정도)을 측정하여 추정 미디어 영향력(pmi) 변수에 기록하였다. 또한 설탕구매의도를 측정하여 reaction변수에 기록하였다. pmi와 reaction은 값이 클수록 해당변수의 강도가 강한 것이다.

1.1 통계적 모형

이 연구에서 독립변수(X)는 신문기사의 위치(cond)이며 이분형 변수이다. 매개변수(M)는 추정 미디어 영향력 변수(pmi)이며 종속변수(Y)는 설탕구매의도(reaction)로 매개변수와 종속변수는 연속형 변수이다. 이 연구의 통계적 모형은 다음 그림과 같다.

```
labels=list(X="cond",M="pmi",Y="reaction")
drawModel(labels=labels,label.pos=2)
```

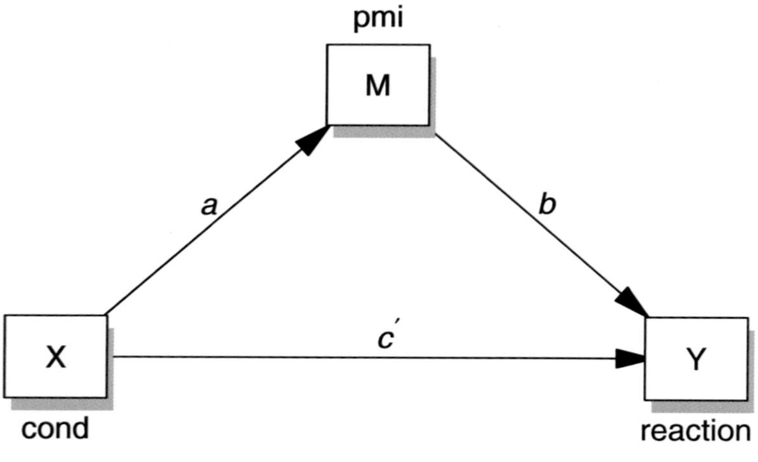

그림 5.1: 미디어 영향력 연구의 통계적 모형

Tal-Or 등(2010)은 신문기사가 중간에 실렸다고 들은 경우보다 1면에 실렸다고 들은 경우가 다른 사람들이 설탕재고부족 가능성에 보다 영향을 받을 것이라는 믿음을 유발시키고, 그 결과 설탕을 보다 많이 구매할 것이라고 추론하였다. 이 연구에서 독립변수인 신문기사의 위치(cond)에 따른 매개변수 pmi와 종속변수 reaction의 기술통계량은 다음과 같이 요약할 수 있다.

```
labels=list(X="cond",Y="reaction",M="pmi")
xlabels=c("Interior Page","Front Page")
meanSummaryTable(data=pmi,labels=labels,xlabels=xlabels)
```

표 5.1: 미디어 영향력 연구의 기술통계량 요약

		Y *reaction*	M *pmi*	Y *adjusted*
Interior Page	Mean	3.250	5.377	3.364
cond(X) = 0	SD	1.608	1.338	
Front Page	Mean	3.746	5.853	3.618
cond(X) = 1	SD	1.452	1.267	
	Mean	3.484	5.602	
	SD	1.550	1.321	

1.2 회귀모형 요약

단순매개모형은 다음과 같은 두 개의 회귀식으로 나타낼 수 있다.

$$M = i_M + aX + \varepsilon_M \tag{5.1}$$

$$Y = i_Y + c'X + bM + \varepsilon_Y \tag{5.2}$$

R을 이용하여 이 모형을 분석하려면 다음과 같이 회귀모형을 만들 수 있다.

```
fit1=lm(pmi~cond,data=pmi)
fit2=lm(reaction~ cond+pmi,data=pmi)
```

회귀분석의 결과를 보려면 다음과 같이 할 수 있다.

```
summary(fit1)
```

```
Call:
lm(formula = pmi ~ cond, data = pmi)

Residuals:
    Min      1Q  Median      3Q     Max 
-4.8534 -0.8534  0.1466  1.1231  1.6231 
```

```
Coefficients:
            Estimate Std. Error t value Pr(>|t|)
(Intercept)   5.3769     0.1618  33.222   <2e-16 ***
cond          0.4765     0.2357   2.022   0.0454 *
---
Signif. codes:  0 '***' 0.001 '**' 0.01 '*' 0.05 '.' 0.1 ' ' 1

Residual standard error: 1.305 on 121 degrees of freedom
Multiple R-squared:  0.03268,	Adjusted R-squared:  0.02468
F-statistic: 4.088 on 1 and 121 DF,  p-value: 0.0454
```

```
summary(fit2)
```

```
Call:
lm(formula = reaction ~ cond + pmi, data = pmi)

Residuals:
     Min       1Q   Median       3Q      Max
-3.07636 -1.06128 -0.06346  0.94573  2.94299

Coefficients:
            Estimate Std. Error t value Pr(>|t|)
(Intercept)  0.52687    0.54968   0.958    0.340
cond         0.25435    0.25582   0.994    0.322
pmi          0.50645    0.09705   5.219 7.66e-07 ***
---
Signif. codes:  0 '***' 0.001 '**' 0.01 '*' 0.05 '.' 0.1 ' ' 1

Residual standard error: 1.393 on 120 degrees of freedom
Multiple R-squared:  0.2059,	Adjusted R-squared:  0.1927
F-statistic: 15.56 on 2 and 120 DF,  p-value: 9.83e-07
```

이 모형의 회귀계수를 요약하면 다음과 같다.

```
modelsSummaryTable(labels=labels,data=pmi)
```

표 5.2: 미디어 영향력 연구의 회귀계수 요약

		Consequent								
		pmi(M)					reaction(Y)			
Antecedent		*Coef*	*SE*	*t*	p		*Coef*	*SE*	*t*	p
cond(X)	*a*	0.477	0.236	2.022	.045	*c'*	0.254	0.256	0.994	.322
pmi(M)						*b*	0.506	0.097	5.219	<.001
Constant	i_M	5.377	0.162	33.222	<.001	i_Y	0.527	0.550	0.958	.340
Observations		123					123			
R2		0.033					0.206			
Adjusted R2		0.025					0.193			
Residual SE		1.305 (df = 121)					1.393 (df = 120)			
F statistic		F(1,121) = 4.088, p = .045					F(2,120) = 15.557, p < .001			

회귀식 5.1, 5.2를 회귀분석의 결과를 이용하여 다시 써 보면 다음과 같다.

$$\hat{M} = 5.377 + 0.477X$$
$$\hat{Y} = 0.527 + 0.254X + 0.506M$$

위 식에서 $\hat{M}$은 M-"hat"으로 읽으며 M의 추정치 또는 기대치를 뜻한다. 회귀계수 a는 X가 1단위만큼 차이 나는 두 예에서 M의 변화는 0.477단위로 추정된다는 것을 말해준다. 따라서 신문기사가 안쪽에 실린 경우에 비해 신문기사가 1면에 실린 경우 추정 미디어 영향력은 평균 0.477단위만큼 높다. 이 데이터에서 X는 이분형 변수로 0과 1로 입력되어 있으므로 a는 $X = 0$일 때의 M의 평균과 $X = 1$일 때의 M의 평균의 차이와 같다.

$$a = [\bar{M}|(X = 1)] - [\bar{M}|(X = 0)]$$

위의 식에서 $\bar{M}$은 M의 평균이며 "|"는 주어진 경우에(given)로 해석한다. 즉, a는 $X = 1$인 경우의 M의 평균 $\bar{M}|(X = 1)$과 $X = 0$인 경우의 M의 평균 $\bar{M}|(X = 0)$의 차이로 $5.853 - 5.377 \approx 0.477$이다(0.477과 0.476의 차이는 소수점 아래 셋째자리에서 반올림하면서 생긴 오차이다).

회귀계수 $b = 0.506$는 같은 실험군에 속한 두 사람에서 추정 미디어 영향력이 1단위만큼 차이 나는 경우 보이는 설탕구매의도의 차이의 추정치이다. 즉, $b = [\hat{Y}|(M = m, X = x)] - [\hat{Y}|(M = m - 1, X = x)]$이다. 회귀계수 b의 부호가 양성이므로 추정 미디어 영향력이 높은 경우 설탕구매의도도 높다고 할 수 있다.

간접효과 ab는 신문기사의 위치 조작이 추정 미디어 영향력에 미치는 효과(a)와 신문기사의 위치가 일정할 때 추정 미디어 영향력이 설탕구매의도에 미치는 효과(b)의 곱으로 계산된다. 즉, 신문기사의 위치가 추정 미디어 영향력을 매개로 설탕구매의도에 미치는 효과로 $ab = 0.477(0.506) = 0.241$로 계산된다. 즉, 신문기사가 중간에 실린 경우에 비해 1면에 실렸다고 들은 경우 추정 미디어 영향력을 매개로 한 간접효과로 설탕구매의도가 0.241단위만큼 높게 나타났다.

신문기사의 위치가 설탕구매의도에 미치는 직접효과 $c' = 0.254$이다. 즉, M이 같고 X가 1단위만큼 차이 나는 두 예에서 보이는 Y의 값의 차이는 0.254단위로 추정된다. 이 연구에서는 신문기사가 1면에 실린 경우 추정 미디어 영향력과는 독립적으로 신문기사가 중간에 실렸다고 들은 경우에 비해 설탕구매의도가 0.254단위만큼 높다고 할 수 있다. 즉, $[\bar{Y}|(X = 1, M = m)] - [\bar{Y}|(X = 0, M = m)] = 0.254$이다.

식 5.2에서 M의 값으로 M의 평균($\bar{M}$)을 넣으면 Y의 수정평균 $\bar{Y}*$를 얻을 수 있다 (표 5.1 참조).

$$\bar{Y}* = i_Y + b\bar{M} + c'X \tag{5.3}$$

추정 미디어 영향력이 평균($\bar{M} = 5.602$)인 사람이 신문기사가 1면에 실릴 예정이라고 들을 경우($X = 1$) Y의 수정평균 $\bar{Y}*$는 다음과 같다.

$$\bar{Y}* = 0.527 + 0.506(5.602) + 0.254(1) \approx 3.618$$

위의 식에서 실제 값 3.618(표 5.1)과 소수점 아래 셋째 자리에서 반올림한 값들을 계산한 3.616의 차이는 반올림에러에 의한 것이다. 추정 미디어 영향력이 평균 ($\bar{M} = 5.602$)인 사람이 신문기사가 중간에 실릴 예정이라고 들을 경우($X = 0$) Y의 수정평균 $\bar{Y}*$는 다음과 같다.

$$\bar{Y}* = 0.527 + 0.506(5.602) + 0.254(0) \approx 3.364$$

위의 식에서도 실제 값 3.364(표5.1)과 소수점아래 세째 자리에서 반올림한 값들을 계산한 3.362의 차이는 반올림에러에 의한 것이다. 두 수정평균의 차이는 직접효과인 0.254이며 이 값은 M의 값이 달라져도 변하지 않는다.

총효과는 직접효과와 간접효과의 합으로 계산된다. 이 연구에서 총효과는 $c' + ab = 0.254 + 0.241 = 0.495$이다. 이는 신문기사가 1면에 실릴 것이라고 들은 사람들은 중간면에 실릴 것이라고 들은 사람들보다 설탕구매의도가 0.495단위만큼 높다고 해석할 수 있다. 이 연구와 같은 단순매개모형에서 총효과는 반응변수를 Y, 설명변수를 X로 하는 단순회귀분석으로 추정할 수 있다.

```
fit3=lm(reaction~cond,data=pmi)
fit3
```

```
Call:
lm(formula = reaction ~ cond, data = pmi)

Coefficients:
(Intercept)         cond
     3.2500       0.4957
```

위 회귀분석의 결과 회귀계수 c는 총효과이며 이 값은 두 군 간의 Y값의 평균차이와 같다(즉, $\bar{Y}_{front} - \bar{Y}_{interior} = 0.496$).

X가 이분형변수로 두 군을 0과 1로 코딩한 경우 총효과, 간접효과, 직접효과는 다음과 같다.

$$(\bar{Y}_{X=1} - \bar{Y}_{X=1}) = (\bar{Y*}_{X=1} - \bar{Y*}_{X=1}) + (\bar{M}_{X=1} - \bar{M}_{X=1})b$$
$$Total\ effect(c) = Direct\ effect(c') + Indirect\ effect(ab)$$

위의 식을 위의 분석 결과로 대치하면 다음과 같다.

$$(3.746 - 3.250) = (3.618 - 3.364) + (5.853 - 5.377)0.506$$
$$Total\ effect(c) = Direct\ effect(c') + Indirect\ effect(ab)$$

1.3 processR을 이용한 간접효과 분석

이 모형을 분석하기 위한 lavaan syntax를 만든다.

```
labels=list(X="cond",Y="reaction",M="pmi")
model=tripleEquation(labels=labels)
cat(model)
```

```
pmi~a*cond
reaction~c*cond+b*pmi
indirect :=(a)*(b)
direct :=c
total := direct + indirect
prop.mediated := indirect / total
```

위에서 만든 lavaan syntax를 이용하여 분석한다. 부트스트래핑을 통해 재현가능한 결과를 얻기 위해 set.seed()함수에 시드값을 준다. 표준오차는 부트스트랩을 이용하여 구하고(se="boot") 부트스트랩 횟수는 1,000회 시행한다(bootstrap=1000, 생략 가능).

```
set.seed(123)
semfit=sem(model=model,data=pmi,se="boot",bootstrap=1000)
```

분석 결과는 다음과 같이 확인할 수 있다.

```
summary(semfit,ci=TRUE)
```

```
lavaan 0.6-5.1453 ended normally after 21 iterations

  Optimization method                           NLMINB
  Number of free parameters                          5

  Number of observations                           123

  Estimator                                         ML
  Model Fit Test Statistic                       0.000
  Degrees of freedom                                 0

Parameter Estimates:

  Standard Errors                            Bootstrap
  Number of requested bootstrap draws             1000
  Number of successful bootstrap draws             985

Regressions:
                   Estimate  Std.Err  z-value  P(>|z|) ci.lower ci.upper
  pmi ~
    cond      (a)     0.477    0.236    2.017    0.044    0.006    0.948
  reaction ~
```

```
    cond        (c)    0.254    0.253    1.004    0.315   -0.251    0.766
    pmi         (b)    0.506    0.080    6.294    0.000    0.343    0.667

Variances:
                   Estimate  Std.Err  z-value  P(>|z|) ci.lower ci.upper
   .pmi               1.675    0.280    5.974    0.000    1.132    2.203
   .reaction          1.893    0.197    9.624    0.000    1.464    2.229

Defined Parameters:
                   Estimate  Std.Err  z-value  P(>|z|) ci.lower ci.upper
    indirect          0.241    0.132    1.829    0.067    0.003    0.526
    direct            0.254    0.253    1.004    0.315   -0.251    0.766
    total             0.496    0.277    1.787    0.074   -0.060    1.041
    prop.mediated     0.487    3.345    0.146    0.884   -0.993    2.906
```

위의 분석 결과 중 매개효과 분석을 표로 정리해 보면 다음 표와 같다. boot.ci.type 인수에는 "norm","basic","perc","bca.simple" 등을 지정할 수 있다. 이 중 summary() 함수로 출력되는 것은 "perc"이다. 이들 값에 대한 자세한 설명은 boot 패키지의 boot.ci함수의 도움말을 참조한다.

```
medSummaryTable(semfit)
```

표 5.3: 미디어 영향력 연구의 매개효과 요약

Effect	Equation	estimate	95% Bootstrap CI
indirect	(a)*(b)	0.241	(0.003 to 0.526)
direct	c	0.254	(-0.251 to 0.766)
total	direct+indirect	0.496	(-0.060 to 1.041)
prop.mediated	indirect/total	0.487	(-0.993 to 2.906)

boot.ci.type = perc

1.4 통계적인 추론

앞 절에서 배운 바와 같이 단순매개모형에서 총효과는 직접효과와 간접효과로 나뉘어지며 회귀분석(OLS)을 이용하여 추정할 경우 어떤 데이터에서도 $c = c' + ab$는 항상 참이다. 하지만 c, c', ab로 표현되는 효과들은 참값인 $_Tc,_Tc',_Ta_Tb$에 대하여 표본에서 얻어진 추정치이다. 이 값들은 주어진 표본에서의 관계를 의미할 뿐 일반화할 수는 없다. 연구자들은 이들 분석 결과들을 일반화하기 위해 가설 검정을 통해 "우연"성을 배제하거나 효과들에 대한 구간추정치의 설정을 통해 표집분산을 고려하여야 한다.

1.4.1 총효과에 대한 추론

총효과에 대한 추론은 M을 배제하고 Y를 X로 회귀분석함으로써 추정할 수 있다. 즉, 이 모형에서는 다음과 같이 총효과를 추정할수 있다.

```
fit3=lm(reaction~cond,data=pmi)
summary(fit3)
```

```
Call:
lm(formula = reaction ~ cond, data = pmi)

Residuals:
    Min      1Q  Median      3Q     Max 
-2.4957 -1.0000 -0.2457  1.2543  3.5000 

Coefficients:
            Estimate Std. Error t value Pr(>|t|)    
(Intercept)   3.2500     0.1906  17.052   <2e-16 ***
cond          0.4957     0.2775   1.786   0.0766 .  
---
Signif. codes:  0 '***' 0.001 '**' 0.01 '*' 0.05 '.' 0.1 ' ' 1

Residual standard error: 1.537 on 121 degrees of freedom
Multiple R-squared:  0.02568,	Adjusted R-squared:  0.01763 
F-statistic:  3.19 on 1 and 121 DF,  p-value: 0.07661
```

위의 분석 결과에서 총효과 c의 추정치는 $0.496(p = .077)$임을 알 수 있다. 총효과의 95% 신뢰구간은 다음과 같이 구할 수 있다.

```
confint(fit3)
```

```
                  2.5 %   97.5 %
(Intercept)  2.87268088 3.627319
cond        -0.05378462 1.045164
```

즉, $_Tc$는 -0.054에서 1.045 사이에 존재할 것이라고 95%의 확신을 갖고 이야기할 수 있다.

1.4.2 직접효과에 대한 추론

직접효과는 M이 일정한 두 예에서 X의 값이 1단위만큼 차이 나는 경우 보이는 Y값의 차이의 추정치이다. 직접효과에 대한 추론은 회귀분석에서 회귀계수에 대한 표준적인 추론과 같다. 즉, $_Tc'$이 0과 같다는 귀무가설을 검정하거나 $_Tc'$에 대한 신뢰구간의 설정을 통해 이루어 진다. 이 연구에서 $_Tc' = 0$이라는 귀무가설에 대한 검정은 표 5.2에서 $c' = 0.254, t(120) = 0.994, p = .322$로 $c' = 0$이라는 귀무가설은 기각되지 않는다. 또한 $_Tc$에 대한 신뢰구간은 다음과 같이 구할 수 있다.

```
fit2=lm(reaction~pmi+cond,data=pmi)
confint(fit2)
```

```
                 2.5 %    97.5 %
(Intercept) -0.5614647 1.6151957
pmi          0.3142996 0.6985974
cond        -0.2521567 0.7608651
```

위의 분석 결과 $_Tc$에 대한 95% 신뢰구간은 -0.252 − 0.761로 0을 포함하고 있으므로 직접효과가 0이라는 주장을 기각할 수 없다. 물론 귀무가설에 대한 검정 결과와 95% 신뢰구간을 이용한 추론은 같은 정보를 다르게 포장한 것에 불과하므로 항상 같은 결과를 보인다.

1.4.3 간접효과에 대한 추론

간접효과는 X의 값이 1단위 차이 나는 두 예에서 X가 M에 영향을 미치고 다시 M이 Y에 영향을 미침으로써 보이는 Y값의 차이의 추정치이다. 연구자들은 주어진 자료를 이용하여 이러한 Y값의 차이의 추정치가 0과 다르다는 주장을 할 수 있는지 알고 싶어 한다. 만일 이 차이가 0과 다르다면 M은 Y에 대한 M의 효과를 매개한다고 할 수 있다. 직접효과에 대한 추론과 마찬가지로 간접효과에 대한 추론도 $_Ta_Tb = 0$라는 귀무가설에 대한 검정 또는 신뢰구간에 근거한 추론을 할 수 있다.

정규이론방법. 정규이론방법은 "계수들의 곱" 방법, 소벨검정, 델타방법 등으로도 불린다. 이 방법은 직접효과 또는 총효과의 추론과 같은 방법을 사용하여 간접효과를 추론하는 방법이다. 먼저 회귀계수의 곱인 ab의 표준오차를 추정하고 ab의 표본분포를 정규분포로 가정한 후 특정한 $_Ta_Tb$에 대한 귀무가설에 대하여 ab의 p값을 계산하거나 신뢰구간을 도출하여 검정한다.

정규이론방법을 사용하기 위하여는 ab의 표준오차에 대한 추정치가 필요하다. 이 추정치를 구하는 공식은 몇 개가 알려져 있으나(Aroian, 1947; Baron & Kenny, 1986; Goodman, 1960; MacKinnon, Warsi & Dwyer, 1995; Sobel,1982) 그중 표준오차의 이차추정량을 구하는 공식은 다음과 같다.

$$se_{ab} = \sqrt{a^2 se_b^2 + b^2 se_a^2 + se_a^2 se_b^2} \tag{5.4}$$

위 식에서 se_a^2와 se_b^2는 각각 a와 b의 제곱표준오차이다. 표 5.2의 결과를 이용하여 간접효과의 표준오차의 이차추정량을 계산하면 다음과 같다.

$$se_{ab} = \sqrt{0.477^2 0.097^2 + 0.506^2 0.236^2 + 0.236^2 0.097^2} = 0.130$$

${}_T a_T b = 0$이라는 귀무가설에 대한 검정은 ab와 그 표준오차의 비인 Z통계량을 계산하여 표준정규분포로부터 $\pm Z$보다 더 극단적인 값을 갖는 비율을 계산한다.

$$Z = \frac{ab}{se_{ab}} = \frac{0.241}{0.130} = 1.854$$

양측검정을 이용하여 $Z = 1.854$보다 극단적인 값을 갖는 p값은 .064가 된다. 따라서 $\alpha = 0.05$의 의사결정수준에서 귀무가설 ${}_T a_T b = 0$은 기각되지 않는다.

귀무가설 검정보다 신뢰구간을 이용한 방법을 선호하는 경우 ab의 표본분포의 정규성을 가정하여 다음과 같이 구간추정치를 계산한다.

$$ab - Z_{ci\%} se_{ab} \leq_T a_T b \leq ab + Z_{ci\%} se_{ab} \tag{5.5}$$

위 식에서 ci는 신뢰수준(예를 들어, 95)이고 $Z_{ci\%}$는 표준정규분포에서 이 값 이상의 확률이 $(100 - ci)/2\%$의 값을 가지는 Z값을 의미한다. 신뢰구간이 95%이면 $Z = 1.96$이 된다. 이 연구에서 $ab = 0.241$이므로 95% 구간추정치를 계산하면 다음과 같다.

$$0.241 - 1.96(0.130) \leq_T a_T b \leq 0.241 - 1.96(0.130)$$
$$-0.014 \leq_T a_T b \leq 0.496$$

따라서 연구자는 ${}_T a_T b$가 -0.014 부터 0.496 사이의 구간 어딘가에 속한다고 95% 확신할 수 있다. 귀무가설 검정과 마찬가지로 ${}_T a_T b$의 가능한 값으로 0을 배제할 수 없기 때문에 신문기사의 위치가 추정 미디어 영향력을 매개로 설탕구매의도에 미치는 영향이 0과 다르다고 주장할 수 없다. 즉, 추정 미디어 영향력을 매개로 한 간접효과가 나타났다고 주장할 수 없다. 하지만 소벨검정은 두 가지 단점 때문에 권장되지 않는다. 첫째, 이 방법은 ab의 표본분포의 정규성을 가정하고 있다. 여러 연구에서 ab의 표본분포는 정규분포를 따르지 않는 것으로 나타났다. ab의 표본분포가 정규성을 가정하는 소벨검정을 사용할 수 있을 만큼 정규분포에 가까운지 알 수 있는 방법이 없기 때문에 정규성을 가정하지 않는 방법을 사용하는 것이 바람직하다. 둘째, 시뮬레이션을 사용하여 다른 추론 방법들과 비교해 본 결과 소벨검정의 검정력이 가장 낮게 나타났고 신뢰구간도 부정확하게 나타났다. 이러한 두 가지 이유로 정규이론방법은 권장되지 않는다.

참고. 위에서 계산한 Z통계량은 회귀계수들을 소수점 셋째자리에서 반올림한 후 제곱을 하고 곱하는 등의 계산을 하였으므로 반올림에 따른 오차가 많이 발생한다. processR 패키지의 mediationBK()함수를 이용하면 반올림하지 않은 회귀계수들을 이용한 ab, se_{ab} 및 Z통계량 및 p값 및 95% 구간추정치를 구할 수 있다.

```
labels=list(X="cond",M="pmi",Y="reaction")
result=mediationBK(labels=labels,data=pmi)
result$normalTheory
```

```
        ab        seab           z           p    ci.lower    ci.upper
 0.24133546  0.13003848  1.85587728  0.06347105 -0.01353528  0.49620621
```

Z통계량을 이용하여 p값을 구하려면 다음과 같이 할 수 있다.

```
Z=result$normalTheory[3]
pnorm(Z,lower.tail=FALSE)*2
```

```
         z
0.06347105
```

참고. R을 이용한 소벨검정은 다음과 같이 할 수 있다.

```
library(bda)
bda::mediation.test(pmi$pmi,pmi$cond,pmi$reaction)
```

```
              Sobel     Aroian    Goodman
z.value 1.88527150 1.85587728 1.91610816
p.value 0.05939319 0.06347105 0.05535133
```

이 함수는 mediation.test(M, X, Y) 와 같이 사용해야 한다. 소벨검정의 여러 방법 중 Aroian에 의한 소벨검정이 위에서 계산한 값과 일치한다.

부트스트랩에 의한 신뢰구간. 위에서 언급한 정규이론방법에 의한 검정은 간접효과의 표본분포의 정규성을 가정한 방법이다. 과거 컴퓨터가 발전되지 않고 손으로 계산을 하던 시절에는 계산을 가능하게 하기 위해 통계학에서 많은 가정들을 사용해 왔다. 하지만 문제가 되는 가정이 필요 없는 다른 대체 방법을 통해 추론 검정이 가능하다면 문제가 되는 방법을 사용할 이유가 없다. 부트스트랩 방법은 재표본추출(resampling) 방법으로도 알려져 있으며 연구자들이 직면하게 되는 많은 통계적인 추론 문제에 광범위하게 적용할 수 있는 방법으로 반복추출 시 통계량의 행태를 알지 못하거나 계산이 너무 복잡하거나 상황에 따라 달라지는 경우 특히 유용하다.

부트스트랩을 이용하는 경우 n개의 원표본은 모집단의 축소된 대표표본으로 간주된다. 이 원표본 내의 관찰치들을 반복적으로 복원재추출하여 n개의 새로운 표본에서 관심 있는 통계량을 다시 계산한다. 이러한 과정을 계속 반복 수행하여(이상적으로는 수천번 이상) 통계량의 표본분포를 얻고, 이러한 경험적 포본분포에서 설정한 대표치를 추론작업에 사용한다.

매개분석에서 간접효과는 부트스트랩에 의해 95% 신뢰구간을 얻은 후 검정한다. 이번 장에서 다룬 미디어 영향 연구에서 매개효과는 표 5.3에 제시된 바 있다. processR을 이용한 매개효과의 검정에서는 먼저 분석에 사용할 수 있는 lavaan syntax를 만든 후 이를 이용하여 모형을 만들어 검정을 하였고, 이때 신뢰구간을 부트스트랩 방법으로 구하였으며 부트스트랩은 1,000번 반복하였다. 이때 만들어진 모형에서 부트스트랩에 의한 통계량을 추출하여 bootData에 저장한다. processR 패키지의 getBootData() 함수는 모형에서 부트스트랩 데이터를 추출해 준다.

```
bootData=getBootData(semfit)
```

우리가 보고자 하는 간접효과는 bootData의 a(bootData$a)와 b(bootData$b)를 곱한 것이다.

```
ab=bootData$a*bootData$b
```

간접효과인 ab의 분포를 그려 보면 다음과 같다.

```
densityPlot(ab)
```

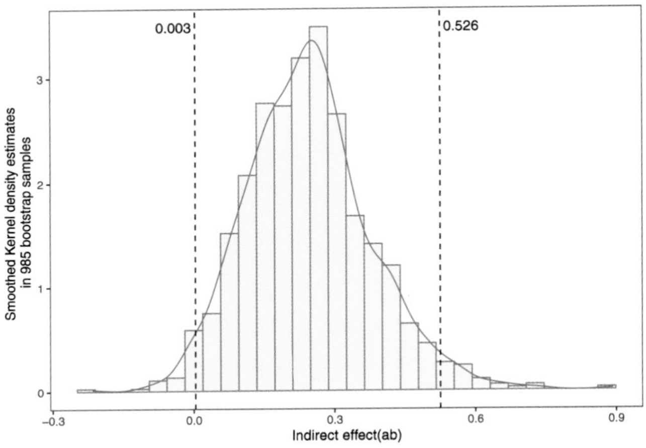

그림 5.2: 미디어 영향력 연구에서 간접효과의 분포

위의 densityPlot에서 살펴보면 ab의 부트스트랩에 의한 95% 신뢰구간의 추정치는 0.003 – 0.526 임을 알 수 있다. 신뢰구간이 0을 포함하지 않으므로 이 결과는 간접효과가 통계적으로 유의한 양의 값을 갖는다고 결론 내릴 수 있다.

참고. 위의 densityPlot에서 ab의 분포는 좌우가 비대칭이며 정규분포를 이루지 않는다. 이를 시각적으로 확인하기 위해 Q-Q plot을 그려 볼 수 있다.

```
qqPlot(ab)
```

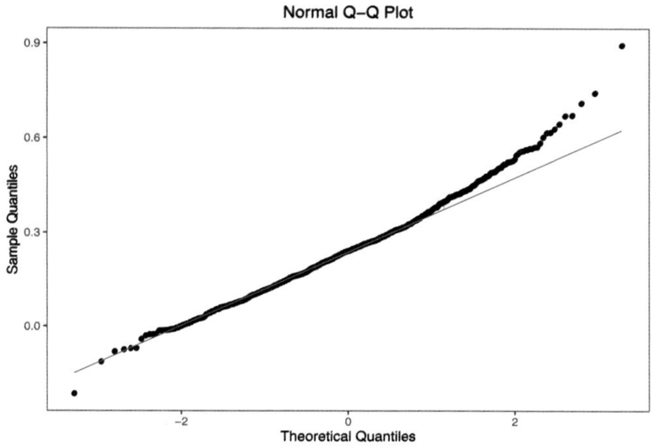

그림 5.3: 미디어 영향력 연구에서 간접효과의 Q-Q plot

위의 Q-Q plot에서 참조선에 비해 값들이 한쪽으로 치우치므로 정규성이 위배된다고 할 수 있다. 참고로 직접효과인 c'의 Q-Q plot과 비교해 보면 차이를 뚜렷이 알 수 있다.

```
qqPlot(bootData$c)
```

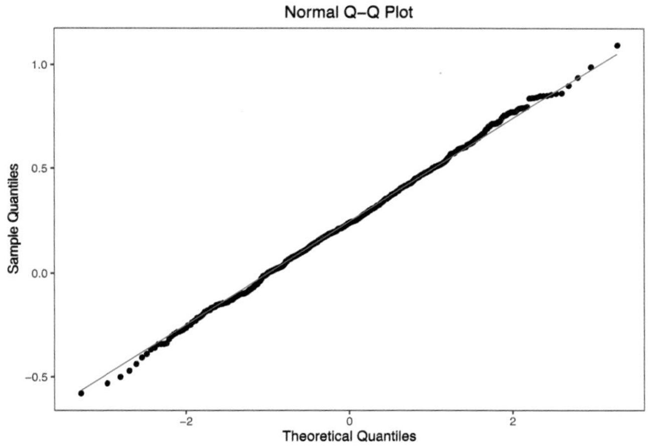

그림 5.4: 미디어 영향력 연구에서 직접효과의 Q-Q plot

하지만 Q-Q plot에서 한쪽으로 치우쳤다는 것에 대한 판단은 주관적이라는 단점이 있다. 보다 객관적인 방법으로 Shapiro-Wilk 정규성 검정과 Anderson-Darling 정규성 검정이 있다. Shapiro-Wilk 정규성 검정은 표본수가 5,000개 이하인 경우 적합한 정규성 검정 방법이다. Anderson-Darling 정규성 검정은 표본수에 제한을 받지 않는다. Shapiro-Wilk 정규성 검정과 Anderson-Darling 검정은 둘 다 데이터가 정규분포를 따른다는 가설을 귀무가설로 하는 검정 방법으로, p값이 0.05 이하인 경우 데이터가 정규분포하지 않는다는 대립가설을 채택하게 된다.

```
shapiro.test(ab)


	Shapiro-Wilk normality test

data:  ab
W = 0.98849, p-value = 5.553e-07
```

```
nortest::ad.test(ab)


	Anderson-Darling normality test

data:  ab
A = 2.1272, p-value = 2.09e-05
```

두 검정 결과 모두 $p < .05$로 부트스트랩에 따른 간접효과 ab의 분포는 정규분포를 따르지 않는다고 결론 내릴 수 있다. 참고로 직접효과의 경우를 검정해 보면 다음과 같다.

```
x=bootData$c
shapiro.test(x)


	Shapiro-Wilk normality test

data:  x
W = 0.99886, p-value = 0.8011
```

```
nortest::ad.test(x)


	Anderson-Darling normality test

data:  x
A = 0.37848, p-value = 0.4061
```

직접효과의 경우 정규성 검정 결과 $p > .05$로 직접효과의 분포가 정규분포라는 귀무가설을 기각할 수 없다.

참고로 processR에서는 부트스트랩 방법으로 norm, basic, perc, bca.simple의 네 가지를 지원한다. modeSummaryTable()함수를 호출할 때 boot.ci.type인수를 "all"로 지정하는 경우 네 가지 부트스트랩 방법에 따른 95% 신뢰구간을 모두 볼 수 있다. 방법에 따라 약간의 차이는 있으나 비슷한 신뢰구간을 보여 준다.

```
medSummaryTable(semfit,boot.ci.type="all")
```

표 5.4: 미디어 영향력 연구의 부트스트랩 방법에 따른 신뢰구간 요약

	Indirect Effect (a)*(b)			Direct Effect c		
type	estimate	95% Bootstrap CI	*p*	estimate	*95% Bootstrap CI*	p
norm	0.241	(-0.018 to 0.499)	.067	0.254	(-0.229 to 0.764)	.315
basic	0.241	(-0.043 to 0.479)	.067	0.254	(-0.257 to 0.760)	.315
perc	0.241	(0.003 to 0.526)	.067	0.254	(-0.251 to 0.766)	.315
bca.simple	0.241	(0.007 to 0.534)	.067	0.254	(-0.186 to 0.792)	.315

제 2 절 예제 2: X가 연속형 변수인 매개모형

앞 절에서 살펴본 예제는 독립변수 X가 이분형 변수로 두 군 간의 X의 차이를 1로 코딩하였다. 이런 경우 X의 총효과, 직접효과 및 간접효과는 두 군 간의 종속변수 Y의 평균의 차이($\bar{Y}$)로 해석할 수 있다. 이번 절에서는 X가 연속형 변수인 매개모형을 분석하고자 한다.

이번 절에서 사용할 데이터는 경제적 스트레스 연구 데이터(estress)로 processR에 포함되어 있다. 이 데이터는 Pollack 등(2102)의 연구로 262명의 기업가(남자 162명, 여자 100명)를 대상으로 경제적인 스트레스(economic stress, estress)가 우울한 정서(depressed affect, affect)을 매개로 기업활동을 철회하려는 의도(withdrawal intentions, withdraw)에 미치는 영향을 조사한 연구이다. 이 연구의 통계적 모형은 다음과 같다.

```
labels=list(X="estress",M="affect",Y="withdraw")
drawModel(labels=labels,label.pos=2)
```

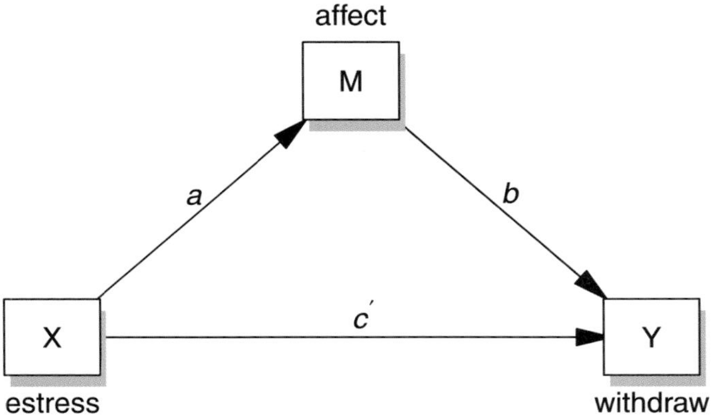

그림 5.5: 경제적 스트레스 연구의 통계적 모형

이 모형은 또한 앞 절과 같이 다음과 같은 두 개의 회귀식으로 나타낼 수 있다.

$$M = i_M + aX + \varepsilon_M$$
$$Y = i_Y + c'X + bM + \varepsilon_Y$$

이 모형의 회귀계수를 요약하면 다음과 같다.

```
modelsSummaryTable(labels=labels,data=estress)
```

표 5.5: 경제적 스트레스 연구의 회귀계수 요약

		Consequent								
		affect(M)					withdraw(Y)			
Antecedent		*Coef*	*SE*	*t*	p		*Coef*	*SE*	*t*	p
estress(X)	*a*	0.173	0.030	5.831	<.001	*c'*	-0.077	0.052	-1.467	.144
affect(M)						*b*	0.769	0.103	7.463	<.001
Constant	i_M	0.799	0.143	5.578	<.001	i_Y	1.447	0.252	5.742	<.001
Observations		262					262			
R2		0.116					0.180			
Adjusted R2		0.112					0.174			
Residual SE		0.682 (df = 260)					1.133 (df = 259)			
F statistic		F(1,260) = 33.999, p < .001					F(2,259) = 28.495, p < .001			

표 5.5에서 회귀계수 $a = 0.173, b = 0.799$이며 $c' = -0.077$이다. 이를 이용하여 회귀식을 다시 써 보면 다음과 같다.

$$\hat{M} = 0.799 + 0.173X$$
$$\hat{Y} = 1.447 - 0.077X + 0.769M$$

이 모형의 간접효과에 대한 부트스트랩 신뢰구간을 얻기 위해 lavaan syntax를 만들어 분석한다.

```
model=tripleEquation(labels=labels)
set.seed(123)
semfit=sem(model,data=estress,se="boot")
```

이 모형의 매개효과를 요약해 본다.

```
medSummaryTable(semfit,boot.ci.type="perc")
```

표 5.6: 경제적 스트레스 연구의 회귀계수 요약

Effect	Equation	estimate	95% Bootstrap CI
indirect	(a)*(b)	0.133	(0.067 to 0.204)
direct	c	-0.077	(-0.183 to 0.038)
total	direct+indirect	0.056	(-0.075 to 0.180)
prop.mediated	indirect/total	2.369	(-33.610 to 17.987)

boot.ci.type = perc

회귀계수 a와 b를 곱한 간접효과는 $ab = 0.173(0.769) = 0.133$이다. 즉, 경제적 스트레스가 1단위만큼 큰 경우, 보다 우울한 정서를 매개로 하여 기업활동을 철회하려는 의도가 0.133단위만큼 크다는 것을 의미한다. 간접효과의 부트스트랩에 의한 95% 신뢰구간이 0.067-0.204으로 0을 포함하지 않으므로 간접효과는 통계적으로 유의하게 0과 다르다고 할 수 있다.

경제적 스트레스의 직접효과는 $c' = -0.077$로 음수로 나타났으므로 우울한 정서가 같지만 경제적 스트레스가 1단위만큼 더 큰 기업가는 1단위만큼 적은 기업가에 비해 기업활동을 철회하려는 의사가 0.077단위만큼 더 적다는 것을 의미한다. 하지만 이러한 직접효과는 정규이론방법에 의한 $p = .144$이며 부트스트랩을 통한 신뢰구간 (-0.183 - 0.038)이 0을 포함하고 있으므로 통계적으로 유의하지 않다고 할 수 있다.

경제적 스트레스의 총효과는 기업활동을 철회하려는 의사를 경제적 스트레스를 종속변수로 하는 회귀분석에서 결과를 얻거나 직접효과와 간접효과의 합으로 계산할 수 있다 ($c = c' + ab = -0.077 + 0.133 = 0.056$). 직접효과의 부호가 양수이므로 경제적 스트레스가 1단위 만큼 높은 경우 경제활동 철회의사는 0.077단위만큼 높다고 할 수 있다. 하지만 총효과는 정규이론 방법에 의한 $p = .372$이며 부트스트랩을 통한 신뢰구간(-0.075 - 0.180)이 0을 포함하고 있으므로 통계적으로 유의하지 않다고 할 수 있다.

2.1 효과크기

이번 절의 예제에서 직접효과, 간접효과, 총효과는 X와 Y의 측정척도로 이루어진 단위로 표현하였다. 즉, X가 한 단위만큼 차이 나는 두 예에서 Y에 미치는 효과가 c'만큼(직접효과) 또는 ab만큼(간접효과) 차이 난다고 표현하였다. 이러한 효과들은 X와 Y의 척도단위에 따라 측정되었기 때문에 변수 X와 Y의 척도에 따라 달라진다. 따라서 이 효과들의 절대치는 이러한 효과의 크기가 큰지 작은지에 대해 말해 주지 않는다. 이들은 X 또는 Y에 상수를 곱하거나 나누면 커질 수도 있고 작아질 수도 있다. 마찬가지로 측정단위가 달라지면 절대값이 달라지므로 이러한 효과의 크기가 큰지 작은지 알 수 없다. 따라서 직접효과와 간접효과의 크기의 해석에는 모호함이 존재한다. 또한 통계적인 유의성은 정확한 계량화가 불가능한 주관적인 용어에 지나지 않는다.

매개분석에서 효과크기를 정량화하는 것은 현재 발전되고 있는 분야이다. 아래에 매개모형에서 직접효과, 간접효과 및 총효과의 효과크기를 측정하는 두 측정 방법에 대해 기술하고자 한다.

2.1.1 부분표준화효과

이번 절의 예제에서 경제적인 스트레스의 간접효과는 $ab = 0.133$이었고 직접효과는 $c' = -0.077$이었다. 즉, 경제적인 스트레스가 한 단위 차이 나는 두 예에서 간접효과로 우울한 정서를 매개로 한 경제활동 철회의사가 0.133단위만큼 차이를 보였고 직접효과로 -0.077단위만큼 차이를 보였다. 그렇다면 이 효과는 큰 효과인가 작은 효과인가? 이 연구에서의 측정척도는 여러 개의 질문에 대한 답변을 합친 것으로 실질적인 의미가 없기 때문에 정확히 말하기 어렵다. 이 문제는 이 효과들을 응답자들의 경제활동 철회의사(Y)의 다양성을 고려하여 수정하면 부분적으로 해결 가능하다. 만일 철회의사의 변동 폭이 매우 작다면 이러한 효과들은 크다고 할 수 있고 철회의사의 변동 폭이 크다면 효과크기는 작다고 할 수 있다.

부분표준화효과(partially standardized effect)크기는 Y의 원래 척도가 아닌 Y의 표준편차로 효과를 수정한 값(MacKinnon, 2008)이다. 경제적 스트레스 연구에서 경제활동 철회의사(Y)의 표준편차 SD_Y는 1.248이므로 부분표준화효과는 다음과 같이 계산할 수 있다.

$$c'_{ps} = \frac{c'}{SD_Y} = \frac{-0.077}{1.248} = -0.062$$
$$ab_{ps} = \frac{ab}{SD_Y} = \frac{0.133}{1.248} = 0.107$$

따라서 경제적 스트레스가 한 단위만큼 차이나는 두 예에서 경제활동 철회의사가 우울한 정서를 매개로 표준편차의 약 10분의 1 정도 차이가 나는 것을 알 수 있고 이러한 간접경로와는 독립적으로 경제적 스트레스가 한 단위만큼 높은 경우 경제활동 철회의사는 0.062표준편차만큼 낮은 것을 알 수 있다. 철회의사의 변동 폭으로 수정한 이 값은 상당히 작은 효과로 보이지만 어떤 사람의 작은 효과가 다른 사람에게는 큰 효과일 수 있기 때문에 단언할 수는 없다.

총효과는 직접효과와 간접효과를 더한 것이므로 다음과 같이 계산할 수 있다.

$$c_{ps} = \frac{c}{SD_Y} = c'_{ps} + ab_{ps} = -0.062 + 0.107 = 0.045$$

따라서 경제적 스트레스가 한 단위만큼 차이나는 두 기업가의 경우 스트레스를 더 많이 받는 기업가의 경제활동 철회의사가 0.045표준편차만큼 조금 더 크다는 것을 알 수 있다.

X가 이분형 변수이고 두 군의 코딩이 1단위만큼 차이 난다면 c'_{ps}와 ab_{ps}는 직접경로와 간접경로로 발생하는 두 군 간 Y의 표준편차의 차이로 해석된다. 미디어 영향력 연구에서 $c' = 0.254, ab = 0.241, SD_Y = 1.550$이므로 $c'_{ps} = 0.254/1.55 = 0.164$이고 $ab_{ps} = 0.241/1.55 = 0.156$이다. 신문기사가 1면에 실릴 것이라고 들은 사람들은 중간면에 실릴 것이라고 들은 사람들에 비해 미디어 영향력 평가를 매개로 설탕구매의사에 미치는 효과가 평균적으로 0.156표준편차만큼 크게 나타났다고 해석할 수 있으며, 이러한 간접경로와는 별개로 직접효과로 설탕구매의사가 0.164표준편차만큼 크다고 할 수 있다. 총효과는 직접효과와 간접효과의 합이므로 총 효과는 두 군 간의 설탕구매의도의 평균차이($0.164 + 0.156 = 0.32$ 표준편차)임을 알 수 있다.

2.1.2 완전표준화효과

부분표준화효과는 c'과 ab를 Y의 표준편차로 수정하지만 X는 원래의 척도를 그대로 사용한다. 따라서 부분표준화효과는 X의 척도에 따라 달라지므로 척도의존형 측정치이다. 때로는 X의 한 단위 차이가 실질적인 의미가 거의 없는 경우도 있다. 부분표준화효과에서 X의 척도의 효과를 제거하면 X가 1표준편차만큼 차이 나는 두 예에서 Y의 표준편차의 차이로 표현한 효과를 얻을 수 있는데, 이를 완전표준화효과(completely standardized effect)라고 부르며 다음과 같이 계산한다.

$$c'_{cs} = \frac{SD_X(c')}{SD_Y} = SD_X(c'_{ps})$$
$$ab_{cs} = \frac{ab}{SD_Y} = SD_X(ab_{ps})$$

경제적 스트레스 연구에서는 다음과 같이 계산된다.

$$c'_{cs} = \frac{SD_X(c')}{SD_Y} = \frac{1.424(-0.077)}{1.248} = -0.088$$
$$ab_{cs} = \frac{ab}{SD_Y} = \frac{1.424(0.133)}{1.248} = 0.152$$

위에서 계산한 완전표준화효과는 부분표준화효과보다 큰데, 그 이유는 X가 1단위만큼 변할 때의 효과가 아니라 X의 표준편차인 1.424단위만큼 변할 때의 효과이기 때문이다. 경제적 스트레스가 1표준편차만큼 차이 나는 두 예에서 경제활동 철회의 사가 우울한 정서를 매개로 0.152표준편차만큼 차이가 나는 것을 알 수 있고 이러한 간접경로와는 독립적으로 경제적 스트레스가 1표준편차만큼 높은 경우 경제활동 철회의사는 0.088표준편차만큼 낮다고 할 수 있다. 부분표준화 총효과와 마찬가지로 완전표준화 총효과는 완전표준화 직접효과와 완전표준화 간접효과의 합으로 계산할 수 있다.

$$c_{cs} = \frac{SD_X(c)}{SD_Y} = c'_{cs} + ab_{cs}$$

따라서 경제적 스트레스가 1표준편차 차이 나는 두 기업가의 경우, 스트레스를 더 많이 받는 기업가의 경제활동 철회의사가 $c_{cs} = 0.152 - 0.088 = 0.064$표준편차만큼 더 크다는 것을 알 수 있다. 이러한 총효과는 X와 Y의 단순회귀모형에서 표준화회귀계수와 동일하다.

만일 미디어 영향력 연구와 같이 X가 이분형 변수라면 완전표준화효과는 일반적으로 의미가 없다. 이 경우 SD_X는 X의 두 군에 속한 사례들의 분포에 영향을 받는다. 예를 들어, 표본에 속한 n개의 사례들이 두 군 간에 균등하게 분포되어 있고 두 군이 0과 1로 코딩되어 있다면 $SD_X = 0.50$(대표본의 경우)이고 완전표준화효과는 부분표준화효과의 절반이 될 것이다. 만일 두 군 간의 분포가 불균등하다면 SD_X는 0.5보다 더 작을 수 있고, 이런 경우 완전표준화효과와 부분표준화효과는 더 큰 차이를 보이게 될 것이다. 이분형 변수인 X의 효과크기의 측정치가 두 군 간의 평균의 차이가 아닌 다른 것(두 군간의 사례 분포)에 영향을 받아서는 안 된다. 따라서 X가 이분형 변수인 경우 완전표준화효과는 가능한 한 사용하지 말아야 한다.

2.1.3 processR을 이용한 효과크기의 추정

processR을 이용하면 부분표준화효과와 완전표준화효과를 쉽게 구할 수 있다. tripleEquation()함수로 lavaan syntax를 만들 때 effectsize인수를 TRUE로 지정해 주면 된다. 경제적 스트레스의 경우를 예로 들면 다음과 같이 하면 된다.

```
labels=list(X="estress",M="affect",Y="withdraw")
model=tripleEquation(labels=labels,data=estress,effectsize=TRUE)
cat(model)
```

```
affect~a*estress
withdraw~c*estress+b*affect
indirect :=(a)*(b)
direct :=c
total := direct + indirect
```

```
prop.mediated := indirect / total
sdy := 1.24687019127995
sdx := 1.42361418298308

## Partially standardized effects ##
indirect.ps := indirect/sdy
direct.ps := direct/sdy
total.ps := direct.ps + indirect.ps

## Completely standardized effects ##
indirect.cs := sdx*indirect.ps
direct.cs := sdx* direct.ps
total.cs := direct.cs + indirect.cs
```

위에서 만든 lavaan syntax를 이용하여 분석하면 된다.

```
set.seed(123)
semfit=sem(model=model,data=estress,se="boot")
```

```
medSummaryTable(semfit)
```

Effect	Equation	estimate	95% Bootstrap CI
indirect	(a)*(b)	0.133	(0.067 to 0.204)
direct	c	-0.077	(-0.183 to 0.038)
total	direct+indirect	0.056	(-0.075 to 0.180)
prop.mediated	indirect/total	2.369	(-33.610 to 17.987)
indirect.ps	indirect/sdy	0.107	(0.054 to 0.164)
direct.ps	direct/sdy	-0.062	(-0.147 to 0.030)
total.ps	direct.ps+indirect.ps	0.045	(-0.060 to 0.145)
indirect.cs	sdx*indirect.ps	0.152	(0.077 to 0.233)
direct.cs	sdx*direct.ps	-0.088	(-0.209 to 0.043)
total.cs	direct.cs+indirect.cs	0.064	(-0.086 to 0.206)

boot.ci.type = perc

제 3 절 교란변수의 통제

어느 분야든지 연구를 통하여 궁극적으로 밝히고자 하는 것은 원인과 결과의 관계, 즉 인과관계일 것이다. 인과관계를 밝히기 위해 많은 요인들을 고려하여야 하지만 첫 번째로 고려해야 할 것은 계통오차라고 말하는 편향이다. 계통오차(systemic error)는 우연히 발생하는 무작위오차(random error)의 반대 개념으로 측정이 이루어질 때의 구조적인 문제이기 때문에 몇 번을 반복해도 동일한 실수가 계속되는 것을 뜻한다 (Ghaemi, S., 2009). 편향이 발생하는 이유는 다양하지만 그중 하나가 교란변수의 존재이다. 교란변수는 관찰된 결과에 영향을 주고 있지만 우리가 알아차리지 못하고 있는 요인이다. 우리가 하는 관찰은 믿을 수 없는 것이다. 우리는 종종 실재하지 않는 것을 보았다고 생각한다. 이것은 사람을 대상으로 하는 연구에서 특히 그렇다. 대표적으로 카페인과 암에 관한 연구를 예로 들 수 있다. 수많은 논문에서 카페인이 암을 일으킨다는 것을 보여 주는데, 이러한 관찰은 계속 거듭되고 있다. 암에 걸린 사람에서 커피를 마신 경우가 암에 걸리지 않은 경우보다 많았다. 이는 꾸밈 없는 결과이지만 잘못된 결론이다. 왜 그럴까? 커피를 마시는 사람이 커피를 마시지 않는 사람보다 흡연자인 경우가 더 많았기 때문이다. 커피와 암의 인과관계에서 흡연이 교란변수로 작용하였기 때문이다. 실제 원인은 교란변수인 흡연이었고 우리가 관찰한 원인처럼 보이는 커피는 단순히 옆에 같이 있었을 뿐이다. 이러한 현상을 부수현상(epiphenomenon)이라고 할 수 있다. 또 다른 주요한 사례는 호르몬대체요법(hormone replacement therapy, HRT)이다. 많은 관찰경험과 대규모 관찰연구를 통해 대부분의 의사들은 수십 년 동안 HRT가 폐경기 여성들에게 의학적 효과가 있다고 확신해 왔다. 하지만 대규모의 무작위 대조 임상연구(randomized clinical trial, RCT)를 통해 HRT는 오히려 심혈관계 질환과 암에 대해 위약보다 더 나쁜 영향을 미친다는 결과가 나왔다. 그동안의 관찰연구는 왜 잘못되었던 것일까? 바로 교란평향 때문이었다. HRT를 받은 여성들이 HRT를 받지 않은 여성보다 식사조절과 운동을 더 잘 했다. 식사조절과 운동은 직접적으로 더 좋은 의학적 상태를 이끌어 냈으며 이것이 HRT와 연관성이 있는 교란요인이었다. RCT에서 HRT군과 위약군에서 식사와 운동을 다른 변수와 마찬가지로 동일하게 유지하자 그제서야 HRT의 직접적인 효과가 정확하게 관찰되어 HRT가 더 나쁜 영향을 미친다는 결과가 나왔다. 이와 같이 우리의 삶은 교란요인으로 가득하다. 이는 우리의 눈은 믿을 수 없으며, 과학은 관찰만 가지고는 불충분하다는 것을 의미한다. 먼저 교란요인들을 제거함으로써 관찰을 정확하게 해야 한다. 교란요인을 제거하는 방법은 두 가지가 있다. 첫 번째 방법은 무작위 실험이다. 환경에 있는 한 가지 요인을 제외한 모든 다른 요인들을 통제함으로써 한 가지 요인의 영향의 의해 비롯된 결과를 알아내는 것이다. 인간을 대상으로 하는 연구에서는 RCT를 통해 가능하다. HRT 연구에서처럼 RCT는 사람을 대상으로 실험을 하면서 정확하게 관찰할 수 있는 방법이다. 두 번째로 실험설계를 통해 교란요인을 통제할 수 없지만 교란요인을 측정할 수 있다면 회귀분석을 통해 교란요인을 통제할 수 있다. 우리가 생각하는 원인과 결과의 회귀모형에 교란요인으로 생각되는 변수를 예측변수로 넣어 다중회귀분석을 하면 그 변수로 인한 교란편향을 통제할 수 있다.

단순매개모형에서 독립변수인 X와 매개변수인 M, 종속변수인 Y의 관계에 다른 변수들을 예측변수로 추가하면 그 변수로 인한 편향을 통제할 수 있다. 다음 그림은 단순매개모형에 두 개의 변수를 추가한 매개모형의 통계적 모형이다.

```
labels=list(X="X",M="M",Y="Y")
covar=list(name=c("C1","C2"),site=list(c("M","Y"),c("M","Y")))
drawModel(labels=labels,covar=covar,nodemode=2)
```

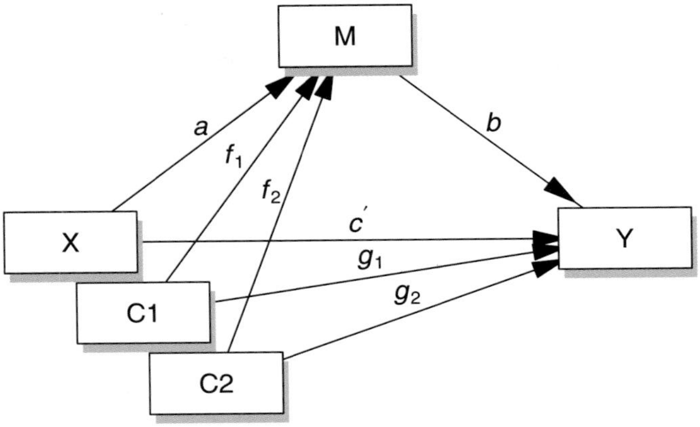

그림 5.6: 단순매개모형에 두 개의 공변량의 추가한 모형

그림 5.6과 같이 단순매개모형에 q개의 변수(공변량)를 추가한 매개모형은 다음과 같이 두 개의 회귀식으로 나타낼 수 있다.

$$M = i_M + aX + \sum_{i=1}^{q} f_i C_i + \varepsilon_M$$
$$Y = i_Y + c'X + bM + \sum_{i=1}^{q} g_i C_i + \varepsilon_Y$$

위의 회귀식과 식 5.1과 식 5.2의 차이점은 q개의 공변량이 추가된 것이다. 이와 같이 인과관계에 영향을 줄 가능성이 있는 변수들을 회귀식에 공변량으로 추가하면 그 변수들의 효과는 통계적으로 통제되므로, 회귀계수 a, b, c' 등의 추정치는 공변량의 영향이 제거된 정화된(purified) 값이라고 부른다. 공변량은 모형 내에서 다른 효과들의 추정할 때 수학적으로 일정한 값을 가지거나 통계적으로 통제된다.

위의 모형에서 c'은 여전히 X가 Y에 영향을 미치는 직접효과이고 ab는 X가 M을 경유하여 Y에 영향을 미치는 간접효과이며 총효과는 직접효과와 간접효과의 합이다. 직접효과와 간접효과, 총효과의 해석은 "C가 같을 때", "C의 값이 일정할 때" 또는 "C를 통계적으로 통제한 후" 등을 포함시키는 것을 제외하고는 공변량이 없을 때와 동일하다. 따라서 직접효과인 c'은 M과 C가 일정할 때 X가 한 단위 차이 나는 두 예에서 Y에 미치는 효과의 차이이고 간접효과인 ab는 C가 일정할 때 X가 한 단위 차이 나는 두 예에서 X가 M을 매개로 Y에 미치는 효과의 차이를 의미한다. 총효과 c는 C를 통계적으로 통제한 후에 X가 한 단위 차이 나는 두 예에서 Y에 미치는 효과의 차이이다.

전 절에서 살펴본 기업가의 경제적 스트레스 연구에서 기업가의 경제적 스트레스는 우울한 정서에 영향을 미치고($a = 0.173, p < .001$), 이러한 우울한 정서는 기업활동 철회의사에 영향을 미치기 때문에($b = 0.103, p < .001$) 간접효과가 유의하게 나타났고($ab = 0.133$, 95% 부트스트랩 신뢰구간 0.067-0.204) 직접효과는 유의하지 않았다 ($c' = -0.077, p = .144$). 하지만 이들 자료는 일회성 관찰연구에서 얻어진 것이다. 어떤 것도 실험적으로 조작되지 않았고, 어느 것도 시간차를 두고 측정되지 않았으므로 잠재적인 교란변수들이 존재할 가능성이 높다. 예를 들어, 간접효과는 기업가 자신의 기업을 경영하는 기술이나 확신 같은 개인차에 의해 나타난 것일 수도 있다. 자신의 능력에 보다 확신을 가지고 있는 사람의 경우 일반적으로 스트레스를 덜 느끼고, 어떠한 상황에 처하더라도 부정적인 감정을 보다 덜 느끼며 비교적 자신의 직업을 더 즐길 수도 있는 것이다. 만일 경제적 스트레스의 간접효과가 개인의 능력에 대한 확신과 같은 교란변수에 의해 나타났다면, 간접효과를 평가할 때 이러한 교란변수를 통제할 경우 간접효과가 제거되거나 약해질 것이다. 만일 교란변수를 통제한 후에도 간접효과가 나타난다면 간접효과가 존재한다는 주장은 유효할 것이다.

이와 같이 교란변수를 모형 내에 추가하여 통제하는 방법은 교란변수의 측정이 가능한 경우에만 사용할 수 있다. 다행히 Pollack 등(2012)은 "기업가의 자기효능감"을 측정하였는데 여기에는 목표의 설정 및 달성, 신제품 개발, 위기관리, 의사결정 등의 업무를 성공적으로 수행할수 있는 능력에 대한 자기확신 등이 포함되었다. 이를 estress데이터에 포함되어 있는 자기효능감(entreprenial self efficacy, ese)변수에 기록하였다. 실제로 자기효능감이 상대적으로 높은 경우 경제적인 스트레스를 덜 받았고 ($r = -0.158, p = .010$), 우울한 정서를 덜 느꼈으며($r = -.246, p < .001$), 기업활동의 철회의사가 낮았다($r = -0.243, p < .001$). 따라서 자기효능감이 교란변수로 작용하였을 가능성이 있다.

이번 절에서는 잠재적인 교란변수의 가능성이 있는 기업가의 자기효능감을 통제하기 위해 앞 절에서 살펴보았던 기업가의 경제적 스트레스 연구의 단순매개모형의 회귀식에 기업가의 자기효능감을 공변량으로 추가하였다. 하나 이상의 변수를 공변량을 투입할 수 있다는 것을 보여 주기 위해 성별(sex, 0=여성, 1=남성)과 기업의 보유기간(tenure, 단위: 년)도 공변량으로 추가하였다. 다음 그림 5.7은 이 모형의 통계적 모형이다.

R에서 공변량은 공변량의 이름과 공변량이 작용하는 곳을 리스트로 묶어 covar라는 변수에 저장하고 이 리스트를 이용해 모형을 그리면 된다.

```
labels=list(X="estress",M="affect",Y="withdraw")
covar=list(name=c("ese","sex","tenure"),
           site=list(c("M","Y"),c("M","Y"),c("M","Y")))
drawModel(labels=labels,covar=covar,data=estress,whatLabel="est")
```

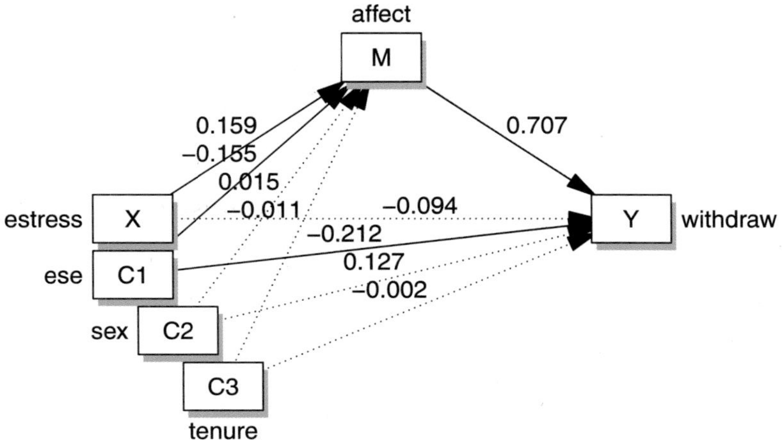

그림 5.7: 경제적 스트레스 연구의 단순매개모형에 세 개의 공변량이 추가된 모형

이 모형은 다음과 같은 두 개의 회귀식으로 나타낼 수 있다.

$$M = i_M + aX + f_1C_1 + f_2C_2 + f_3C_3 + \varepsilon_M \tag{5.6}$$

$$Y = i_Y + c'X + b_M + g_1C_1 + g_2C_2 + g_3C_3 + \varepsilon_Y \tag{5.7}$$

다음 표 5.7은 이 모형의 회귀계수를 정리한 것이다.

```
modelsSummaryTable(labels=labels,covar=covar,data=estress)
```

표 5.7: 경제적 스트레스 연구의 세 개의 공변량이 추가된 단순매개모형의 기술통계량 요약

Antecedent		Consequent affect(M) Coef	SE	t	p		withdraw(Y) Coef	SE	t	p
estress(X)	a	0.159	0.030	5.361	<.001	c'	-0.094	0.053	-1.775	.077
ese(C1)	f_1	-0.155	0.044	-3.489	.001	g_1	-0.212	0.076	-2.777	.006
sex(C2)	f_2	0.015	0.086	0.173	.863	g_2	0.127	0.144	0.884	.378
tenure(C3)	f_3	-0.011	0.006	-1.723	.086	g_3	-0.002	0.011	-0.194	.846
affect(M)						b	0.707	0.105	6.742	<.001
Constant	i_M	1.785	0.308	5.803	<.001	i_Y	2.746	0.550	4.991	<.001
Observations		262					262			
R2		0.163					0.206			
Adjusted R2		0.150					0.190			
Residual SE		0.667 (df = 257)					1.122 (df = 256)			
F statistic		F(4,257) = 12.523, p < .001					F(5,256) = 13.282, p < .001			

이 모형을 분석하기 위한 lavaan syntax는 다음의 R코드로 만들 수 있다.

```
model=tripleEquation(labels=labels,covar=covar)
cat(model)
```

```
affect ~ a*estress + f1*ese + f2*sex + f3*tenure
withdraw ~ c*estress+b*affect + g1*ese + g2*sex + g3*tenure
indirect :=(a)*(b)
direct :=c
total := direct + indirect
prop.mediated := indirect / total
```

이를 이용하여 lavaan::sem()함수를 이용하여 분석한다.

```
set.seed(123)
semfit=sem(model=model, data=estress, se="boot")
```

이 모형의 매개효과를 표로 정리하면 다음과 같다.

```
medSummaryTable(semfit,boot.ci.type="perc")
```

표 5.8: 경제적 스트레스 연구의 세 개의 공변량이 추가된 단순매개모형의 매개효과 요약

Effect	Equation	estimate	95% Bootstrap CI
indirect	(a)*(b)	0.113	(0.056 to 0.172)
direct	c	-0.094	(-0.205 to 0.030)
total	direct+indirect	0.019	(-0.115 to 0.144)
prop.mediated	indirect/total	5.888	(-15.630 to 28.648)

boot.ci.type = perc

세 개의 공변량이 있는 모형의 분석 결과를 공변량이 없는 모형을 비교해 보면 별로

달라진 것이 없는 것을 알 수 있다. 교란변수의 가능성이 있는 세 개의 변수의 영향을 통제한 후에도 경제적 스트레스가 우울한 정서를 매개로 기업활동의 철회의사에 미치는 간접효과는 통계적으로 유의하였다($ab = 0.113$, 95% 부트스트랩 신뢰구간 0.056-0.172). 직접효과는 공변량이 없는 모형에 비해 조금 강하게 나타났으나 통계적으로 유의하지 않았다($c' = -0.094, p = .077$). 기업가의 자기효능감, 성별 및 기업의 보유기간을 통제한 총효과는 $c = c' + ab = 0.113 + (-0.094) = 0.019$이다. 이러한 직접효과, 간접효과, 총효과의 관계는 공변량들이 Y와 M에 모두 설명변수로 포함되는 한 유지된다.

이러한 종류의 분석은 공변량이 도입되는 경우에 도입되지 않는 경우와 어떻게 다른지에 대한 민감도 분석을 실시하거나 사전에 어떤 변수가 잠재적인 교란변수로 작용할 가능성이 있는지 알 수 있을 때 시행할 수 있다. 부수현상 또는 의사관계의 가능성을 배제하는 것은 인과관계를 주장할 때 매우 중요한 부분이다. 하지만 이와 같이 잠재적인 교란요인들을 공변량으로 도입하여 분석하였다고 해서 이들 변수들의 관계가 의심할 여지없이 인과관계라고 주장할 수 있는 것은 아니다. 이 분석에는 포함되어 있지 않지만 X, M, Y 변수들 간의 관계를 만들 수 있는 다른 교란변수가 있을 수 있기 때문이다. 연구자는 측정된 잠재적인 교란변수를 설명할 수는 있지만 정확한 잠재적인 교란변수가 통계적으로 통제되었는지는 결코 알 수 없다. 연구자가 할 수 있는 최선의 방법은 연구를 할 때 미리 교란변수들을 예상하여 측정한 후 모형에 도입하는 것이다.

3.1 인과순서

가능한 모든 교란변수들을 통제했다고 하더라도 인과순서의 방향을 설정할 수 있는 것은 아니다. 매개분석은 인과관계를 다루며, 원인–결과의 관계를 주장할 수 있는 기준 중 하나는 원인이 결과보다 시간적으로 앞선다는 것이다. 실험조작 및 X의 무작위배정은 X가 M과 Y보다 선행한다는 것을 거의 보장해 준다. 그 이유는 무작위배정은 연구가 시작될 때 M과 Y가 평균적으로 같다는 것을 보장해 주기 때문이다. 무작위배정 후 M과 Y의 차이가 발견된다면 무작위배정 후에 발생한 것이다. 하지만 무작위배정이 M이 시간적으로 Y에 선행한다는 것을 보장해 주지는 않는다. 인과의 흐름이 $X \rightarrow M \rightarrow Y$라고 누가 말할 수 있겠는가? 사실은 $X \rightarrow Y \rightarrow M$일 수도 있는 것이다. 예를 들어, 미디어 영향력 연구에서 사람들이 설탕재고부족에 관한 기사를 읽고 설탕을 구매해야 한다고 믿는다면 자신의 믿음을 합리화하기 위해 이러한 결정을 대중들에게 투사하려고 한다는 주장도 가능하기 때문이다. 즉, 자신이 신문기사에 의해 영향받는다는 믿음(Y)이 신문기사의 위치(X)가 다른 사람들이 미디어에 의해 어떻게 영향을 받는가(M)에 미치는 효과를 매개할 수도 있는 것이다.

만일 X가 실험적 조작이나 무작위배정을 통해 결정되지 않는다면 X, M, Y의 인과순서는 어떤 순서라도 가능하다($X \rightarrow M \rightarrow Y$, $X \rightarrow Y \rightarrow M$, $M \rightarrow X \rightarrow Y$, $M \rightarrow$

$Y \to X, Y \to X \to M, Y \to M \to X$). 다행히 어떤 경로는 논리적으로 합당하지 않기 때문에 쉽게 배제할 수 있다. 예를 들어, X가 어떤 사람의 25세 이전의 최종학력이고 M은 이 사람의 자식의 고등학교 졸업 시의 평균학점이라고 한다면 M이 X의 원인이 되는 것은 불가능하다. X와 M이 인과관계가 있다면 인과의 흐름은 $X \to M$ 방향일 것이다.

훌륭한 이론은 인과관계의 방향 중 일부를 배제하는 데 도움을 줄 수 있다. 어떤 분야에서 X가 M의 원인이라는 이론이 이미 검증되고 많은 연구자들에게 받아들여지고 있다면 M이 X에게 영향을 미친다고 주장하는 연구자는 거의 없을 것이다. 이런 경우 연구자는 X가 M의 원인이라는 가능성을 편안하게 받아들일 수 있다.

인과흐름의 대체 방향을 대하는 한 가지 방법은 대체 방향을 따르는 매개모형을 만들어 직접효과와 간접효과가 그 대체방향이 예측하는 것과 일치하는지 추정해 보는 것이다. 이러한 방법을 미디어 영향력 연구에 적용해 미디어 영향력 평가를 종속변수로 하고 설탕구매의사를 매개변수로 하는 매개모형을 평가해 보면 간접효과의 추정치는 양성이었으나(ab=0.181) 95% 부트스트랩 신뢰구간이 0을 포함하므로 간접효과는 유의하지 않았다.

```
labels=list(X="cond",M="reaction",Y="pmi")
model=tripleEquation(labels=labels)
set.seed(123)
semfit=sem(model=model,data=pmi,se="boot")
```

```
medSummaryTable(semfit,boot.ci.type="perc")
```

Effect	Equation	estimate	95% Bootstrap CI
indirect	(a)*(b)	0.181	(-0.024 to 0.444)
direct	c	0.295	(-0.127 to 0.716)
total	direct+indirect	0.477	(0.007 to 0.948)
prop.mediated	indirect/total	0.380	(-0.471 to 1.461)

boot.ci.type = perc

또한 기업가의 경제적 스트레스 연구에서도 경제적 스트레스 → 기업활동 철회의사 → 우울한 정서 경로를 통한 매개모형을 검정한 결과는 다음과 같다.

```
labels=list(X="estress",M="withdraw",Y="affect")
model=tripleEquation(labels=labels)
set.seed(123)
semfit=sem(model=model,data=estress,se="boot")
result=medSummary(semfit)
```

```
medSummaryTable(result)
```

Effect	Equation	estimate	95% Bootstrap CI
indirect	(a)*(b)	0.013	(-0.018 to 0.040)
direct	c	0.160	(0.091 to 0.232)
total	direct+indirect	0.173	(0.089 to 0.250)
prop.mediated	indirect/total	0.075	(-0.163 to 0.205)

boot.ci.type = perc

위의 표에서 간접효과의 추정치는 0.013이며 95% 부트스트랩 신뢰구간은 -0.018 – 0.040 로 0을 포함하고 있어 이러한 인과과정이 작용한다는 통계적 근거는 없었다.

때로는 이와 같이 인과순서를 재배열하여 추정한 결과 인과흐름의 대체방향을 지지하는 결과가 나오기도 한다. 그런 경우 그 데이터는 인과순서에 관하여는 정보가치가 없기 때문에 인과순서를 보다 더 잘 설명하는 설계를 통한 추가 연구가 필요하다.

제6장
다중매개모형 분석

이번 장에서는 제3장 및 제5장에서 살펴보았던 단순매개모형의 확장으로 매개변수가 하나 이상인 다중매개모형(multiple mediator model)을 다루고자 한다. 다중매개모형은 매개변수가 두 개 이상이면서 매개변수들이 서로 영향을 미치지 않는 병렬다중매개모형(parallel multiple mediator model)과 매개변수들이 인과관계의 사슬로 서로 얽혀 있는 직렬다중매개모형(serial multiple mediator model)으로 나누어 볼 수 있다.

0.1 사용하는 패키지

이번 장에서는 다음과 같은 패키지를 사용한다.

```
require(processR)
require(lavaan)
```

제 1 절 병렬다중매개모형(The Parallel Multiple Mediator Model)

병렬다중매개모형에서는 독립변수 X가 종속변수 Y에 직접 영향을 미칠 뿐 아니라 두 개 이상의 매개변수를 통해 간접적으로 영향을 미치는 모형으로 매개변수들 사이에는 인과적인 관계가 없는 모형이다. 예를 들어, Teixeira 등(2010)은 중년 여성들을 대상으로 한 1년간의 체중감량 중재 연구에서 세 개의 매개변수의 효과를 연구하였다. 이 연구에서는 세 개의 매개변수를 사용하였으며 매개변수들 사이에 인과관계는 없었다(그림 6.1 참조).

```
labels=list(X="X",M=c("M1","M2","M3"),Y="Y")
nodelabels=c(X="Intervention\n(vs.control)",
   M=c("Restrained\nEating","Emotional\nEating",
       "Perceived\nBarriers to\nExercise"),Y="Weight Loss")
drawModel(labels=labels,nodelabels=nodelabels,whatLabel="none",
         parallel=TRUE,serial=FALSE,ylim=c(-0.5,1.2),label.pos=2)
```

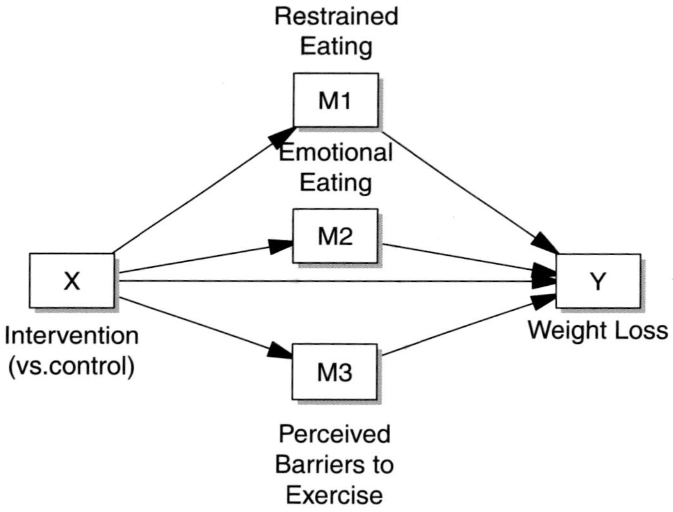

그림 6.1: 병렬다중매개모형의 개념적 모형

위의 개념적 모형을 일반화하여 k개의 매개변수를 갖는 병렬다중매개모형의 통계적 모형을 도식화하면 그림 6.2와 같다. 그림에서 보는 바와 같이 병렬다중매개모형에서는 매개변수 사이에 화살표가 존재하지 않는다. 하지만 그렇다고 해서 매개변수들이 서로 독립적이라는 것을 가정하는 것은 아니다. 사실 대부분의 경우 매개변수들은 서로 상관관계가 있다. 만일 상관관계가 전혀 없다고 하더라도 k개의 매개변수를 갖는 다중매개모형을 분석하는 것이 k개의 단순매개모형을 분석하는 것보다 몇 가지

장점이 있다. 매개변수들이 종속변수 Y와 상관관계가 높고 매개변수들 사이의 상관관계가 낮다면 다중매개모형의 검정력이 보다 높으며 다른 매개변수들을 매개로 한 간접효과의 크기를 비교할 수 있게 해 준다.

```
labels=list(X="X",M=c("M1","M2","Mk-1","Mk"),Y="Y")
drawModel(labels=labels,parallel=TRUE,serial=FALSE,kmediator=TRUE,nodemode=2,
        arrow.pos=list(c=0.4),radx=0.08)
```

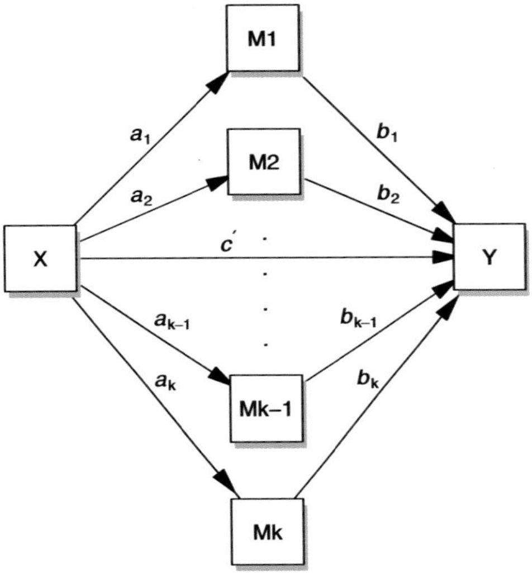

그림 6.2: k개의 매개변수를 갖는 병렬다중매개모형의 통계적 모형

그림 6.2에서 보는 바와 같이 k개의 매개변수를 갖는 병렬다중매개모형은 k개의 매개변수를 종속변수로 하는 k개의 회귀식과 종속변수 Y를 종속변수로 하는 회귀식, 즉 $k+1$개의 회귀식으로 나타낼 수 있다. 회귀식은 다음과 같다.

$$M_i = i_{M_i} + a_i X + \varepsilon_{M_i} \; for \; all \; i = 1 \; to \; k \tag{6.1}$$

$$Y = i_Y + c'X + \sum_{n=1}^{k} b_i M_i + \varepsilon_{Y_i} \tag{6.2}$$

위 식에서 a_i는 M_i에 대한 X의 효과를 추정하고 b_i는 X와 $k-1$개의 매개변수를 통제한 Y에 대한 M_i의 효과의 추정치이며 c'은 모든 k개의 매개변수가 일정할 때 Y에 대한 X의 효과의 추정치이다. 앞의 예에서와 같이 세 개의 매개변수가 있는 다중매개모형이라면 네 개의 회귀식이 필요하다.

$$M_1 = i_{M_1} + a_1 X + \varepsilon_{M_1} \tag{6.3}$$
$$M_2 = i_{M_2} + a_2 X + \varepsilon_{M_2} \tag{6.4}$$
$$M_3 = i_{M_3} + a_3 X + \varepsilon_{M_3} \tag{6.5}$$
$$Y = i_Y + c'X + b_1 X_1 + b_2 X_2 + b_3 X_3 + \varepsilon_{Y_i} \tag{6.6}$$

위 식6.3, 6.4, 6.5에서 a_1, a_2, a_3는 각각 X가 한 단위만큼 차이 나는 두 예에서의 M_1, M_2, M_3의 차이의 추정치이다. 식 6.6에서 b_1은 M_2, M_3, X가 일정할 때 M_1이 한 단위만큼 차이 나는 두 예에서 Y값의 차이의 추정치이다. 마찬가지로 b_2은 M_1, M_3, X가 일정할 때 M_2가 한 단위만큼 차이 나는 두 예에서 Y값의 차이의 추정치이며 b_3은 M_1, M_2, X가 일정할 때 M_3가 한 단위만큼 차이 나는 두 예에서 Y값의 차이의 추정치이다. 마지막으로 c'은 M_1, M_2, M_3가 일정할 때 X가 한 단위만큼 차이 나는 두 예에서 Y값의 차이의 추정치이다. a_i와 c'의 해석은 X의 측정단위와 관계없이 동일하다. X가 이분형변수이든 연속형 변수이든 상관없이 동일하게 해석할 수 있으나 X가 한 단위 차이로 코딩된 이분형 변수라면 추정된 평균의 차이로 해석할 수 있다. 즉, $X = 0$과 $X = 1$로 코딩된 두 개의 그룹이 있다면 a_i와 c'는 다음과 같다.

$$a_1 = |\bar{M}i|(X = 1)| - |\bar{M}i|(X = 0)|$$
$$c' = |\bar{Y}*|(X = 1)| - |\bar{Y}*|(X = 0)|$$

위의 식에서 $\bar{Y}*$는 모든 매개변수를 평균으로 계산한 수정평균이다.

$$\bar{Y}* = i_Y + c'X + \sum_{n=1}^{k} b_i \bar{M}_i + \varepsilon_{Y_i}$$

1.1 병렬다중매개모형에서 직접효과와 간접효과

병렬다중매개모형에서 X는 $k+1$개의 경로를 통해 Y에 영향을 미친다. 경로 중 하나는 X가 매개변수를 통하지 않고 직접 Y에 영향을 미치는 직접효과이고 나머지 k개의 경로는 하나의 매개변수를 경유하는 간접효과이다. 병렬다중매개모형에서 간접효과는 특정간접효과라고 부른다. M_1을 매개로 하는 간접효과($X \rightarrow M_1 \rightarrow Y$)는 $a_1 b_1$으로 나타낼 수 있으며 M_2를 매개로 하는 간접효과($X \rightarrow M_2 \rightarrow Y$)는 $a_2 b_2$으로 나타낼 수 있다. 총간접효과는 특정간접효과들의 합이며 k개의 매개변수를 갖는 병렬다중매개모형의 총간접효과는 다음과 같다.

$$Total\ Indirect\ Effect\ of\ X\ on\ Y = \sum_{i=1}^{k} a_i b_i$$

X의 직접효과는 모든 매개변수가 일정할 때 X가 한 단위만큼 차이 나는 두 예에서의 Y의 차이의 추정치로 식 6.6 및 식 6.2의 c'이다. X의 총효과 c는 직접효과와 간접효과의 합이다.

$$c = c' + \sum_{i=1}^{k} a_i b_i \tag{6.7}$$

또한 식 6.7에서 총간접효과는 총효과에서 직접효과를 뺀 것이다.

$$\sum_{i=1}^{k} a_i b_i = c - c'$$

제 2 절 병렬다중매개모형 예제 : 미디어 영향력 연구

이 장에서는 단순매개모형에서 다루었던 미디어 영향력 연구 데이터를 사용하여 병렬다중매개모형 분석을 하고자 한다. 미디어 영향력 연구(Presumed Media Influence, pmi)는 Tal-Or 등(2010)에 의해 수행된 연구로 Hayes(2108)의 책에 다루어졌으며 processR 패키지에 포함되어 있다. 이 연구는 이스라엘에서 수행된 연구로 123명의 참가자들에게 설탕부족사태가 올 것이라는 신문기사를 읽게 하였는데 참가자들 중 반은 신문기사가 전면에 실릴 것이라고 얘기하였으며(cond=1) 다른 참가자들에게는 경제면 부록에 실릴 것이라고 얘기하였다(cond=0). 기사를 읽은 후 다른 사람들이 얼마나 이 기사에 영향을 받을 것인지에 대한 믿음(즉, 일반 대중이 이 기사의 영향으로 설탕을 사러 가는 정도)을 측정하여 미디어 영향력(pmi) 변수에 기록하였다. 또한 설탕구매의도를 측정하여 reaction변수에 기록하였다. 단순매개분석에서 X가 M을 매개로 Y에 영향을 미치는 간접효과를 설정하였다고 해서 M이 X와 Y를 연결하는 유일한 기전이라는 것을 의미하지는 않는다. M과는 다른 실제 매개변수가 X의 효과를 매개하는 데 단지 그 변수가 M과 상관관계가 높을 수도 있다. 즉, 신문기사 조작에 영향을 받으면서 미디어 영향력과 상관관계가 존재하는 다른 변수가 실제 매개변수로 작용할 수도 있다. 미디어 영향력 연구에서 설탕의 부족사태가 얼마나 중요하다고 생가하는지에 대한 두 가지 질문을 하여 이슈중요도(percieved issue importance)변수에 기록하였다. 이슈의 중요도와 미디어 영향력 변수와 상관관계는 다음과 같이 볼 수 있다.

```
cor.test(pmi$pmi,pmi$import)
```

```

	Pearson's product-moment correlation

data:  pmi$pmi and pmi$import
t = 3.2341, df = 121, p-value = 0.001573
alternative hypothesis: true correlation is not equal to 0
95 percent confidence interval:
 0.1105576 0.4372698
sample estimates:
      cor
0.2820711
```

위의 결과에서 이슈의 중요도는 미디어 영향력 변수와 유의한 상관관계를 보인다 ($r = 0.282, p < 0.01$). 즉, 신문기사가 다른 사람들이 설탕구매의도에 영향을 미친다고 믿는 사람들은 예견되는 설탕의 부족사태를 상대적으로 중요하게 받아들인다고 할 수 있다. 미디어 영향력 변수(pmi)와 이슈중요도(import) 변수를 매개변수로 한 병렬다중매개모형을 통해 두 매개변수의 연관성 및 두 개의 기전을 동시에 검정할 수 있다. 이 모형의 통계적 모형은 다음과 같다.

```
labels=list(X="cond",M=c("import","pmi"),Y="reaction")
drawModel(labels=labels,parallel=TRUE,serial=FALSE)
```

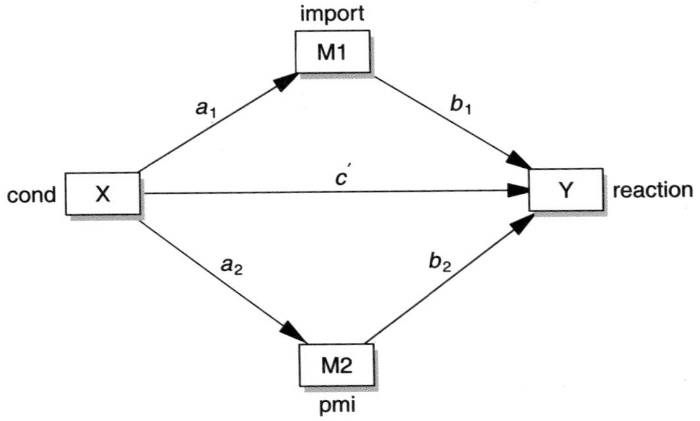

그림 6.3: 미디어 영향력 연구의 병렬다중매개모형

이 모형의 회귀계수를 요약한 표를 만든다.

```
modelsSummaryTable(labels=labels,data=pmi)
```

표 6.1: 그림 6.3의 미디어 영향력 연구의 병렬다중매개모형의 회귀계수 요약

		Consequent														
		import(M1)					pmi(M2)					reaction(Y)			
Antecedent		*Coef*	*SE*	*t*	p		*Coef*	*SE*	*t*	p		*Coef*	*SE*	*t*	p
cond(X)	a_1	0.627	0.310	2.023	.045	a_2	0.477	0.236	2.022	.045	c'	0.103	0.239	0.432	.666
import(M1)											b_1	0.324	0.071	4.586	<.001
pmi(M2)											b_2	0.397	0.093	4.264	<.001
Constant	i_{M1}	3.908	0.213	18.370	<.001	i_{M2}	5.377	0.162	33.222	<.001	i_Y	-0.150	0.530	-0.283	.778
Observations		123					123					123			
R2		0.033					0.033					0.325			
Adjusted R2		0.025					0.025					0.308			
Residual SE		1.715 (df = 121)					1.305 (df = 121)					1.290 (df = 119)			
F statistic		F(1,121) = 4.094, p = .045					F(1,121) = 4.088, p = .045					F(3,119) = 19.112, p < .001			

회귀분석의 결과를 이용해 회귀식을 다시 써 보면 다음과 같다.

$$\hat{M}_1 = 3.908 + 0.627X \tag{6.8}$$

$$\hat{M}_2 = 5.377 + 0.477X \tag{6.9}$$

$$\hat{Y} = -0.150 + 0.103X + 0.324M_1 + 0.397M_2 \tag{6.10}$$

표 6.1에서 M_1과 M_2를 종속변수로 하는 회귀모형의 R^2값은 매우 낮다. 즉, 미디어

영향력이나 이슈중요도의 분산 중 신문기사 위치의 조작으로 설명되는 부분은 매우 적다고 할 수 있으나 세 번째 모형인 설탕구매의사의 분산은 신문기사의 위치와 매개변수들로 설명이 가능하다($R^2 = 0.325$).

이 모형을 분석하기 위한 lavaan syntax는 다음과 같이 만들 수 있다.

```
model=multipleMediation(labels=labels)
cat(model)
```

```
import~a1*cond
pmi~a2*cond
reaction~b1*import+b2*pmi+c*cond

# Indirect Effect(s)

indirect1 := (a1)*(b1)
direct1 :=c
indirect2 := (a2)*(b2)
direct2 :=c

# Specific Indirect Effect Contrast(s)

Contrast1 := indirect1-indirect2

# Indirect/Direct/Total Effect(s)

indirect := indirect1+indirect2
direct := c
total := indirect + direct
prop.mediated := indirect / total
```

위에서 만든 lavaan syntax를 이용하여 분석한다. 이때 표준오차는 부트스트랩 방법으로 구하고 부트스트랩 횟수는 1,000회 시행한다. 부트스트래핑을 통해 재현가능한 결과를 얻기 위해 set.seed()함수로 시드값을 지정해 준다.

```
set.seed(1)
semfit=sem(model=model,data=pmi,se="boot")
summary(semfit,ci=TRUE)
```

```
lavaan 0.6-5.1453 ended normally after 24 iterations

  Optimization method                           NLMINB
  Number of free parameters                          8

  Number of observations                           123

  Estimator                                         ML
  Model Fit Test Statistic                       8.459
  Degrees of freedom                                 1
```

```
  P-value (Chi-square)                           0.004

Parameter Estimates:

  Standard Errors                             Bootstrap
  Number of requested bootstrap draws              1000
  Number of successful bootstrap draws             1000

Regressions:
                   Estimate  Std.Err  z-value  P(>|z|) ci.lower ci.upper
  import ~
    cond      (a1)    0.627    0.305    2.057    0.040    0.019    1.227
  pmi ~
    cond      (a2)    0.477    0.235    2.029    0.043    0.029    0.906
  reaction ~
    import    (b1)    0.324    0.074    4.386    0.000    0.187    0.475
    pmi       (b2)    0.397    0.080    4.963    0.000    0.241    0.548
    cond       (c)    0.103    0.241    0.429    0.668   -0.360    0.588

Variances:
                   Estimate  Std.Err  z-value  P(>|z|) ci.lower ci.upper
   .import            2.893    0.285   10.158    0.000    2.309    3.435
   .pmi               1.675    0.278    6.017    0.000    1.140    2.231
   .reaction          1.609    0.178    9.041    0.000    1.229    1.912

Defined Parameters:
                   Estimate  Std.Err  z-value  P(>|z|) ci.lower ci.upper
    indirect1         0.203    0.115    1.768    0.077    0.005    0.447
    direct1           0.103    0.241    0.429    0.668   -0.360    0.588
    indirect2         0.189    0.106    1.778    0.075    0.010    0.418
    direct2           0.103    0.241    0.429    0.668   -0.360    0.588
    Contrast1         0.014    0.145    0.099    0.921   -0.251    0.312
    indirect          0.392    0.168    2.340    0.019    0.087    0.718
    direct            0.103    0.241    0.429    0.668   -0.360    0.588
    total             0.496    0.280    1.770    0.077   -0.058    1.035
    prop.mediated     0.791   19.316    0.041    0.967   -0.677    5.292
```

회귀분석의 결과를 요약하면 다음과 같다.

```
estimatesTable2(semfit,digits=3)
```

표 6.2: 병렬다중매개모형의 회귀분석 요약

Variables	Predictors	label	B	SE	z	p	β
import	cond	a1	0.627	0.305	2.057	0.040	0.181
pmi	cond	a2	0.477	0.235	2.029	0.043	0.181
reaction	import	b1	0.324	0.074	4.386	< 0.001	0.375
reaction	pmi	b2	0.397	0.080	4.963	< 0.001	0.349
reaction	cond	c	0.103	0.241	0.429	0.668	0.035

이 모형의 통계적 모형을 회귀계수를 넣어 다시 그리면 다음과 같다.

```
drawModel(semfit,whatLabel="est",parallel=TRUE,labels=labels)
```

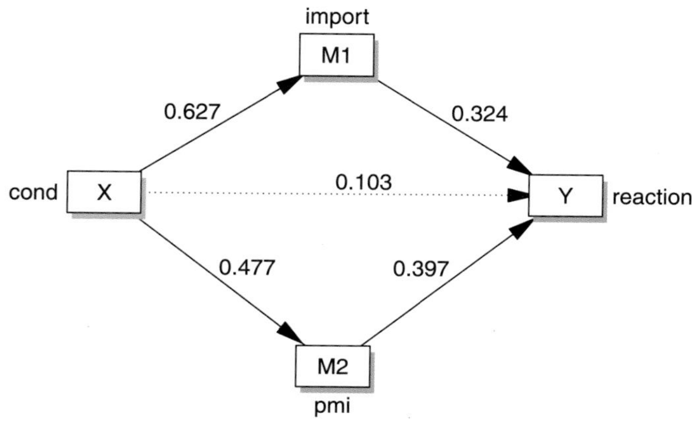

그림 6.4: 미디어 영향력 연구의 통계적 모형

매개효과를 요약하면 다음과 같다.

```
medSummaryTable(semfit)
```

표 6.3: 병렬다중매개모형의 매개효과 요약

Effect	Equation	estimate	95% Bootstrap CI
indirect1	(a1)*(b1)	0.203	(0.005 to 0.447)
direct1	c	0.103	(-0.360 to 0.588)
indirect2	(a2)*(b2)	0.189	(0.010 to 0.418)
direct2	c	0.103	(-0.360 to 0.588)
Contrast1	indirect1-indirect2	0.014	(-0.251 to 0.312)
indirect	indirect1+indirect2	0.392	(0.087 to 0.718)
direct	c	0.103	(-0.360 to 0.588)
total	indirect+direct	0.496	(-0.058 to 1.035)
prop.mediated	indirect/total	0.791	(-0.677 to 5.292)

boot.ci.type = perc

위의 표 6.3 매개효과 요약 중 첫 번째 간접효과인 indirect1은 이슈중요도(import)의 간접효과로 회귀계수의 곱인 $a_1b_1 = 0.627(0.324) = 0.203$으로 계산된다. 신문기사 위치가 1단위만큼 다른 두 예에서는 이슈중요도를 매개로 설탕구매의사에 0.203단위 만큼 차이를 보인다고 할 수 있다. 이때 간접효과의 부호가 양성이므로 신문기사가 전면에 위치한 경우 설탕구매의사가 0.203 단위만큼 높다고 할 수 있다. 간접효과가 양성인 이유는 두 개의 양성효과의 곱이기 때문인데 신문기사가 전면에 위치한 경우 설탕부족사태가 보다 중요한 이슈로 받아들여지게 되고(a_1이 양성) 이 효과는 설탕구매의사에 긍정적으로 작용한다(b_1이 양성). 실험조건인 cond(X)가 0과 1로 코딩되어 있으므로 a_1은 X가 0일 때와 1일 때의 이슈중요도의 평균차이와 같고, 간접효과인 a_1b_1은 이 평균차이와 설탕구매의사에 대한 이슈중요도의 효과의 곱과 같다.

$$a_1b_1 = ([\bar{M}_1|(X = 1)] - [\bar{M}_1|(X = 0)])b_1 = (4.535 - 3.908)0.324 = 0.203$$

두 번째 간접효과인 indirect2는 신문기사의 위치가 설탕구매의사에 미디어 영향력을 매개로 설탕구매의사에 미치는 간접효과로 회귀계수의 곱인 $a_2b_2 = 0.477(0.397) = 0.189$로 계산된다.신문기사의 위치가 전면인 경우 다른 사람들에게 보다 영향을 많이 미침으로써 설탕구매의사를 0.189단위만큼 증가시킨다고 할 수 있다.

2.1 통계적 추론

2.1.1 직접효과 및 총효과

직접효과에 대한 검정은 귀무가설 $_Tc' = 0$에 대한 검정으로 표 6.1에서 $c' = 0.103, p = .666$ 로 유의하지 않으므로 귀무가설을 기각할 수 없다. 총효과는 표 6.3에서 $total = indirect + direct = 0.496, p = .077$이며 이 값은 전 장에서 계산한 총효과와 동일하다. 총효과는 X와 Y 사이의 매개변수의 숫자에 영향받지 않기 때문이다.

2.1.2 특정간접효과의 추론

다중매개모형에서 특정간접효과의 추론은 정규이론방법에 의한 추론과 부트스트랩 신뢰구간에 의한 방법이 있다. 먼저 정규이론방법은 회귀계수의 곱으로 구한 특정간접효과와 그 표준오차의 비를 구한다. X가 M_i를 매개로 Y에 미치는 특정간접효과의 표준오차는 다음의 공식으로 구할 수 있다.

$$se_{a_ib_i} = \sqrt{a_i^2 se_{b_i}^2 + b_i^2 se_{a_i}^2 + se_{a_i}^2 se_{b_i}^2} \qquad (6.11)$$

특정간접효과를 위의 공식으로 구한 표준오차로 나눈 후 그 비를 이용하여 표준정규분포로부터 p값을 구하게 된다. 하지만 정규이론방법은 회귀계수의 곱이 정규분포

가정을 만족해야 하고 검정력이 떨어져 단순매개모형의 경우와 마찬가지로 권장되지 않는다. 표 6.3에서 특정간접효과의 95% 부트스트랩 신뢰구간이 제시되어 있으며 이 방법은 a_1b_1의 분포에 대한 가정이 필요 없으며 정규이론접근법에 비해 보다 검정력이 높으므로 추천되는 방법이다. 이 모형에서 특정간접효과들인 indirect1과 indirect2의 95% 부트스트랩 신뢰구간이 모두 0을 포함하지 않으므로 간접효과가 모두 유의하다고 할 수 있다.

2.1.3 특정간접효과들의 쌍별 비교

다중매개모형에서는 하나의 간접효과가 다른 간접효과와 통계적으로 의미 있게 다른가를 검정하기도 한다. 이 예에서는 이슈중요도에 의한 특정간접효과가 미디어 영향력에 의한 특정간접효과와 다른지를 검정할 수 있다. 특정간접효과들의 차이에 관한 검정 방법은 정규이론방법과 부트스트랩에 의한 신뢰구간 방법의 두 가지가 있다. 먼저 정규이론방법은 특정간접효과들의 차이($a_ib_i - a_jb_j$)와 그 표준오차의 비를 계산하여 표준정규분포를 사용하여 p값을 추정하는데, 표준오차를 계산하는 방법은 두 가지가 있다. 첫 번째 방법은 Preacher와 Hayes(2008a)와 MacKinnon(2000)에 의한 방법으로 다음 식에 의해 계산한다.

$$se_{a_ib_i-a_jb_j} = \sqrt{b_i^2 se_{a_i}^2 - 2b_ib_jCOVa_ia_j + b_j^2 se_{a_j}^2 + a_j^2 se_{b_j}^2 - 2a_ia_jCOVb_ib_j + a_i^2 se_{b_i}^2}$$

위 식에서 $COV_{a_ia_j}$는 a_i와 a_j의 공분산이며 $COV_{b_ib_j}$는 b_i와 b_j의 공분산이다. MacKinnon(2000)은 a_i와 a_j의 공분산을 0으로 가정하여 표준오차에 대한 다음과 같은 추정식을 제공하였다.

$$se_{a_ib_i-a_jb_j} = \sqrt{b_i^2 se_{a_i}^2 + b_j^2 se_{a_j}^2 + a_j^2 se_{b_j}^2 + a_i^2 se_{b_i}^2}$$

특정간접오차의 차이를 위의 식으로 계산한 표준오차로 나누어 그 비를 계산하고 표준정규분포를 사용하여 p값을 추정하거나 95% 신뢰구간을 다음과 같이 추정한다.

$$(a_ib_i - a_jb_j) \pm 1.96 se_{a_ib_i-a_jb_j} \tag{6.12}$$

위의 식에서 1.96은 90% 신뢰구간인 경우 1.645, 99% 신뢰구간인 경우 2.57로 대체하면 된다. 하지만 이 방법 또한 다른 정규이론방법과 마찬가지로 특정간접오차의 차이의 분포가 정규분포한다는 가정을 필요로 하므로 이러한 가정이 필요 없는 부트스트랩에 의한 신뢰구간 방법이 대안이 된다. 표 6.3에서 Contrast1은 첫 번째 간접효과인 indirect1과 indirect2의 차이로 점추정치는 0.203 − 0.189 = 0.014이지만 부트스트랩에 의한 95% 신뢰구간이 0을 포함하므로 두 특정간접효과가 서로 다르다고 말할 수 없다. 이 검정방법을 이용하여 두 특정간접효과 중 하나가 다른 하나보다 크다고 얘기할 수 있을까? 이러한 해석은 두 간접효과의 부호가 같은 경우에만 가능하다. 예를 들어, 두 간접효과가 $a_ib_i = -0.30$이고 $a_jb_j = 0.30$일 경우를 생각해 보자. 이런 경우 두 특정간접효과의 차이에 대한 검정을 통해 두 효과의 차이가 0과 다르다는 결과가 나온다고 해도 이것은 단지 한 간접효과는 양의 간접효과가 나타났고 다른 간접효과는 음의 간접효과가 나타났다는 것을 뜻하는 것이다. 한 간접효과가 다른 간접효과보다 크다는 주장은 할 수 없다.
만일 서로 다른 부호를 가진 두 간접효과의 크기를 비교하려면 어떻게 해야 할까? 이런 경우 contrast를 $a_ib_i - a_jb_j$로 정의 내리지 말고 절대값을 비교하면 가능할 것이다. 즉, $|a_ib_i|-|a_jb_j|$로 정의 내리고 부트스트랩에 의한 신뢰구간을 구한다면 서로 다른 부호를 가진 두 간접효과의 크기를 비교할 수 있을 것이다. processR을 이용하여 다중매개분석을 할 때 multipleMediation 함수의 contrast인수를 2로 지정해 주면 위와 같이 특정간접효과의 쌍별검정에서 절대값을 이용한 비교가 가능하다.

```
labels=list(X="cond",M=c("import","pmi"),Y="reaction")
model=multipleMediation(labels=labels,data=pmi,contrast=2)
cat(model)
```

```
import~a1*cond
pmi~a2*cond
reaction~b1*import+b2*pmi+c*cond

# Indirect Effect(s)

indirect1 := (a1)*(b1)
direct1 :=c
indirect2 := (a2)*(b2)
direct2 :=c

# Specific Indirect Effect Contrast(s)

Contrast1 := abs(indirect1)-abs(indirect2)

# Indirect/Direct/Total Effect(s)

indirect := indirect1+indirect2
direct := c
total := indirect + direct
prop.mediated := indirect / total
```

이후 이 lavaan syntax를 이용하여 분석을 진행하면 된다.

```
set.seed(123)
semfit=sem(model=model,data=pmi,se="boot")
```

2.1.4 총간접효과의 추론

총간접효과는 모든 특정간접효과들의 합계이다. 총간접효과의 검정은 정규이론방법과 부트스트랩에 의한 신뢰구간 및 몬테카를로 신뢰구간 등으로 검정할 수 있다. 정규이론방법은 총간접효과의 표준오차에 대한 추정을 필요로 하는데, 다중매개모형에서의 추정식은 매개변수가 두 개인 경우에도 매우 복잡하다. processR 에서는 정규이론방법에 의한 검정은 제공하지 않는다. 표 6.3에서 총간접효과의 추정치 및 부트스트랩에 의한 95% 신뢰구간이 제시되고 있다. 총간접효과의 추정치는 0.392이며 95% 신뢰구간은 0을 포함하고 있지 않다. 이러한 결과는 신문기사 위치가 설탕의 구매의도에 미치는 효과를 이슈중요도와 미디어 영향력이 집합적으로 매개한다는 주장을 뒷받침한다.

제 3 절 직렬다중매개모형(The Serial Multiple Mediator Model)

앞 절에서 다루었던 병렬다중매개모형에서는 매개변수들 사이의 인과관계가 없다고 가정한다. 이와 달리 직렬다중매개모형에서는 X가 M_1의 원인이 되고 M_1은 M_2의 원인이 되는 등 매개변수들 간의 순차적 인과관계를 설정하고 최종적으로는 Y에 영향을 미치는 매개모형을 설정하여 직접효과와 간접효과를 조사하는 것이다. 직렬다중매개모형의 예로 매개변수가 두 개 있는 모형과 세 개 있는 모형의 통계적 모형이 다음 그림 6.5에 제시되어 있다.

```
labels=list(X="X",M=c("M1","M2"),Y="Y")
drawModel(labels=labels,serial=TRUE,nodemode=4)
labels=list(X="X",M=c("M1","M2","M3"),Y="Y")
drawModel(labels=labels,serial=TRUE,nodemode=4,ylim=c(0.4,1))
```

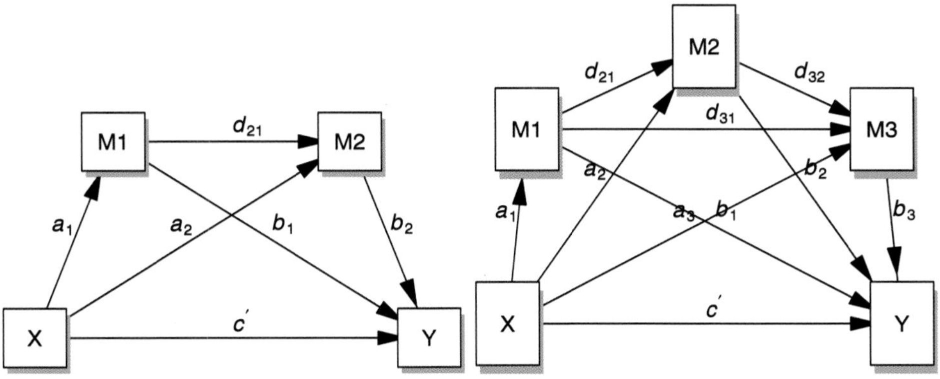

(a) 매개변수가 두 개인 모형 (b) 매개변수가 세 개인 모형

그림 6.5: 직렬다중매개모형의 통계적 모형

그림 6.5(a)는 매개변수가 두 개인 직렬다중매개모형으로 이 모형에는 X가 네 개의 경로를 통하여 Y에 영향을 미친다. 즉, $X \rightarrow M_1 \rightarrow Y$, $X \rightarrow M_2 \rightarrow Y$, $X \rightarrow M_1 \rightarrow M_2 \rightarrow Y$, $X \rightarrow Y$의 네 개의 경로이다. 이 통계모형은 결과변수가 세 개이므로 다음과 같은 세 개의 회귀식으로 나타낼 수 있다.

$$M_1 = i_{M_1} + a_1 X + \varepsilon_{M_1} \quad (6.13)$$

$$M_2 = i_{M_2} + a_2 X + d_{21} M_1 + \varepsilon_{M_2} \quad (6.14)$$

$$Y = i_Y + c'X + b_1 M_1 + b_2 M_2 + \varepsilon_Y \quad (6.15)$$

그림 6.5(b)는 매개변수가 세 개인 직렬다중매개모형이다. 이 모형에는 X가 Y에 영향을 미치는 경로가 8개 포함되어 있다. 이들 경로에는 하나의 매개변수만 통과하는 세 개의 경로들($X \rightarrow M_1 \rightarrow Y$, $X \rightarrow M_2 \rightarrow Y$, $X \rightarrow M_3 \rightarrow Y$)과 두 개의 매개변수를 통과하는 세 개의 경로들($X \rightarrow M_1 \rightarrow M_2 \rightarrow Y$, $X \rightarrow M_1 \rightarrow M_3 \rightarrow Y$, $X \rightarrow M_2 \rightarrow M_3 \rightarrow Y$) 및 세 개의 매개변수를 통과하는 모형($X \rightarrow M_1 \rightarrow M_2 \rightarrow M_3 \rightarrow Y$), 그리고 $X \rightarrow Y$의 8개의 경로가 포함되어 있다. 이 통계모형에는 결과변수가 네 개이므로 다음과 같은 네 개의 회귀식으로 나타낼 수 있다.

$$
\begin{aligned}
M_1 &= i_{M_1} + a_1X + \varepsilon_{M_1} \\
M_2 &= i_{M_2} + a_2X + d_{21}M_1 + \varepsilon_{M_2} \\
M_3 &= i_{M_3} + a_3X + d_{31}M_1 + d_{32}M_2 + \varepsilon_{M_2} \\
Y &= i_Y + c'X + b_1M_1 + b_2M_2 + b_3M_3 + \varepsilon_Y
\end{aligned}
$$

이를 일반화하여 k개의 매개변수가 있는 경우 결과변수가 $k+1$개이므로 다음과 같이 $k+1$개의 회귀식이 필요하다.

$$
\begin{aligned}
M_1 &= i_{M_1} + a_1X + \varepsilon_{M_1} \\
M_i &= i_{M_i} + a_iX + \sum_{j=1}^{i-1} d_{ij}M_j + \varepsilon_{M_i} \ for\ all\ i = 2\ to\ k \\
Y &= i_Y + c'X + \sum_{i=1}^{k} b_iM_i + \varepsilon_Y
\end{aligned}
$$

3.1 직렬다중매개모형의 직접효과와 간접효과

단순매개모형이나 병렬다중매개모형과 마찬가지로 직렬다중매개모형의 총효과도 직접효과와 간접효과로 나누어 볼 수 있다. 직접효과 c'의 해석은 매개변수의 개수와는 상관없이 동일하다. 즉, 다른 매개변수가 모두 일정할 때 X가 한 단위만큼 차이 나는 두 예에서 Y값의 차이의 추정치이다. 간접효과는 모형의 매개변수의 수에 따라 많은 경로를 거칠 수 있는데 각 단계에 해당하는 회귀계수의 곱으로 계산된다. 간접효과의 해석은 X가 한 단위만큼 차이 나는 두 예에서 X에서 매개변수들을 거쳐 Y에 이르는 인과순서를 거쳐 나타나는 Y값의 차이의 추정치이다. 매개변수의 수와는 관계없이 X의 총간접효과는 모든 특정간접효과의 합이며 직접효과와 간접효과의 합이 X의 총효과이다.

3.1.1 매개변수가 두 개인 모형

매개변수가 두 개인 직렬다중매개모형은 세 개의 특정간접효과와 하나의 직접효과를 가진다. 그림 6.5(a)에서 M_1을 경유하는 특정간접효과는 a_1b_1이고 M_2를 경유하는 특정간접효과는 a_2b_2이며 M_1과 M_2를 모두 경유하는 특정간접효과는 $a_1d_{21}b_2$이다. 이들 세 개의 특정간접효과를 합치면 총간접효과가 되며 $a_1b_1+a_2b_2+a_1d_{21}b_2$가 된다. 총간접효과에 직접효과인 c'을 더하면 X의 총효과 c가 된다.

$$c = c' + a_1b_1 + a_2b_2 + a_1d_{21}b_2$$
$$c - c' = a_1b_1 + a_2b_2 + a_1d_{21}b_2$$

3.1.2 매개변수가 세 개인 모형

매개변수가 세 개인 직렬다중매개모형에서도 같은 방법으로 특정간접효과, 총간접효과 및 총효과를 계산할 수 있다. 그림 6.5(b)의 모형은 7개의 특정간접효과를 가진다. 예를 들어, M_2만을 경유하는 특정간접효과는 a_2b_2이고 M_1과 M_3를 경유하는 특정간접효과는 $a_1d_{31}b_3$이고 M_1과 M_2, M_3를 모두 경유하는 특정간접효과는 $a_1d_{21}d_{32}b_3$이다. 모든 특정간접효과를 더하면 총간접효과가 되며 총간접효과와 직접효과 c'를 더하면 총효과 c가 된다.

$$c = c' + a_1b_1 + a_2b_2 + a_3b_3 + a_1d_{21}b_2 + a_1d_{31}b_3 + a_2d_{32}b_3 + a_1d_{21}d_{32}b_3$$
$$c - c' = a_1b_1 + a_2b_2 + a_3b_3 + a_1d_{21}b_2 + a_1d_{31}b_3 + a_2d_{32}b_3 + a_1d_{21}d_{32}b_3$$

3.2 통계적 추론

직렬다중매개모형에서 직접효과와 간접효과에 관한 통계적 추론은 단순매개모형과 병렬다중매개모형의 경우와 같다. 직접효과 $_Tc' = 0$이라는 귀무가설에 대한 검정은 OLS 회귀 결과로 알수 있다. 정규이론방법을 사용한 간접효과의 추론은 간접효과를 표준오차의 추정치로 나누고 표준정규분포로부터 p값을 구하는 방법이다. 매개변수를 하나 경유하는 경로의 표준오차는 전 절의 식 6.11과 같이 구할 수 있다. 두 개의 매개변수를 직렬로 경유하는 특정간접효과의 표준오차는 Taylor, MacKinnon과 Tein 등(2008)이 제시한 다음 공식으로 구할 수 있다.

$$se_{a_1d_{21}b_2} = \sqrt{a_1^2d_{21}^2se_{b_2}^2 + a_1^2b_2^2se_{d_{21}}^2 + d_{21}^2b_2^2se_{a_1}^2} \tag{6.16}$$

위의 식에서 $se_{a_1}^2, se_{d_{21}}^2, se_{b_2}^2$는 각각 a_1, d_{21}, b_2의 표준오차이다. 세 개 이상의 매개변수를 직렬로 경유하는 간접효과의 표준오차를 구하는 공식은 Sobel(1982)에 의해 기술되어 있는데 매우 복잡하며 소개하지 않는다. 하지만 단순매개나 병렬다중매개의 경우와 마찬가지로 정규이론방법에 의한 통계적 추론은 권장되지 않으며 부트스트랩에 의한 신뢰구간을 이용하는 방법이 권장된다. processR을 사용하여 분석하는 경우 부트스트랩에 의한 신뢰구간을 얻을 수 있다.

제 4 절 직렬다중매개모형 예제: 미디어 영향력 연구

이번 절에서는 앞 절에서 사용한 미디어 영향력 연구 데이터를 이용해 직렬다중매개모형으로 분석해 본다. 먼저 통계적 모형은 다음과 같다.

```
labels=list(X="cond",M=c("import","pmi"),Y="reaction")
drawModel(labels=labels,serial=TRUE)
```

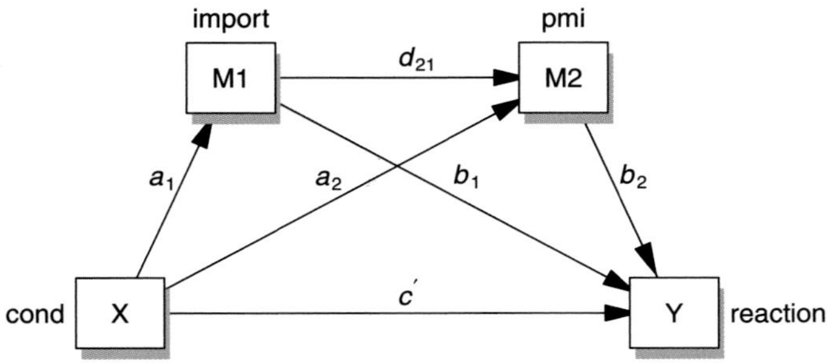

그림 6.6: 미디어 영향력 데이터를 사용한 직렬다중매개모형의 통계적 모형

다음의 R코드를 이용해 회귀계수를 요약한 표를 만든다.

```
modelsSummaryTable(labels=labels,data=pmi,serial=TRUE)
```

표 6.4: 그림 6.6의 미디어 영향력 연구의 직렬다중매개모형의 회귀계수 요약

		Consequent													
		import(M1)					pmi(M2)					reaction(Y)			
Antecedent		*Coef*	*SE*	*t*	p		*Coef*	*SE*	*t*	p		*Coef*	*SE*	*t*	p
cond(X)	a_1	0.627	0.310	2.023	.045	a_2	0.354	0.233	1.521	.131	c'	0.103	0.239	0.432	.666
import(M1)						d_{21}	0.196	0.067	2.923	.004	b_1	0.324	0.071	4.586	<.001
pmi(M2)											b_2	0.397	0.093	4.264	<.001
Constant	i_{M1}	3.908	0.213	18.370	<.001	i_{M2}	4.610	0.306	15.084	<.001	i_Y	-0.150	0.530	-0.283	.778
Observations		123					123					123			
R2		0.033					0.097					0.325			
Adjusted R2		0.025					0.082					0.308			
Residual SE		1.715 (df = 121)					1.266 (df = 120)					1.290 (df = 119)			
F statistic		F(1,121) = 4.094, p = .045					F(2,120) = 6.443, p = .002					F(3,119) = 19.112, p < .001			

위의 표에 요약되어 있는 회귀계수를 이용하여 이 모형의 회귀식을 다시 써 보면 다음과 같다.

$$\hat{M}_1 = 3.908 + 0.627X \tag{6.17}$$

$$\hat{M}_2 = 4.610 + 0.354X + 0.196M_1 \tag{6.18}$$

$$\hat{Y} = -0.150 + 0.103X + 0.324M_1 + 0.397M_2 \tag{6.19}$$

직렬다중매개모형의 직접효과는 매개변수들 사이의 인과관계 유무에 영향을 받지 않으므로 병렬다중매개모형의 직접효과와 동일하다. 즉, 다중매개모형에서 종속변수 Y

의 회귀식은 두 모형에서 같으며 X, M_1, M_2만을 설명변수로 갖는다. 이 모형의 직접효과는 $c' = 0.103, t(119) = 0.432, p = .666$으로 양의 부호를 가지나 통계적으로 유의하지 않다. 병렬다중매개모형에서와 마찬가지로 이슈중요도와 미디어 영향과는 독립적으로 신문기사의 위치가 설탕구매의사에 미치는 직접효과는 나타나지 않았다.

다음의 R코드로 이 모형을 분석하기 위한 lavaan syntax를 만든다.

```
model=multipleMediation(labels=labels,serial=TRUE)
cat(model)
```

```
import~a1*cond
pmi~a2*cond+d21*import
reaction~b1*import+b2*pmi+c*cond

# Indirect Effect(s)

indirect1 := (a1)*(b1)
direct1 :=c
indirect2 := (a2)*(b2)
direct2 :=c

# Secondary Indirect Effect(s)

indirect3:= a1*d21*b2

# Specific Indirect Effect Contrast(s)

Contrast1 := indirect1-indirect2
Contrast2 := indirect1-a1*d21*b2
Contrast3 := indirect2-a1*d21*b2

# Indirect/Direct/Total Effect(s)

indirect := indirect1+indirect2+a1*d21*b2
direct := c
total := indirect + direct
prop.mediated := indirect / total
```

위에서 만든 lavaan syntax를 이용하여 분석한다. 이때 표준오차는 부트스트랩 방법으로 구하고 부트스트랩 횟수는 1,000회 시행한다. 부트스트래핑을 통해 재현가능한 결과를 얻기 위해 set.seed()함수로 시드값을 지정해 준다.

```
set.seed(1)
semfit=sem(model=model,data=pmi,se="boot")
summary(semfit,ci=TRUE)
```

```
lavaan 0.6-5.1453 ended normally after 28 iterations
```

```
  Optimization method                           NLMINB
  Number of free parameters                          9

  Number of observations                           123

  Estimator                                         ML
  Model Fit Test Statistic                       0.000
  Degrees of freedom                                 0
  Minimum Function Value               0.0000000000000

Parameter Estimates:

  Standard Errors                            Bootstrap
  Number of requested bootstrap draws             1000
  Number of successful bootstrap draws             977

Regressions:
                   Estimate  Std.Err  z-value  P(>|z|) ci.lower ci.upper
  import ~
    cond      (a1)    0.627    0.304    2.060    0.039    0.018    1.225
  pmi ~
    cond      (a2)    0.354    0.235    1.503    0.133   -0.111    0.790
    import   (d21)    0.196    0.077    2.546    0.011    0.045    0.350
  reaction ~
    import    (b1)    0.324    0.074    4.369    0.000    0.186    0.475
    pmi       (b2)    0.397    0.080    4.945    0.000    0.240    0.547
    cond       (c)    0.103    0.242    0.427    0.669   -0.370    0.589

Variances:
                   Estimate  Std.Err  z-value  P(>|z|) ci.lower ci.upper
   .import            2.893    0.286   10.112    0.000    2.307    3.436
   .pmi               1.564    0.241    6.497    0.000    1.075    2.029
   .reaction          1.609    0.178    9.034    0.000    1.229    1.915

Defined Parameters:
                   Estimate  Std.Err  z-value  P(>|z|) ci.lower ci.upper
    indirect1         0.203    0.115    1.769    0.077    0.005    0.449
    direct1           0.103    0.242    0.427    0.669   -0.370    0.589
    indirect2         0.140    0.103    1.360    0.174   -0.044    0.364
    direct2           0.103    0.242    0.427    0.669   -0.370    0.589
    indirect3         0.049    0.035    1.384    0.166    0.001    0.135
    Contrast1         0.063    0.158    0.400    0.689   -0.225    0.388
    Contrast2         0.155    0.099    1.562    0.118    0.002    0.380
    Contrast3         0.091    0.111    0.821    0.412   -0.127    0.314
    indirect          0.392    0.168    2.339    0.019    0.086    0.718
    direct            0.103    0.242    0.427    0.669   -0.370    0.589
    total             0.496    0.281    1.765    0.078   -0.061    1.035
```

```
prop.mediated     0.791   19.537    0.041    0.968   -0.828     5.350
```

이 모형의 매개효과를 요약해 보면 다음과 같다.

```
medSummaryTable(semfit)
```

표 6.5: 직렬다중매개모형의 매개효과 요약

Effect	Equation	estimate	95% Bootstrap CI
indirect1	(a1)*(b1)	0.203	(0.005 to 0.449)
direct1	c	0.103	(-0.370 to 0.589)
indirect2	(a2)*(b2)	0.140	(-0.044 to 0.364)
direct2	c	0.103	(-0.370 to 0.589)
indirect3	a1*d21*b2	0.049	(0.001 to 0.135)
Contrast1	indirect1-indirect2	0.063	(-0.225 to 0.388)
Contrast2	indirect1-a1*d21*b2	0.155	(0.002 to 0.380)
Contrast3	indirect2-a1*d21*b2	0.091	(-0.127 to 0.314)
indirect	indirect1+indirect2+a1*d21*b2	0.392	(0.086 to 0.718)
direct	c	0.103	(-0.370 to 0.589)
total	indirect+direct	0.496	(-0.061 to 1.035)
prop.mediated	indirect/total	0.791	(-0.828 to 5.350)

boot.ci.type = perc

표 6.5에는 매개효과가 정리되어 있다. 이 모형에는 특정간접효과가 세 개 존재한다. 첫 번째 특정간접효과는 indirect1이며 신문기사의 위치가 이슈중요도를 매개로 설탕구매의사에 영향을 미치는 효과($X \rightarrow M_1 \rightarrow Y$)로 $a_1b_1 = 0.627(0.324) = 0.203$로 추정되었으며 부트스트랩에 의한 95% 신뢰구간이 모두 0보다 크다. 이 결과는 신문기사가 1면에 실렸다고 들은 사람들은 설탕부족사태를 보다 중요하게 인식하게 하며(a_1이 양성), 이러한 증가된 이슈중요도 인식은 미디어 영향력과는 독립적으로 설탕구매의사의 증가(b_1이 양성)로 이어진다고 할 수 있다. 두 번째 특정간접효과는 indirect2이며 신문기사의 위치가 미디어 영향력 평가를 매개로 설탕구매의사에 영향을 미치는 효과($X \rightarrow M_2 \rightarrow Y$)로 $a_2b_2 = 0.354(0.397) = 0.140$으로 추정되었으나 부트스트랩에 의한 95% 신뢰구간이 0을 포함하므로 이 효과과 0과 다르다고 주장할 수 없다. 세 번째 특정간접효과는 indirect3으로 $X \rightarrow M_1 \rightarrow M_2 \rightarrow Y$경로를 지나는 효과로 $a_1d_{21}b_2 = 0.627(0.196)0.397 = 0.049$로 추정되며 부트스트랩에 의한 95% 신뢰구간이 모두 0보다 크므로 유의하다고 할 수 있다. 신문기사가 1면에 실렸다고 들은 사람들은 설탕부족사태를 보다 중요하고 생각하고(a_1이 양성), 이는 다시 다른 사람들이 신문기사에 의하여 더 크게 영향을 받을 것이라고 판단하며(d_{21}이 양성), 이러한 판단은 설탕구매의사를 증가시킨다(b_2가 양성).

총간접효과는 모든 특정간접효과의 합이며 표 6.5의 indirect에 요약되어 있다. 총간접효과의 추정량은 0.392이며 부트스트랩에 의한 95% 신뢰구간 또한 0을 포함하지 않으므로 유의한다고 할 수 있다. 특정간접효과들의 쌍별비교는 표 6.5의 Contrast1,

Contrast2, Contrast3에 요약되어 있다. 이 예에서는 세 개의 특정간접효과가 있으므로 특정간접효과들의 쌍별비교 또한 세 개가 존재한다. 일반적으로 k개의 특정간접효과가 있는 경우 $k(k-1)/2$개의 쌍별비교가 가능하다. 이 표에서 특정간접효과들의 쌍별비교의 추정량 및 부트스트랩에 의한 95% 신뢰구간의 확인이 가능하다. Contrast1과 Contrast3의 95% 신뢰구간은 0을 포함하고 있으므로 특정간접효과 indirect1과 indirect2의 차이와 indirect2와 indirect3의 차이는 통계적으로 유의하다고 할 수 없으나, Contrast2의 경우 부트스트랩에 의한 95% 신뢰구간이 0을 포함하고 있지 않으므로 (0.002-0.380) 특정간접효과 indirect1과 indirect3의 차이는 통계적으로 유의하다.

지금까지의 결과를 자세히 들여다보면 결과들이 서로 상충하는 것으로 느껴질 수 있다. 특정간접효과인 indirect2의 해석에서 신문기사의 위치가 미디어 영향력 평가를 매개로 설탕구매의사에 영향을 미치는 효과는 부트스트랩에 의한 95% 신뢰구간이 0을 포함하므로 이 효과가 0과 뚜렷하게 다르지는 않다고 결론 내렸다. 하지만 다른 특정간접효과인 indirect1과 indirect3은 부트스트랩에 의한 95% 신뢰구간이 0을 포함하지 않으므로 그 효과는 0과 명백히 다르다고 주장할 수 있다. 하지만 특정간접효과들의 쌍별비교에서는 indirect1과 indirect2의 차이, indirect2와 indirect3의 차이는 통계적으로 유의하지 않다고 하였다. 그렇다면 통계적으로 0과 다른 간접효과(indirect1, indirect3)들과 통계적으로 0과 다르다고 할 수 없는 간접효과(indirect2)가 서로 다르지 않다는 주장이 참일 수 있을까?

매개효과의 추론 검정에서 보이는 이러한 명백하게 상충되는 결과는 다음과 같은 세 가지 사실에서 기인한다. 첫째, 어떤 효과가 0과 같은지 다른지 검정하는 것과 한 효과가 다른 효과와 다른지를 검정하는 것은 다르다. 두 가지 검정은 서로 다른 가설을 검정하는 것이고 한 가설 검정의 결과가 다른 가설의 검정 결과와 반드시 같아야 한다는 수학적인 법칙은 없다. 둘째, 유의성의 차이가 통계적으로 다르다는 것을 뜻하는 것은 아니고(Gelman과 Stern, 2006) 유사한 유의성을 보인다고 해서 통계적으로 동등하다는 것을 의미하지는 않는다. 추론 검정의 결론이 한 결과는 0과 다르고 다른 한 결과는 0과 다르지 않다고 해서 두 결과가 반드시 서로 다르다는 것을 의미하지는 않는다. 만일 추론 검정이 항상 정확하다면 이것은 분명히 모순이다. 하지만 추론 검정이 때로는 잘못된 길로 인도할 수 있다는 사실을 우리는 알고 있다. 귀무가설을 기각하는 데 실패했다고 해서 귀무가설이 참이라는 것을 뜻하는 것은 아니며 귀무가설을 기각한다는 것이 반드시 귀무가설이 틀렸다는 것을 뜻하는 것은 아니다. 셋째, 우리의 추정에는 항상 불확실성이 존재한다. 신뢰구간이 0을 포함한다는 것은 우리의 추정치가 0이라는 것을 뜻하지는 않는다. 미디어 영향력 평가를 매개로 하는 특정간접효과 indirect2와 다른 두 특정간접효과들 간의 쌍별검정의 신뢰구간에는 0이 아닌 갓도 포함되어 있으므로 이들 특정간접효과들은 다를 수 있다. 단지 신뢰구간이 0을 포함하고 있기 때문에 이들 효과들이 분명히 다르다고 확신을 가지고 말할 수 없는 것 뿐이다.

제 5 절 직렬 및 병렬 다중매개모형

매개변수가 두 개 있는 매개모형의 경우 직렬다중매개모형과 병렬다중매개모형의 유일한 차이는 M_1에서 M_2로 가는 경로의 포함 여부이다. 직렬모형에서는 이 경로의 효과를 추정하지만 병렬모형에서는 이 효과를 0으로 가정한다. 세 개 이상의 매개변수가 있는 경우 매개변수들 간의 경로가 여러 개이므로 이들 경로들의 포함 여부에 따라 다양한 모형을 생각할 수 있다.

```
## Panel (a) 매개변수가 세 개인 모형

equation='M1~X
M2~X+M1
M3~X+M1
Y~X+M1+M2+M3'
node.pos=list(X=c(0,0.5),M1=c(0.5,0.45),M2=c(0.75,0.9),M3=c(0.75,0.1),
              Y=c(1,0.5))
curved.arrow=list(c=-0.1)
drawModel(equation=equation,nodemode=2,node.pos=node.pos,
          curved.arrow=curved.arrow)

## Panel (b) 매개변수가 네 개인 모형

equation='M1~X
M2~X
M3~X
M4~X+M1+M2+M3
Y~X+M1+M2+M3+M4'
node.pos=list(X=c(0,0.5),M1=c(0.35,0.9),M2=c(0.35,0.5),
              M3=c(0.35,0.1),M4=c(0.7,0.5),Y=c(1,0.5))
curved.arrow=list(a4=0.15,b2=0.15)
segment.arrow=list(c=0.5)
drawModel(equation=equation,nodemode=2,node.pos=node.pos,radx=0.08,
          curved.arrow=curved.arrow,segment.arrow=segment.arrow)
```

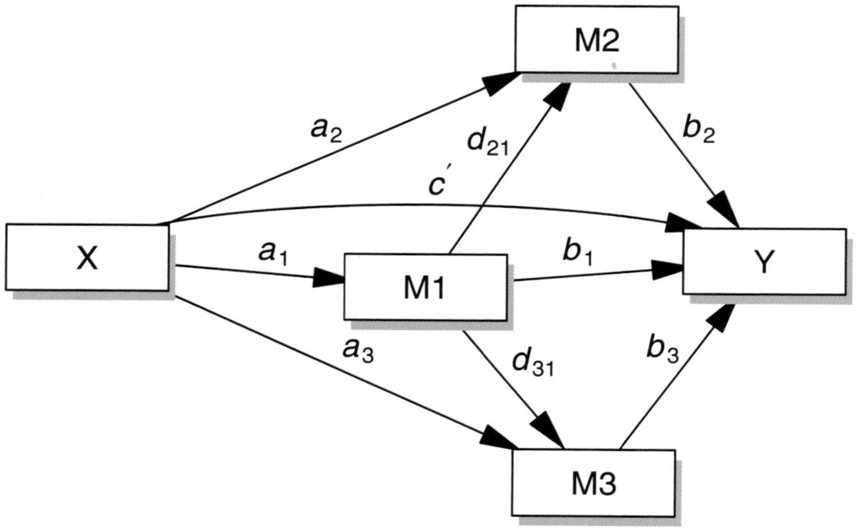

(a) 매개변수가 세 개인 모형

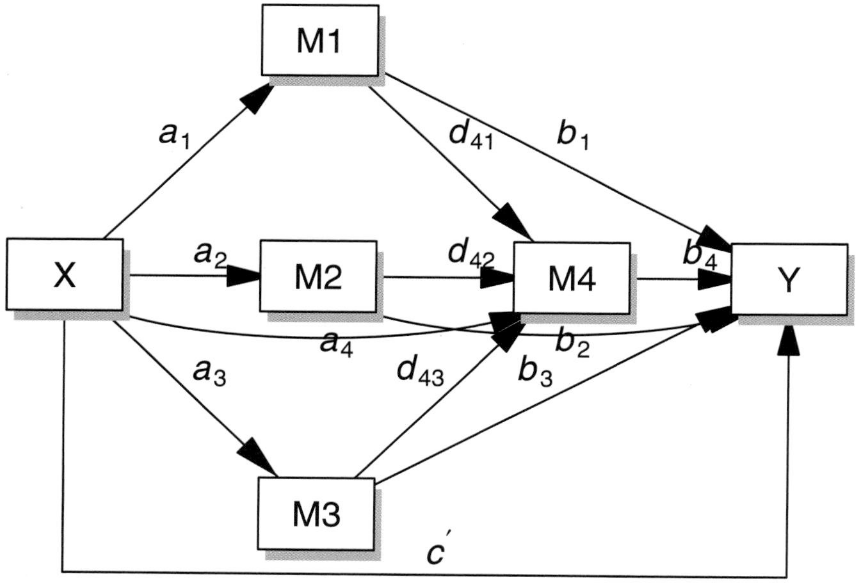

(b) 매개변수가 네 개인 모형

그림 6.7: 직렬 및 병렬 다중매개모형의 예

그림 6.7의 (a)모형은 세 개의 매개변수가 있는 모형으로 매개 변수들 간에는 M_1만이 M_2, M_3에 영향을 미친다. 이 모형은 다음과 같은 네 개의 회귀식으로 요약할 수 있다.

$$
\begin{aligned}
M_1 &= i_{M_1} + a_1X + \varepsilon M_1 \\
M_2 &= i_{M_2} + a_2X + d_{21}M_1 + \varepsilon M_2 \\
M_3 &= i_{M_3} + a_3X + d_{31}M_1 + \varepsilon M_3 \\
Y &= i_Y + c'X + b_1M_1 + b_2M_2 + b_3M_3 + \varepsilon Y
\end{aligned}
$$

이 모형에는 5개의 특정간접효과가 있는데 X에서 출발하여 하나 이상의 매개변수를 경유하여 Y에 이르는 경로이다. 이 중 세 개의 특정간접효과는 매개변수 하나만을 매개로 하며(a_1b_1, a_2b_2, a_3b_3), 두 개의 특정간접효과는 매개변수를 두 개 경유한다$(a_1d_{21}b_2, a_1d_{31}b_3)$. 이들 특정간접효과들의 합이 총간접효과가 되고 직접효과는 c'이다. 총간접효과와 직접효과의 합이 X의 총효과이며, 총효과는 반응변수를 Y, 설명변수를 X로 하는 단순회귀분석으로도 추정할 수 있다.

그림 6.7의 (b)모형은 네 개의 매개변수가 있는 병렬매개모형에 M_1, M_2, M_3에서 M_4를 경유하는 경로가 추가된 모형이다. 이 모형은 다음과 같은 다섯 개의 회귀식으로 요약할 수 있다.

$$
\begin{aligned}
M_1 &= i_{M_1} + a_1X + \varepsilon M_1 \\
M_2 &= i_{M_2} + a_2X + d_{21}M_1 + \varepsilon M_2 \\
M_3 &= i_{M_3} + a_3X + d_{31}M_1 + \varepsilon M_3 \\
M_4 &= i_{M_4} + a_4X + d_{41}M_1 + d_{42}M_2 + d_{43}M_3 + \varepsilon M_4 \\
Y &= i_Y + c'X + b_1M_1 + b_2M_2 + b_3M_3 + b_4M_4 + \varepsilon Y
\end{aligned}
$$

이 모형에는 7개의 특정간접효과가 있는데 X에서 출발하여 하나 이상의 매개변수를 경유하여 Y에 이르는 경로이다. 이 중 네 개의 특정간접효과는 매개변수 하나만을 매개로 하며(a_1b_1, a_2b_2, a_3b_3, a_4b_4), 세 개의 특정간접효과는 매개변수를 두 개 경유한다($a_1d_{41}b_4$, $a_2d_{41}b_4$, $a_3d_{43}b_4$). 이들 특정간접효과들의 합이 총간접효과가 되고 직접효과는 c'이다. 총간접효과와 직접효과의 합이 X의 총효과이며, 총효과는 반응변수를 Y, 설명변수를 X로 하는 단순회귀분석으로도 추정할 수 있다.

5.1 매개과정의 다양한 설정

매개변수가 한 개 이상인 경우 그림 6.7의 모형 이외에도 다양한 매개경로의 조합이 가능한데 processR에서는 bmatrix를 사용하여 다양한 매개모형의 설정이 가능하다. bmatrix의 개념 또한 Hayes(2018)의 PROCESS Macro에서 차용하였으며 processR 패키지에서는 bmatrix를 쉽게 사용할 수 있도록 R로 프로그래밍하여 패키지에 포함시켰다.

```
## panel(A)(B)
bmatrix=c(1,1,1)
matrixPlot(bmatrix)
labels=list(X="X",M="M",Y="Y")
drawModel(labels=labels,nodemode=2,whatLabel="none")
## panel(C)(D)
bmatrix=c(1,1,1,1,1,1)
matrixPlot(bmatrix)
labels=list(X="X",M=c("M1","M2"),Y="Y")
eq=multipleMediation(labels=labels,bmatrix=bmatrix,mode=1)
drawModel(equation=eq,labels=labels,nodemode=2,whatLabel="none")
## panel(E)(F)
bmatrix=c(1,1,1,0,0,1)
matrixPlot(bmatrix)
labels=list(X="X",M=c("M1","M2"),Y="Y")
eq=multipleMediation(labels=labels,bmatrix=bmatrix,mode=1)
drawModel(equation=eq,labels=labels,nodemode=2,whatLabel="none")
## panel(G)(H)
bmatrix=c(1,1,0,1,0,0,1,1,1,1)
matrixPlot(bmatrix)
labels=list(X="X",M=c("M1","M2","M3"),Y="Y")
eq=multipleMediation(labels=labels,bmatrix=bmatrix,mode=1)
drawModel(equation=eq,labels=labels,parallel=TRUE,nodemode=2,whatLabel="none")
```

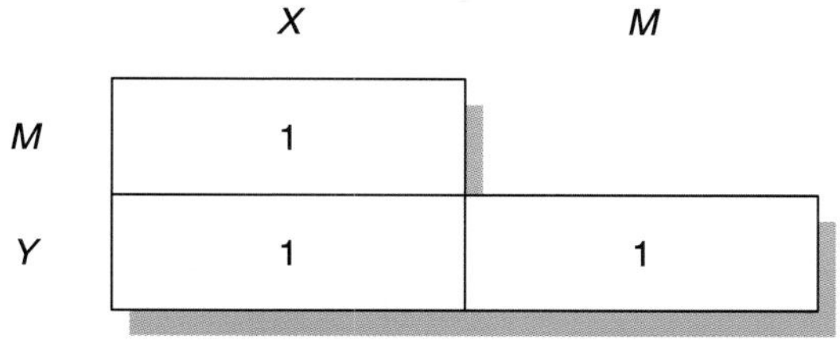

(a) bmatrix=c(1,1,1)

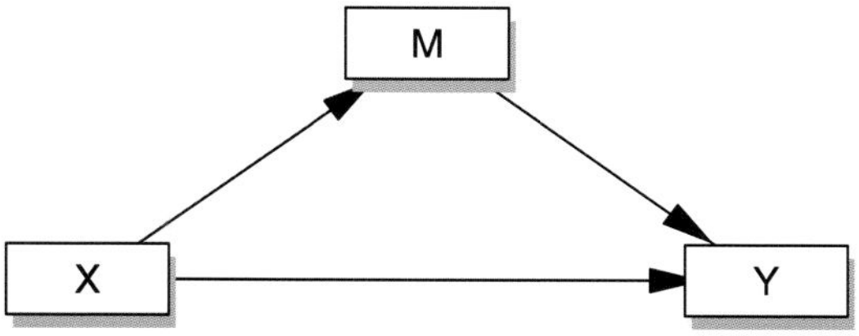

(b) bmatrix=c(1,1,1)

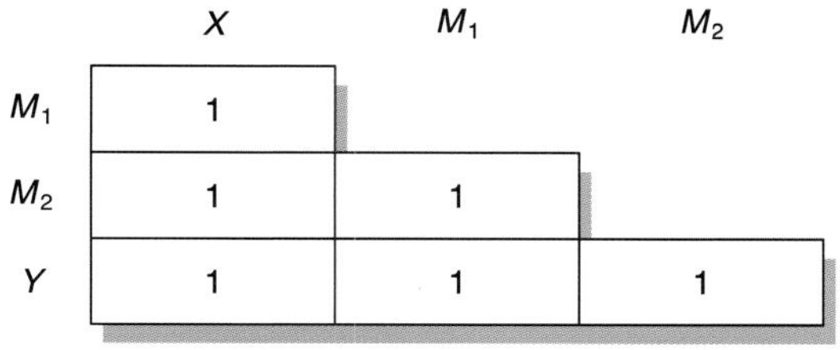

(c) bmatrix=c(1,1,1,1,1,1)

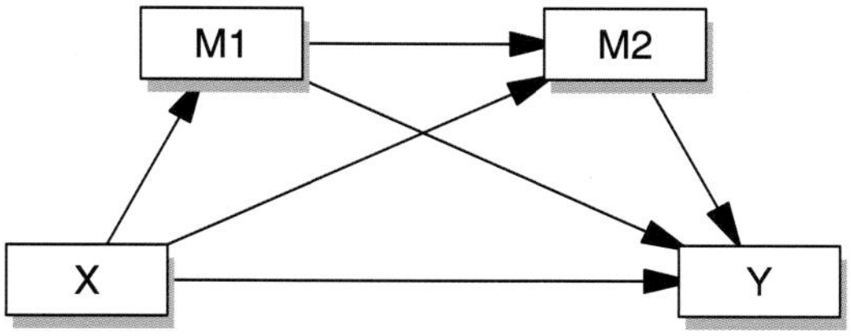

(d) bmatrix=c(1,1,1,1,1,1)

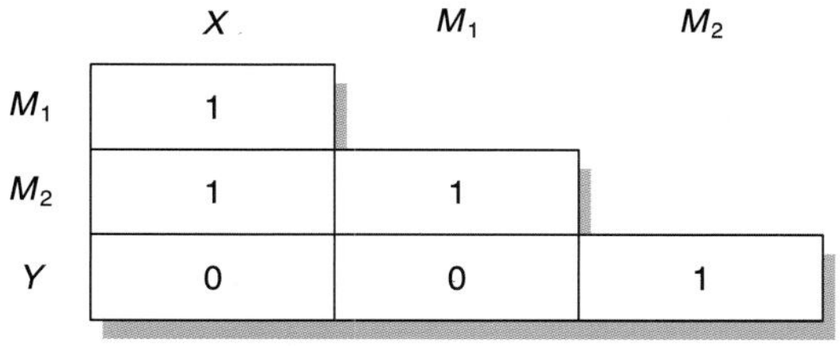

(e) bmatrix=c(1,1,1,0,0,1)

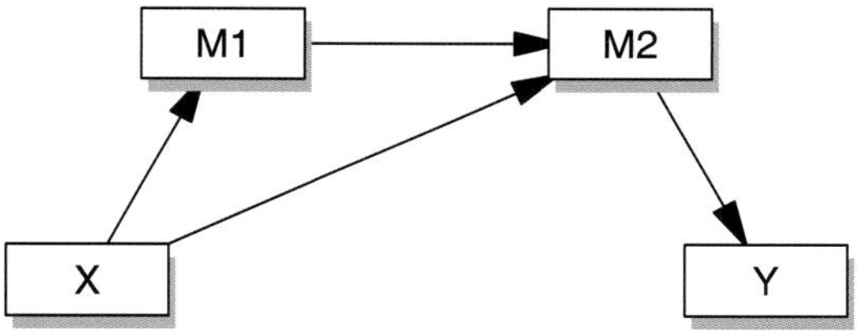

(f) bmatrix=c(1,1,1,0,0,1)

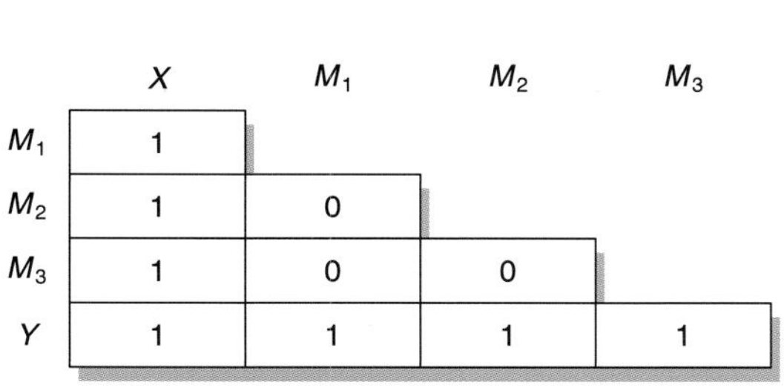

(g) bmatrix=c(1,1,0,1,0,0,1,1,1,1)

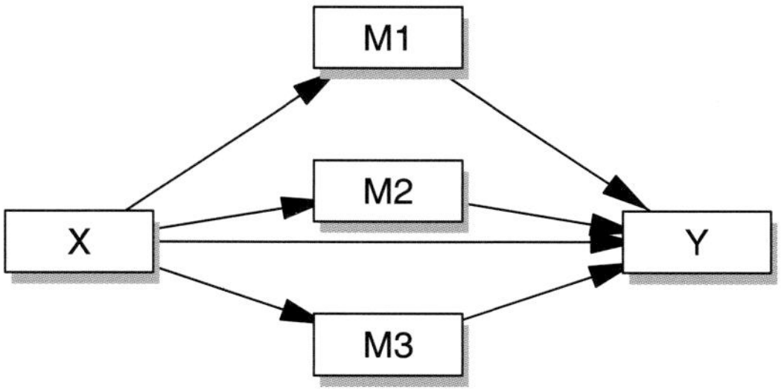

(h) bmatrix=c(1,1,0,1,0,0,1,1,1,1)

그림 6.8: bmatrix를 사용한 매개모형의 사용자화

매개변수가 하나인 모형에서 매개과정은 그림 6.8(a)와 같이 표현된다. bmatrix의 순서는 그림에서 위에서 아래로, 좌에서 우로 기록하는데 해당 경로를 나타내는 bmatrix의 숫자가 1이면 모형에 해당 경로가 포함되고 0인 경우에는 모형에서 해당 경로가 제외된다. 그림 6.8(a)와 (b)는 단순매개모형으로 bmatrix는 세 개의 1로 나타낼 수 있다.

bmatrix=c(1,1,1)

매개변수가 두 개인 직렬다중매개모형은 그림 6.8(c)와 (d)에 해당하며 이 모형의 bmatrix는 다음과 같다.

bmatrix=c(1,1,1,1,1,1)

이 모형에서 Y에 대한 X의 직접효과와 Y에 대한 M_1의 효과를 0으로 바꾸면 그림 6.8(e)와 (f) 와 같다. 이 모형의 bmatrix는 다음과 같다.

bmatrix=c(1,1,1,0,0,1)

매개변수가 세 개인 병렬다중매개모형은 그림 6.8(g)와 (h)에 나타내었으며 이 모형의 bmatrix는 다음과 같다.

bmatrix=c(1,1,0,1,0,0,1,1,1,1)

위와 같은 방법으로 연구자가 원하는 어떤 매개과정도 사용자화하여 모형에 포함시킬 수 있다. 또한 조절변수의 경로 또한 위와 비슷한 matrix로 사용자화할 수 있는데 이것은 부록에서 다룬다.

제7장 범주형 독립변수가 포함된 매개모형분석

이번 장에서는 독립변수로 범주형변수가 있는 경우의 매개모형 분석에 대해 알아보고자 한다.

0.1 사용하는 패키지

이번 장에서는 다음과 같은 패키지를 사용한다.

```
require(processR)
require(lavaan)
require(ggiraphExtra)
require(ggplot2)
```

제 1 절 개념적 모형과 통계적 모형

일반적으로 독립변수가 g개의 범주를 갖는 범주형 변수이고 하나의 매개변수인 M을 갖는 매개모형에서 개념적 모형은 다음과 같다.

```
labels=list(X="X",M="M",Y="Y")
drawConcept(labels=labels)
```

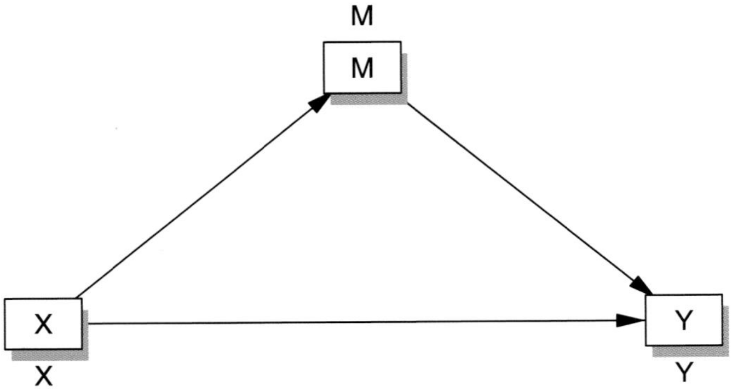

이 모형에서의 통계적 모형은 다음과 같다.

```
drawCatModel(M="M")
```

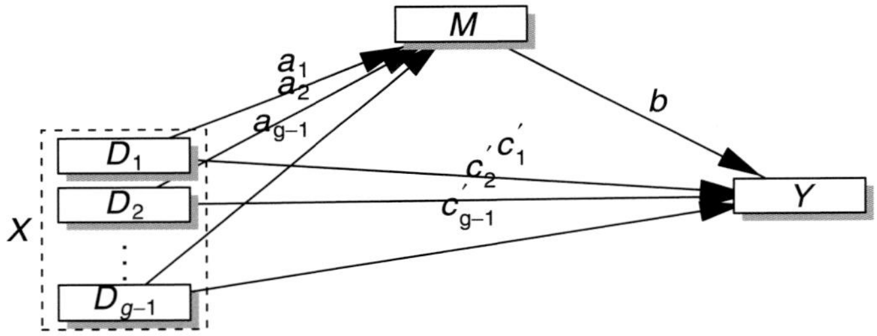

제 2 절 상대적 총효과, 직접효과, 간접효과

2.1 상대적 총효과, 직접효과, 간접효과

일반적으로 독립변수가 g개의 범주를 갖는 범주형 변수이고 하나의 매개변수인 M을 갖는 매개모형에서 회귀모형은 다음과 같다.

$$M = i_M + a_1D_1 + a_2D_2 + ...a_{g-1}D_{g-1} + \varepsilon_M \tag{7.1}$$

$$Y = i_Y + c'_1D_1 + c'_2D_2 + ...c'_{g-1}D_{g-1} + bM + \varepsilon_Y \tag{7.2}$$

위 식에서 j번째 더미변수 D_j는 g개의 범주를 나타내는 $g-1$개의 더미변수 중 하나이다. 이 식에 있는 회귀계수는 보통의 최소제곱(ordinary least square) 회귀로 추정된다. 이 중 $g-1$개의 c_j'회귀계수는 참조치에 대한 상대적 직접효과이며 a_j와 b의 곱은 상대적 간접효과이고 상대적 간접효과와 상대적 직접효과의 합이 상대적 총효과가 된다. X의 상대적 총효과는 식 7.1과 식 7.2의 상대적 직접효과와 상대적 간접효과를 추정한 후 더함으로써 구할 수도 있고 M을 제외한 다음 회귀모형에서 구할 수도 있다.

$$Y = i_Y + c_1 D_1 + c_2 D_2 + ... c_{g-1} D_{g-1} + \varepsilon_Y \quad (7.3)$$

2.2 X의 효과에 대한 총괄검정

독립변수가 여러 개의 범주를 갖는 경우 범주들 간의 비교는 상대적 직접효과, 간접효과, 총효과 등을 통하여 구할 수 있다. 또한 특정한 가설을 검정하기 위해서는 그 가설에 맞는 더미변수의 코딩 시스템을 사용하여 검정이 가능하다. 하지만 경우에 따라서는 총괄검정이 필요한 경우도 있다. 예를 들어 직접효과, 간접효과에 관계없이 X가 Y에 영향을 미치는지 알아보고자 할 수도 있고 각 범주들 간의 비교 없이 X가 Y에 직접 영향을 미치는지 알아보고자 할 때에는 총괄검정을 통해 검정할 수 있다. 총괄검정은 보통 모호한 결론을 제공하지만 결론이 없는 것보다는 모호한 결론이 낫고 총괄검정은 상대적 효과 검정과는 달리 코딩 방법에 따라 달라지지 않는다. 예를 들어, g개의 군을 나타내기 위해 선택한 더미변수들에서 상대적 직접효과가 모두 0과 다르지 않다고 하더라도 총괄검정에서 X의 직접효과가 있을 수 있으며, 이런 경우 X가 직접 Y에 영향을 미친다라는 결론 이외에는 더욱 정밀한 결론을 내리지는 못하지만 이러한 경우에도 결론이 없는 것보다는 낫다.
X가 범주형 변수일때 X의 직접효과 및 총효과에 대한 총괄검정은 수월하다. Y에 대한 X의 직접효과가 없다면 필연적으로 모든 $g-1$개의 상대적 직접효과가 0과 같다는 것을 의미한다. 따라서 X의 직접효과가 없다는 귀무가설을 검정하려면 Y의 설명변수로 M만 있는 모형과 M과 함께 $g-1$개의 설명변수가 더 있는 식 7.2의 모형을 비교하여 다중상관제곱이 증가하는지 검정하면 된다. 두 개의 모형을 ANOVA를 통해 검정하여 충분히 낮은 p값을 보인다면 X가 Y에 직접 영향을 미친다고 추론한다. X의 총효과가 없다는 것은 $g-1$개의 모든 상대적 총효과가 0이라는 것을 의미한다. 회귀분석에서는 식 7.3 의 $g-1$개의 모든 상대적 총효과가 0이라는 귀무가설을 검정하는 것이다. 이 가설에 대한 검정 역시 ANOVA를 이용하여 검정할 수 있다. X의 간접효과에 대한 총괄검정은 $g-1$개의 상대적 간접효과에 대한 검정에 의존하지 않고 Y에 대한 X의 효과를 M이 매개한다는 것을 검정해 줄 수 있을 것이다. 이것은 1 부터 $g-1$까지의 모든 j에 대해 $_T a_{jT} b = 0$이라는 귀무가설을 검정하는 것과 같은데 실존하지 않는 가정 없이 이에 대해 검정할 수 있는 방법은 아직 없다.

제 3 절 예제: 직장에서의 성차별 연구

이번 장에서 사용할 데이터는 processR 패키지에 포함되어 있는 protest 데이터로 Garcia 등(2010)의 연구에 사용되었으며 Hayes(2018)의 책에 예제로 사용된 것을 재사용하였다. 이 데이터는 직장에서의 성차별에 관한 연구로 129명의 참가자들에게 변호사 캐서린이 그녀가 일하는 법무법인에서 직장상사의 성차별적인 행동의 결과로 자격 미달의 남자 변호사에게 승진의 기회를 뺏겼다는 이야기를 들려주었다. 참가자들은 무작위로 세 군 중 하나로 배정되었는데 순응(no protest, protest=0)군은 그녀가 매우 실망했음에도 불구하고 이의제기를 하지 않고 직장으로 돌아가 일을 계속 했다고 들었으며, 개별적 이의제기(individual protest, protest=1)군은 그녀가 이번 승진결정이 왜 공정하지 않은지, 그 일에 그녀가 보다 적합한지 등 여러 설명을 하며 직장상사에게 이의를 제기했다고 들었으며, 종합적 이의제기(collective protest, protest=2)군은 그녀가 승진결정에 항의하며 과거에 그 법무법인이 여성을 어떻게 차별했는지 폭로하고 여성도 남성과 같은 자격이 있기 때문에 차별받아서는 안 된다고 이의제기를 했다는 얘기를 들었다. 그 후 참가자들은 캐서린의 반응이 어느 정도 적절했는지 묻는 몇 개의 질문에 대답하였는데, 그 결과는 반응의 적절성 평가(respappr) 변수에 요약하였다. 반응의 적절성 평가변수가 높은값을 보이는 경우 그녀의 반응이 적절했다고 강하게 느끼는 것을 뜻한다. 또한 캐서린에 대한 호감도는 liking변수에 요약되어 있다. 이 장에서는 승진탈락 상황에서 캐서린의 행동이 캐서린에 대한 호감도 및 반응의 적절성 평가에 영향을 미치고 또한 반응의 적절성 평가가 호감도에 영향을 미치는 매개효과가 있는지 평가하고자 한다. 즉, 반응의 적절성 평가가 캐서린의 행동에 대한 호감도를 매개하는 매개변수로 작용한다고 할 수 있다.

3.1 개념적 모형

데이터 protest에서 이의제기(protest)를 독립변수(X)로, 반응의 적절성 평가를 매개변수(M)로 하고 종속변수(Y)를 호감도(liking)로 하는 매개모형의 개념적 모형은 다음과 같다.

```
labels=list(X="protest",M="respappr",Y="liking")
drawConcept(labels=labels)
```

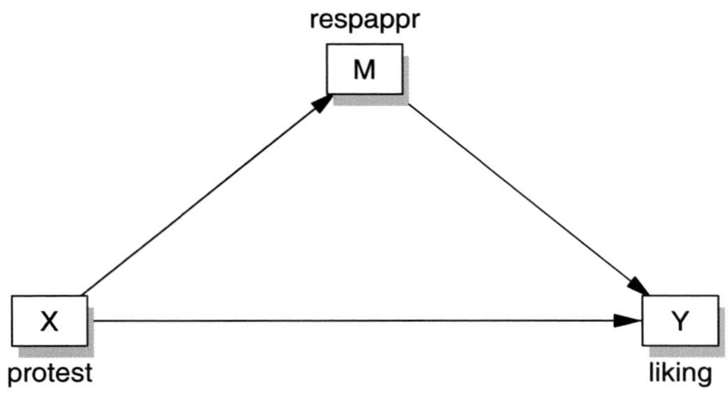

그림 7.1: 개념적 모형

3.2 기술통계 요약

이 연구의 목적은 승진탈락 상황에서 캐서린의 행동이 캐서린에 대한 호감도에 어느 정도 영향을 미치는가 하는 것이다. 이의제기를 했을 때 아무런 이의제기를 하지 않았을 때보다 호감도가 증가하는가? 이의제기의 형태가 호감도에 영향을 미치는가? 캐서린의 행동에 따른 반응의 적절성 평가가 호감도에 영향을 미치는 매개효과가 있는가? 이러한 질문들에 대한 준비 단계의 대답은 다음 표 7.1 및 그림 7.2에 요약되어 있다.

```
meanSummaryTable(data=protest,labels=labels)
```

표 7.1: 성차별 연구의 기술통계 요약

		Y *liking*	M *respappr*	Y *adjusted*
protest(X) = 0	Mean	5.310	3.884	5.715
	SD	1.302	1.457	
protest(X) = 1	Mean	5.826	5.145	5.711
	SD	0.819	1.075	
protest(X) = 2	Mean	5.753	5.494	5.495
	SD	0.936	0.936	
	Mean	5.637	4.866	
	SD	1.050	1.348	

```
ggViolin(data=protest,aes(x=c(respappr,liking),color=protest))
```

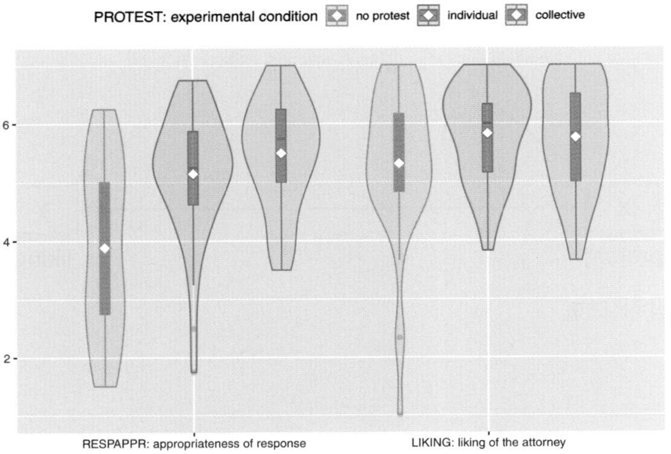

그림 7.2: 성차별 연구의 바이올린 플롯

표 7.1 및 그림 7.2에서 보는 바와 같이 캐서린이 개별적인 이의제기를 했을 때 호감도가 가장 높았고 종합적인 이의제기를 했을 때의 호감도가 그다음이었으며 아무런 이의제기를 하지 않고 순응했을 때의 호감도가 가장 낮았다. 반응의 적절성 평가는 종합적인 이의제기를 했을 때 가장 높았다.

3.3 더미변수 만들기

이 모형의 독립변수인 protest는 세 개의 범주로 된 범주형 변수이다. 순응군과 개별적 이의제기군과 종합적 이의제기군을 각각 0, 1, 2로 코딩한 것은 단지 데이터를 수집하기 위한 방편일 뿐 이 숫자는 더할 수도 뺄 수도 없고 크기 비교도 불가능한 변수이다. 범주형 변수인 protest를 숫자로 취급하는 것을 막기 위해 데이터에 D_1과 D_2라는 변수를 추가하여 protest가 0인 경우 D_1과 D_2를 모두 0으로 하고 protest가 1인 경우 D_1은 1, D_2는 0, protest가 2인 경우 D_1은 0, D_2는 1로 더미변수를 만든다. 이와 같은 코딩 방법을 단순지표코딩(simple indicator coding)이라고 한다. processR 패키지에 포함되어 있는 addCatVars()함수는 위 과정을 자동으로 해 준다. addCatVars()함수에는 단순지표코딩 이외에도 순차적 코딩(sequential coding), Helmert 코딩, 효과코딩(effect coding) 등 네 가지 방법을 지원하며 mode인수로 선택할 수 있다. 이 mode인수의 디폴트값은 1이며 이때는 단순지표코딩을 시행한다.

```
protest=addCatVars(protest,varnames="protest")
```

이때 사용된 단순지표코딩의 더미변수는 다음의 R코드로 확인할 수 있다.

```
ratio=getRatioTable(count=3)
colnames(ratio)=c("D1","D2")
rownames(ratio)=c("0(no protest)","1(individual protest)",
                  "2(collective protest)")
knitr::kable(ratio,caption="단순지표코딩의 더미변수",label="\\label{table:7.2}")
```

표 7.2: 단순지표코딩의 더미변수

	D1	D2
0(no protest)	0	0
1(individual protest)	1	0
2(collective protest)	0	1

3.4 상대적 총효과

캐서린의 행동이 호감도에 미치는 상대적 총효과는 다음 회귀모형을 통해 구할 수 있다.

```
fit=lm(liking~D1+D2,data=protest)
modelsSummary2Table(fit,prefix="c")
```

표 7.3: 성차별 연구의 상대적 총효과 요약

		Coef	*SE*	*t*	*p*
Constant	i_Y	5.310	0.161	32.908	<.001
D1	c_1	0.516	0.226	2.287	.024
D2	c_2	0.443	0.223	1.986	.049

R2 = 0.046, MSE =1.068
F(2,126) = 3.055, p = .051

이 회귀모형은 다음과 같다.

$$\hat{Y} = 5.310 + 0.516D_1 + 0.443D_2 \tag{7.4}$$

이 모형의 $R^2 = .046, F(2,126) = 3.055, p = 0.051$이며, 이 결과는 세 군의 평균에 대한 ANOVA검정의 결과와 같으며 또한 총효과에 대한 총괄검정이 된다. 따라서 성차별에 대한 캐서린의 행동이 그녀에 대한 호감도에 영향을 미친다고 할 수 있다. 식 7.4에 의해 순응군(No Protest, NP), 개별적인 이의제기군(Individual protest, IP), 종합적 이의제기군(Collective Protest, CP)의 평균 $\bar{Y}$을 계산하면 다음과 같다.

$$\bar{Y}_{NP} = 5.310 + 0.516(0) + 0.443(0) = 5.310$$
$$\bar{Y}_{IP} = 5.310 + 0.516(1) + 0.443(0) = 5.826$$
$$\bar{Y}_{CP} = 5.310 + 0.516(0) + 0.443(1) = 5.753$$

이 회귀식에서 상대적 총효과 $c_1 = 0.516$이고 $c_2 = 0.443$이다. 표 7.1의 기술통계 요약과 상대적 총효과를 비교해 보면 상대적 총효과 c_1은 개별적 이의제기군과 순응군의 평균차이와 같고($c_1 = \bar{Y}_{IP} - \bar{Y}_{NP} = 5.826 - 5.310 = 0.516$), 상대적 총효과 c_2는 종합적 이의제기군과 순응군의 평균차이와 같다($c_2 = \bar{Y}_{CP} - \bar{Y}_{NP} = 5.753 - 5.310 = 0.443$). 이 두 상대적 총효과는 통계적으로 유의하다. 따라서 순응군에 비해 개별적 이의제기군과 종합적 이의제기군 모두 캐서린에 대한 호감도는 높다고 할 수 있다.

3.4.1 상대적 직접효과 및 상대적 간접효과

위에서 살펴본 상대적 총효과는 상대적 직접효과 및 상대적 간접효과로 나누어 볼수 있다. 데이터 protest에서 이의제기(protest)를 독립변수(X)로, 반응의 적절성 평가를 매개변수(M)로 하고 종속변수(Y)를 호감도(liking)로 하는 매개모형은, 먼저 매개변수인 반응의 적절성 평가를 종속변수로 하고 D_1, D_2를 설명변수로 하는 모형(fit1)과 호감도를 종속변수로 하고 반응의 적절성 평가 및 D_1, D_2를 설명변수로 하는 두 개의 회귀모형으로부터 만든다. 두 개의 회귀모형을 하나의 리스트로 묶고 모형을 요약하는 표를 그릴 수 있다.

```
fit1=lm(respappr~ D1+D2,data=protest)
fit2=lm(liking~respappr+D1+D2,data=protest)
fit=list(fit1,fit2)
```

```
modelsSummaryTable(fit,labels=labels)
```

표 7.4: 성차별 연구의 회귀모형 요약

		Consequent								
		respappr(M)					liking(Y)			
Antecedent		*Coef*	*SE*	*t*	p		*Coef*	*SE*	*t*	p
D1	a_1	1.261	0.255	4.946	<.001	c'_1	-0.004	0.219	-0.017	.987
D2	a_2	1.610	0.252	6.384	<.001	c'_2	-0.220	0.228	-0.966	.336
respappr(M)						b	0.412	0.070	5.884	<.001
Constant	i_M	3.884	0.182	21.288	<.001	i_Y	3.710	0.307	12.071	<.001
Observations		129					129			
R2		0.261					0.253			
Adjusted R2		0.249					0.235			
Residual SE		1.168 (df = 126)					0.918 (df = 125)			
F statistic		F(2,126) = 22.219, p < .001					F(3,125) = 14.123, p < .001			

위의 표 7.4에서 반응의 적절성 평가를 반응변수로 하는 모형의 회귀식은 다음과 같다.

$$\hat{M} = 3.884 + 1.261D_1 + 1.610D_2 \tag{7.5}$$

이 모형의 $R^2 = .261, F(2,126) = 22.219, p < .001$이며 성차별에 대한 캐서린의 행동이 그녀의 행동에 대한 적절성 평가에 영향을 미친다고 할 수 있다. 식 7.5에 의해 순응군(No Protest, NP), 개별적인 이의제기군(Individual protest, IP), 종합적 이의제기군(Collective Protest, CP)의 평균 $\bar{M}$을 계산하면 다음과 같다.

$$\bar{M}_{NP} = 3.884 + 1.261(0) + 1.610(0) = 3.884$$
$$\bar{M}_{IP} = 3.884 + 1.261(1) + 1.610(0) = 5.145$$
$$\bar{M}_{CP} = 3.884 + 1.261(0) + 1.610(1) = 5.494$$

이 계산 결과를 표 7.1에서 찾아보면 회귀계수 a_1은 순응군과 개별적 이의제기군 사이의 반응의 적절성 평가의 평균차이에 해당하고($a_1 = \bar{M}_{IP} - \bar{M}_{NP} = 5.145 - 3.884 = 1.261$), a_2는 순응군과 종합적 이의제기군 사이의 반응의 적절성 평가의 평균차이에 해당한다($a_2 = \bar{M}_{CP} - \bar{M}_{NP} = 5.494 - 3.884 = 1.610$). 이의제기를 하지 않은 순응군에 비해 이의제기를 한 경우 이의제기 형태에 상관없이 보다 적절하다는 평가를 받았다.

표 7.4에서 실험조건과 반응의 적절성 평가를 설명변수로 하고 캐서린에 대한 호감도를 반응변수로 하는 모형의 회귀식은 다음과 같다.

$$\hat{Y} = 3.710 - 0.004D_1 - 0.220D_2 + 0.412M \tag{7.6}$$

식 7.6에 각 실험군의 D_1 과 D_2 패턴을 넣고 M에 표본평균($\bar{M} = 4.866$)을 대입해보면 표 7.1에 나타나 있는 보정그룹평균이 된다.

$$\bar{Y}^*_{NP} = 3.710 - 0.004(0) - 0.220(0) + 0.412(4.866) = 5.715$$
$$\bar{Y}^*_{IP} = 3.710 - 0.004(1) - 0.220(0) + 0.412(4.866) = 5.711$$
$$\bar{Y}^*_{CP} = 3.710 - 0.004(0) - 0.220(1) + 0.412(4.866) = 5.495$$

식 7.6에서 D_1과 D_2의 회귀계수는 $c'_1 = -0.004$ 와 $c'_2 = -0.220$로서 이들 회귀계수가 개별적 이의제기군과 종합적 이의제기군의 순응군과 비교한 상대적 직접효과이다. 이들 계수는 통계적으로 유의하지 않았다. 이들 회귀계수는 표7.1에 나타나 있는 보정된 그룹평균의 차이이다. 개별적 이의제기를 한 경우 상대적 직접효과 $c'_1 = \bar{Y}^*_{IP} - \bar{Y}^*_{NP} = -0.004$이고, 종합적 이의제기를 한 경우 상대적 직접효과 $c'_2 = \bar{Y}^*_{CP} - \bar{Y}^*_{NP} = -0.220$이다.

직접효과에 대한 총괄검정은 매개변수와 D1, D2를 설명변수로 하는 모형 fit2와 매개변수만 설명변수로 있는 모형을 비교함으로써 검정 가능하다.

```
fit3=lm(liking ~ respappr,data=protest)
```

```
modelsSummaryTable(list(fit2,fit3),labels=labels)
```

표 7.5: 성차별 연구의 직접효과의 총괄검정

		Consequent								
		liking(Y)					liking(Y)			
Antecedent		*Coef*	*SE*	*t*	p		*Coef*	*SE*	*t*	p
respappr(M)	b	0.412	0.070	5.884	<.001	b	0.385	0.060	6.410	<.001
D1	c'_1	-0.004	0.219	-0.017	.987					
D2	c'_2	-0.220	0.228	-0.966	.336					
Constant	i_Y	3.710	0.307	12.071	<.001	i_Y	3.763	0.303	12.413	<.001
Observations		129					129			
R2		0.253					0.244			
Adjusted R2		0.235					0.238			
Residual SE		0.918 (df = 125)					0.916 (df = 127)			
F statistic		F(3,125) = 14.123, p < .001					F(1,127) = 41.086, p < .001			

```
anova(fit3,fit2)
```

```
Analysis of Variance Table

Model 1: liking ~ respappr
Model 2: liking ~ respappr + D1 + D2
  Res.Df    RSS Df Sum of Sq      F Pr(>F)
1    127 106.56
2    125 105.34  2    1.2279 0.7286 0.4846
```

두 모형을 비교한 결과 $\Delta R^2 = .009, F(2,125) = 0.729, p = .485$로 직접효과 c'_1, c'_2가 모두 0과 같다는 귀무가설을 기각할 수 없다.

식 7.6은 반응의 적절성 평가가 캐서린에 대한 호감도에 미치는 효과인 회귀계수 b의 추정치를 제공한다. 캐서린의 행동이 적절했다고 평가받을수록 캐서린에 대한 호감도는 증가하였다. 보다 구체적으로 말하면 캐서린의 행동에 관한 같은 이야기를 들은 두 사람이 캐서린의 행동에 대한 적절성을 1단위만큼 높게 평가한다면 호감도는 0.412 단위만큼 증가한다고 할 수 있다.

매개모형에서 매개에 대한 검정은 Y에 대한 X의 효과가 M을 통해 매개된다는 간접효과를 검정하는 것이다. 하지만 이 예에서와 같이 독립변수가 여러 개의 범주를 갖는 범주형 변수인 경우 X의 간접효과라고 할 수 있는 하나의 통계량이 존재하지 않는다. 이 예에서는 두 개의 상대적 간접효과가 있다. 하나는 이의제기를 하지 않은 순응군에 비교한 개별적 이의제기를 한 경우의 간접효과이며 다른 하나는 순응군에 비교한 종합적 이의제기를 한 경우의 간접효과인데, 이 간접효과는 캐서린의 행동에 대한 적절성 평가를 통해 호감도에 미치는 효과이다. 상대적 간접효과는 a_1b와 a_2b이고 식 7.5와 식 7.6에서 $a_1b = 1.261(0.412) = 0.520$이며 $a_2b = 1.610(0.412) = 0.663$이다. 따라서 이의제기를 하지 않은 경우에 비해 개별적인 이의제기를 한 경우 캐서린의 행동이 보다 적절하다고 평가함으로써 캐서린에 대한 호감도는 0.520단위만큼 증가하며, 이와 마찬가지로 종합적인 이의제기를 한 경우에는 순응군과 비교했을 때 캐서린의 행동이 보다 적절하다고 평가함으로써 호감도가 0.663단위만큼 증가한다고 할 수 있다.

하지만 이들 상대적 간접효과에 관한 추론은 어떻게 해야 할까? 상대적 간접효과는 두 회귀계수의 곱이며 두 회귀계수의 표본분포는 정규분포를 따르지 않기 때문에 이들 상대적 간접효과에 대하여는 부트스트랩 또는 몬테카를로 신뢰구간을 제시하는 것이 적절할 것이다(Hayes, 2018). R을 사용하는 경우 processR 패키지를 이용하여 상대적 간접효과에 대한 부트스트랩 신뢰구간을 제시해 줄 수 있으며(다음 절 참고), 이들 신뢰구간이 0을 포함하지 않으므로 캐서린의 행동이 호감도에 미치는 효과는 행동의 적절성 평가에 의해 매개된다고 결론 내릴 수 있다.

상대적 총효과는 상대적 직접효과와 상대적 간접효과로 나누어 볼 수 있다. 이 예에서는 $c_1 = c'_1 + a_1 b$이고 $c_2 = c'_2 + a_2 b$이다. 실제 분석의 결과는 $c_1 = 0.516 = -0.004 + 1.261(0.412) = -0.004 + 0.520 = 0.516$이며 $c_2 = 0.443 = -0.220 + 1.610(0.412) = -0.220 + 0.663 = 0.443$이다.

3.5 processR 패키지를 이용한 매개모형 분석

processR 패키지의 catMediation()함수는 패키지 lavaan을 이용하여 분석할 수 있는 lavaan syntax를 제공해 준다.

```
protest=addCatVars(protest,varnames="protest")
labels=list(X="protest",M="respappr",Y="liking")
model=catMediation(labels=labels,data=protest,maxylev=6)
cat(model)
```

```
respappr~a1*D1+a2*D2
liking~b*respappr+c1*D1+c2*D2
indirect.D1 :=(a1)*(b)
direct.D1 :=c1
total.D1 := direct.D1 + indirect.D1
prop.mediated.D1 := indirect.D1 / total.D1

indirect.D2 :=(a2)*(b)
direct.D2 :=c2
total.D2 := direct.D2 + indirect.D2
prop.mediated.D2 := indirect.D2 / total.D2
```

이 syntax를 이용하여 lavaan을 이용한 분석을 시행한다. 부트스트랩 신뢰구간을 얻기 위해서는 다음과 같은 명령어를 이용한다.

```
library(lavaan)
set.seed(1234)
semfit=sem(model=model,data=protest,se="bootstrap")
```

drawModel()함수로 통계적 모형을 그릴 수 있다.

```
nodelabels=list(D1="No vs. Ind.\nProtest",D2="No vs. Col.\nProtest",
          M="Respappr",Y="Liking")
drawModel(semfit,labels=labels,whatLabel="est",nodelabels=nodelabels,
      xlim=c(-0.4,1.3),ylim=c(0.1,1.2),miny=0.2)
```

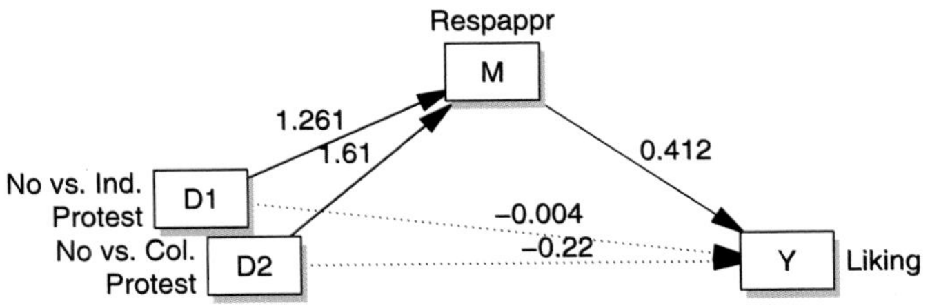

분석 결과는 다음과 같이 볼 수 있다.

```
summary(semfit,ci=TRUE)
```

```
lavaan 0.6-5.1457 ended normally after 26 iterations

  Estimator                                         ML
  Optimization method                           NLMINB
  Number of free parameters                          7

  Number of observations                           129

  Model Fit Test Statistic                       0.000
  Degrees of freedom                                 0

Parameter Estimates:

  Standard Errors                            Bootstrap
  Number of requested bootstrap draws             1000
  Number of successful bootstrap draws            1000

Regressions:
                   Estimate  Std.Err  z-value  P(>|z|) ci.lower ci.upper
  respappr ~
    D1         (a1)   1.261    0.272    4.635    0.000    0.723    1.774
    D2         (a2)   1.610    0.261    6.165    0.000    1.094    2.140
  liking ~
    respappr    (b)   0.412    0.079    5.243    0.000    0.259    0.572
    D1         (c1)  -0.004    0.202   -0.018    0.985   -0.406    0.406
    D2         (c2)  -0.220    0.215   -1.023    0.306   -0.640    0.204
```

```
Variances:
                   Estimate  Std.Err  z-value  P(>|z|) ci.lower ci.upper
   .respappr          1.333    0.150    8.907    0.000    1.013    1.603
   .liking            0.817    0.149    5.474    0.000    0.528    1.106

Defined Parameters:
                   Estimate  Std.Err  z-value  P(>|z|) ci.lower ci.upper
    indirect.D1       0.520    0.148    3.509    0.000    0.268    0.855
    direct.D1        -0.004    0.202   -0.018    0.985   -0.406    0.406
    total.D1          0.516    0.227    2.271    0.023    0.077    0.976
    prop.meditd.D1    1.007    2.675    0.376    0.707    0.467    3.992
    indirect.D2       0.663    0.166    3.998    0.000    0.366    1.018
    direct.D2        -0.220    0.215   -1.022    0.307   -0.640    0.204
    total.D2          0.443    0.237    1.867    0.062   -0.005    0.946
    prop.meditd.D2    1.497   93.716    0.016    0.987   -2.369    8.723
```

상대적 직접효과 및 상대적 간접효과, 상대적 총효과의 부트스트랩 신뢰구간을 요약하려면 다음 R코드를 사용하면 된다. 부트스트랩 신뢰구간을 얻는 방법은 "norm", "basic", "perc", "bca.simple" 네 가지 방법을 지원하며 이 중 "perc"이 디폴트로 되어 있다.

```
medSummaryTable(semfit,boot.ci.type="bca.simple")
```

표 7.6: 성차별 연구의 매개효과의 부트스트랩 신뢰구간

Effect	Equation	estimate	95% Bootstrap CI
indirect.D1	(a1)*(b)	0.520	(0.268 to 0.855)
direct.D1	c1	-0.004	(-0.406 to 0.406)
total.D1	direct.D1+indirect.D1	0.516	(0.077 to 0.976)
prop.mediated.D1	indirect.D1/total.D1	1.007	(0.467 to 3.992)
indirect.D2	(a2)*(b)	0.663	(0.366 to 1.018)
direct.D2	c2	-0.220	(-0.640 to 0.204)
total.D2	direct.D2+indirect.D2	0.443	(-0.005 to 0.946)
prop.mediated.D2	indirect.D2/total.D2	1.497	(-2.369 to 8.723)

boot.ci.type = perc

제 4 절 다른 코딩체계의 사용

앞 절에의 분석은 이의제기를 하지 않았다고 들은 순응군을 참조치로 하여 개별적인 이의제기군과 종합적인 이의제기군의 상대적 직접효과, 상대적 간접효과, 상대적 총효과를 추정하였다. 더미변수를 코딩할 때 순응군을 참조치로 하고 단순지표코딩을 사용하여 코딩하였으며 그 결과로는 개별적인 이의제기군과 종합적인 이의제기군

사이의 상대적 간접효과, 직접효과, 총효과 등은 알 수가 없다. 만일 개별적인 이의제기군을 참조치로 하여 단순지표코딩을 한다면 개별적인 이의제기와 순응군의 상대적인 효과 및 개별적인 이의제기와 종합적인 이의제기군 사이의 상대적인 효과를 알 수 있을 것이다. 더미변수의 코딩을 달리하여 다시 분석하는 방법 이외에 처음부터 우리가 관심 있는 비교를 할 수 있는 코딩체계를 사용하는 방법이 있다. 분산분석에 대해 익숙한 사람들이라면 직교대비(orthogonal contrasts)라는 말을 들어 본 적이 있을 것이다. 직교대비는 서로 다른 g개의 군 중 두 개의 군에 대해 서로 겹치지 않는 정보를 제공함으로써 비교가 가능하게 해 준다. 이 예에서 연구의 목적이 이의제기의 형태에 관계없이 이의제기를 한 경우와 하지 않은 경우를 비교하고 또한 개별적인 이의제기와 집합적인 이의제기를 비교하고자 한다면 헬머트 코딩(Helmert Coding)을 사용하면 된다. 이 코딩체계는 두 개의 직교대비를 나타낸다. 헬머트 코딩의 더미변수는 다음의 R코드로 확인할 수 있다.

```
ratio=getRatioTable(count=3, mode=3)
colnames(ratio)=c("D1","D2")
rownames(ratio)=c("0(no protest)","1(individual protest)",
                  "2(collective protest)")
knitr::kable(ratio,caption="헬머트 코딩의 더미변수",label="\\label{table:7.7}")
```

표 7.7: 헬머트 코딩의 더미변수

	D1	D2
0(no protest)	-0.6666667	0.0
1(individual protest)	0.3333333	-0.5
2(collective protest)	0.3333333	0.5

헬머트 코딩을 이용하여 더미변수를 만들려면 addCatVars()함수를 사용할 때 mode 인수를 3으로 설정해 주면 된다.

```
protest=addCatVars(protest,varnames="protest",mode=3)
```

그 후 앞 절에서 사용했던 회귀분석을 이용하여 분석하면 된다.

```
fit1=lm(liking ~ D1+D2, data = protest)
fit2=lm(respappr ~D1+D2, data = protest)
fit3=lm(liking ~ respappr + D1 + D2,data = protest)
labels=list(X="protest",M="respappr",Y="liking")
```

```
modelsSummaryTable(list(fit1,fit2,fit3),labels=labels)
```

표 7.8: 헬머트 코딩을 사용한 성차별 연구의 회귀분석 결과

		Consequent														
		liking(Y)					respappr(M)					liking(Y)			
Antecedent		*Coef*	*SE*	*t*	p		*Coef*	*SE*	*t*	p		*Coef*	*SE*	*t*	p
D1	c_1	0.479	0.195	2.454	.016	a_1	1.436	0.221	6.499	<.001	c'_1	-0.112	0.201	-0.558	.578
D2	c_2	-0.073	0.220	-0.330	.742	a_2	0.349	0.249	1.401	.164	c'_2	-0.217	0.197	-1.097	.275
respappr(M)											b	0.412	0.070	5.884	<.001
Constant	i_Y	5.630	0.091	61.841	<.001	i_M	4.841	0.103	47.032	<.001	i_Y	3.636	0.348	10.435	<.001
Observations		129					129					129			
R2		0.046					0.261					0.253			
Adjusted R2		0.031					0.249					0.235			
Residual SE		1.033 (df = 126)					1.168 (df = 126)					0.918 (df = 125)			
F statistic		F(2,126) = 3.055, p = .051					F(2,126) = 22.219, p < .001					F(3,125) = 14.123, p < .001			

위의 표 7.8의 왼쪽 모형이 총효과모형으로 $c_1 = 0.479, c_2 = -0.073$으로 회귀식은 다음과 같다.

$$\hat{Y} = 5.630 + 0.479D_1 - 0.073D_2 \tag{7.7}$$

총효과에 대한 총괄검정은 코딩체계에 따라 변하지 않으므로 이 회귀모형의 F비 및 p값은 단순지표코딩을 한 경우와 같은 결과를 보여 준다. 이 모형에 의한 각 군의 Y의 평균은 표 7.1의 결과와 같다.

$$\begin{aligned}
\bar{Y}_{NP} &= 5.630 + 0.479(-2/3) - 0.073(0) = 5.310 \\
\bar{Y}_{IP} &= 5.630 + 0.479(1/3) - 0.073(-1/2) = 5.836 \\
\bar{Y}_{CP} &= 5.630 + 0.479(1/3) - 0.073(1/2) = 5.753
\end{aligned}$$

하지만 단순지표코딩의 경우와는 달리 c_1만 통계적으로 유의하고 c_2는 유의하지 않다. 하지만 이 코딩체계를 사용했을 때 c_1과 c_2가 추정하는 것은 무엇인가? 단순지표 코딩의 경우 c_1과 c_2는 이의제기를 하지 않은 경우와 비교한 개별적인 이의제기 및 종합적 이의제기군의 상대적 총효과지만 헬머트 코딩체계에서는 다르다. D_1의 회귀계수 c_1은 개별적인 이의제기군과 종합적인 이의제기군의 평균 호감도와 순응군의 호감도의 차이를 나타낸다.

$$\begin{aligned}
c_1 &= \frac{\bar{Y}_{IP} + \bar{Y}_{CP}}{2} - \bar{Y}_{NP} \\
&= \frac{5.826 + 5.753}{2} - 5.310 \\
&= 5.789 - 5.310 = 0.479
\end{aligned}$$

따라서 c_1은 이의제기를 하지 않은 군과 비교한 개별적 또는 종합적 이의제기를 한 군의 상대적 총효과이며 이는 통계적으로 유의하다. 그렇다면 c_2가 의미하는 것은 무엇인가? D_2에 대한 회귀계수 c_2는 개별적인 이의제기를 한 군과 비교한 종합적인 이의제기군의 총효과를 나타낸다.

$$\begin{aligned} c_2 &= \bar{Y}_{CP} - \bar{Y}_{IP} \\ &= 5.753 - 5.826 \\ &= -0.073 \end{aligned}$$

하지만 두 군 간의 차이는 통계적으로 유의하지 않았다.

표 7.8의 가운데 회귀모형인 캐서린의 행동에 대한 적절성 평가(respappr, M)를 종속변수로 하는 모형의 회귀식은 다음과 같다.

$$\hat{M} = 4.841 + 1.436D_1 + 0.349D_2 \tag{7.8}$$

이 회귀식의 회귀계수 $a_1 = 1.436, a2 = 0.349$이며 이 모형에 의한 각 군의 M의 평균은 표 7.1의 결과와 같다.

$$\begin{aligned} \bar{M}_{NP} &= 4.841 + 1.436(-2/3) + 0.349(0) = 3.884 \\ \bar{M}_{IP} &= 4.841 + 1.436(1/3) + 0.349(-1/2) = 5.145 \\ \bar{M}_{CP} &= 4.841 + 1.436(1/3) + 0.349(1/2) = 5.494 \end{aligned}$$

이 중 회귀계수 a_1만 유의하다. 회귀계수 a_1과 a_2는 다음과 같이 계산할 수 있다.

$$\begin{aligned} a_1 &= \frac{\bar{M}_{IP} + \bar{M}_{CP}}{2} - \bar{M}_{NP} \\ &= \frac{5.145 + 5.494}{2} - 3.884 \\ &= 5.320 - 3.884 = 1.436 \end{aligned}$$

즉, 회귀계수 a_1은 개별적 이의제기 및 종합적 이의제기를 한 군의 적절성 평가 점수의 평균에서 이의제기를 하지 않은 군의 적절성 평가 점수의 차이이다. 회귀계수 a_2는 개별적 이의제기군과 종합적 이의제기군 사이의 적절성 평가 점수의 차이이다.

$$\begin{aligned} a_2 &= \bar{M}_{CP} - \bar{M}_{IP} \\ &= 5.494 - 5.145 \\ &= 0.349 \end{aligned}$$

마지막으로 캐서린에 대한 호감도를 종속변수로, 실험조건 및 적절성 평가 점수를 설명변수로 하는 회귀모형(표 7.8의 오른쪽 회귀모형)의 회귀식은 다음과 같다.

$$\hat{Y} = 3.636 - 0.112D_1 - 0.217D_2 + 0.412M \tag{7.9}$$

이 회귀모형에서 회귀계수 $c_1' = -0.112, c_2' = -0.217$이고 $b = 0.412$이다. 직접효과에 대한 총괄검정의 F비는 단순지표코딩을 했을 때와 같다. 이 모형에서 M을 평균인 $\bar{M}$으로 대체했을 때 각 군별 보정된 Y의 평균 $\bar{Y}$는 다음과 같다.

$$\begin{aligned} \bar{Y}^*_{NP} &= 3.636 - 0.112(-2/3) - 0.217(0) + 0.412(4.866) = 5.715 \\ \bar{Y}^*_{IP} &= 3.636 - 0.112(1/3) - 0.217(-1/2) + 0.412(4.866) = 5.711 \\ \bar{Y}^*_{CP} &= 3.636 - 0.112(1/3) - 0.217(1/2) + 0.412(4.866) = 5.495 \end{aligned}$$

이 회귀모형에서는 회귀계수 b만이 통계적으로 유의하였는데 캐서린의 행동에 대한 적절성 평가가 1단위만큼 높은 경우 캐서린에 대한 호감도가 0.412단위만큼 증가하였다고 할 수 있다. 회귀계수 b의 값 또한 단순지표코딩의 경우와 일치한다. X가 일정할 때 Y에 대한 M의 효과는 세 군의 코딩체계에 따라 영향받지 않는다. D_1과 D_2의 회귀계수인 c_1', c_2'는 상대적 직접효과이다. 상대적 직접효과 c_1'은 다음과 같이 계산할 수 있다.

$$
\begin{aligned}
c_1' &= \frac{\bar{Y}_{IP}^* + \bar{Y}_{CP}^*}{2} - \bar{Y}_{NP}^* \\
&= \frac{5.711 + 5.495}{2} - 5.715 \\
&= 5.603 - 5.715 = -0.112
\end{aligned}
$$

회귀계수 c_1'은 개별적 이의제기를 한 군과 종합적 이의제기를 한 군의 캐서린에 대한 호감도의 평균과 이의제기를 하지 않은 군의 캐서린에 대한 호감도의 차이이며 이는 유의하지 않았다. 회귀계수 c_2'는 다음과 같이 계산할 수 있다.

$$
\begin{aligned}
c_2' &= \bar{Y}_{CP}^* - \bar{Y}_{IP}^* \\
&= 5.495 - 5.145 \\
&= -0.217
\end{aligned}
$$

회귀계수 c_2'은 개별적 이의제기를 한 군과 종합적 이의제기를 한 군 사이의 캐서린에 대한 호감도의 차이이며 통계적으로 유의하지 않았다.

4.0.1 processR 패키지를 이용한 매개효과 분석

상대적 간접효과는 X에서 M을 거쳐 Y로 가는 경로들의 곱으로 구성된다. 어떠한 형태든 이의제기를 한 경우 이의제기를 하지 않은 경우와 비교한 상대적 간접효과는 $a_1b = 1.436(0.412) = 0.591$이며 부트스트랩에 의한 신뢰구간을 구하기 위해 lavaan 패키지를 이용한다. processR 패키지의 catMediation()함수는 lavaan 패키지를 이용하여 분석할 수 있는 lavaan syntax를 제공해 준다.

```
model=catMediation(labels=labels,data=protest,maxylev=6)
cat(model)
```

```
respappr~a1*D1+a2*D2
liking~b*respappr+c1*D1+c2*D2
indirect.D1 :=(a1)*(b)
direct.D1 :=c1
total.D1 := direct.D1 + indirect.D1
prop.mediated.D1 := indirect.D1 / total.D1
```

```
indirect.D2 :=(a2)*(b)
direct.D2 :=c2
total.D2 := direct.D2 + indirect.D2
prop.mediated.D2 := indirect.D2 / total.D2
```

이 syntax를 이용하여 lavaan을 이용한 분석을 시행한다. 부트스트랩 신뢰구간을 얻기 위해서는 다음과 같은 명령어를 이용한다.

```
library(lavaan)
set.seed(1234)
semfit=sem(model=model,data=protest,se="bootstrap")
```

분석 결과는 다음과 같이 볼 수 있다.

```
summary(semfit,ci=TRUE)
```

```
lavaan 0.6-5.1457 ended normally after 26 iterations

  Estimator                                         ML
  Optimization method                           NLMINB
  Number of free parameters                          7

  Number of observations                           129

  Model Fit Test Statistic                       0.000
  Degrees of freedom                                 0

Parameter Estimates:

  Standard Errors                            Bootstrap
  Number of requested bootstrap draws             1000
  Number of successful bootstrap draws            1000

Regressions:
                   Estimate  Std.Err  z-value  P(>|z|) ci.lower ci.upper
  respappr ~
    D1         (a1)   1.436    0.244    5.885    0.000    0.969    1.909
    D2         (a2)   0.349    0.216    1.620    0.105   -0.025    0.811
  liking ~
    respappr    (b)   0.412    0.079    5.243    0.000    0.259    0.572
    D1         (c1)  -0.112    0.193   -0.579    0.562   -0.487    0.283
    D2         (c2)  -0.217    0.159   -1.361    0.174   -0.519    0.073

Variances:
                   Estimate  Std.Err  z-value  P(>|z|) ci.lower ci.upper
   .respappr          1.333    0.150    8.907    0.000    1.013    1.603
   .liking            0.817    0.149    5.474    0.000    0.528    1.106

Defined Parameters:
```

```
                 Estimate  Std.Err    z-value  P(>|z|) ci.lower ci.upper
indirect.D1         0.591      0.150    3.942    0.000    0.332    0.915
direct.D1          -0.112      0.193   -0.579    0.563   -0.487    0.283
total.D1            0.479      0.212    2.258    0.024    0.069    0.923
prop.meditd.D1      1.234     29.318    0.042    0.966    0.584    4.014
indirect.D2         0.144      0.094    1.526    0.127   -0.009    0.352
direct.D2          -0.217      0.159   -1.360    0.174   -0.519    0.073
total.D2           -0.073      0.188   -0.386    0.699   -0.430    0.293
prop.meditd.D2     -1.978 445481.840   -0.000    1.000  -11.306   17.875
```

이 결과를 이용하여 통계적 모형을 그리면 다음과 같다.

```
nodelabels=list(D1="No vs. Any\nProtest",D2="Ind. vs Col.\nProtest",
                M="Respappr",Y="Liking")
drawModel(semfit,labels=labels,whatLabel="est",nodelabels=nodelabels,
             xlim=c(-0.4,1.3),ylim=c(0.1,1.2),rady=0.06,miny=0.2)
```

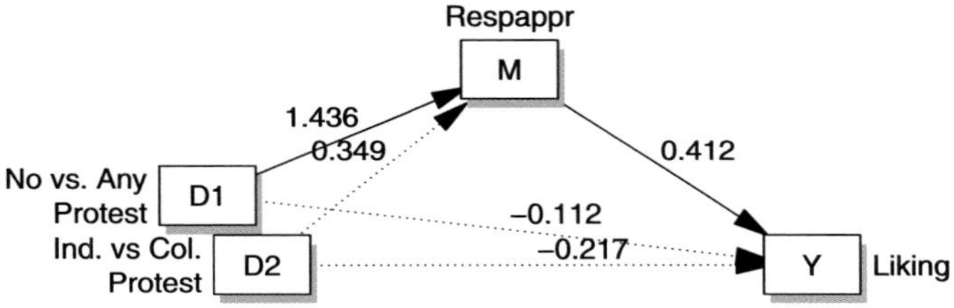

상대적 직접효과 및 상대적 간접효과, 상대적 총효과의 부트스트랩 신뢰구간을 요약하려면 다음 R코드를 사용하면 된다. 부트스트랩 신뢰구간을 얻는 방법은 “norm”, “basic”, “perc”, “bca.simple” 네 가지 방법을 지원하며 이 중 “perc”이 디폴트로 되어 있다.

```
medSummaryTable(semfit)
```

표 7.9: 성차별 연구의 헬머트 코딩 모형에서 매개효과의 부트스트랩 신뢰구간

Effect	Equation	estimate	95% Bootstrap CI
indirect.D1	(a1)*(b)	0.591	(0.332 to 0.915)
direct.D1	c1	-0.112	(-0.487 to 0.283)
total.D1	direct.D1+indirect.D1	0.479	(0.069 to 0.923)
prop.mediated.D1	indirect.D1/total.D1	1.234	(0.584 to 4.014)
indirect.D2	(a2)*(b)	0.144	(-0.009 to 0.352)
direct.D2	c2	-0.217	(-0.519 to 0.073)
total.D2	direct.D2+indirect.D2	-0.073	(-0.430 to 0.293)
prop.mediated.D2	indirect.D2/total.D2	-1.978	(-11.306 to 17.875)

boot.ci.type = perc

어떠한 형태든 이의제기를 한 경우 이의제기를 하지 않은 경우와 비교한 상대적 간접효과는 $a_1b = 1.436(0.412) = 0.591$이며 부트스트랩에 의한 신뢰구간(표 7.9) 또한 0을 포함하지 않기 때문에 상대적 간접효과는 유의하다고 결론 내릴 수 있다. 개별적 이의제기군과 종합적 이의제기군의 호감도 차이의 상대적 간접효과 $a_2b = 0.349(0.412) = 0.144$이며 부트스트랩에 의한 신뢰구간은 0을 포함하고 있어 이 간접효과가 0과 같다는 귀무가설을 기각할 수 없다.

세 군을 D_1과 D_2로 나타내는 코딩체계를 바꾸어도 상대적 총효과가 상대적 직접효과와 상대적 간접효과로 나뉜다는 사실은 변함이 없다. 따라서 $c_1 = c_1' + a_1b = -0.112+0.591 = 0.479$ 이고 $c_2 = c_2'+a_2b = -0.217+0.144 = -0.073$이다. 이 분석을 통하여 우리는 캐서린의 행동에 따른 적절성 평가는 캐서린의 행동이 호감도에 미치는 영향을 매개한다고 결론 내릴 수 있다. 캐서린이 승진결정에 불복하여 이의제기를 한 경우 이의제기의 형태에 관계없이 보다 적절한 행동으로 평가되며 이 평가로 인해 캐서린에 대한 호감도 상승이 매개된다. 이것이 이의제기를 하지 않은 순응군과 비교했을 때 이의제기의 상대적 간접효과이다. 이의제기의 형태, 즉 개별적인 이의제기를 했는지 또는 종합적인 이의제기를 했는지는 캐서린에 대한 호감도에 직접효과 또는 간접효과가 없다. 독립변수 X가 순서를 갖는 명목형 변수인 경우 헬머트 코딩체계는 유용할 수 있다. 이 경우 X의 순서상 하나 낮은 군과 비교하여 하나 높은 군에 속한 경우의 효과를 평가할 수 있다. 예를 들어, Kalyanaraman과 Sundar 등(2006)은 인터넷 웹브라우저로 포털에 접속한 후 포털에 대한 태도를 평가하기 전에 포털 사이트를 어느 정도 기호에 맞게 변경하는지를 조사하였다. 기호에 맞게 변경하는 정도는 순서를 가진 명목형 변수로 변경하지 않는 군, 약간 변경한 군, 많이 변경한 군으로 나누었다. 이 장에서 사용한 헬머트 코딩체계를 사용하면 변경하지 않은 군과 변경한 군(약간 또는 많이 변경한 군) 간의 차이를 알 수 있고 또한 약간 변경한 군과 비교하여 많이 변경한 군의 효과를 정량화할 수 있다. 순서를 갖는 독립변수에서 사용할 수 있는 또 다른 코딩체계로는 순차적 코딩이 있는데 이에 관하여는 다음 기회에 다루기로 한다.

제 5 절 기타 쟁점사항들

5.1 매개변수가 두 개 이상인 경우

이번 장에서 다룬 모형은 범주형 변수 X가 세 개 이상의 범주를 가진 경우로 단순 매개모형에서는 매개변수가 하나였다. 두 개 이상의 매개변수가 있을 때 범주형 변수 X가 g개의 범주를 갖는다면 $g-1$개의 상대적 총효과와 직접효과, 그리고 $g-1$개의 상대적 총간접효과와 함께 $g-1$개 이상의 상대적 특정간접효과가 나올 수 있다. 예를 들어, 네 개의 범주를 갖는 범주형 변수와 두 개의 매개변수가 병렬로 작용하는 모형의 회귀식은 다음과 같다.

$$
\begin{aligned}
M_1 &= i_{M_1} + a_{11}D_1 + a_{21}D_2 + a_{31}D_3 + \varepsilon_{M_1} \\
M_2 &= i_{M_2} + a_{12}D_1 + a_{22}D_2 + a_{21}D_3 + \varepsilon_{M_2} \\
Y &= i_Y + c'_1D_1 + c'_2D_2 + c'_3D_3 + b_1M_1 + b_2M_2 + \varepsilon_Y
\end{aligned}
$$

세 개의 상대적 직접효과는 c'_1, c'_2, c'_3이다. 이때에는 독립변수 X를 나타내는 세 개의 D변수 각각 두 개씩의 상대적 특정간접효과가 존재한다. 예를 들어, D_1에서 매개변수1을 거치는 특정간접효과는 $a_{11}b_1$이고 매개변수2를 거치는 특정간접효과는 $a_{12}b_2$가 된다. 두 개의 매개변수를 거치는 상대적 총 간접효과는 $a_{11}b_1 + a_{12}b_2$다. D_1의 상대적 총효과는 상대적 직접효과와 간접효과의 합인 $c'_1 + a_{11}b_1 + a_{12}b_2$가 된다. 이러한 방법으로 여러 개의 매개변수를 사용한 예는 Bohns 등(2016), Brach 등(2017)과 Chew 등(2017)의 연구가 있다.

5.2 코딩체계의 중요성

독립변수 X가 g개의 범주를 갖는 범주형 변수일 때 $g-1$개의 더미변수에서 M을 경유하는 상대적 간접효과 중 하나 이상의 신뢰구간이 0을 포함하지 않는 경우 Y에 대한 X의 효과가 매개변수 M에 의해 매개된다고 할 수 있다. 하지만 이번 장 처음 두 분석에서 살펴본 바와 같이 상대적 간접효과의 크기와 부호는 코딩체계에 따라 달라진다. 한 코딩체계에서는 매개효과가 유의하지만 다른 코딩체계에서는 유의하지 않을 수도 있다. 예를 들어, 단순지표코딩을 사용할 때 어떤 범주를 참조범주로 사용한 경우 하나 이상의 상대적 간접효과가 0과 달랐지만, 다른 범주를 참조범주로 사용할 때에는 상대적 간접효과들이 모두 0과 다르지 않을 수도 있다. 이러한 사실은 상대적 간접효과들이 모두 0과 다르지 않다고 하더라도 반드시 M이 매개변수가 아니라는 것을 뜻하지는 않는다. 다른 코딩체계를 사용한다면 매개분석에서 실질적으로 다른 결론이 나올 수도 있다. 만일 검정하고자 하는 가설에 꼭 맞는 코딩체계를 사용하지 않았거나 이론적인 근거 없이 코딩체계를 선택하는 경우 이것은 문제가 될 수 있다. 만일 코딩체계의 선택에 관한 근거 없이 여러 개의 다른 코딩체계를 사용하여 결과를 보려고 한다면 다중검정의 문제가 발생한다. 위에서 언급한 것처럼 범주형 독립변수를 포함하는 매개분석에서 X의 총효과와 직접효과에 관한 총괄검정 방법이 존재하며 이 검정들은 코딩체계에 의해 영향받지 않는다. 간접효과에 대한 총괄검정이 있어 코딩체계와 관계없이 Y에 대한 X의 효과가 M에 의해 매개되는지 검정할 수 있다면 좋겠지만 아직까지는 간접효과에 대한 총괄검정은 존재하지 않는다. 만일 이 분야에 대한 연구를 수행한다면 가치 있는 일이 될 것이다. 구조방정식 모형을 통해 모든 상대적 간접효과를 0으로 제한한 모형과 그러한 제한이 없는 모형을 비교함으로써 검정을 시도해 볼 수 있겠으나 그 경우에도 상대적 간접효과들의 다변량 정규분포 가정이 필요하다. 회귀계수들의 곱에 대한 표분분포는 정규분포를 따르지 않으므로 $g-1$개의 상대적 간접효과의 분포 또한 다변량 정규분포를 따르지 않을 것이다.

IV편

조절분석

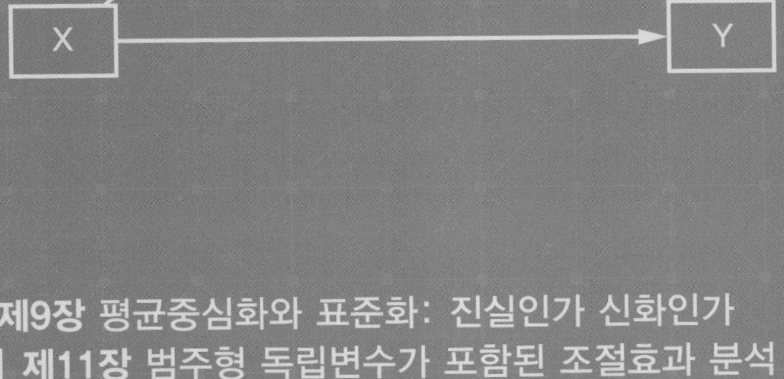

제8장 조절효과 분석 | **제9장** 평균중심화와 표준화: 진실인가 신화인가
제10장 조절효과 분석(2) | **제11장** 범주형 독립변수가 포함된 조절효과 분석

제8장 조절효과 분석

이번 장에서는 제2장에서 잠깐 살펴본 조절모형에 대해 실제 데이터를 가지고 살펴볼 예정이다. 이번 장에서 살펴볼 데이터는 Chapman과 Lickel(2016)에 의해 발표된 disaster 데이터로 AF Hayes의 책(2018)에 인용되어 있는 것을 재인용하였으며 processR 패키지에 포함되어 있다. 이 데이터는 211명의 참가자에게 아프리카의 심한 가뭄으로 인한 기아상태에 관한 글을 읽게 하였는데, 약 반의 참가자에게는 기후변화에 따른 가뭄에서 기인한 것이라는 정보를 주었고(frame=1, 기후변화), 나머지 반에게는 가뭄에 기후변화와 관계있다는 정보를 주지 않았다(frame=0, 자연발생). 이 글을 읽은 후에 참가자들에게 피해자들에 대한 원조를 중단하는 것이 정당한지에 대한 여러 질문을 하였고 이들 질문들에 대한 반응을 모아 justify변수에 입력하였는데, justify점수가 높을수록 피해자에 대한 원조는 정당하지 않다고 느끼는 것이다. 또한 기후변화가 실존하는지에 대한 질문들에 대한 대답들을 모아 skeptic(climate change skepticism, 기후변화에 대한 회의적인 태도)변수에 기록하였는데, 점수가 높을수록 보다 회의적인 태도를 취하는 것을 뜻한다.

0.1 필요한 패키지

이번 장에서는 다음과 같은 패키지를 사용한다.

```
require(processR)
require(flextable)
require(dplyr)
```

제 1 절　기술통계와 단순회귀분석

먼저 frame에 따른 회의적인 태도(skeptic) 및 정당화 점수(justify)의 기술통계량을 살펴보자. 다음과 같은 R코드로 표를 만들수 있다.

```
labels=list(X="frame",Y="justify",W="skeptic")
xlabels=c("Natural causes condition","Climate change condition")
```

```
meanSummaryTable(data=disaster,labels=labels,xlabels=xlabels)
```

표 8.1: disaster 데이터(기후변화 희생자 연구)에서 기술통계량

		Y *justify*	*W* *skeptic*
Natural causes condition	Mean	2.802	3.339
frame(X) = 0	SD	0.849	2.042
Climate change condition	Mean	2.937	3.421
frame(X) = 1	SD	1.010	2.032
	Mean	2.867	3.378
	SD	0.930	2.033

위의 표를 보면 아프리카의 기아의 원인이 기후변화에 따른 가뭄 때문이라는 정보를 접한 경우 원조중단에 대한 정당화 점수가 높은 것으로 나타났지만 통계적으로 유의한 차이는 없었다. 두 군 간의 justify점수의 평균이 같은지 t검정을 해보면 다음과 같다.

```
t.test(justify~frame,data=disaster,var.equal=TRUE)
```

```

	Two Sample t-test

data:  justify by frame
t = -1.049, df = 209, p-value = 0.2954
alternative hypothesis: true difference in means is not equal to 0
95 percent confidence interval:
 -0.3868771  0.1181390
sample estimates:
mean in group 0 mean in group 1 
       2.802364        2.936733 
```

이 결과는 justify를 종속변수로 frame을 독립변수로 하는 회귀모형의 결과와 같다(표 8.2 Model 1 참조)

표 8.2: 원조중단의 정당성을 평가하는 여러 회귀모형

		Coef	*SE*	*t*	*p*
Model: 1: R2 = 0.005, MSE = 0.864					
Constant	i_Y	2.802	0.089	31.623	<.001
frame(X)	b_1	0.134	0.128	1.049	.295
Model: 2: R2 = 0.198, MSE = 0.700					
Constant	i_Y	2.132	0.124	17.204	<.001
frame(X)	b_1	0.118	0.115	1.022	.308
skeptic(W)	b_2	0.201	0.028	7.071	<.001
Model: 3: R2 = 0.246, MSE = 0.661					
Constant	i_Y	2.452	0.149	16.449	<.001
frame(X)	b_1	-0.562	0.218	-2.581	.011
skeptic(W)	b_2	0.105	0.038	2.756	.006
frame:skeptic(X:W)	b_3	0.201	0.055	3.640	<.001
Model: 4: (mean-centerd W) R2 = 0.246, MSE = 0.661					
Constant	i_Y	2.806	0.078	36.201	<.001
frame(X)	b_1	0.117	0.112	1.045	.297
skeptic.c(W.c)	b_2	0.105	0.038	2.756	.006
frame:skeptic.c(X:W.c)	b_3	0.201	0.055	3.640	<.001
Model: 5: (mean-centered W, X coded -0.5 and 0.5) R2 = 0.246, MSE = 0.661					
Constant	i_Y	2.865	0.056	51.136	<.001
frame2(X2)	b_1	0.117	0.112	1.045	.297
skeptic.c(W.c)	b_2	0.206	0.028	7.443	<.001
frame2:skeptic.c(X2:W.c)	b_3	0.201	0.055	3.640	<.001

(참고) 이 표는 다음의 R코드로 그린 것이다.

```
fit1=lm(justify~frame,data=disaster)
fit2=lm(justify~frame+skeptic,data=disaster)
fit3=lm(justify~frame*skeptic,data=disaster)
disaster=meanCentering(disaster,names=c("frame","skeptic"))
disaster$frame2=ifelse(disaster$frame==0,-0.5,0.5)
fit4=lm(justify~frame*skeptic.c,data=disaster)
fit5=lm(justify~frame2*skeptic.c,data=disaster)
fitlist=list(fit1,fit2,fit3,fit4,fit5)
labels=list(X="frame",W="skeptic",X.c="frame.c",W.c="skeptic.c",
            X2="frame2")
fitlabels=c("","","","(mean-centerd W)",
            "(mean-centered W, X coded -0.5 and 0.5)")
modelsSummary2Table(fitlist,labels=labels,fitlabels=fitlabels,autoPrefix=FALSE)
```

이 표의 모형 1을 수식으로 나타내면 다음과 같다.

$$Y = i_Y + b_1X + \varepsilon_Y \tag{8.1}$$

모형 1의 i_Y는 2.802이고 b_1은 0.134이므로 이 식으로 $X = 0$일 때와 $X = 1$일 때의 Y의 기댓값($\hat{Y}$)을 계산해 보면 다음과 같다.

$$\hat{Y}|(X = 0) = 2.802 + 0.134(0) = 2.802$$

$$\hat{Y}|(X = 1) = 2.802 + 0.134(1) = 2.936$$

이 식으로 계산한 Y의 기댓값은 각각의 경우 계산한 Y의 평균값과 같다. 표 8.1에서 계산된 Y의 평균값과 0.001 차이가 나는 것은 소숫점 아래 셋째 자리에서 반올림한 값으로 계산하고 다시 반올림해서 차이가 나는 것이다. 또한 회귀계수 b_1은 X의 값이 1이 변할 때 Y의 기댓값의 변화를 뜻하므로 다음과 같이 계산할 수 있다.

$$b_1 = [\hat{Y}|(X = 1)] - [\hat{Y}|(X = 0)] = 2.936 + 2.802 = 0.134$$

여기서 회귀계수 b_1의 값이 양의 부호를 갖는 것은 X의 값이 클수록 Y의 값도 커진다는 것을 뜻한다. 바꿔 말해, 아프리카의 기아사태가 기후변화에 의한 것이라고 들은 참가자들은 원조중단이 정당하다는 데 높은 점수를 보였다. 회귀식의 상수 i_Y 2.802는 $X = 0$일 때(기아가 자연발생적이라고 들은 경우) 원조중단의 정당성을 지지하는 정도라고 할 수 있으며, 이는 표 8.1에서 $X = 0$일 때의 Y의 평균값과 같다.

제 2 절 조절효과모형(모형 1)

단순회귀모형의 분석 결과는 아프리카의 가뭄이 자연발생적이라고 들은 사람들과 기후변화에 의한 것이라고 들은 사람들의 원조중단의 정당화 점수는 평균적으로 차이가 없었다는 것이다. 조절모형은 하나의 설명변수 X가 종속변수 Y에 미치는 효과가 또 다른 변수(W)에 의존하는지 평가하는 모형이다. 이 데이터에서 살펴볼 조절효과의 개념적 모형은 다음과 같다. 이 모형은 프로세스 마크로 모형 1에 해당한다.

```
labels=list(X="frame",Y="justify",W="skeptic")
pmacroModel(1,labels=labels,rady=0.08,radx=0.12)
```

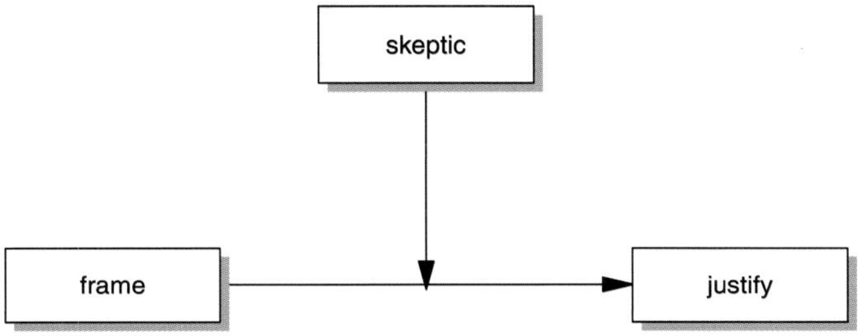

이 모형의 통계적 모형은 다음과 같이 나타낼 수 있다.

```
statisticalDiagram(1,labels=labels,rady=0.08,radx=0.12)
```

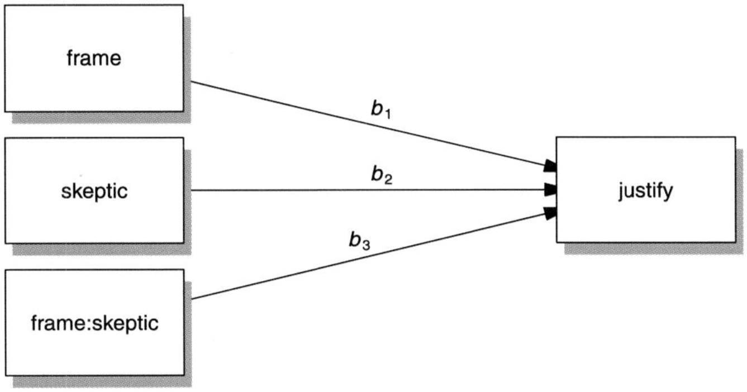

이 모형을 수식으로 나타내면 다음과 같다.

$$Y = i_Y + b_1X + b_2W + b_3XW + \varepsilon_Y \tag{8.2}$$

이 모형을 R을 이용해 분석하면 다음과 같이 할 수 있다. 이 모형의 분석 결과는 표 8.2 Model 3에 요약되어 있다.

```
fit3=lm(justify~frame*skeptic,data=disaster)
summary(fit3)
```

```
Call:
lm(formula = justify ~ frame * skeptic, data = disaster)

Residuals:
    Min      1Q  Median      3Q     Max
-2.1267 -0.5864 -0.0117  0.5084  2.5484

Coefficients:
              Estimate Std. Error t value Pr(>|t|)
(Intercept)    2.45153    0.14904  16.449  < 2e-16 ***
frame         -0.56247    0.21792  -2.581 0.010539 *
skeptic        0.10508    0.03813   2.756 0.006375 **
frame:skeptic  0.20118    0.05527   3.640 0.000344 ***
---
Signif. codes:  0 '***' 0.001 '**' 0.01 '*' 0.05 '.' 0.1 ' ' 1

Residual standard error: 0.8129 on 207 degrees of freedom
Multiple R-squared:  0.2463,    Adjusted R-squared:  0.2353
F-statistic: 22.54 on 3 and 207 DF,  p-value: 1.138e-12
```

다중회귀분석 결과 $i_Y = 2.452$, $b_1 = -0.562$, $b_2 = 0.105$, $b_3 = 0.201$이다. 이 결과를 식 8.2의 형식으로 나타내 보면 다음과 같다.

$$\hat{Y} = 2.452 - 0.562X + 0.105W + 0.201XW \tag{8.3}$$

이 모형에서 b_3은 frame과 skeptic의 상호작용을 나타내며 $b_3 = 0$이라는 귀무가설에 대한 검정 결과 $t(207) = 3.640$이고 $p < .01$ (0.000344)이므로 b_3은 0과 다르다고 결론 내릴 수 있다. b_3에 대한 신뢰구간은 다음의 R코드로 확인할 수 있다.

```
confint(fit3)
```

```
                    2.5 %     97.5 %
(Intercept)    2.15769858  2.7453674
frame         -0.99209946 -0.1328469
skeptic        0.02991001  0.1802540
frame:skeptic  0.09222208  0.3101462
```

여기서 b_3에 대한 95% 신뢰구간은 $0.092 - 0.310$으로 확인할 수 있다.

2.1 조절모형의 조건부 효과

위의 식 8.3을 X를 중심으로 다시 써 보면 다음과 같다.

$$\hat{Y} = 2.452 + (-0.562 + 0.201W)X + 0.105W \tag{8.4}$$

위 식을 식 8.2 형식으로 일반화하면 다음과 같다.

$$\hat{Y} = i_Y + (b_1 + b_3W)X + b_2W \tag{8.5}$$

여기서 Y에 대한 X의 조건부 효과 $\theta_{X->Y}$는 다음과 같다.

$$\theta_{X->Y} = b_1 + b_3W = -0.562 + 0.201W \tag{8.6}$$

위의 식 8.6에서 Y에 대한 X의 조건부 효과 $\theta_{X->Y}$는 W의 값에 따라 달라진다. 데이터 disaster의 skeptic변수의 값의 범위는 1, 9이며 16번째, 50번째, 84번째 백분위수는 다음과 같이 구할 수 있다.

```
quantile(disaster$skeptic,probs=c(0.16,0.5,0.84),type=6)
```

```
  16%   50%   84% 
1.592 2.800 5.200 
```

R에서 백분위수를 구하는 방법은 9가지가 있는데 기본값으로 7이 설정되어 있다. Minitab과 SPSS의 백분위수와 같은 결과를 얻기 위해서는 type인수를 6으로 지정해 주어야 한다. 어쨌든 W의 값이 각각 1.592, 2.8, 5.2일 때의 조건부 효과 $\theta_{X->Y}$는 다음과 같이 계산할 수 있다.

```
W=quantile(disaster$skeptic,probs=c(0.16,0.5,0.84),type=6)
-0.562 + 0.2*W
```

```
    16%     50%     84% 
-0.2436 -0.0020  0.4780 
```

즉, W의 값이 각각 1.592, 2.8, 5.2일 때의 조건부 효과 $\theta_{X->Y}$는 각각 -0.2436, -0.0020, 0.4780임을 알 수 있다.

2.2 회귀계수의 해석

회귀모형이 $Y = i_Y + b_1X + b_2W + b_3XW$의 형태일 때 회귀계수 b_1과 b_2는 조건부 효과이다. 이 계수는 각각 $W = 0$일 때 X의 효과 및 $X = 0$일 때 W의 효과의 추정치이다. 하지만 이들 계수에 대한 의미 있는 해석이 항상 가능한 것은 아니다. 이 모형에서 X에 대한 회귀계수 $b_1 = -0.562$이다. 이 수치는 기후변화에 대한 회의적인 태도(skeptic)가 0일 때 즉 $W = 0$일 때 기후변화가 가뭄의 원인이라고 들은 사람들과 그렇지 않은 사람들의 원조중단의 정당성에 대한 지지정도의 차이를 나타낸다.

이 계수의 부호가 음성이므로 가뭄의 원인이 기후변화라고 들은 사람들($X = 1$)은 그렇지 않은 사람들($X = 0$)에 비해 원조중단의 정당성에 대한 지지정도가 약하다고 할 수 있다. 하지만 이러한 해석은 수학적으로는 가능하지만 실질적으로는 무의미한 난센스이다. 이 연구에서 기후변화에 대한 회의적인 태도(skeptic)는 1과 9 사이로 측정되었다. 따라서 skeptic이 0일 때의 조건부 효과에 대한 추정치는 해당하는 사람들이 없기 때문에 아무런 의미가 없다. 의미 없는 추정치와 추정치의 유의성에 대한 검정은 무시해야 한다. W에 대한 회귀계수 b_2 또한 마찬가지로 해석될 수 있다. $b_2 = 0.105$이며 이 값은 0과 의미 있는 차이가 있다($p = .006$). 이 수치는 $X = 0$인 경우 즉 가뭄의 원인이 기후변화와는 관계없다는 글을 읽은 사람들 중에서 기후변화에 대한 회의적인 태도가 1단위만큼 변할 때 원조중단의 정당성에 대한 지지정도의 변화의 추정량이다. 회귀계수 b_2의 부호가 양성이므로 이는 기후변화에 대해 보다 회의적인 태도를 가질수록 원조중단의 정당성에 대해 보다 강한 지지를 보낸다고 해석할 수 있으며 이는 b_1과는 달리 의미 있는 해석이다. X와 W의 곱에 대한 회귀계수 $b_3 = 0.201$이다. 이 계수는 W가 1단위만큼 변할때 Y의 변화에 대한 X의 효과를 나타낸다. 이 모형에서 b_3는 0과 의미 있는 차이가 있으므로 원조중단의 정당성에 대한 지지정도에 대한 frame(가뭄의 원인에 대한 정보)의 효과는 기후변화에 대한 회의적인 태도에 따라 조절된다고 해석할 수 있다. 구체적으로 말하면 기후변화에 따른 회의적인 태도가 1단위만큼 변화함에 따라 가뭄의 원인이 기후변화라고 들은 사람들과 그렇지 않은 사람들 간의 원조중단의 정당성에 대한 지지정도는 0.201단위만큼 변화한다고 할 수 있다.

2.3 조절변수의 평균중심화

조절모형에서 회귀계수 b_1과 b_2는 각각 X와 W의 단위에 따라 달라진다. 조절변수 W를 평균중심화하여 조절모형을 만든다면 다음과 같다. 평균중심화에 대한 자세한 사항은 다음 장에서 다루며 여기서는 R에서 평균중심화된 조절모형을 어떻게 만드는지 간단히 살펴보기로 한다. 패키지 processR에 포함되어 있는 meanCentering()함수에 데이터 이름과 평균중심화할 변수 이름을 써 주면 평균중심화된 새로운 변수를 만들어 준다. 다음 예에서는 disaster 데이터의 skeptic변수를 평균중심화해 새로운 변수 skeptic.c를 만들어 준다. 평균중심화된 새로운 변수 skeptic.c는 평균이 0이다.

```
disaster=meanCentering(disaster,names=c("skeptic"))
mean(disaster$skeptic.c)
```

```
[1] 1.556521e-16
```

위에서 계산한 평균은 0이 아니라 1.55e-16으로 나타나는데 이것은 $\frac{1.55}{10^{16}}$을 나타낸다. 이 값이 정확히 0이 아니라 0과 아주 가까운 값이 되는 이유는 컴퓨터에서 부동소수점을 처리하는 방법에 따른 오차이다. 부동소수점 문제에 대해 자세히 알고 싶으면 위키페이지에서 부동소수점을 검색해 보자(https://ko.wikipedia.org/wiki/). 이 값이

0과 같은지 보려면 다음과 같이 하면 된다.

```
dplyr::near(mean(disaster$skeptic.c),0)
```

```
[1] TRUE
```

평균중심화된 새로운 변수 skeptic.c를 이용한 회귀모형은 다음의 R코드로 만들 수 있다. 이 모형은 표 8.2의 Model 4에 요약되어 있다.

```
fit4=lm(justify~frame*skeptic.c,data=disaster)
summary(fit4)
```

```

Call:
lm(formula = justify ~ frame * skeptic.c, data = disaster)

Residuals:
    Min      1Q  Median      3Q     Max
-2.1267 -0.5864 -0.0117  0.5084  2.5484

Coefficients:
                Estimate Std. Error t value Pr(>|t|)
(Intercept)      2.80650    0.07753  36.201  < 2e-16 ***
frame            0.11712    0.11206   1.045 0.297156
skeptic.c        0.10508    0.03813   2.756 0.006375 **
frame:skeptic.c  0.20118    0.05527   3.640 0.000344 ***
---
Signif. codes:  0 '***' 0.001 '**' 0.01 '*' 0.05 '.' 0.1 ' ' 1

Residual standard error: 0.8129 on 207 degrees of freedom
Multiple R-squared:  0.2463,    Adjusted R-squared:  0.2353
F-statistic: 22.54 on 3 and 207 DF,  p-value: 1.138e-12
```

이 모형을 식 8.2와 같이 나타내 보면 다음과 같다.

$$\hat{Y} = 2.087 + 0.117X + 0.105W + 0.201XW \tag{8.7}$$

표 8.2의 Model 3과 4를 비교해 보면 b_2와 b_3는 W를 변환하였음에도 불구하고 같은 것을 알 수 있다. 이들 계수의 표준오차도 동일하고 신뢰구간과 p값도 동일하다. 또한 Y의 기댓값 $\hat{Y}$도 같은 값이 계산된다. 하지만 W의 평균중심화에 의해 b_1이 변화된다. 이 모형에서 b_1은 평균중심화된 $W' = 0$인 경우 Y에 대한 X의 효과이다. 즉, $W' = 0$인 두 예에서 X가 1단위만큼 차이 난다면 Y의 값은 0.117단위만큼 변화할 것으로 추정된다. 이때 $W' = 0$은 W값이 평균인 3.378이므로 이 값은 기후변화에 대한 회의적인 태도가 평균일 경우 가뭄의 원인이 기후변화라고 들은 사람들은 그렇지 않은 사람들에 비해 원조중단의 정당성에 대한 지지정도가 0.117 단위만큼 높다고 할 수 있으나 통계적으로 유의하지는 않다($p = .297$). 이 값은 평균중심화를 하기 전 b_1의

값이 실질적인 의미가 없었던 것에 비해 실질적인 의미가 있다.

모형 3과 4에서 b_2는 $X = 0$일 때 Y에 대한 W의 효과를 추정한다. 이 예에서 b_2는 가뭄이 기후변화에 의한 것이라고 듣지 못한 사람들 중 기후변화에 대한 회의적인 태도가 1단위만큼 다른 두 사람이 원조중단의 정당성에 대한 지지정도 차이를 나타내며 이는 실질적인 의미가 있다. 하지만 b_2는 실험조건인 X를 0과 1로 코딩한 임의의 결정에 의해 결정된 것으로, 코딩을 달리하면 b_2의 값뿐만 아니라 b_1과 b_3의 값도 달라진다. 예를 들어, 기후변화조건을 $X = 0.5$로, 자연적인 원인조건을 $X = -0.5$ 로 코딩하고 W는 모형 4에서처럼 평균중심화를 한 경우를 살펴보면 표 8.2의 Model 5와 같다. 이 모형은 수학적으로 모형 3과 4와 같기 때문에 Y의 추정치는 모형 3 및 4와 같다. 상호작용에 관한 회귀계수 $b_3 = 0.201$ 및 회귀계수의 표준에러 및 p값 또한 같다. X의 값이 달라졌지만 두 실험조건은 여전히 1 차이이기 때문에 b_1의 값은 모형 4와 같다. 하지만 b_2의 값은 $X = 0$인 경우 기후변화에 대한 회의적인 태도가 1단위만큼 다른 두 사람이 원조중단의 정당성에 대한 지지정도 차이를 나타내기 때문에 달라지며, 이 경우 $X = 0$은 의미가 없지만 b_2는 두 실험조건에서 기후변화에 대한 회의적인 태도가 원조중단에 정당성에 미치는 효과의 평균효과가 된다. 지금까지 살펴본 바와 같이 $Y = i_Y + b_1X + b_2W + b_3XW + \varepsilon_Y$ 형태의 모형에서 b_1과 b_2를 해석할 때는 주의해야 한다. X와 W의 축척(scale)이 달라져도 수학적인 해석은 같지만 실질적인 의미는 축척과 평균중심화 또는 코딩에 따라 달라진다. X와 W를 변환하면 b_1과 b_2의 값과 해석이 달라지지만 b_3의 값과 그 해석은 달라지지 않는다.

X와 W의 곱이 포함된 모형을 적절하게 추정하고 조절효과를 검정하기 위해서는 X와 W의 평균중심화가 꼭 필요하다는 믿음이 광범위하게 퍼져있다. 평균중심화는 일정한 의미는 있지만 꼭 필요한 것은 아니다.

2.4 조절모형의 시각화

이 모형에서 조절변수 W는 연속형 변수이므로 16, 50, 84번째 백분위수는 1.592, 2.8, 5.2이며 X는 자연적 원인조건이 0, 기후변화 원인이 1로 코딩되어 있으므로 각각의 경우 Y의 추정량 $\hat{Y}$를 구하려면 다음과 같이 하면 된다.

```
fit=lm(justify~frame*skeptic,data=disaster)
```

```
modSummary2Table(fit) %>% width(width=1)
```

표 8.3: X및 W의 값에 따른 Y의 추정량

frame	skeptic	justify	se.fit	ymax	ymin
0.000	1.592	2.619	0.102	2.721	2.517
0.000	2.800	2.746	0.080	2.826	2.666
0.000	5.200	2.998	0.105	3.103	2.893
1.000	1.592	2.377	0.109	2.486	2.268
1.000	2.800	2.747	0.085	2.831	2.662
1.000	5.200	3.482	0.108	3.589	3.374

패키지 processR에 포함되어 있는 condPlot()은 조절모형을 시각화해 준다.

```
condPlot(fit,mode=2,xpos=0.7)
```

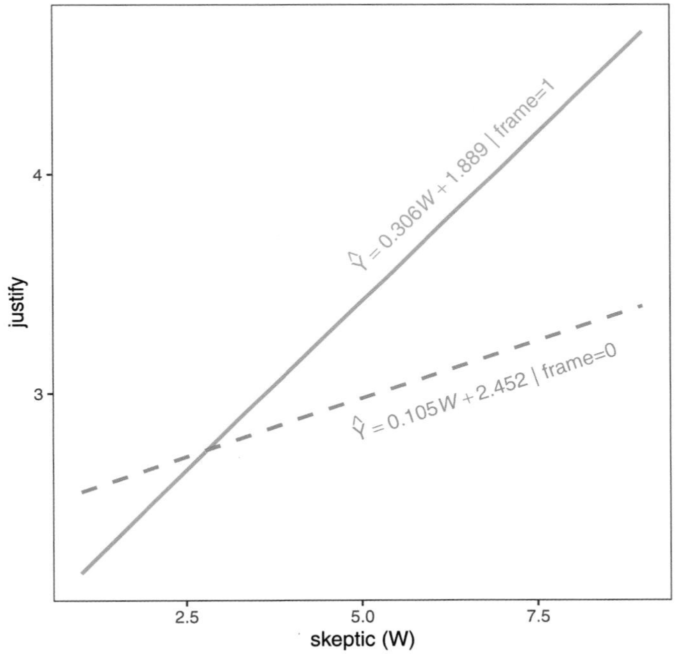

2.5 상호작용 탐색

2.5.1 특정값 선택방법

이 방법은 조절변수 W의 값을 선택하고 그때의 Y에 대한 X의 조건부 효과 $\theta_{X->Y}$를 계산한 다음 그 값에 대한 검정을 시행하거나 신뢰구간을 구하는 방법이다. W의 값이 선택되었을 때 $\theta_{X->Y}$ 의 표준오차의 추정량은 다음과 같다.

$$se_{\theta_{X->Y}} = \sqrt{se_{b_1}^2 + (2W)COV_{b_1 b_3} + W^2 se_{b_3}^2} \tag{8.8}$$

위 식에서 $se_{b_1}^2$와 $se_{b_3}^2$는 b_1과 b_3의 제곱표준오차이며 W는 임의의 조절변수의 값이고 $COV_{b_1 b_3}$는 반복표집에 의한 b_1과 b_3의 공분산이다. 특정 W의 값에서 $\theta_{X->Y}$와 그 표준오차의 비율은 $_T\theta_{X->Y} = 0$이라는 귀무가설하에서 자유도가 $df_{residual}$인 t 분포에 따른다. 그 비율의 p값은 t값의 표에서 얻을 수 있다.

2.5.2 회귀분석으로 하는 점추정

$\hat{Y} = i_Y + b_1 X + b_2 W + b_3 XW$와 같은 형태의 모형에서 b_1은 $W = 0$일 때의 Y에 대한 X의 효과의 추정량이다. 마찬가지로 임의의 W값 w에 대해 $W' = W - w$라고 하면 회귀모형

$$Y = i_Y + b_1 X + b_2 W' + b_3 XW' + \varepsilon_Y \tag{8.9}$$

에서 b_1은 $W = w$일 때 Y에 대한 X의 조건부 효과 $\theta_{X->Y}|(W = w)$가 된다. b_1의 표준오차는 식 8.8에 의한 표준오차와 같고 t값과 p값은 귀무가설 $_T\theta_{X->Y}|(W = w)$의 검정에 사용할 수 있다.

조절변수 skeptic의 값이 1.592인 경우 조건부 효과 $\theta_{X->Y}|(W = 1.592)$를 회귀분석을 이용해 구해 보면 다음과 같다.

```
fit1=lm(justify~frame*I(skeptic-1.592),data=disaster)
summary(fit1)
```

```
Call:
lm(formula = justify ~ frame * I(skeptic - 1.592), data = disaster)

Residuals:
    Min      1Q  Median      3Q     Max
-2.1267 -0.5864 -0.0117  0.5084  2.5484

Coefficients:
```

```
                         Estimate Std. Error t value Pr(>|t|)
(Intercept)               2.61882    0.10219  25.626  < 2e-16 ***
frame                    -0.24219    0.14947  -1.620 0.106682
I(skeptic - 1.592)        0.10508    0.03813   2.756 0.006375 **
frame:I(skeptic - 1.592)  0.20118    0.05527   3.640 0.000344 ***
---
Signif. codes:  0 '***' 0.001 '**' 0.01 '*' 0.05 '.' 0.1 ' ' 1

Residual standard error: 0.8129 on 207 degrees of freedom
Multiple R-squared:  0.2463,    Adjusted R-squared:  0.2353
F-statistic: 22.54 on 3 and 207 DF,  p-value: 1.138e-12
```

회귀분석의 결과 $\theta_{X->Y}|(W=1.592)=-0.242$, $t(207)=-1.620$, $p=.107$인 것을 알 수 있다. 위와 같은 방법으로 W가 2.8, 5.2일 때의 조건부 효과를 구할 수 있다. 패키지 processR에 포함되어 있는 condPlot()함수는 내부적으로 위와 같은 과정을 거친 후 다음과 같은 plot을 그려 준다.

```
condPlot(fit,rangemode=2,xpos=0.7,
        labels=c("Climate change(X=1)","Natural causes(X=0)"))
```

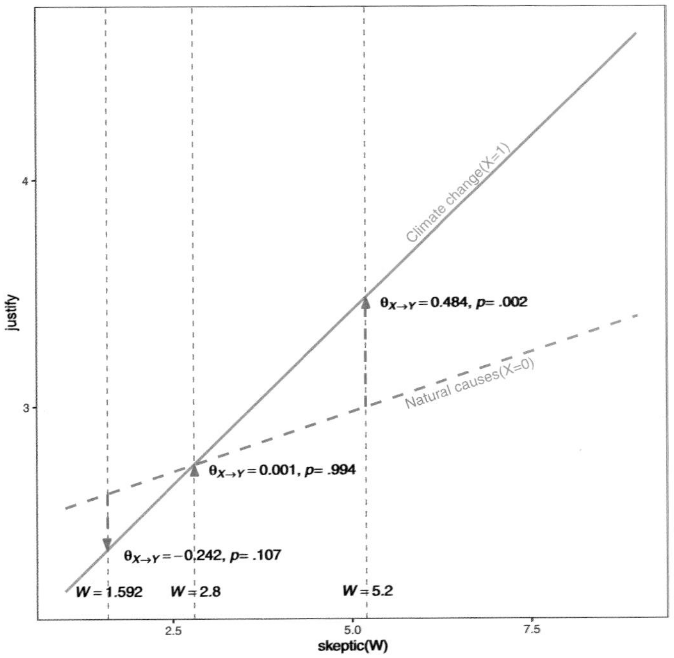

이 함수에서 rangemode=2로 지정해 준 경우 조절변수 W의 16, 50, 84번째 백분위수를 계산하여 그림을 그려 준다. 만일 rangmode를 지정하지 않으면 평균과 표준편차를 이용하여 그림을 그려 준다. xpos인수로 직선 위의 label의 x축 position을 정해줄 수 있고 labels인수로 직선의 라벨을 임의로 지정해 줄 수 있다. 위의 그림에서 기후변화에 대해 보다 회의적인 태도를 갖는 경우 가뭄의 원인에 대한 모함이 원조중단을 정당시하는 유의한 효과를 보인다. 기후변화에 대하여 보다 회의적인 태도를 보이는 사람들은 가뭄의 원인이 자연발생적이 아니라 기후변화에 의한 것이라고 모함할 경우 원조중단의 정당성에 강한 효과를 나타내지만, 기후변화에 대한 회의적인 태도가 낮은 사람들은 가뭄의 원인에 대한 모함이 원조중단의 정당화에 유의한 효과를 나타내지 않는다.

2.5.3 Johnson-Neyman 방법

특정값 선택방법은 비록 많이 사용되기는 하지만 X의 Y에 대한 조건부 효과를 측정하기 위하여 W의 여러 값을 자의적으로 선택해야 한다는 문제점이 존재한다. 관습적으로 평균 및 평균 $\pm$ 1표준편차를 선택하거나 백분위수를 선택하는데, 이는 매우 자의적이며, 특히 W의 왜도가 큰 경우 평균이나 50분위수가 대표값이 될 수 없기 때문에 문제가 될 수 있다. Johnson-Neyman(JN) 방법은 조명등분석법(floodlight analysis)(Spiller et al., 2013)이라고도 알려져 있는데, W값의 자의적 선택에서 벗어나게 해 준다. 이 방법은 회귀분석에서 분산의 균질성 가정에 위배된 경우의 공분산분석에서 두 군 간의 평균차이를 검정하는 방법으로 사용되다가 Bauer와 Curan(2005)에 의해 회귀모형에서 상호작용을 분석할 수 있는 방법으로 확장되었다. JN 방법은 W가 연속형 변수일 때만 사용할 수 있는데 특정값 선택방법과 순서가 반대이다. 특정값 선택방법에서는 W가 주어졌을때 Y에 대한 X의 조건부 효과와 표준오차의 비를 계산하고 t분포를 이용해 p값을 구한 후 p값을 이용해 추론 검정을 시행한다. JN 방법에서는 조건부 효과와 표준오차의 비율이 정확하게 t_{crit}값 ($p = \alpha$에 해당하는 t값, α는 유의수준)이 되는 W의 값을 찾는다. 이때

$$t_{crit} = \frac{\theta_{X->Y}|W}{se_{\theta_{X->Y}}|W} \tag{8.10}$$

이며 $\hat{Y} = i_Y + b_1X + b_2W + b_3XW$의 모형에서는 다음과 같다.

$$t_{crit} = \frac{b_1 + b_3W}{\sqrt{se_{b_1}^2 + (2W)COV_{b_1b_3} + W^2se_{b_3}^2}} \tag{8.11}$$

이 이차방정식은 W의 값으로 두 개의 해를 제공하는데, 이를 JN_{W_1}과 JN_{W_2}($JN_{W_1} < JN_{W_2}$)라고 하면 이 두 개의 값들은 유의수준 α에서 Y에 대한 X의 조건부 효과가 유의한 영역과 비유의한 영역을 구분해 주는 경계값이 된다. 경우에 따라 이들 값 중 하나 또는 두 개 모두가 W의 측정척도범위 밖에 존재하기도 하는데, 이러한 경우 그 값은 무시하면 된다. JN 방법을 사용하면 세 가지 가능한 결과가 나온다. 첫 번째는 JN방법이 조절변수의 측정범위 안에서 하나의 해가 나오는 경우이다. 이 값을 JN_{W_1}이라고 하면 이때 Y에 대한 X의 조건부 효과는 유의수준 α에서 $W \geq JN_{W_1}$ 또는

$W \le JN_{W_1}$에서 통계적으로 유의하다. 이 경우 $W \ge JN_{W_1}$ 또는 $W \le JN_{W_1}$가 Y에 대한 X의 효과가 유의한 영역이 된다. 두 번째는 데이터의 범위 안에서 두 개의 해가 나오는 경우이다. 이때에는 Y에 대한 X의 효과가 $JN_{W_1} \le W \le JN_{W_2}$일 때 유의하거나 $W \le JN_{W_1}$이거나 $W \ge JN_{W_2}$일 때 유의하다. 세 번째는 조절변수의 범위 내에 가능한 해가 없는 경우이다. 이때에는 Y에 대한 X의 조건부 효과가 조절변수 전체 범위에서 유의하거나 전체 범위에서 유의한 영역이 없게 된다.

2.5.4 processR 에서 JN 방법

processR 패키지의 jnPlot()함수를 사용하면 Johnson-Neyman Interval을 계산해 주고 JN plot을 그려 준다.

```
jnPlot(fit)
```

```
JOHNSON-NEYMAN INTERVAL

When skeptic is OUTSIDE the interval [1.171, 3.934], the slope of
frame is p < .05.

Note: The range of observed values of skeptic is [1.000, 9.000]
```

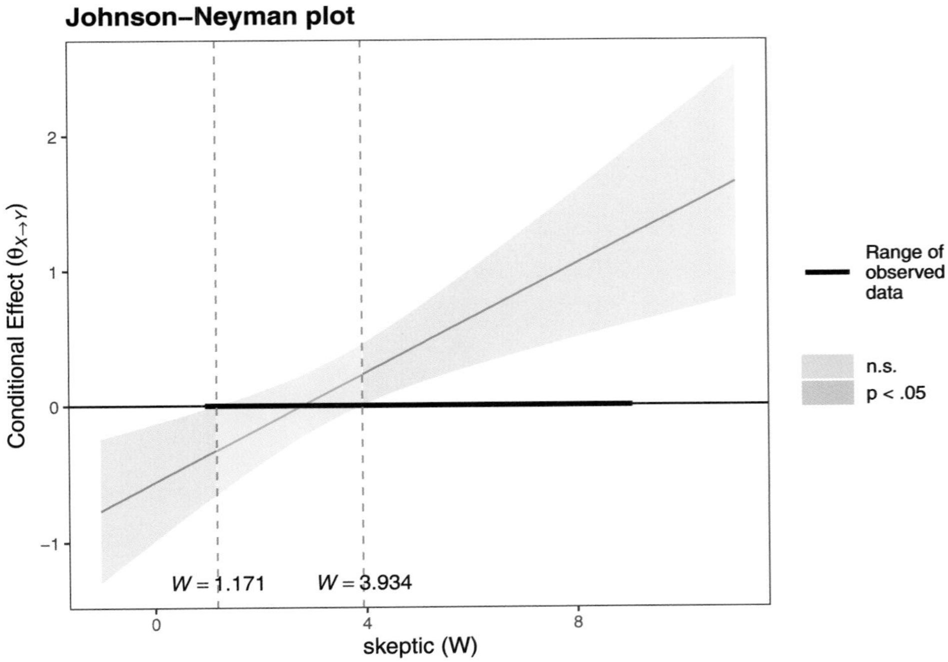

제9장
평균중심화와 표준화: 진실인가 신화인가

이번 장에서는 조절모형을 분석할 때 흔히 잘못 이해하고 있는 평균중심화와 표준화 문제에 대해 언급하고자 한다. 평균중심화 또는 표준화에 대한 신화(myth)들에는 회귀모형에서 상호작용을 평가하기 전에 반드시 독립변수 X와 조절변수 W를 평균중심화 또는 표준화해야 한다던가 조절 분석에 대한 논문을 쓸 때 반드시 표준화 계수를 써 주어야 한다는 주장이 포함되어 있다. 이번 장의 내용의 대부분은 AF Hayes(2018)가 쓴 Introduction to Mediation, Moderation, and Conditional Process Analysis(2nd edition)의 chapter 9를 요약하였음을 밝힌다.

제 1 절 평균중심화(Mean-Centering)

평균중심화란 개별 변수의 값에서 그 변수의 평균값을 빼는 것을 뜻한다. 독립변수 X와 조절변수 W의 상호작용이 있는 조절모형을 회귀식으로 나타내면 다음과 같다.

$$Y = i_Y + b_1X + b_2W + b_3XW + \varepsilon_Y \tag{9.1}$$

이 회귀모형에서 X와 W를 평균중심화하면 추정식은 다음과 같다.

$$Y = i_Y + b_1(X - \bar{X}) + b_2(W - \bar{W}) + b_3(X - \bar{X})(W - \bar{W}) + \varepsilon_Y \tag{9.2}$$

위의 식을 $X' = X - \bar{X}$, $W' = W - \bar{W}$로 바꾸면 다음과 같다.

$$Y = i_Y + b_1X' + b_2W' + b_3X'W' + \varepsilon_Y \tag{9.3}$$

회귀분석에 관한 여러 주목받는 책에서는, 조절모형에서 X와 W는 XW와 상관관계가 높을 가능성이 많아 다중공성선을 일으키며 회귀계수 추정에 문제를 일으키고 표준오차가 커지며 상호작용의 검정력이 감소되기 때문에 모형추정 전에 평균중심화를 시행할 것을 권장하고 있다(Aiken & West, 1991; Cohen et al., 2003). 하지만 이러한 설명은 대부분 잘못 이해된 것이다. 평균중심화를 하면 도움이 되는 측면이 있어 일부에서 권장되기는 하지만 꼭 필요하다고 주장한다면 이는 잘못된 것이다. 평균중심화의 속설을 깨기 위해 조절모형에서 평균중심화를 한 모형과 하지 않은 모형을 비교해 보자. 먼저 processR 패키지에 포함되어 있는 glbwarm 데이터를 사용하여 전반적인 기후변화에 대한 부정적인 정서반응(negemot, 독립변수)과 전반적인 기후변화를 완화시키기 위한 정부활동에 대한 지지(govact, 종속변수)의 관계에 대한 나이(age, 조절변수)의 조절효과를 추정하기 위한 회귀모형을 만든다.

```
require(processR)
fit=lm(govact ~ negemot * age, data=glbwarm)
```

이 모형과 평균중심화를 한 모형, 표준화를 한 모형을 만들어 이들 모형의 회귀계수, 표준오차, t통계량 및 p값을 비교해 보자. processR 패키지의 compareMCTable()함수를 사용하면 모형을 만들어 비교해 준다. 모형 1은 원래 데이터를 사용한 모형이고 변수 X와 W를 평균중심화를 한 후 곱을 계산한 모형이다.

```
compareMCTable(fit)
```

표 9.1: 조절모형에서 회귀계수에 대한 평균중심화 및 두 가지 유형의 표준화 효과

		Coef	*SE*	*t*	*p*
Model: 1: Original Data R2 = 0.354, MSE = 1.200					
Constant	i_Y	4.335	0.330	13.154	<.001
negemot(X)	b_1	0.147	0.085	1.729	.084
age(W)	b_2	-0.031	0.006	-5.009	<.001
negemot:age(X:W)	b_3	0.007	0.002	4.476	<.001
Model: 2: X and W Mean-Centered R2 = 0.354, MSE = 1.200					
Constant	i_Y	4.597	0.038	119.586	<.001
negemot.c(X')	b_1	0.501	0.025	19.810	<.001
age.c(W')	b_2	-0.005	0.002	-2.237	.026
negemot.c:age.c(X':W')	b_3	0.007	0.002	4.476	<.001
Model: 3: Standardized Variant 1 R2 = 0.354, MSE = 0.648					
Constant	iz_y	0.007	0.028	0.263	.792
Znegemot(Zx)	b_1	0.562	0.028	19.810	<.001
Zage(Zw)	b_2	-0.063	0.028	-2.237	.026
Znegemot:Zage(Zx:Zw)	b_3	0.131	0.029	4.476	<.001
Model: 4: Standardized Variant 2 R2 = 0.354, MSE = 0.648					
Constant	iz_y	0.000	0.028	0.000	<.001
Znegemot(Zx)	b_1	0.165	0.096	1.729	.084
Zage(Zw)	b_2	-0.368	0.073	-5.009	<.001
Znegemotage(Zxw)	b_3	0.511	0.114	4.476	<.001

위의 표에서 모형 1과 모형 2를 살펴보면 같은 R^2값과 같은 평균제곱오차를 갖는다. 따라서 두 모형 모두 데이터에 잘 적합된다고 할 수 있다. 사실 이 두 모형은 수학적으로 동등하기 때문에 Y의 추정량은 정확히 같다. 이 두 모형에서 회귀계수 b_1과 b_2가 다르고 계수의 표준오차, t통계량, p값은 모두 다르다. 하지만 XW에 대한 회귀계수 b_3는 두 모형에서 동일하며 표준오차, t통계량, p값 또한 모두 동일하다. 평균중심화는 상호작용의 검정에는 아무런 효과가 없다. W가 X의 효과를 조절하는지 검정할 때는 평균중심화 유무에 관계없이 같은 결과를 얻게 된다. 따라서 설명변수들 간의 상호작용을 검정하기 위해 평균중심화해야 한다는 주장은 사실이 아닌 속설에 지나지 않는다.

1.1 평균중심화: 다중공선성과 b_3의 표준오차에 대한 효과

다중회귀모형에서 j번째 설명변수의 표준오차는 다음 식으로 표현된다.

$$se_{b_j} = \sqrt{\frac{1}{1-R_j^2}}\sqrt{\frac{MS_{residual}}{df_{residual}(S_j^2)}} \tag{9.4}$$

위의 식에서 R_j^2 는 j번째 설명변수와 다른 설명변수들 간의 다중상관계수의 제곱이며, s_j^2는 j번째 설명변수의 분산이고, $MS_{residual}$과 $df_{residual}$은 평균잔차제곱(mean squared residual) 및 잔여자유도(residual degrees of freedom)이다. 위 식 **??**에서 R_j^2은 j번째 설명변수의 분산 중 모형의 다른 설명변수들로 설명이 가능한 부분을 정량화한 것이다. 따라서 $1 - R_j^2$ 는 회귀모형의 다른 설명변수들로 설명되지 않는 j번째 설명변수의 분산이며, 이를 변수 j의 허용 또는 공차(tolerance) 라고 한다. 변수의 허용의 역, 즉 $\frac{1}{1-R_j^2}$ 은 분산팽창인자(variance inflation factor, VIF)이다. 분산팽창인자는 설명변수 j의 표준오차가 모형의 다른 변수들과의 상관관계에 얼마나 영향을 받는지를 정량화한 것이다. 변수의 허용 또는 분산팽창인자가 표준오차에 어떤 영향을 미치는지 보기 위해 식 9.7를 다시 표현해 보면 다음과 같다.

$$se_{b_j} = \sqrt{\frac{MS_{residual}VIF_j}{df_{residual}(S_j^2)}} \tag{9.5}$$

위의 식 9.7와 9.8에서 중요한 통찰은 설명변수 j가 다른 설명변수들과 높은 상관을 가질수록(즉, 허용이 낮고 VIF가 높다면) 표준오차가 커진다는 것이다. 즉, 변수 j의 분산 중 모형의 다른 변수들에 의해 설명되는 부분이 많을수록 반복하여 샘플링한다면 회귀계수 b_j가 불안정하게 변동할 것이다. 다른 모든 조건이 동일하다면 통계량의 표준오차가 클수록 가설 검정의 검정력은 떨어지게 되고 계수의 추정구간이 넓어지게 된다. 따라서 변수 j와 다른 변수들 간의 상관을 줄일 수 있는 어떠한 행위도 유익할 것으로 생각된다. 다음 표는 원래의 회귀모형과 평균중심화를 한 회귀모형, 표준화를 한 회귀모형의 상관관계, 허용 및 분산팽창지수를 요약한 표이다.

```
fit=lm(govact~negemot*age,data=glbwarm)
compareVIFTable(fit)
```

표 9.2: 상관관계, 허용, 분산팽창지수 요약

Original Data	X	W	XW	variance	tol	VIF
negemot(X)	1.000			2.336	0.087	11.473
age(W)	-0.057	1.000		266.694	0.148	6.776
negemot:age(XW)	0.766	0.549	1.000	9489.221	0.061	16.357
After Mean-Centering	X'	W'	X'W'	variance	tol	VIF
negemot.c(X')	1.000			2.336	0.988	1.012
age.c(W')	-0.057	1.000		266.694	0.997	1.003
negemot.c:age.c(X'W')	0.092	-0.015	1.000	585.165	0.991	1.009
After Standardization	Zx	Zw	ZxZw	variance	tol	VIF
Znegemot(Zx)	1.000			1.000	0.988	1.012
Zage(Zw)	-0.057	1.000		1.000	0.997	1.003
Znegemot:Zage(ZxZw)	0.092	-0.015	1.000	0.939	0.991	1.009

위의 표에서 살펴보면 전 페이지에서 살펴본 다중공선성에 대한 고찰은 표면적으로는 맞는 것처럼 보인다. 부정적인 정서적 반응(negemot, X)과 나이(age, W)의 상관관계는 0에 가깝지만 부정적인 정서반응 X와 나이의 곱(XW)은 X와 매우 높은 상관을 보인다($r = 0.766$). 게다가 XW의 허용이 매우 적고(0.061) 분산팽창지수가 크기 때문에(16.357) XW의 분산의 대부분은 X와 W로 설명이 가능하다. 위의 식 9.7와 **??**에 따르면 X와 XW 사이의 상관이 감소한다면 XW의 허용이 증가하고 분산팽창지수가 감소하여 b_3의 표준오차가 줄어들 것 같다. 과연 그럴까?

X와 W의 곱인 XW를 계산하기 전에 X와 W를 평균중심화한다면 상관이 줄어든다는 것은 가상의 설화가 아니다. 위의 표에서 평균중심화를 한 후의 상관과 허용, 분산팽창지수를 살펴보면 X와 XW 간의 상관관계가 상당히 줄었고($r = 0.092$) 허용과 분산팽창지수가 1에 가깝다는 것을 알 수 있다. 틀림없이 이것은 좋은 일이어야 한다.

하지만 평균중심화에도 불구하고 무언가 다른 일이 일어나서 다중공선성을 감소시키는 효과는 전혀 나타나지 않는다. 표를 살펴보면 XW의 분산(variance) 또한 변했음을 알 수 있다. 설명변수의 분산은 표준오차의 계산식에 들어가는데, 분모에 들어가기 때문에 분산이 줄어들면 표준오차가 늘어나게 된다. 위의 식 9.7와 9.8를 VIF와 분산의 관계를 쉽게 알 수 있도록 다시 표현해 보면 다음과 같다.

$$se_{b_j} = \sqrt{\frac{VIF_j}{s_j^2}}\sqrt{\frac{MS_{residual}}{df_{residual}}} \tag{9.6}$$

평균중심화는 $MS_{residual}$과 $df_{residual}$을 변화시키지 않고 s_j^2와 VIF_j를 변화시키므로 회귀계수의 표준오차에 대한 평균중심화의 효과는 분산과 허용에 대한 효과로 결정된다. 평균중심화를 함으로써 XW의 분산팽창지수는 $16.357/1.009 = 16.21$배로 감소한 반면, 분산 또한 $9489.221/585.165 = 16.21$배로 감소하였다. 따라서 X와 W에 대한 평균중심화를 한 후에도 XW의 표준오차는 전혀 변화하지 않는다. 따라서 다중공선성에 의한 문제를 해결하기 위해 평균중심화를 해야 한다는 주장은 설화일 뿐이다. 이러한 다중공선성은 상호작용을 검정하는 데 문제를 일으키지 않으며, 따라서 평균중심화를 통해 해결해야 하는 문제도 없다.

하지만 경우에 따라 평균중심화가 효과가 있는 경우도 있을 수 있다. 모형의 설명변수들이 많고 서로 매우 상관이 높으며 여러 개의 상호작용이 있는 경우 허용이 일부 통계 프로그램의 최소 허용치(0.000001) 이하로 감소할 수가 있고, 이런 경우 SPSS같은 경우는 변수를 자동으로 제거한다. 이런 경우 명령행에서 분석을 하거나 평균중심화를 하면 계산될 수 있는데, 이런 경우는 매우 드물다고 한다(Hayes, 2018).

1.2 평균중심화: b_1, b_2 및 표준오차에 대한 효과

평균중심화를 선호하는 두 번째 설명은 X와 W의 회귀계수 b_1, b_2를 보다 의미 있게 만들어 준다는 것이다. 일반적으로 이러한 주장은 설화가 아닌 사실이지만 모든 경우에 맞는 것은 아니다. 다음의 회귀식으로 표현되는 회귀모형을 살펴보자.

$$Y = i_Y + b_1X + b_2W + b_3XW + \varepsilon_Y \tag{9.7}$$

이때 회귀계수 b_1과 b_2의 의미를 살펴보자. b_1은 $W = 0$일 때 X가 1단위 변하는 경우 Y값의 변화를 추정하는 것이고, b_2은 $X = 0$일 때 W가 1단위 변하는 경우 Y값의 변화를 추정하는 것이다. 회귀계수 b_1과 b_2의 값은 X와 W의 단위에 따라 달라진다. 만일 W의 측정에 있어 $W = 0$이라는 것이 의미가 없다면 b_1 및 b_1의 유의성은 의미가 없어지고 현실적인 해석은 불가능하다.

XW를 계산하기 전 X와 W를 평균중심화한 후 모형을 만든다면 b_1과 b_2는 X와 W가 0이 아니더라도 항상 의미 있는 해석이 가능하다. 평균중심화 후 회귀계수 b_1은 W가 평균이면서 X의 값이 1단위 변화할 때 Y의 변화를 추정하는 것이다. 마찬가지로 회귀계수 b_2는 X가 평균이면서 W의 값이 1단위 변화할 때 Y의 변화를 추정하는 것이다. 이 경우 조건부 효과를 데이터의 범위 내에서 추정하기 때문에 항상 해석이 가능하다.

원래의 데이터를 사용한 회귀모형과 평균중심화를 한 회귀모형 간의 회귀계수 b_1과 b_2의 차이는 다중공선성의 감소와는 전혀 관계가 없다. 평균중심화를 한 경우 X와 W의 조건부 효과를 다른 변수가 0이 아니라 평균인 경우를 가정하고 추정하므로 당연히 그 값이 달라지고 표준오차, t통계량과 p값도 달라진다.

하지만 이러한 조건부 효과를 추정하기 위해 평균중심화를 꼭 해야 하는 것은 아니다. 다음 회귀모형을 살펴보자.

```
fit=lm(govact~negemot*age,data=glbwarm)
summary(fit)
```

```
Call:
lm(formula = govact ~ negemot * age, data = glbwarm)

Residuals:
    Min      1Q  Median      3Q     Max
-4.3665 -0.6731  0.0463  0.7282  3.0378

Coefficients:
             Estimate Std. Error t value Pr(>|t|)
(Intercept)  4.334565   0.329528  13.154  < 2e-16 ***
negemot      0.147134   0.085096   1.729   0.0842 .
age         -0.030657   0.006121  -5.009 6.72e-07 ***
negemot:age  0.007136   0.001594   4.476 8.70e-06 ***
---
Signif. codes:  0 '***' 0.001 '**' 0.01 '*' 0.05 '.' 0.1 ' ' 1

Residual standard error: 1.096 on 811 degrees of freedom
Multiple R-squared:  0.3539,    Adjusted R-squared:  0.3515
F-statistic: 148.1 on 3 and 811 DF,  p-value: < 2.2e-16
```

평균중심화를 하지 않은 이 모형의 회귀계수로부터 W가 평균 $\bar{W}$일 때의 조건부 효과를 추정할 수 있다.

$$\theta_{X->Y}|(W=\bar{W}) = b_1 + b_3\bar{W} = 0.147 + 0.007(49.536) = 0.501 \tag{9.8}$$

이 모형은 표 9.1에서 볼 수 있는 평균중심화한 모형의 회귀계수 b_1의 값과 정확히 일치한다. 또한 $\theta_{X->Y}|(W=\bar{W})$ 의 표준오차도 다음 공식을 사용해 계산할 수 있다.

$$\begin{aligned}\theta_{X->Y}|(W=\bar{W}) &= \sqrt{se_{b_1}^2 + (2\bar{W})COV_{b_1b_3} + \bar{W}^2 se_{b_3}^2} \\ &= \sqrt{0.085^2 + (2)(49.536)(0.000003) + (49.536)^2 0.002^2} \\ &= 0.025\end{aligned}$$

위 계산에서 b_1의 표준오차는 0.085, b_3의 표준오차 0.002, b_1과 b_3의 공분산 0.000003 및 W의 평균 $\bar{W} = 49.536$이 사용되었다. 이 결과는 평균중심화를 한 모형에서 b_1의 표준오차와 정확히 일치한다. 평균중심화에 따른 b_1과 b_3 및 표준오차의 변화는 다중공선성의 감소와는 아무런 관계도 없다.

1.3 평균중심화: processR 패키지의 사용

1.3.1 변수의 평균중심화

R에서 평균중심화는 매우 간단하게 구현할 수 있다. 예를 들어, x라는 변수에 1부터 10까지의 숫자가 저장되어 있을 때 평균은 mean(x)로 구할 수 있고 평균중심화한 변수 x.c는 다음과 같이 구할 수 있다.

```
x=1:10
x
```

```
 [1]  1  2  3  4  5  6  7  8  9 10
```

```
x.c=x-mean(x)
x.c
```

```
 [1] -4.5 -3.5 -2.5 -1.5 -0.5  0.5  1.5  2.5  3.5  4.5
```

만일 변수 중 결측치가 있는 경우 mean()함수는 계산이 되지 않는다. 다음의 예를 보자.

```
x=c(x,NA)   ## x에 결측치 추가
mean(x)
```

```
[1] NA
```

```
x-mean(x)
```

```
 [1] NA NA NA NA NA NA NA NA NA NA NA
```

이런 경우 결측치를 제외한 값들의 평균을 구하려면 na.rm=TRUE로 옵션을 주면 된다.

```
x.c=x-mean(x,na.rm=TRUE)
x.c
```

```
 [1] -4.5 -3.5 -2.5 -1.5 -0.5  0.5  1.5  2.5  3.5  4.5   NA
```

1.3.2 데이터 프레임의 평균중심화

processR에 내장되어 있는 glbwarm 데이터는 다음과 같은 변수들로 이루어져 있다.

```
colnames(glbwarm)
```

```
[1] "govact"   "posemot"  "negemot"  "ideology" "age"      "sex"
[7] "partyid"
```

이들 변수들 중 일부만 평균중심화를 하려면 meanCentering()함수를 사용하면 된다. 이 함수에 데이터 이름과 평균중심화하려는 변수 이름을 넣어 주면 평균중심화를 한 후 변수이름에 ".c"를 붙여준다.

```
newdata=meanCentering(glbwarm,names=c("negemot","age"))
colnames(newdata)
```

```
[1] "govact"    "posemot"   "negemot"   "ideology"  "age"       "sex"
[7] "partyid"   "negemot.c" "age.c"
```

그 결과 "negemot.c" 변수와 "age.c" 변수가 추가된 것을 알 수 있다.

1.3.3 회귀모형의 평균중심화

먼저 회귀모형을 만든 후 compareMC()함수에 회귀모형을 넣어 주면 세 개의 회귀모형을 추가로 만들어 원래의 모형, 평균중심화한 모형, 표준화 모형 (1), 표준화 모형 (2)를 만들어 회귀계수 및 표준오차, t통계량, p값 등을 보여준다.

```
fit=lm(govact ~ negemot * age, data = glbwarm)
result=compareMC(fit)
compareMCTable(fit)
```

		Coef	SE	t	p
Model: 1: Original Data R2 = 0.354, MSE = 1.200					
Constant	i_Y	4.335	0.330	13.154	<.001
negemot(X)	b_1	0.147	0.085	1.729	.084
age(W)	b_2	-0.031	0.006	-5.009	<.001
negemot:age(X:W)	b_3	0.007	0.002	4.476	<.001
Model: 2: X and W Mean-Centered R2 = 0.354, MSE = 1.200					
Constant	i_Y	4.597	0.038	119.586	<.001
negemot.c(X')	b_1	0.501	0.025	19.810	<.001
age.c(W')	b_2	-0.005	0.002	-2.237	.026
negemot.c:age.c(X':W')	b_3	0.007	0.002	4.476	<.001
Model: 3: Standardized Variant 1 R2 = 0.354, MSE = 0.648					
Constant	iz_y	0.007	0.028	0.263	.792
Znegemot(Zx)	b_1	0.562	0.028	19.810	<.001
Zage(Zw)	b_2	-0.063	0.028	-2.237	.026
Znegemot:Zage(Zx:Zw)	b_3	0.131	0.029	4.476	<.001
Model: 4: Standardized Variant 2 R2 = 0.354, MSE = 0.648					
Constant	iz_y	0.000	0.028	0.000	<.001
Znegemot(Zx)	b_1	0.165	0.096	1.729	.084
Zage(Zw)	b_2	-0.368	0.073	-5.009	<.001
Znegemotage(Zxw)	b_3	0.511	0.114	4.476	<.001

compareMC()함수를 호출할 때 mode=2 로 지정해 주면 네 개의 회귀모형을 리스트로 만들어 반환해 준다.

```
result=compareMC(fit, mode=2)
result
```

```
[[1]]

Call:
lm(formula = govact ~ negemot * age, data = glbwarm)

Coefficients:
(Intercept)      negemot          age  negemot:age
   4.334565     0.147134    -0.030657     0.007136


[[2]]
```

```
Call:
lm(formula = govact ~ negemot.c * age.c, data = data)

Coefficients:
    (Intercept)       negemot.c          age.c  negemot.c:age.c
       4.597115        0.500613      -0.005268         0.007136


[[3]]

Call:
lm(formula = Zgovact ~ Znegemot * Zage, data = data)

Coefficients:
  (Intercept)      Znegemot          Zage  Znegemot:Zage
      0.00744       0.56243      -0.06324        0.13092


[[4]]

Call:
lm(formula = Zgovact ~ Znegemot + Zage + Znegemotage, data = data)

Coefficients:
(Intercept)     Znegemot         Zage  Znegemotage
  2.260e-15    1.653e-01   -3.680e-01    5.109e-01
```

이때 반환되는 리스트 중 두 번째가 평균중심화된 모형이다.

```
result[[2]]
```

```
Call:
lm(formula = govact ~ negemot.c * age.c, data = data)

Coefficients:
    (Intercept)       negemot.c          age.c  negemot.c:age.c
       4.597115        0.500613      -0.005268         0.007136
```

제 2 절 조절모형에서 표준화된 회귀계수의 추정 및 해석

변수를 표준화한다는 것은 변수의 관측치들에서 평균을 빼고 다시 표준편차로 나누어 주는 것을 말한다. 이러한 과정을 거치면 이 변수는 평균이 0이고 표준편차가 1이 된다. 다음의 예를 보자.

```
x=1:10
Zx=(x-mean(x,na.rm=TRUE))/sd(x,na.rm=TRUE)
mean(Zx)
```

```
[1] 0
```

```
sd(Zx)
```

```
[1] 1
```

회귀모형에서 표준화에 관하여도 평균중심화와 마찬가지로 신화가 존재한다. 즉, 표준화를 시행하면 다중공선성이 줄어들고 변수의 효과에 대해 보다 정확한 추정이 가능해지며 상호작용의 검정력이 높아진다고 잘못 이해하는 연구자들이 있다. 또한 모형 추정 전 표준화를 시행하면 상호작용의 탐지와 평가가 수월해진다고 말하는 사람도 있는 것 같다. 보통 표준화라고 얘기할 때 두 가지 형태가 있다.

2.1 표준화의 첫 번째 유형

표준화의 첫 번째 유형은, 먼저 X와 W를 표준화하여 Z_X와 Z_W를 만든다. 그 후 Z_X와 Z_W를 곱하여 $Z_X Z_W$를 만든다. 그 후 Z_X와 Z_W 및 $Z_X Z_W$를 설명변수로 하고 표준화된 Y, 즉 Z_Y를 반응변수로 하는 회귀모형을 만든다.

$$Z_Y = i_{Z_Y} + b_1 Z_X + b_2 Z_W + b_3 Z_X Z_W + \varepsilon_{Z_Y} \tag{9.9}$$

processR 패키지를 사용하여 표준화된 모형을 만들려면 다음과 같이 하면 된다.

```
fit=lm(govact ~ negemot * age, data = glbwarm)
std.fit=compareMC(fit, mode=2)[[3]]
summary(std.fit)
```

```

Call:
lm(formula = Zgovact ~ Znegemot * Zage, data = data)

Residuals:
    Min      1Q  Median      3Q     Max 
-3.2097 -0.4948  0.0341  0.5353  2.2330 

Coefficients:
              Estimate Std. Error t value Pr(>|t|)    
(Intercept)    0.00744    0.02826   0.263   0.7924    
Znegemot       0.56243    0.02839  19.810  < 2e-16 ***
Zage          -0.06324    0.02827  -2.237   0.0256 *  
Znegemot:Zage  0.13092    0.02925   4.476  8.7e-06 ***
---
```

```
Signif. codes:  0 '***' 0.001 '**' 0.01 '*' 0.05 '.' 0.1 ' ' 1

Residual standard error: 0.8053 on 811 degrees of freedom
Multiple R-squared:  0.3539,    Adjusted R-squared:  0.3515
F-statistic: 148.1 on 3 and 811 DF,  p-value: < 2.2e-16
```

이 결과는 표 9.1의 세 번째 모형의 결과와 같다. 이때 첫 번째 회귀계수 b_1은 W가 평균이라는 조건하에 X가 표준편차만큼 변화했을 때 Y의 표준편차가 보이는 차이의 추정치이다. 회귀계수 b_1은 $Z_W = 0$일 때 Y에 대한 X의 효과를 보는 것이고 표준화된 모형에서는 $W = \bar{W}$일 때 $Z_W = 0$이기 때문이다. 마찬가지로 b_2는 X가 평균이라는 조건하에서 W가 표준편차만큼 변화했을 때 Y의 표준편차가 보이는 차이의 추정치라고 할 수 있다. 마지막으로 b_3는 X가 표준편차만큼 변화하고 W가 표준편차만큼 변화할 때 Y의 표준편차가 보이는 차이의 추정치이다.

표 9.1의 모형 3(표준화 유형 1)의 회귀계수 b_1과 b_2를 모형 1(원래의 회귀모형)과 모형 2(평균중심화된 모형)와 비교해 보면 수치가 다른데, 이는 표준화에 의해 X와 W 및 Y의 측정기준이 달라졌기 때문이다. 모형 2에서 b_1과 b_2는 다른 변수가 평균일 때 변수 X와 W가 Y에 미치는 효과의 추정치이다. 하지만 표준화 이후에는 X와 W의 변화의 기준치가 1단위에서 1표준편차로 바뀐다. 따라서 이 모형에서 나이가 평균이라는 조건하에서 기후변화에 대한 부정적 정서변화가 1표준편차만큼 변화할 때 정부의 정책에 대한 지지가 표준편차의 $b_1 = 0.562$배만큼 달라진다고 할 수 있다. 또한 부정적 정서가 평균이라는 조건하에 나이가 1표준편차만큼 차이 나는 두 예에서는 정부정책에 대한 지지가 표준편차의 $b_2 = -0.063$배만큼 차이를 보일 것으로 추정된다(여기서 b_2의 부호가 음이므로 나이가 보다 많은 사람은 정부정책에 대한 지지를 덜 표현한다고 할 수 있다). 평균중심화 모형 2와 표준화 모형 3은 같은 가설에 대한 검정이므로 b_1과 b_2의 t통계량과 p값은 같다. 두 모형 모두 $W = \bar{W}$일 때 Y에 대한 X의 효과가 0이라는 가설과 $X = \bar{X}$일 때 Y에 대한 W의 효과가 0이라는 가설을 귀무가설로 하고 있다.

표 9.1에서 중요한 것은 표준화 모형 3의 회귀계수 b_3가 모형 1, 2와 비교하여 다르지만 t통계량과 p값은 같다는 점이다. 따라서 조절효과에 대한 적절한 검정을 위해 표준화가 필요하다는 설화와 달리 X와 W의 표준화는 상호작용의 검정에 영향을 미치지 않는다. b_1과 b_2의 경우와 마찬가지로 X와 W의 변화의 기준치가 달라지므로 b_3의 해석에도 약간의 변화가 필요하다. 부정적 정서 변화가 표준편차만큼 차이 나고 나이가 표준편차만큼 차이가 나는 두 경우에 있어 정부정책에 대한 지지는 표준편차의 0.131배만큼 변화할 것으로 추정된다.

2.2 표준화의 두 번째 유형

표준화의 두 번째 유형은 첫 번째 유형과 유사하나 표준화 및 곱셈의 순서가 바뀐다. 표준화 유형 1에서는 X와 W를 먼저 표준화한 후 표준화된 두 변수의 곱 $Z_X Z_W$를 계산하였지만, 표준화 유형 2에서는 X와 W를 먼저 곱하여 XW를 만든 후 XW를 표준화하여 Z_{XW}를 만든다. 이렇게 만든 Z_{XW}와 표준화한 Z_X 및 Z_W를 설명변수로 하고 Z_Y를 반응변수로 하는 회귀모형을 만든다.

$$Z_Y = i_{Z_Y} + b_1 Z_X + b_2 Z_W + b_3 Z_{XW} + \varepsilon_{Z_Y} \tag{9.10}$$

이러한 방법으로 만든 모형을 통계 프로그램을 사용하여 분석하여 결과를 얻을 수 있으나 이 방법은 전혀 권장되지 않는다. 표 9.1에서 보는 것과 같이 네 번째 모형인 표준화 유형 2도 회귀계수 b_3의 t검정량과 p값은 다른 모형들과 같은 결과를 보여 주지만 b_1, b_2, b_3가 모두 아무런 의미가 없기 때문에 이러한 유형의 표준화는 사용해서는 안 된다. 이 유형의 표준화 계수는 SPSS나 SAS 등의 OLS 회귀 프로그램에서 조절모형을 분석할 때 자동으로 계산되는 표준화된 회귀계수와 같다. 이들 회귀계수는 해석되거나 논문에 사용되어서는 안 되며 이 계수를 사용하여 상호작용을 조사해서는 안 된다. 이 유형의 회귀계수에서 유일하게 의미 있는 부분은 부호이다.

표준화 유형 2의 문제점은 회귀모형에서 XW를 설명변수로 포함시키는 이유를 다시 생각해 보면 나타난다. 회귀모형 $Y = i_Y + b_1 X + b_2 W$에서 Y에 대한 X의 효과는 W와는 독립적이므로 만일 Y에 대한 X의 효과를 W가 조절하는 조절효과에 관심이 있다면 이 모형의 설명변수로 XW를 추가하여 $Y = i_Y + b_1 X + b_2 W + b_3 XW$모형을 만들면 된다. 이 모형은 $Y = i_Y + (b_1 + b_3)X + b_2 W$로 다시 쓸 수 있으며 이 식의 결과 X의 효과는 W의 선형함수라는 것을 알 수 있다.

X와 W를 표준화하고 곱하여 $Z_X Z_W$를 만든 표준화 유형 1의 회귀식은 다음과 같이 쓸 수 있다.

$$Z_Y = i_{Z_Y} + (b_1 + b_3) Z_X + b_2 Z_W + \varepsilon_{Z_Y} \tag{9.11}$$

이 식에서 X의 효과는 W에 의존하는 조건부 효과라는 것이 명확하다.

$$\theta_{Z_X -> Z_Y} = b_1 + b_3 Z_W \tag{9.12}$$

따라서 전 장에서 기술된 조건부 효과의 계산 규칙과 방법들이 표준화된 X와 W에 대하여도 모두 적용될 수 있다.

하지만 표준화 유형 2의 식 9.10에서는 $Z_{XW} \neq Z_X Z_W$이므로 X의 효과를 W의 선형함수로 다시 쓸 수 없으며 X의 조건부 효과도 식 9.12와 같이 추정할 수 없으므로 표준화 유형 2의 회귀계수로 상호작용을 살펴보거나 그림으로 나타낼 수 없다.

조절모형에서 회귀계수를 표준화하지 않은 상태 또는 표준화한 상태로 보고하는 것은 연구자에게 달려 있다. Y에 대한 변수의 효과를 추정하기 전에 X와 W를 표준화한 경우에는 측정단위가 달라지므로 변수의 값이 1단위 변할 때가 아니라 1표준편차 변할 때의 효과를 추정하는 것이다. 표준화는 다중공선성을 감소시키지만(표9.2) 상호작용의 검정에는 영향을 미치지 않는다. 변수들의 곱을 계산하기 전 반드시 표준화를 할 필요가 있다는 주장은 진실이 아니라 신화이다. 마지막으로 두 번째 유형의 표준화는 절대 사용해서는 안 된다.

제 10 장
조절효과 분석(2)

이번 장에서는 제5장에서 살펴본 조절모형의 확장으로 공변량이 있는 모형, 누적다중조절모형과 조절된 조절모형에 관하여 다루고자 한다.

0.1 사용하는 패키지

이번 장에서는 다음과 같은 패키지를 사용한다.

```
require(processR)
require(lavaan)
require(tidyverse)
```

제 1 절 공변량이 있는 조절모형(모형 1)

공변량이 있는 조절모형의 예제로 glbwarm(지구 온난화) 데이터를 이용한다. 이 데이터는 AF Hayes의 책(2018)에 인용되어 있는 것을 재인용하였으며 processR 패키지에 포함되어 있다. 이 데이터는 815명의 피험자의 자료로 지구기후변화의 위협에 대처하기 위한 정부정책을 어느 정도 지지하는가(govact 1: 매우 반대한다, 7: 매우 찬성한다)를 5개 항목으로 측정하였고, 기후변화에 대한 부정적인 감정(negemot 1: 전혀 그렇지 않다, 6: 매우 그렇다)을 3개의 항목을 이용해 측정하였다. 그리고 기후변화에 대한 낙관적인 전망을 의미하는 기후변화에 대한 긍정적인 감정(posemot)을 3개의 항목을 이용해 측정하였고, 참가자들의 정치적 성향(ideology 1: 매우 진보적, 7: 매우 보수적)과 연령(age)과 성별(sex 0: 여성, 1: 남성)을 조사하였다. 성별을 제외하고 각 변수의 값이 크면 해당 변수의 강도가 강한 것을 의미한다. 이 모형에서는 종속변수(Y)로 govact를, 독립변수(X)로 negemot를 사용하고 조절변수(W)로 age를 사용하며 posemot, ideology와 sex를 공변량($C1, C2, C3$)으로 사용한다. 이 모형의 개념적 모형은 다음과 같다.

```
labels=list(X="negemot",Y="govact",W="age",C1="posemot",C2="ideology",C3="sex")
moderator=list(name="age",site=list("c"))
covar=list(name=c("posemot","ideology","sex"),site=list("Y","Y","Y"))
pmacroModel(1,labels=labels,covar=covar,radx=0.10)
```

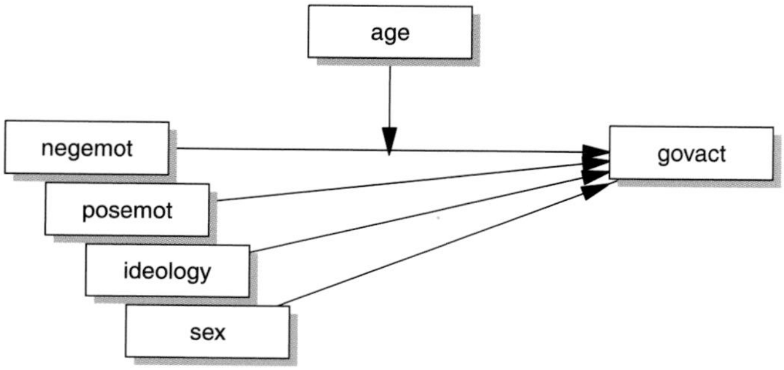

이 모형의 통계적 모형은 다음과 같다.

```
arrowslabels=paste0("b",1:6)
statisticalDiagram(1,labels=labels,covar=covar,radx=0.11,
                   arrowslabels=arrowslabels,whatLabel = "label")
```

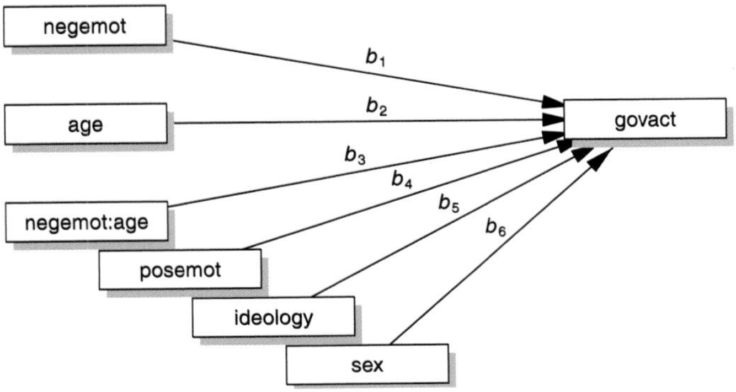

이 모형을 회귀식으로 나타내면 다음과 같다.

$$Y = i_Y + b_1X + b_2W + b_3XW + b_4C_1 + b_5C_2 + b_6C_3 + \varepsilon_Y \tag{10.1}$$

위 식에서 X는 negemot, W는 age, C_1, C_2, C_3는 posemot, ideology, sex를 나타낸다. 이 모형에서 b_3가 0과 유의하게 다르다면 정부정책 지지(govact)에 대한 부정적인 감정(negemot)의 효과를 나이가 조절한다는 근거가 된다. 이 모형에서 b_3가 조절효과를 추정하는 것이므로 b_3의 유의성을 검정하는 것이 상호작용의 검정이 된다.

R을 이용하여 회귀모형을 만들면 다음과 같다.

```
fit=lm(govact ~ negemot * age  + posemot + ideology + sex, data=glbwarm)
```

이 회귀모형을 다음과 같이 표로 요약할 수 있다.

```
modelsSummary2Table(fit,labels=labels,autoPrefix=FALSE)
```

표 10.1: 회귀모형 요약

		Coef	*SE*	*t*	*p*
Constant	i_Y	5.174	0.338	15.287	<.001
negemot(X)	b_1	0.120	0.083	1.449	.148
age(W)	b_2	-0.024	0.006	-3.993	<.001
negemot:age(X:W)	b_3	0.006	0.002	4.104	<.001
posemot(C1)	b_4	-0.021	0.028	-0.768	.443
ideology(C2)	b_5	-0.212	0.027	-7.883	<.001
sex(C3)	b_6	-0.011	0.076	-0.147	.883

R2 = 0.401, MSE =1.117
F(6,808) = 90.080, p < .001

위의 표의 결과를 이용하여 식 10.1의 회귀계수를 다시 써 보면 다음과 같다.

$$\hat{Y} = 5.174 + 0.120X - 0.024W + 0.006XW - 0.021C_1 - 0.212C_2 - 0.011C_3 \quad (10.2)$$

우리가 관심 있는 나이와 부정적인 감정의 곱에 대한 회귀계수 $b_3 = 0.006$, $t(808) = 4.104$, $p < .001$로 통계적으로 유의하다. 이 상호작용값이 반응변수(govact)의 분산 중 어느 정도를 차지하는지 알아보기 위해 원래의 회귀모형과 상호작용항을 제외한 모형을 만들어 두 모형을 비교해 본다.

```
fit1=lm(govact ~ negemot + age  + posemot + ideology + sex, data=glbwarm)
```

```
modelsSummaryTable(list(fit1,fit),labels=labels,autoPrefix=FALSE)
```

표 10.2: 상호작용이 있는 모형과 없는 모형의 비교

	Consequent									
		govact(Y)					govact(Y)			
Antecedent		Coef	SE	t	p		Coef	SE	t	p
negemot(X)	b_1	0.441	0.026	16.676	<.001	b_1	0.120	0.083	1.449	.148
age(W)	b_2	-0.001	0.002	-0.552	.581	b_2	-0.024	0.006	-3.993	<.001
posemot(C1)	b_3	-0.027	0.028	-0.951	.342	b_3	-0.021	0.028	-0.768	.443
ideology(C2)	b_4	-0.218	0.027	-8.071	<.001	b_4	-0.212	0.027	-7.883	<.001
sex(C3)	b_5	-0.010	0.077	-0.131	.896	b_5	-0.011	0.076	-0.147	.883
negemot:age(X:W)						b_6	0.006	0.002	4.104	<.001
Constant	i_Y	4.064	0.205	19.791	<.001	i_Y	5.174	0.338	15.287	<.001
Observations		815					815			
R2		0.388					0.401			
Adjusted R2		0.385					0.396			
Residual SE		1.067 (df = 809)					1.057 (df = 808)			
F statistic		F(5,809) = 102.717, p < .001					F(6,808) = 90.080, p < .001			

상호작용이 있는 회귀모형 fit의 R^2은 0.401이었으며 상호작용이 없는 회귀모형 fit1의 R^2은 0.388로 두 모형의 R^2의 차이가 상호작용이 반응변수(govact)의 분산 중 어느 정도를 차지하는지를 정량화해 준다. 또한 두 모형의 비교는 F-test를 통해 하는데, 두 모형의 설명력을 비교하여 제거된 변수(들)의 기여도를 평가한다고 생각하면 된다. R에서는 anova()함수를 사용한다.

```
anova(fit1,fit)
```

```
Analysis of Variance Table

Model 1: govact ~ negemot + age + posemot + ideology + sex
Model 2: govact ~ negemot * age + posemot + ideology + sex
  Res.Df    RSS Df Sum of Sq      F    Pr(>F)
1    809 921.52
```

```
2    808 902.71  1    18.813 16.839 4.482e-05 ***
---
Signif. codes:  0 '***' 0.001 '**' 0.01 '*' 0.05 '.' 0.1 ' ' 1
```

F-test 결과 $p < .001$로 상호작용은 유의한 것을 알 수 있다. processR 패키지에 포함되어 있는 r2diff함수는 이상의 과정을 자동화하여 R^2값의 차이 및 F-test 결과를 요약해 준다.

```
r2diff(fit,digits=4)
```

```
Test of highest order unconditional interaction(s)

Removing :  negemot:age
r2diff = 0.0125, F(1,808) = 16.8391, p = .0000
```

나이와 부정적인 감정의 곱(negemot:age)은 정부정책 지지(govact)의 분산의 1.25%를 설명한다.

1.1 상호작용의 시각화

위의 식 10.2에서 공변량인 C_1, C_2, C_3를 각각의 평균인 3.132, 4.083, 0.488로 대체하면 다음과 같다.

$$\hat{Y} = 5.174 + 0.120X - 0.024W + 0.006XW - 0.021(3.132) - 0.212(4.083) - 0.011(0.488)$$

위 식을 간단히 하면 다음과 같다.

$$\hat{Y} = 4.237 + 0.120X - 0.024W + 0.006XW \tag{10.3}$$

위의 식에서 negemot(X)과 age(W)의 16, 50, 84번째 백분위수는 다음과 같이 구할 수 있다.

```
quantile(glbwarm$negemot,probs=c(0.16,0.5,0.84),type=6)
```

```
 16%  50%  84%
1.67 3.67 5.33
```

negemot이 16, 50, 84번째 백분위수이고 나이가 30, 50, 70세의 govact의 추정치는 다음의 표로 요약할 수 있다.

```
modSummary2Table(fit,labels=labels,modx.values=c(30,50,70))
```

표 10.3: 조절효과 요약

negemot(X)	age(W)	posemot(C1)	ideology(C2)	sex(C3)	govact(Y)	se.fit	ymax	ymin
1.670	30.000	3.132	4.083	0.488	4.038	0.099	4.137	3.939
1.670	50.000	3.132	4.083	0.488	3.772	0.062	3.834	3.710
1.670	70.000	3.132	4.083	0.488	3.506	0.096	3.602	3.410
3.670	30.000	3.132	4.083	0.488	4.657	0.059	4.716	4.598
3.670	50.000	3.132	4.083	0.488	4.644	0.037	4.681	4.607
3.670	70.000	3.132	4.083	0.488	4.631	0.061	4.692	4.570
5.330	30.000	3.132	4.083	0.488	5.171	0.093	5.264	5.078
5.330	50.000	3.132	4.083	0.488	5.368	0.059	5.427	5.309
5.330	70.000	3.132	4.083	0.488	5.565	0.093	5.659	5.472

위의 식 10.3을 다시 써 보면

$$\hat{Y} = 4.237 + (0.120 + 0.006W)X - 0.024W \tag{10.4}$$

위의 식에서 X의 조건부 효과 $\theta_{X->Y} = 0.120 + 0.006W$인 것을 알 수 있다.

$$\hat{Y} = 4.237 + \theta_{X->Y}X - 0.024W \tag{10.5}$$

나이가 30세일 때 X의 조건부 효과를 구하려면 다음과 같이 한다.

```
fit1=lm(govact~negemot*I(age-30)+posemot+ideology+sex,data=glbwarm)
summary(fit1)
```

```
Call:
lm(formula = govact ~ negemot * I(age - 30) + posemot + ideology +
    sex, data = glbwarm)

Residuals:
    Min      1Q  Median      3Q     Max
-4.9119 -0.6754  0.0453  0.6801  3.1804

Coefficients:
                     Estimate Std. Error t value Pr(>|t|)
(Intercept)          4.457478   0.213405  20.887  < 2e-16 ***
negemot              0.309505   0.041336   7.488 1.84e-13 ***
I(age - 30)         -0.023879   0.005980  -3.993 7.12e-05 ***
posemot             -0.021419   0.027904  -0.768    0.443
ideology            -0.211515   0.026833  -7.883 1.04e-14 ***
sex                 -0.011191   0.076003  -0.147    0.883
negemot:I(age - 30)  0.006331   0.001543   4.104 4.48e-05 ***
---
Signif. codes:  0 '***' 0.001 '**' 0.01 '*' 0.05 '.' 0.1 ' ' 1
```

```
Residual standard error: 1.057 on 808 degrees of freedom
Multiple R-squared:  0.4008,    Adjusted R-squared:  0.3964
F-statistic: 90.08 on 6 and 808 DF,  p-value: < 2.2e-16
```

위의 회귀분석 결과 나이가 30세일 때 조건부 효과(negemot에 대한 회귀계수)는 0.309이며 $t(808) = 7.488$, $p < .001$로 통계적으로 유의하다. 이와 같은 과정을 거쳐 나이가 30, 50, 70세일 때의 조건부 효과를 요약해 보면 다음과 같다.

```
modSummary3Table(fit,mod2.values = c(30,50,70))
```

표 10.4: 조절효과 요약

```
Conditional Effect =  0.12+0.006*W
```

age(W)	posemot(Z)	slope
30.000	30.000	0.310
30.000	50.000	0.310
30.000	70.000	0.310
51.000	30.000	0.442
51.000	50.000	0.442
51.000	70.000	0.442
67.000	30.000	0.544
67.000	50.000	0.544
67.000	70.000	0.544

0.12+0.006*W

이 결과를 시각화하면 다음과 같다.

```
condPlot(fit,xmode=2,mode=2,pred.values = c(30,50,70),xpos=0.2)
```

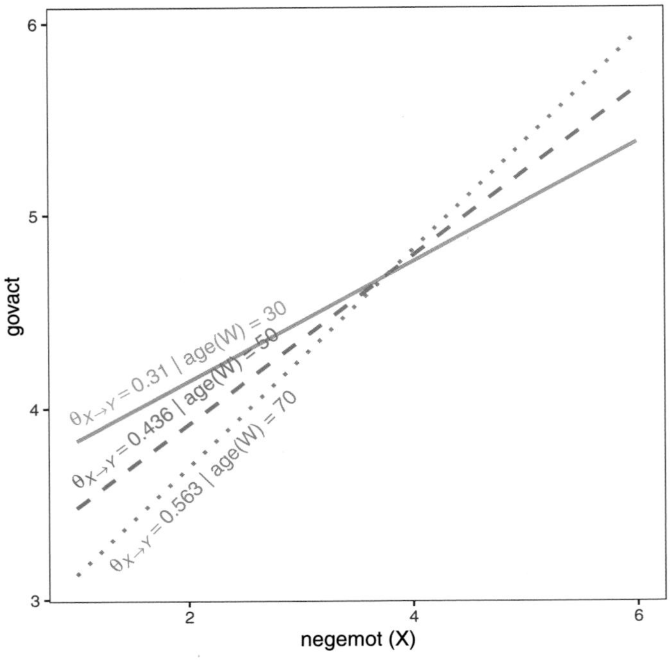

1.2 Johnson-Neyman 방법

제5장에서 언급한 Johnson-Neyman 방법을 이용하여 부정적 감정이 정부정책 지지도에 미치는 영향이 나이에 따라 달라지는 조건부 효과를 시각화하면 다음 그림과 같다. 이 모형에서 조건부 효과는 W의 모든 관찰범위에서 유의하다.

```
jnPlot(fit,addEq=TRUE)
```

```
JOHNSON-NEYMAN INTERVAL

When age is OUTSIDE the interval [-83.712, 4.617], the slope of
negemot is p < .05.

Note: The range of observed values of age is [17.000, 87.000]
```

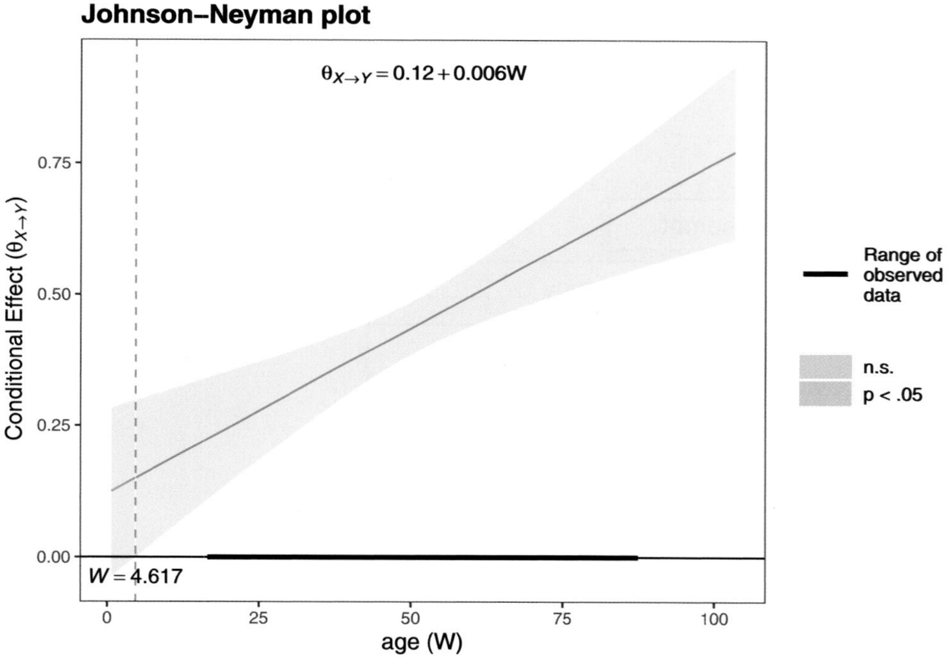

Johnson-Neyman Plot을 그릴 때 나이의 관찰범위 내에서만 그림을 그리려면 다음과 같이 하면 된다.

```
jnPlot(fit,addEq=TRUE,mod.range=c(17,87))
```

1.3 통계적 모형

이 모형의 통계적 모형을 회귀계수의 추정치를 넣어 그려 보면 다음과 같다. 화살표가 실선으로 표시된 것은 통계적으로 유의한 것이다.

```
model=tripleEquation(labels=labels,moderator=moderator,covar=covar)
semfit=sem(model=model,data=glbwarm)
statisticalDiagram(1,labels=labels,covar=covar,fit=semfit,
                whatLabel="est",radx=0.11)
```

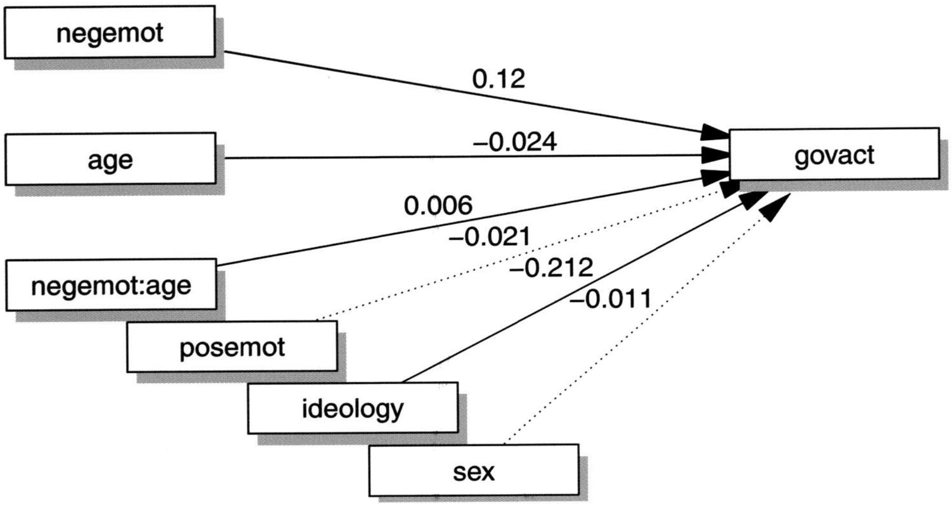

제 2 절 누적다중조절모형(모형 2)

이번에는 조절변수가 두 개인 조절모형 중 누적다중조절모형(additive multiple moderation)에 관하여 알아보자. 이 모형의 개념적 모형은 다음과 같다.

```
labels=list(X="negemot",Y="govact",W="sex",Z="age",C1="posemot",C2="ideology")
moderator=list(name=c("sex","age"),site=list("c","c"))
covar=list(name=c("posemot","ideology"),site=list("Y","Y"))
pmacroModel(2,labels=labels,covar=covar,radx=0.10)
```

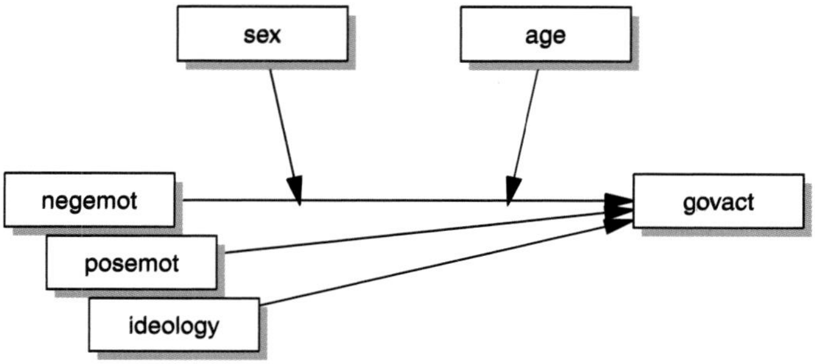

이 모형의 통계적 모형은 다음과 같다.

```
arrowslabels=paste0("b",c(1:7))
statisticalDiagram(2,labels=labels,covar=covar,whatLabel = "label",
                   arrowslabels=arrowslabels)
```

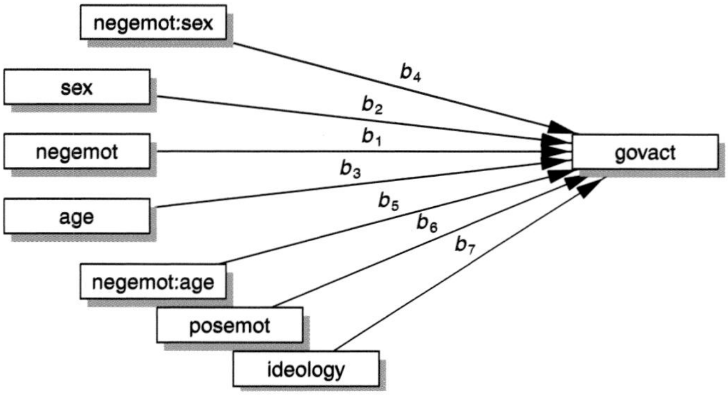

이 모형을 회귀식으로 나타내면 다음과 같다.

$$Y = i_Y + b_1X + b_2W + b_3Z + b_4XW + b_5XZ + b_6C_2 + b_7C_3 + \varepsilon_Y \tag{10.6}$$

R을 이용하여 회귀모형을 만들면 다음과 같다.

```
fit=lm(govact~negemot+sex+age+negemot:sex+negemot:age+posemot+ideology,
        data=glbwarm)
```

이 회귀모형의 결과를 다음의 표로 요약할 수 있다.

```
modelsSummary2Table(fit,labels=labels,autoPrefix=FALSE)
```

표 10.5: 회귀모형 요약

		Coef	SE	t	p
Constant	i_Y	5.272	0.336	15.686	<.001
negemot(X)	b_1	0.093	0.082	1.135	.257
sex(W)	b_2	-0.742	0.194	-3.822	<.001
age(Z)	b_3	-0.018	0.006	-2.997	.003
negemot:sex(X:W)	b_4	0.204	0.050	4.084	<.001
negemot:age(X:Z)	b_5	0.005	0.002	3.013	.003
posemot(C1)	b_6	-0.023	0.028	-0.849	.396
ideology(C2)	b_7	-0.207	0.027	-7.772	<.001

R2 = 0.413, MSE =1.096
F(7,807) = 81.092, p < .001

회귀식 10.6에 회귀계수를 넣으면 다음과 같다.

$$\hat{Y} = 5.272 + 0.093X - 0.742W - 0.018Z + 0.204XW + 0.005XZ - 0.023C_1 - 0.207C_2 \tag{10.7}$$

위의 표를 보면 조절효과인 $b_4 = 0.204, t(807) = 4.084, p < .001$이며 $b_5 = 0.005$, $t(807) = 3.013$, $p = .003$으로 두 계수 모두 0과 유의한 차이가 있으므로 성별과 나이는 정부정책 지지(govact)에 대한 부정적인 감정(negemot)의 효과를 조절하는 조절인자로서 작용한다고 할 수 있다. 또한 원래의 회귀모형과 상호작용(interaction) 항을 제외한 모형의 R^2값의 차이는 다음 함수로 구할 수 있다.

```
r2diff(fit,digits=4)
```

```
Test of highest order unconditional interaction(s)

Removing :  negemot:sex,negemot:age
r2diff = 0.0246, F(2,807) = 16.9208, p = .0000
```

위의 결과, 부정적인 감정에 대한 성별의 조절효과는 전체분산의 1.25%를 설명하고 있으며($F(1,807) = 16.676, p < .001$) 나이는 전체분산의 0.66%($F(1,807) = 9.0804, p = .003$)를 설명하고 있다.

2.1 조절효과의 시각화

위의 식 10.6을 X를 중심으로 다시 써 보면 다음과 같다.

$$Y = i_Y + (b_1 + b_4 W + b_5 Z)X + b_2 W + b_3 Z + b_6 C_2 + b_7 C_3 \tag{10.8}$$

이때 Y에 대한 X의 조건부 효과는

$$\theta_{X->Y} = b_1 + b_4 W + b_5 Z$$

이며 이는 다음과 같다.

$$\theta_{X->Y} = 0.093 + 0.204W + 0.005Z \tag{10.9}$$

위의 식에서 나이(Z)가 30, 50, 70세인 경우 여자($W = 0$)와 남자($W = 1$)에서 각각 govact를 계산해 보면 다음과 같다.

```
modSummary2Table(fit,mod2.values=c(30,50,70))
```

표 10.6: 종속변수(govact)의 기댓값 요약

negemot	sex	age	posemot	ideology	govact	se.fit	ymax	ymin
1.670	0.000	30.000	3.132	4.083	4.200	0.111	4.311	4.090
1.670	0.000	50.000	3.132	4.083	3.994	0.091	4.085	3.903
1.670	0.000	70.000	3.132	4.083	3.788	0.126	3.914	3.663
1.670	1.000	30.000	3.132	4.083	3.800	0.120	3.920	3.680
1.670	1.000	50.000	3.132	4.083	3.594	0.082	3.676	3.512
1.670	1.000	70.000	3.132	4.083	3.388	0.102	3.490	3.286
3.670	0.000	30.000	3.132	4.083	4.671	0.066	4.737	4.606
3.670	0.000	50.000	3.132	4.083	4.655	0.052	4.707	4.603
3.670	0.000	70.000	3.132	4.083	4.639	0.074	4.713	4.565
3.670	1.000	30.000	3.132	4.083	4.680	0.074	4.754	4.606
3.670	1.000	50.000	3.132	4.083	4.664	0.054	4.718	4.610
3.670	1.000	70.000	3.132	4.083	4.648	0.068	4.716	4.580
5.330	0.000	30.000	3.132	4.083	5.062	0.099	5.162	4.963
5.330	0.000	50.000	3.132	4.083	5.204	0.079	5.283	5.125
5.330	0.000	70.000	3.132	4.083	5.346	0.115	5.460	5.231
5.330	1.000	30.000	3.132	4.083	5.411	0.120	5.531	5.290
5.330	1.000	50.000	3.132	4.083	5.552	0.086	5.638	5.466
5.330	1.000	70.000	3.132	4.083	5.694	0.104	5.798	5.590

나이(Z)가 30, 50, 70세인 경우 여자($W = 0$)와 남자($W = 1$)에서 조건부 효과를 요약해 보면 다음과 같다

```
modSummary3Table(fit,mod2.values=c(30,50,70))
```

표 10.7: 조건부 효과 요약

```
Conditional Effect =  0.093+0.204*W+0.005*Z
```

sex(W)	age(Z)	slope
0.000	30.000	0.236
0.000	50.000	0.331
0.000	70.000	0.426
1.000	30.000	0.440
1.000	50.000	0.535
1.000	70.000	0.630

0.093+0.204*W+0.005*Z

이 모형의 조건부 효과를 다음의 R코드로 시각화할 수 있다.

```
condPlot2(fit,mod2.values = c(30,50,70),addlabel=FALSE)
```

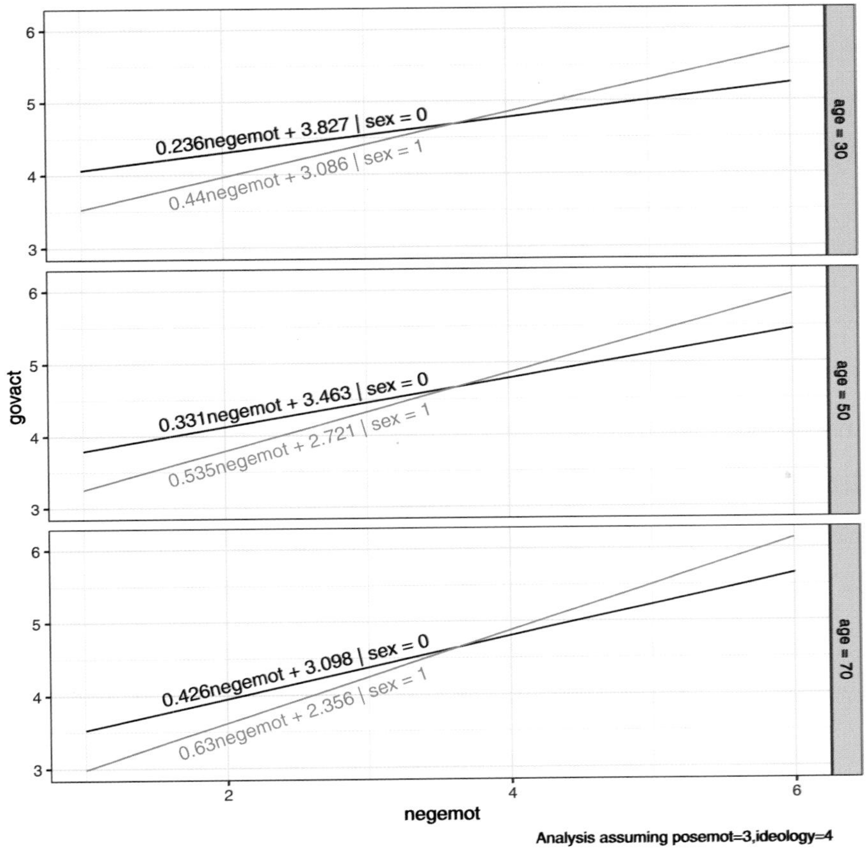

2.2 통계적 모형

이 모형의 통계적 모형을 회귀계수의 추정치를 넣어 그려 보면 다음과 같다. 화살표가 실선으로 표시된 것은 통계적으로 유의한 것이다.

```
model=tripleEquation(labels=labels,moderator=moderator,covar=covar)
semfit=sem(model=model,data=glbwarm)
statisticalDiagram(2,labels=labels,covar=covar,fit=semfit,
                   whatLabel="est",radx=0.11)
```

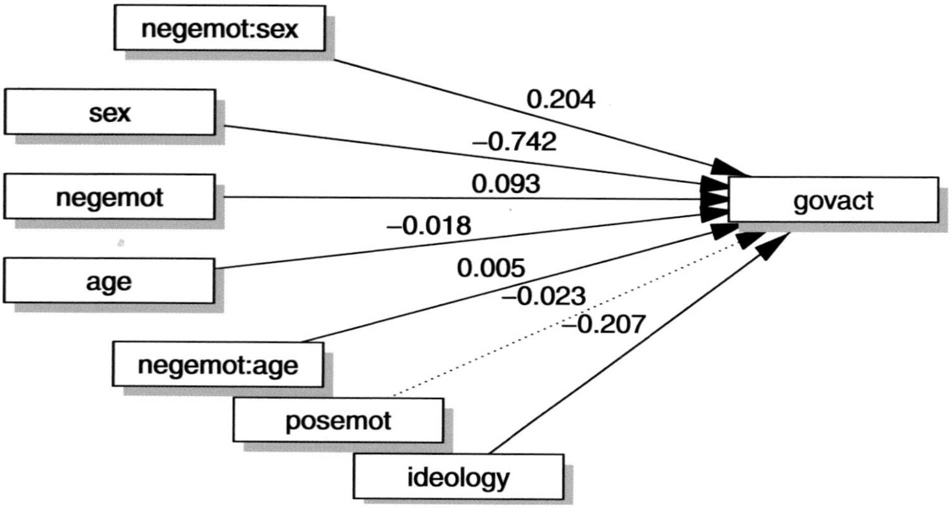

2.3 상관계수 요약

이 모형의 상관계수를 다음과 같이 요약할 수 있다.

```
corTable2(semfit)
```

표 10.8: 상관관계 요약

rowname	govact	negemot	sex	negemot.sex	age	negemot.age	posemot	ideology
govact	1							
negemot	0.58***	1						
sex	-0.10**	-0.12**	1					
negemot.sex	0.20***	0.30***	0.84***	1				
age	-0.10**	-0.06	0.17***	0.12**	1			
negemot.age	0.44***	0.77***	0.00	0.33***	0.55***	1		
posemot	0.04	0.13***	0.07*	0.12**	0.04	0.12**	1	
ideology	-0.42***	-0.35***	0.13***	-0.04	0.21***	-0.17***	-0.03	1

위의 표는 다음과 같은 히트맵으로 시각화할 수 있다.

```
corPlot(semfit)
```

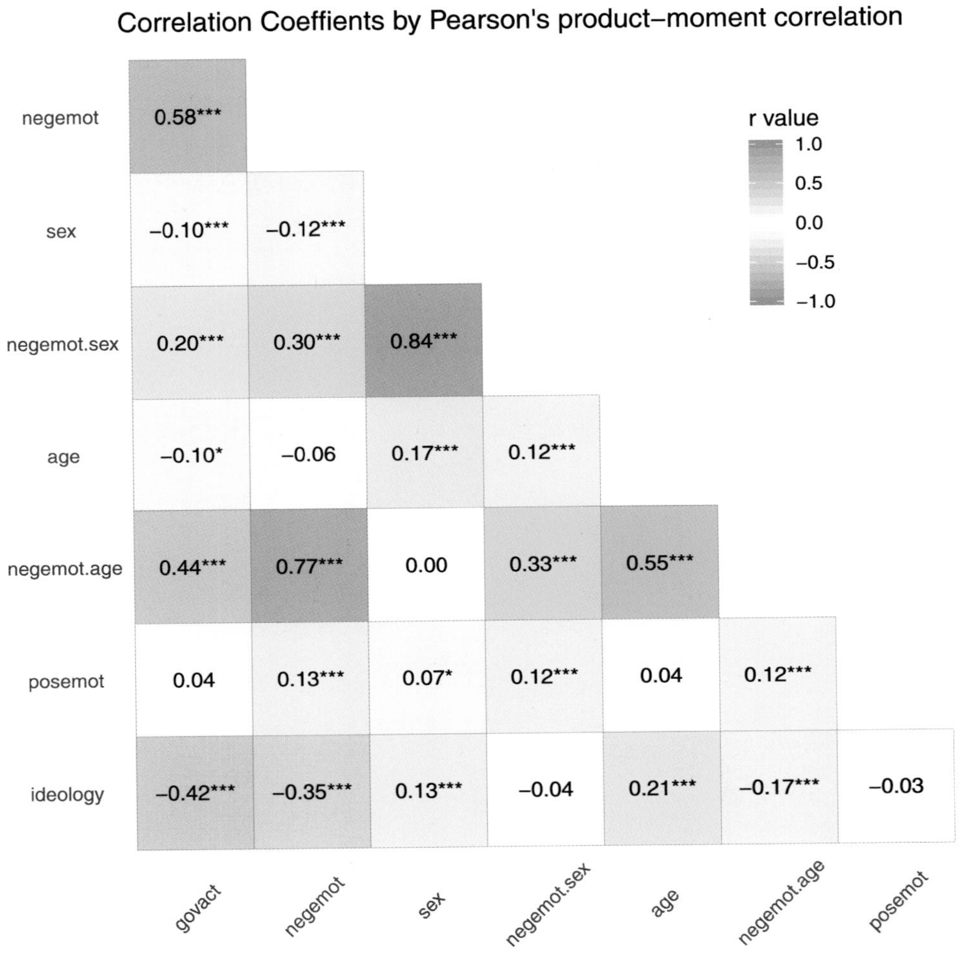

제 3 절 조절된 조절모형(모형 3)

앞 절에서 살펴본 누적다중모형에서는, Y에 대한 X의 효과는 W와 Z에 의해 조절되지만 X와 W의 조절효과는 Z에 대하여는 독립적이다. 즉, 식 10.6에서 b_4는 W가 한 단위 증가하는 경우에 X가 Y에 미치는 조건부 효과를 추정하지만, 이 조건부 효과는 연령인 Z와 관계없이 동일하다고 추정한다. 하지만 기후변화에 대한 부정적 감정과 정부정책에 대한 지지도 관계에서 성별차이는 노년층보다 젊은 층에서 더 작게 나타날 수도 있다. 이러한 제약조건을 해결하기 위해 X, W, Z의 곱으로 이루어지는 3원 상호작용(XWZ, three-way interaction)을 추가할 수 있다.

$$Y = i_Y + b_1X + b_2W + b_3Z + b_4XW + b_5XZ + b_6WZ + b_7XWZ + \varepsilon_Y \quad (10.10)$$

이러한 3원 상호작용은 X와 W의 상호작용이 Z의 값에 따라 달라진다는 것을 의미한다. 위의 식 10.10을 X를 중심으로 다시 써 보면 다음과 같다.

$$Y = i_Y + (b_1 + b_4W + b_5Z + b_7WZ)X + b_2W + b_3Z + b_6WZ + \varepsilon_Y \quad (10.11)$$

위 식에서 Y에 대한 X의 효과는 W와 Z, 그리고 WZ에 따라 달라진다는 것을 알 수 있다. 즉 Y에 대한 X의 조건부 효과 $\theta_{X->Y}$는 다음과 같다.

$$\theta_{X->Y} = b_1 + b_4W + b_5Z + b_7WZ \quad (10.12)$$

이 조건부 효과를 다시 써 보면 다음과 같다.

$$\theta_{X->Y} = (b_1 + b_5Z) + (b_4 + b_7Z)W \quad (10.13)$$

위의 식에서 보는 바와 같이 Y에 대한 X의 조건부 효과 $\theta_{X->Y}$는 두 가지 성분으로 구성된다. 하나의 성분은 $b_1 + b_5Z$이고 또 하나의 성분은 W에 따라 달라지는 $b_4 + b_7Z$이다. 따라서 Y에 대한 X의 조건부 효과에 미치는 W의 효과는 Z에 따라 달라진다. 이와 같이 조절효과가 다른 변수에 의해 조절되는 현상을 조절된 조절이라고 할 수 있다. 두 개의 공변량이 있는 조절된 조절모형의 개념적 모형은 다음과 같다.

```
labels=list(X="negemot",Y="govact",W="sex",Z="age",C1="posemot",C2="ideology")
covar=list(names=c("posemot","ideology"),site=list("Y","Y"))
pmacroModel(3,labels=labels,covar=covar,radx=0.10)
```

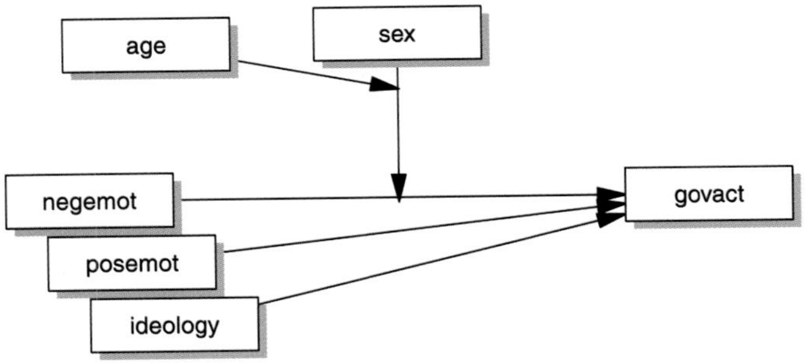

이 모형의 통계적 모형은 다음과 같다.

```
arrowslabels=paste0("b",1:9)
statisticalDiagram(3,labels=labels,covar=covar,arrowslabels=arrowslabels,
                   whatLabel = "label")
```

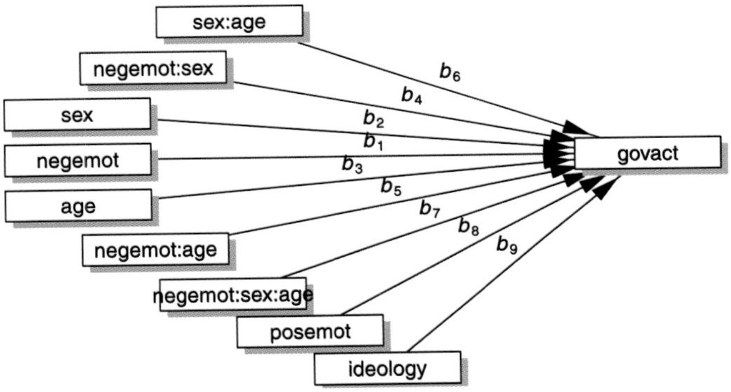

R을 이용하여 회귀모형을 만들면 다음과 같다.

```
fit=lm(govact~negemot*sex*age+posemot+ideology,data=glbwarm)
```

이 회귀모형의 분석 결과를 표로 요약해 보면 다음과 같다.

```
modelsSummary2Table(fit,labels=labels,autoPrefix=FALSE)
```

표 10.9: 조절된 조절모형 요약

		Coef	SE	t	p
Constant	i_Y	4.559	0.485	9.401	<.001
negemot(X)	b_1	0.273	0.118	2.311	.021
sex(W)	b_2	0.529	0.646	0.819	.413
age(Z)	b_3	-0.003	0.009	-0.356	.722
negemot:sex(X:W)	b_4	-0.131	0.167	-0.781	.435
negemot:age(X:Z)	b_5	0.001	0.002	0.381	.704
sex:age(W:Z)	b_6	-0.025	0.012	-2.059	.040
negemot:sex:age(X:W:Z)	b_7	0.007	0.003	2.096	.036
posemot(C1)	b_8	-0.021	0.028	-0.745	.456
ideology(C2)	b_9	-0.205	0.027	-7.726	<.001

R2 = 0.416, MSE =1.093
F(9,805) = 63.765, p < .001

3.1 회귀계수의 해석

위의 식 10.11에서 회귀계수 b_1은 W와 Z가 둘 다 0일 때 Y에 대한 X의 효과이고, b_2는 X와 Z가 둘 다 0일 때 Y에 대한 W의 효과이며, b_3는 X와 W가 둘 다 0일 때 Y에 대한 Z의 효과이다. 마찬가지로 b_4는 $Z = 0$일 때 X와 W사이의 조건부 상호작용이고, b_5는 $W = 0$일 때 X와 Z 사이의 조건부 상호작용이며, b_6는 $X = 0$일 때 W와 Z 사이의 조건부 상호작용이다. 전 장에서 살펴본 바와 같이 X, W, Z의 평균 중심화는 반드시 필요한 것은 아니며 b_1에서 b_6까지의 6개의 회귀계수는 유의성과는 관계없이 b_7과 함께 반드시 포함시켜야 한다. 이들을 포함시키지 않았을 경우 XWZ의 3원 상호작용에 대한 잘못된 검정 결과를 산출하게 된다.

위의 표 10.9에 요약되어 있는 회귀계수를 이용한 추정회귀식은 다음과 같다.

$$\hat{Y} = 4.559 + 0.273X + 0.529W - 0.003Z - 0.131XW + 0.001XZ - 0.025WZ + 0.007XWZ - 0.021C_1 - 0.205C_2 \quad (10.14)$$

XWZ의 회귀계수($b_7 = 0.007$)가 통계적으로 유의하므로($t(805) = 2.096, p = .036$) 부정적 감정과 성별, 연령의 3원 상호작용이 나타났다고 할 수 있다.

3.2 조절효과의 시각화 - 점추정

이 모형의 Y에 대한 X의 조건부 효과는 식 10.13에서 $\theta_{X->Y} = b_1 + b_4W + b_5Z + b_7WZ$이며, 이를 여성($W = 0$)과 남성($W = 1$)에서 나이($Z$)가 30, 50, 70세일 경우로 계산해 보면 다음과 같다.

```
modSummary3(fit,mod2.values=c(30,50,70))
```

```
Conditional Effect =  0.273-0.131*W+0.001*Z+0.007*W*Z

  sex(W) age(Z) slope
1      0     30 0.300
2      0     50 0.319
3      0     70 0.337
4      1     30 0.370
5      1     50 0.522
6      1     70 0.674
```

조절된 조절모형에서 3원 상호작용을 탐색하는 방법은 특정값 선택방법과 Johnson-Neyman(JN) 방법 두 가지가 있다. 두 방법 모두 제2조절변수(Z)의 특정값에서의 XW의 상호작용의 조건부 효과를 추정해야 한다. W에 의한 X의 조건부 조절은 다음과 같이 나타낼 수 있다.

$$\theta_{XW->Y} = b_4 + b_7Z \tag{10.15}$$

나이(Z)가 30세일 때 3원 상호작용에 대한 검정은 다음과 같이 수행할 수 있다.

```
fit1=lm(govact~negemot*sex*I(age-30)+posemot+ideology,data=glbwarm)
summary(fit1)
```

```
Call:
lm(formula = govact ~ negemot * sex * I(age - 30) + posemot +
    ideology, data = glbwarm)

Residuals:
    Min      1Q  Median      3Q     Max
-4.6857 -0.6602  0.0421  0.7065  3.1900

Coefficients:
                          Estimate Std. Error t value Pr(>|t|)
(Intercept)              4.4581483  0.2571807  17.335  < 2e-16 ***
negemot                  0.3002821  0.0541568   5.545 3.99e-08 ***
sex                     -0.2300432  0.3147178  -0.731   0.4650
I(age - 30)             -0.0033784  0.0094847  -0.356   0.7218
posemot                 -0.0206092  0.0276511  -0.745   0.4563
ideology                -0.2054657  0.0265924  -7.726 3.29e-14 ***
```

```
negemot:sex             0.0695726  0.0814210   0.854   0.3931
negemot:I(age - 30)     0.0009145  0.0024031   0.381   0.7036
sex:I(age - 30)        -0.0253141  0.0122930  -2.059   0.0398 *
negemot:sex:I(age - 30) 0.0066784  0.0031862   2.096   0.0364 *
---
Signif. codes:  0 '***' 0.001 '**' 0.01 '*' 0.05 '.' 0.1 ' ' 1

Residual standard error: 1.045 on 805 degrees of freedom
Multiple R-squared:  0.4162,    Adjusted R-squared:  0.4097
F-statistic: 63.76 on 9 and 805 DF,  p-value: < 2.2e-16
```

회귀분석 결과 나이가 30세일 때 W에 의한 X의 조건부 조절($\theta_{XW->Y|Z=30}$)에 해당하는 negemot:sex의 추정량은 0.070이며 $p = .393$임을 알수 있다.

이와 같은 과정을 반복해서 나이가 30, 50, 70세일 때의 조건부 효과를 시각화하면 다음과 같다.

```
condPlot2(fit,mod2.values = c(30,50,70))
```

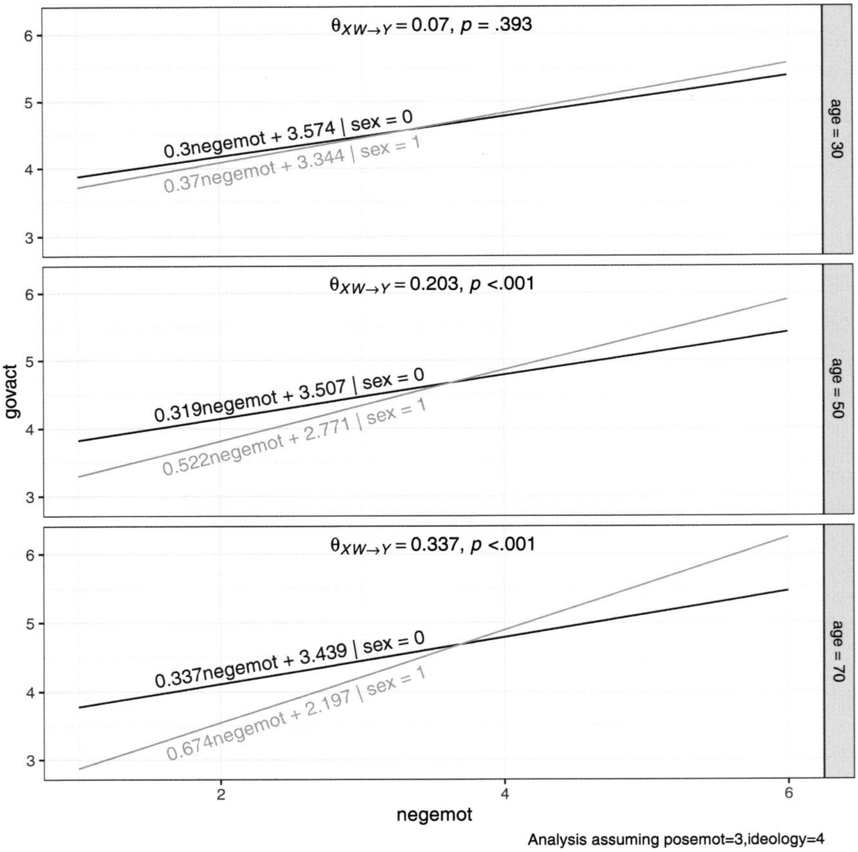

3.3 조절효과의 시각화 - Johnson-Neyman(JN) 방법

3원 상호작용에 의한 조절된 조절효과를 Johnson-Neyman(JN) 방법으로 시각화하면 다음과 같다.

```
jnPlot(fit,pred="negemot:sex",modx="age",mode=2,addEq=TRUE)
```

```
JOHNSON-NEYMAN INTERVAL

When age is OUTSIDE the interval [-435.113, 38.114], the slope of
negemotsex is p < .05.

Note: The range of observed values of age is [17.000, 87.000]
```

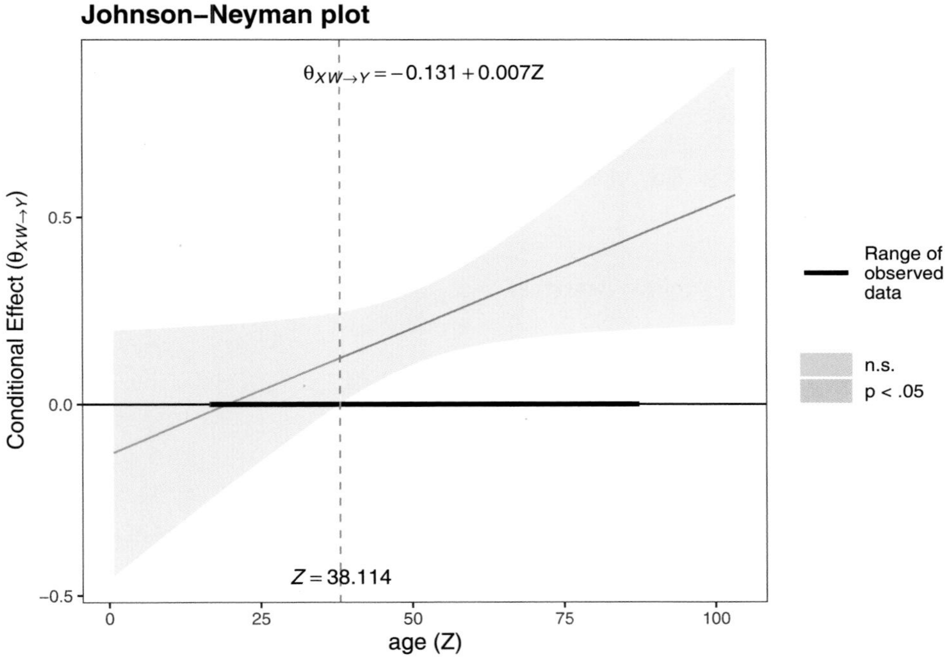

3.4 3원 상호작용을 분석하기 위한 자료의 전처리

이번 장의 조절된 조절모형과 이후 조건부 분석 모형들 중 이번 예와 같이 3원 상호작용이 있는 경우 lavaan을 이용한 분석을 위하여는 분석 전 자료의 전처리가 필요하다. lavaan syntax에서는 3원 상호작용을 인식하지 못한다. 따라서 lavaan syntax에 X:W:Z를 입력하면 에러가 나고 분석이 되지 않는다. tripleEquation()함수는 3원 상호작용이 있는 경우 interaction0, interaction1,. . . 등으로 바꾸어 equation을 만들어 주므로 미리 사용할 데이터에서 interaction0,. . . 이라는 컬럼을 만들어 주어야 한다. 이번 절에서 다루는 데이터의 경우 negemot:sex:age라는 3원 상호작용을 분석하기 위해 새로운 변수 interaction0을 만들어 준다. 데이터에 있는 변수를 사용할 때는 **데이터이름$변수이름** 형태로 사용해야 한다. glbwarm 데이터에 있는 negemot, sex, age 세 변수의 곱으로 interaction0이라는 이름의 새로운 변수를 만드는 방법은 다음과 같다.

```
glbwarm$interaction0 <- glbwarm$negemot*glbwarm$sex*glbwarm$age
```

이 경우 **glbwarm$**을 계속 반복해서 사용해야 하므로 다음과 같은 방법을 사용해도 된다.

```
attach(glbwarm)
glbwarm$interaction0 <- negemot*sex*age
detach(glbwarm)
```

attach()함수는 R의 탐색경로에 데이터를 포함시켜 주므로 데이터를 attach() 한 이후에는 데이터에 있는 변수 이름을 **데이터이름$변수이름** 형태가 아닌 그냥 변수 이름을 사용할 수 있도록 해 준다. 하지만 attach()를 사용하게 되면 데이터에 있는 변수와 전역변수나 함수 등의 이름과 혼동될 수 있으므로 반드시 detach()를 해주어야 한다. 이 방법도 그리 권하고 싶지 않으며 tidyverse 패키지를 이용한 다음 방법을 권한다.

```
glbwarm<-glbwarm %>% mutate(interaction0=negemot*sex*age)
```

위의 세 가지 중 한 가지 방법으로 변수를 추가하였다면 다음과 같이 추가된 변수를 확인해 보자.

```
summary(glbwarm$interaction0)
```

```
   Min. 1st Qu.  Median    Mean 3rd Qu.    Max.
   0.00    0.00    0.00   85.54  143.96  498.00
```

이제 분석에 사용될 lavaan syntax를 tripleEquation()함수를 사용해서 만들어 보자. syntax를 만든 후 cat()함수를 이용해 확인해 본다.

```
vars=list(name=list(c("sex","age")),site=list("c"))
labels=list(X="negemot",Y="govact",W="sex",Z="age",C1="posemot",C2="ideology")
covar=list(names=c("posemot","ideology"),site=list("Y","Y"))
model=tripleEquation(labels=labels,vars=vars,covar=covar)
```

```
cat(model)
```

```
govact ~ c1*negemot+c2*sex+c3*age+c4*negemot:sex+c5*negemot:age+c6*sex:age+c7*interaction0 + g1*posem
sex ~ sex.mean*1
sex ~~ sex.var*sex
age ~ age.mean*1
age ~~ age.var*age
direct :=c1+c4*sex.mean+c5*age.mean
direct.below:=c1+c4*(sex.mean-sqrt(sex.var))+c5*(age.mean-sqrt(age.var))
direct.above:=c1+c4*(sex.mean+sqrt(sex.var))+c5*(age.mean+sqrt(age.var))
```

3.5 processR을 이용한 자료의 분석

이제 분석한 준비가 끝났으므로 lavaan 패키지의 sem()함수를 이용해 모형을 만든다.

```
semfit=sem(model=model,data=glbwarm)
summary(semfit)
```

```
lavaan 0.6-5.1457 ended normally after 70 iterations

  Estimator                                         ML
  Optimization method                           NLMINB
  Number of free parameters                         50

  Number of observations                           815

  Model Fit Test Statistic                    5376.572
  Degrees of freedom                                15
  P-value (Chi-square)                           0.000

Parameter Estimates:

  Information                                 Expected
  Information saturated (h1) model          Structured
  Standard Errors                             Standard

Regressions:
                   Estimate  Std.Err  z-value  P(>|z|)
  govact ~
    negemot   (c1)    0.273    0.053    5.146    0.000
    sex       (c2)    0.529    0.073    7.272    0.000
    age       (c3)   -0.003    0.002   -1.515    0.130
    negemt:sx (c4)   -0.131    0.061   -2.128    0.033
    negemot:g (c5)    0.001    0.001    1.053    0.292
    sex:age   (c6)   -0.025    0.003   -8.038    0.000
    interctn0 (c7)    0.007    0.001    4.719    0.000
```

```
    posemot   (g1)   -0.021    0.027   -0.751    0.453
    ideology  (g2)   -0.205    0.026   -7.799    0.000

Covariances:
                   Estimate  Std.Err  z-value  P(>|z|)
  negemot ~~
    negemot:sex       0.924    0.113    8.198    0.000
    negemot:age     113.942    6.562   17.363    0.000
    sex:age          -5.334    1.551   -3.438    0.001
    interaction0     49.042    6.364    7.707    0.000
    posemot           0.263    0.073    3.622    0.000
    ideology         -0.805    0.086   -9.402    0.000
  negemot:sex ~~
    negemot:age      65.288    7.251    9.004    0.000
    sex:age          43.451    2.541   17.101    0.000
    interaction0    212.430   10.995   19.321    0.000
    posemot           0.324    0.096    3.382    0.001
    ideology         -0.134    0.107   -1.253    0.210
  negemot:age ~~
    sex:age         473.463   99.547    4.756    0.000
    interaction0   5476.338  435.088   12.587    0.000
    posemot          15.197    4.620    3.290    0.001
    ideology        -24.533    5.223   -4.697    0.000
  sex:age ~~
    interaction0   2754.023  150.459   18.304    0.000
    posemot           2.698    1.360    1.983    0.047
    ideology          8.485    1.552    5.467    0.000
  interaction0 ~~
    posemot          15.793    5.426    2.910    0.004
    ideology          1.854    6.061    0.306    0.760
  posemot ~~
    ideology         -0.060    0.071   -0.838    0.402

Intercepts:
                   Estimate  Std.Err  z-value  P(>|z|)
    sex     (sx.m)    0.488    0.018   27.890    0.000
    age     (ag.m)   49.536    0.572   86.649    0.000
   .govact            4.559    0.228   19.966    0.000
    negemot           3.558    0.054   66.497    0.000
    ngmt:sx           1.648    0.071   23.315    0.000
    negmt:g         174.831    3.410   51.268    0.000
    sex:age          25.541    1.008   25.332    0.000
    intrct0          85.541    4.011   21.325    0.000
    posemot           3.132    0.047   66.446    0.000
    ideolgy           4.083    0.053   77.159    0.000

Variances:
```

```
                    Estimate  Std.Err  z-value  P(>|z|)
    sex      (sx.v)    0.250    0.012   20.187    0.000
    age      (ag.v)  266.367   13.195   20.187    0.000
   .govact             1.079    0.053   20.187    0.000
    negemot            2.333    0.116   20.187    0.000
    ngmt:sx            4.072    0.202   20.187    0.000
    negmt:g         9477.522  469.495   20.187    0.000
    sex:age          828.497   41.042   20.187    0.000
    intrct0        13114.277  649.652   20.187    0.000
    posemot            1.811    0.090   20.187    0.000
    ideolgy            2.283    0.113   20.187    0.000

Defined Parameters:
                    Estimate  Std.Err  z-value  P(>|z|)
    direct             0.254    0.046    5.480    0.000
    direct.below       0.305    0.037    8.316    0.000
    direct.above       0.204    0.080    2.548    0.011
```

이제 이 모형을 이용해 다음과 같이 상관계수 요약을 할 수 있다.

```
corTable2(semfit)
```

표 10.10: 상관계수 요약

	govact	negemot	sex	age	negemot.sex	negemot.age	sex.age	interaction0	posemot	ideology
govact	1									
negemot	0.58***	1								
sex	-0.10**	-0.12**	1							
age	-0.10**	-0.06	0.17***	1						
negemot.sex	0.20***	0.30***	0.84***	0.12**	1					
negemot.age	0.44***	0.77***	0.00	0.55***	0.33***	1				
sex.age	-0.12***	-0.12**	0.91***	0.46***	0.75***	0.17***	1			
interaction0	0.18***	0.28***	0.77***	0.38***	0.92***	0.49***	0.84***	1		
posemot	0.04	0.13***	0.07*	0.04	0.12**	0.12**	0.07*	0.10**	1	
ideology	-0.42***	-0.35***	0.13***	0.21***	-0.04	-0.17***	0.20***	0.01	-0.03	1

```
corPlot(semfit)
```

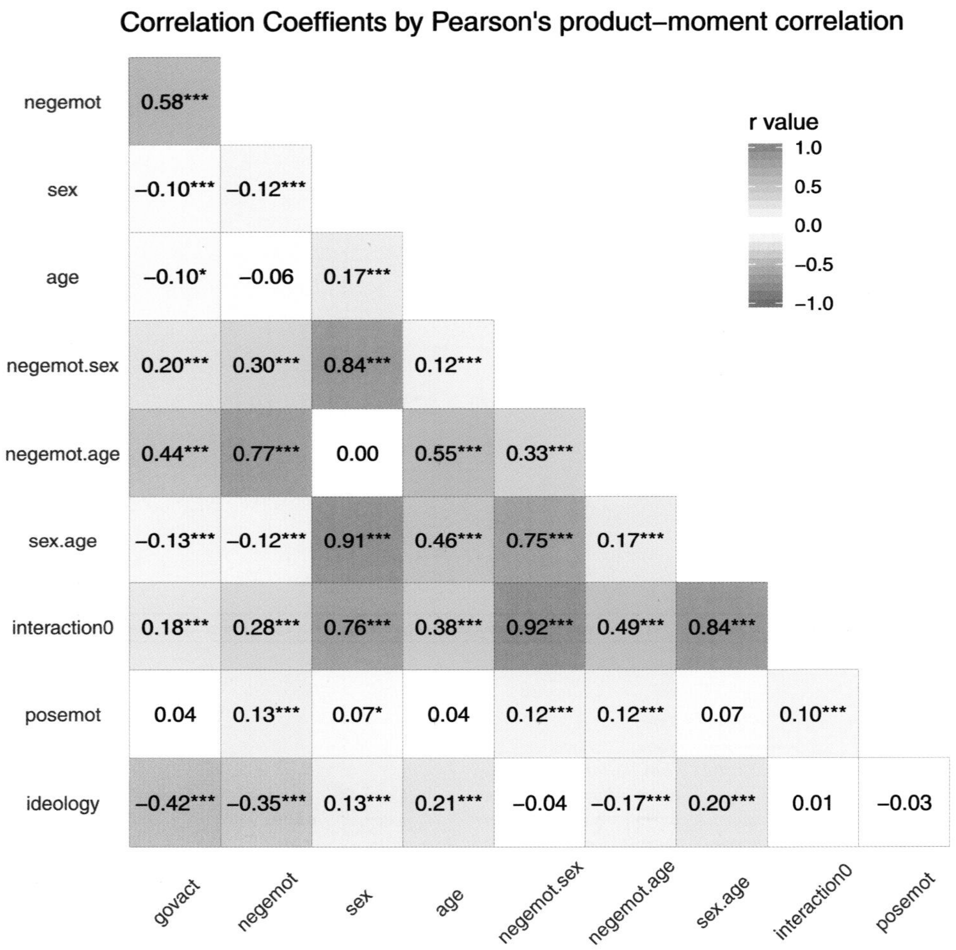

이 결과에서 회귀분석 결과를 추출하기 위해서는 다음과 같이 한다.

```
estimatesTable2(semfit,vanilla=TRUE)
```

표 10.11: 회귀계수 요약

Variables	Predictors	label	B	SE	z	p	β
govact	negemot	c1	0.273	0.053	5.146	< 0.001	0.291
govact	sex	c2	0.529	0.073	7.272	< 0.001	0.185
govact	age	c3	-0.003	0.002	-1.515	0.130	-0.039
govact	negemot:sex	c4	-0.131	0.061	-2.128	0.033	-0.184
govact	negemot:age	c5	0.001	0.001	1.053	0.292	0.062
govact	sex:age	c6	-0.025	0.003	-8.038	< 0.001	-0.509
govact	interaction0	c7	0.007	0.001	4.719	< 0.001	0.535
govact	posemot	g1	-0.021	0.027	-0.751	0.453	-0.019
govact	ideology	g2	-0.205	0.026	-7.799	< 0.001	-0.217

3.5.1 통계적 모형

이제 이 결과를 이용하여 통계적 모형을 그려 본다. 이때 유의할 점은 3원 상호작용인 **negemot:sex:age**을 우리가 **interaction0**으로 바꾸었기 때문에 이 결과에 있는 **interaction0**을 **negemot:sex:age**으로 바꾸어 주어야 한다.

```
table=estimatesTable(semfit)
table$Predictors[table$Predictors=="interaction0"]="negemot:sex:age"
statisticalDiagram(3,labels=labels,covar=covar,estimateTable=table,
                   whatLabel="est",radx=0.12)
```

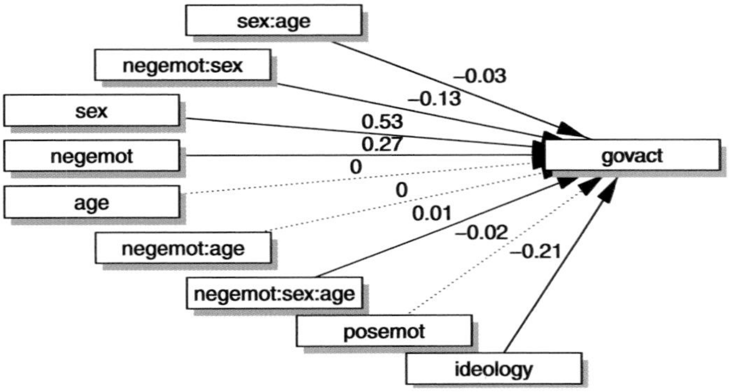

제11장 범주형 독립변수가 포함된 조절효과 분석

이번 장에서는 독립변수로 범주형 변수가 있는 경우의 조절효과 분석에 대해 알아보고자 한다. 사용할 데이터는 processR 패키지에 포함되어 있는 protest 데이터로 Garcia 등(2010)의 연구에 사용되었으며 Hayes(2018)의 책에 예제로 사용된 것을 재사용하였다. 이 데이터는 직장에서의 성차별에 관한 연구로 129명의 참가자들에게 변호사 캐서린이 그녀가 일하는 법무법인에서 직장상사의 성차별적인 행동의 결과로 자격 미달의 남자 변호사에게 승진의 기회를 뺏겼다는 이야기를 들려주었다. 참가자들은 무작위로 세 군 중 하나로 배정되었는데 순응(no protest, protest=0)군은 그녀가 매우 실망했음에도 불구하고 이의제기를 하지 않고 직장으로 돌아가 일을 계속했다고 들었으며, 개별적 이의제기(individual protest, protest=1)군은 그녀가 이번 승진결정이 왜 공정하지 않은지, 그 일에 그녀가 보다 적합한지 등 여러 설명을 하며 직장상사에게 이의를 제기했다고 들었으며, 종합적 이의제기(collective protest, protest=2)군은 그녀가 승진결정에 항의하며 과거에 그 법무법인이 여성을 어떻게 차별했는지 폭로하며 여성도 남성과 같은 자격이 있기 때문에 차별받아서는 안 된다고 이의제기를 했다는 얘기를 들었다. 또한 참가자들은 사회에 만연해 있는 성차별에 대하여 어느 정도 인지하고 있는지 Modern Sexism Scale을 사용하여 조사하였고, 그 결과를 성차별인식(sexism) 변수에 요약하였다. 참가자들의 성차별인식 변수의 점수가 높은 경우 우리 사회의 성차별이 깊숙히 만연해 있으며 횡행하고 있다고 느낀다고 할 수 있다. 또한 캐서린에 대한 호감도는 liking변수에 요약되어 있다. 이 장에서는 승진탈락 상황에서 성차별 정도(sexism)에 따라 캐서린에 대한 호감도가 영향을 받는지 평가하고자 한다. 즉, 성차별에 대한 인지 정도가 캐서린의 행동에 대한 호감도를 조절하는 조절변수로 작용한다고 할 수 있다.

0.1 사용하는 패키지

이번 장에서는 다음과 같은 패키지를 사용한다.

```
require(processR)
require(lavaan)
require(tidyverse)
require(flextable)
```

제 1 절 개념적 모형

데이터 protest에서 이의제기(protest)를 독립변수(X)로, 성차별인식(sexism)을 조절변수(W)로 하고 종속변수(Y)를 호감도(liking)로 하는 조절효과모형의 개념적 모형은 다음과 같다.

```
labels=list(X="protest",W="sexism",Y="liking")
pmacroModel(no=1,labels=labels)
```

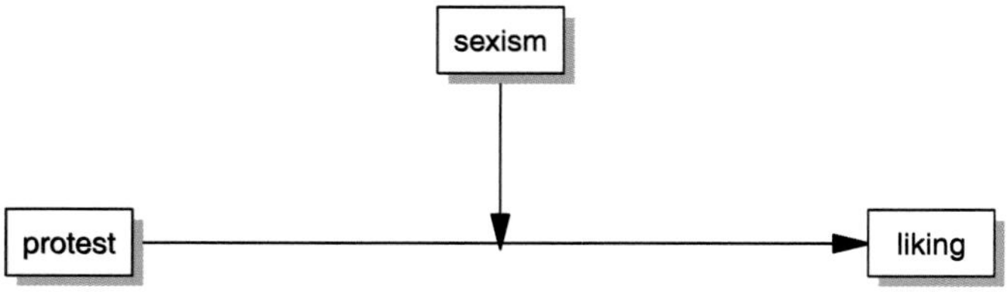

그림 11.1: 개념적 모형

제 2 절 더미변수 만들기

이 모형의 독립변수인 protest는 세 개의 범주로 된 범주형 변수이다. 순응군과 개별적 이의제기군과 종합적 이의제기군을 각각 0, 1, 2로 코딩한 것은 단지 데이터를 수집하기 위한 방편일 뿐 이 숫자는 더할 수도 뺄 수도 없고 크기 비교도 불가능한 변수이다. 범주형 변수인 protest를 숫자로 취급하는 것을 막기 위해 데이터에 D_1과 D_2라는 변수를 추가하여 protest가 0인 경우 D_1과 D_2를 모두 0으로 하고, protest가 1인 경우 D_1은 1, D_2는 0, protest가 2인 경우 D_1은 0, D_2는 1로 더미변수를 만든다. processR 패키지에 포함되어 있는 addCatVars()함수는 위 과정을 자동으로 해 준다.

```
protest=addCatVars(protest,varnames="protest")
xtabs(~protest+D1+D2,data=protest)
```

```
, , D2 = 0

       D1
protest  0  1
      0 41  0
      1  0 43
      2  0  0

, , D2 = 1

       D1
protest  0  1
      0  0  0
      1  0  0
      2 45  0
```

제 3 절 조절모형 만들기

X에 대한 더미변수 D_1, D_2를 만들었으므로 이를 사용하여 회귀모형을 만든다. 먼저 조절효과가 없이 독립변수(X) $D_1, D_2, sexism$과 종속변수(Y) liking만 있는 회귀모형 fit1을 만들고, 조절효과인 $D_1 : sexism$과 $D_2 : sexism$이 있는 조절모형 fit2를 만든 후 두 모형을 비교해 본다.

```
fit1=lm(liking~D1+D2+sexism,data=protest)
fit2=lm(liking~D1+D2+sexism+D1:sexism+D2:sexism,data=protest)
modelsSummary2Table(list(fit1,fit2),labels=labels,autoPrefix=FALSE)
```

		Coef	SE	t	p
Model: 1 R2 = 0.053, MSE = 1.069					
Constant	i_Y	4.762	0.617	7.720	<.001
D1	b_1	0.497	0.227	2.193	.030
D2	b_2	0.447	0.223	2.001	.048
sexism(W)	b_3	0.108	0.117	0.921	.359
Model: 2 R2 = 0.135, MSE = 0.992					
Constant	i_Y	7.706	1.053	7.322	<.001
D1	b_1	-4.129	1.498	-2.755	.007
D2	b_2	-3.491	1.408	-2.480	.015
sexism(W)	b_3	-0.472	0.205	-2.302	.023
D1:sexism(D1:W)	b_4	0.901	0.288	3.135	.002
D2:sexism(D2:W)	b_5	0.778	0.275	2.827	.005

조절효과가 없는 모형 fit1은 X의 효과가 W 의 값과 관계없이 일정하다는 모형으로 종속변수 Y의 기댓값은 다음과 같다.

$$\begin{aligned}\hat{Y} &= i_Y + b_1D_1 + b_2D_2 + b_3W \\ &= 4.762 + 0.479D_1 + 0.447D_2 + 0.108W\end{aligned} \tag{11.1}$$

이 모형의 R^2값은 0.053이었다. 조절효과가 있는 모형 fit2의 종속변수 Y의 기댓값은 다음과 같다.

$$\begin{aligned}\hat{Y} &= i_Y + b_1D_1 + b_2D_2 + b_3W + b_4D_1W + b_5D_2W \\ &= 7.706 - 0.4129D_1 - 3.491D_2 - 0.472W + 0.901D_1W + 0.778D_2W\end{aligned} \tag{11.2}$$

이 모형 fit2의 설명력 R^2값은 0.135이다. 두 모형의 R^2값의 차이는 $0.135 - 0.053 = 0.082$로, 이는 회귀모형으로 설명 가능한 Y의 분산이 5.3%에서 13.5%로 늘어났다는 것을 의미한다. 이 두 모형의 비교는 ANOVA를 이용하면 가능하다.

```
anova(fit1,fit2)
```

```
Analysis of Variance Table

Model 1: liking ~ D1 + D2 + sexism
Model 2: liking ~ D1 + D2 + sexism + D1:sexism + D2:sexism
  Res.Df    RSS Df Sum of Sq      F   Pr(>F)
1    125 133.61
2    123 122.01  2      11.6 5.8474 0.003751 **
---
Signif. codes:  0 '***' 0.001 '**' 0.01 '*' 0.05 '.' 0.1 ' ' 1
```

F test 결과 $F(2, 123) = 5.847, p = .004$로 상호작용이 유의함을 알 수 있다. 따라서 이 연구의 결과 **"X와 W는 상호작용한다."** 또는 **"W가 X의 효과를 조절한다."**라고 할 수 있다. 이 연구의 결과는 캐서린이 이의제기 여부의 결정 또는 이의제기 형태의 결정에 따른 호감도는 연구참여자의 성차별인식 정도에 따라 달라진다고 결론 내릴 수 있다.

제 4 절 통계적 모형

이 모형의 통계적 모형은 다음과 같다.

```
nodelabels=list(D1="Ind.Protest",D2="Col.Protest",W="sexism",Y="liking")
drawCatModel(W="W",ylim=c(0.1,0.7))
```

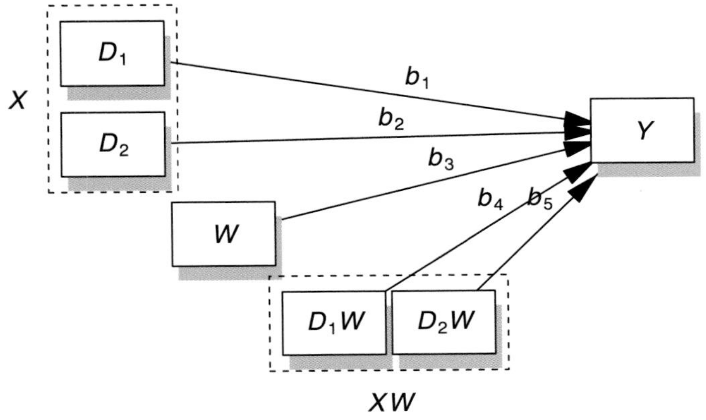

그림 11.2: 통계적 모형

제 5 절 회귀계수의 해석

이 모형에는 여러 범주를 갖는 범주형 변수와 연속형 변수의 상호작용이 포함되어 있다. 식 11.2를 다시 살펴보면 다음과 같다.

$$\hat{Y} = i_Y + b_1 D_1 + b_2 D_2 + b_3 W + b_4 D_1 W + b_5 D_2 W \tag{11.3}$$

이 회귀식을 D_1과 D_2를 중심으로 다시 써 보면 다음과 같다.

$$\hat{Y} = i_Y + (b_1 + b_4 W) D_1 + (b_2 + b_5 W) D_2 + b_3 W \tag{11.4}$$

괄호 안에 있는 두 식은 각각 D_1과 D_2의 조건부 효과이다.

$$\theta_{D_1 -> Y} = b_1 + b_4 W = -4.129 + 0.901W \tag{11.5}$$

$$\theta_{D_2 -> Y} = b_2 + b_5 W = -3.491 + 0.778W \tag{11.6}$$

D_1의 조건부 효과 $\theta_{D_1 -> Y}$는 캐서린이 개별적 이의제기를 했다고 들은 사람들과 이의제기를 하지 않았다고 들은 사람들 간의 캐서린에 대한 호감도 차이의 추정치이다. 이 추정치가 양의 숫자인 경우 개별적인 이의제기를 했다고 들은 사람들이 캐서린에

대한 호감도가 높다는 것을 뜻하며, 음수인 경우 이의제기를 하지 않는 경우의 호감도가 더 높다는 것을 의미한다. $\theta_{D_2->Y}$는 마찬가지로 종합적 이의제기를 했다고 들은 사람들과 이의제기를 하지 않았다고 들은 사람들 간의 캐서린에 대한 호감도 차이의 추정치이다. 식 11.5에서 b_1은 성차별인식 점수가 0인($W = 0$) 사람들 중 이의제기를 하지 않은 경우와 비교했을 때 개별적 이의제기를 했을 경우의 캐서린에 대한 호감도에 미치는 조건부 효과이다. 하지만 이 데이터에서 성차별인식 점수의 최소관찰치는 2.37이었기 때문에 b_1과 b_2는 실질적인 해석이 불가능하며 가설 검정이나 신뢰구간도 의미가 없다. D_1W에 대한 회귀계수인 $b_4 = 0.901$이다. 이것은 순응한 것과 비교해 개별적 이의제기를 한 경우의 상대적 조건부 효과인 $\theta_{D_1->Y}$를 구성하는 W에 대한 가중치이다. 이 수치는 W가 1단위 변화하였을 때의 조건부 효과의 변화량이다. 이 연구에서는 성차별인식이 1단위 차이가 나는 두 사람이 있을 경우 순응한 것과 비교해 개별적 이의제기를 한 경우 0.901단위만큼 호감도의 차이를 보인다고 할 수 있으며 이 차이는 통계적으로 유의하다.이 회귀계수가 0과 같은지 검정하는 것은 의미가 있으며 이 검정 결과는 순응한 것과 비교해 개별적 이의제기를 한 경우 캐서린에 대한 호감도의 차이를 W가 조절하는지 여부를 알려 준다.

D_2W에 대한 회귀계수인 $b_5 = 0.778$이며 이 계수는 식 11.6에서 순응한 것과 비교해 종합적 이의제기를 한 경우의 상대적 조건부 효과인 $\theta_{D_2->Y}$를 구성하는 W에 대한 가중치이다. 이 연구에서는 성차별인식이 1단위 차이가 나는 두 사람이 있을 경우 순응한 것과 비교해 종합적 이의제기를 한 경우 0.778단위만큼 호감도의 차이를 보인다고 할 수 있으며 통계적으로 유의하다. 마지막 회귀계수인 b_3의 의미는 D_1과 D_2를 0으로 설정해 보면 자명해진다. 이 경우 식 11.3은 $\hat{Y} = i_Y + b_3W$로 간단해지며 이것은 W의 값으로 Y를 추정하는 회귀분석식과 같이 보인다. 따라서 b_3은 D_1과 D_2가 모두 0인 경우, 즉 이의제기를 하지 않은 순응군에서의 W와 Y관계의 추정치이다. 이의제기를 하지 않았다고 들은 사람들 중 성차별인식이 1단위 차이가 나는 두 사람은 캐서린에 대한 호감도가 -0.472단위만큼 차이를 보인다. 회귀계수값이 음수이므로 성차별인식 점수가 높은 사람인 경우 이의제기를 하지 않은 캐서린에 대한 호감도는 0.472단위만큼 낮다고 할 수 있으며 이는 통계적인 의미가 있다. 위에서 살펴본 바와 같이 회귀계수에 대한 해석은 우리가 D_1과 D_2를 어떻게 입력했느냐에 따라 달라진다. 세 그룹에 대한 코딩 방법이 달라진다면 b_3를 제외한 회귀계수들도 달라지지만 X와 W 사이의 상호작용 검정은 영향을 받지 않는다.

제 6 절 모형의 시각화

이 데이터에서 성차별인식(sexism)의 16, 50, 84번째 백분위수는 다음과 같다.

```
quantile(protest$sexism,probs=c(0.16,0.50,0.84),type=6)
```

```
  16%   50%   84%
4.250 5.120 5.896
```

이의제기를 하지 않은 경우와 개별적 이의제기, 종합적 이의제기를 한 경우에서 성차별인식(sexism)의 값이 각각 4.250, 5.120, 5.896일 때의 호감도의 추정량을 표료 요약해 보면 다음과 같다.

```
require(tidyverse)
catlabels=c("No protest","Individual protest","Collective protest")
modSummary2(fit2,labels=labels) %>%
  arrange(D2,D1,`sexism(W)`) %>%
  mutate(`Condition(X)`=rep(c(catlabels,""),each=3)) %>%
  select(`Condition(X)`,D1,D2,`sexism(W)`,everything()) %>%
  filter(as.numeric(D1)+as.numeric(D2)<2)
```

```
        Condition(X)    D1    D2 sexism(W) liking(Y) se.fit  ymax  ymin
1         No protest 0.000 0.000     4.250     5.698  0.229 5.927 5.469
2         No protest 0.000 0.000     5.120     5.287  0.156 5.443 5.131
3         No protest 0.000 0.000     5.896     4.920  0.230 5.150 4.690
4 Individual protest 1.000 0.000     4.250     5.400  0.251 5.651 5.148
5 Individual protest 1.000 0.000     5.120     5.773  0.154 5.927 5.619
6 Individual protest 1.000 0.000     5.896     6.105  0.201 6.306 5.905
7 Collective protest 0.000 1.000     4.250     5.513  0.207 5.720 5.306
8 Collective protest 0.000 1.000     5.120     5.779  0.149 5.928 5.629
9 Collective protest 0.000 1.000     5.896     6.016  0.216 6.232 5.799
```

위의 표를 그림으로 요약해 보면 다음과 같다.

```
condPlotCat(labels=labels,catlabels=catlabels,data=protest,add.anova=FALSE,
          add.arrow=FALSE)
```

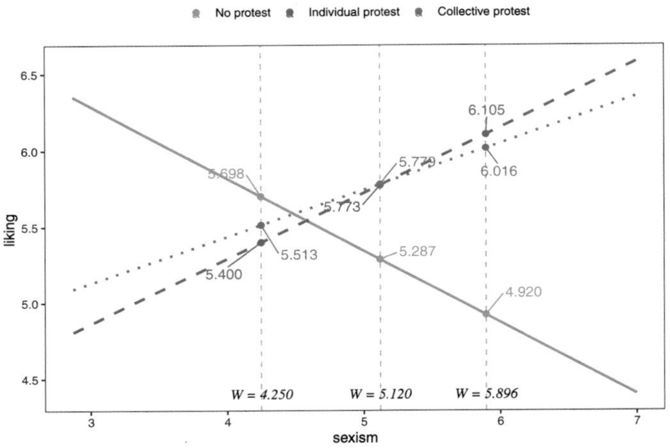

그림 11.3: 성차별 데이터에서 성차별인식의 조절효과

제 7 절 상호작용의 탐색

7.1 점추정(The Pick-a-Point Approach)

7.1.1 총괄추론(Omnious Inference)

이 모형의 회귀식은 다음과 같다.

$$\hat{Y} = i_Y + b_1D_1 + b_2D_2 + b_3W + b_4D_1W + b_5D_2W \tag{11.7}$$

이 모형에서 세 군의 Y의 기댓값 $\hat{Y}$이 서로 다른지 검정하고자 한다. 위의 식에서 b_1과 b_2는 $W = 0$일 때 Y에 대한 X의 효과를 정량화하는 수치이다. 이 두 계수가 모두 0이라는 귀무가설을 검정하는 것은 $W = 0$일 때 세 군의 $\hat{Y}$값이 모두 같다는 귀무가설을 검정하는 것이다. 이를 위해서는 먼저 설명변수로 W, D_1W, D_2W가 포함된 회귀모형을 만들고 이 모형에 D_1, D_2를 추가하여 두 모형을 비교함으로써 가능하다. ANOVA 결과 두 모형의 R^2가 유의하게 증가한다면 귀무가설은 기각되고 Modern Sexism Scale을 이용해 조사한 성차별인식(sexism) 점수가 0인 사람들에서 캐서린의 행동에 따라 호감도가 달라진다고 할 수 있다. 하지만 이 연구에서 사용한 Modern Sexism Scale의 점수는 1점부터 7점까지 나올 수 있으며, 이 연구에서 참가자들의 최소 점수는 2.37이었기 때문에 $W = 0$에서 $\hat{Y}$에 대한 X의 효과를 검정하는 것은 의미가 없다. 따라서 $W = 0$이 아닌 우리가 원하는 임의의 W값에 대해 세 군의 $\hat{Y}$이 같은지를 검정하는 것이 바람직하다. 이 데이터에서 sexism의 16, 50, 84번째 백분위수는 다음과 같다.

```
quantile(protest$sexism,probs=c(0.16,0.5,0.84),type=6)
```

```
  16%   50%   84%
4.250 5.120 5.896
```

이 중 16번째 백분위수인 4.250을 상대적으로 낮은 성차별인식이라고 하자. 이때 순응군, 개별적 이의제기, 종합적 이의제기군에서의 캐서린에 대한 호감도는 각각 5.698, 5.400, 5.513이었다. $W = 4.250$일 때 세 군의 $\hat{Y}$가 모두 같은지 검정하기 위해 먼저 두 개의 모형을 만든다.

```
fit1=lm(liking~ I(sexism-4.250) + D1:I(sexism-4.250) +
          D2:I(sexism-4.250),data=protest)
fit2=lm(liking~ D1 + D2 + I(sexism-4.250) + D1:I(sexism-4.250) +
          D2:I(sexism-4.250), data=protest)
```

```r
modelsSummary2Table(list(fit1,fit2),autoPrefix=FALSE) %>% flextable::width(j=1,width=2)
```

표 11.1: 조절효과가 있는 모형과 없는 모형의 요약

		Coef	SE	t	p
Model: 1 R2 = 0.129, MSE = 0.982					
Constant	i_Y	5.543	0.130	42.484	<.001
I(sexism - 4.25)	b_1	-0.370	0.163	-2.272	.025
I(sexism - 4.25):D1	b_2	0.708	0.184	3.846	<.001
I(sexism - 4.25):D2	b_3	0.657	0.191	3.448	.001
Model: 2 R2 = 0.135, MSE = 0.992					
Constant	i_Y	5.698	0.229	24.846	<.001
D1	b_1	-0.299	0.340	-0.877	.382
D2	b_2	-0.185	0.309	-0.599	.550
I(sexism - 4.25)	b_3	-0.472	0.205	-2.302	.023
D1:I(sexism - 4.25)	b_4	0.901	0.288	3.135	.002
D2:I(sexism - 4.25)	b_5	0.778	0.275	2.827	.005

```r
anova(fit1,fit2)
```

```
Analysis of Variance Table

Model 1: liking ~ I(sexism - 4.25) + D1:I(sexism - 4.25) + D2:I(sexism -
    4.25)
Model 2: liking ~ D1 + D2 + I(sexism - 4.25) + D1:I(sexism - 4.25) + D2:I(sexism -
    4.25)
  Res.Df    RSS Df Sum of Sq      F Pr(>F)
1    125 122.81
2    123 122.01  2   0.79765 0.4021 0.6698
```

두 개의 모형에서 D_1, D_2가 없는 모형 fit1의 $R^2 = .129$였으며, D_1, D_2가 추가된 모형 fit2의 $R^2 = .135$로 두 모형의 R^2의 차이 $\Delta R^2 = .135 - .129 = .006$이며, F test 결과 $F(2,123) = 0.402, p = .670$으로 유의하지 않다. 따라서 성차별인식 정도가 상대적으로 낮은 경우 캐서린의 행동이 호감도에 영향을 미치지 않았다고 결론 내릴 수 있다. 이와 같은 과정을 성차별인식 점수의 50번째 및 84번째 백분위수인 $W = 5.120$ 및 $W = 5.896$일 때 반복해서 시행해 보면 $W = 5.120$일 경우 세 군에서의 $\hat{Y}$값은 5.287, 5.773, 5.779이며, D_1, D_2가 없는 모형과 포함된 모형의 R^2의 차이 $\Delta R^2 = .047$이고, F test 결과 $F(2,123) = 3.338, p = .039$로 통계적으로 유의한 차이를 보였다. $W = 5.896$일 경우 D_1, D_2가 없는 모형과 포함된 모형의 R^2의 차이 $\Delta R^2 = .124$이며, F test 결과 $F(2,123) = 8.818, p < .001$로 통계적으로 유의한 차이를 보였다. 이 검정 결과를 그림으로 나타내면 다음과 같다.

```
condPlotCat(labels=labels,catlabels=catlabels,data=protest,add.anova=TRUE,
        add.arrow=FALSE,ypos=c(0.2,0.2,0.4))
```

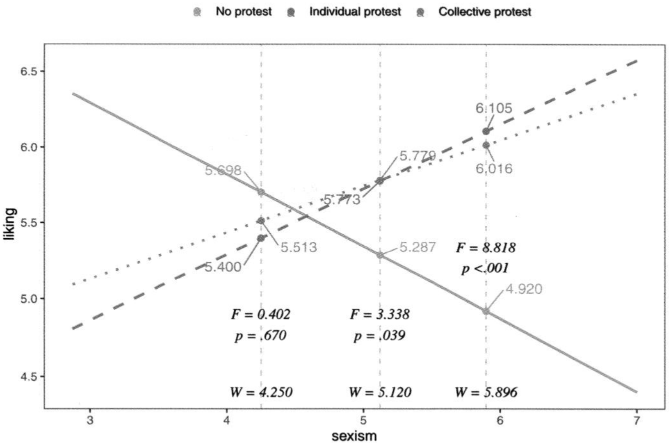

그림 11.4: 성차별 인식에 따른 총괄검정 및 조절효과

7.1.2 쌍별추론(Pairwise Inference)

범주형 독립변수가 포함된 조절효과 분석에서는 총괄추론보다는 쌍별추론이 보다 많은 정보를 제공해 준다. 총괄추론은 g개의 군에서 W의 특정값 w에서 $\hat{Y}$의 값이 모두 같은지를 검정하지만 쌍별추론에서는 두 개의 군 또는 두 개의 부분집합(subset)에서 W라는 조건하에 $\hat{Y}$의 값이 다른지를 검정한다. 총괄추론은 범주형 변수의 코딩 방법에 관계없이 같은 결과를 보여 주지만, 쌍별추론은 코딩 방법에 따라 다른 결과를 보여 준다. 범주형 독립변수가 포함된 조절효과 분석에서 g개의 범주를 갖는 범주형 독립변수의 효과를 나타내기 위해 $g-1$개의 변수를 사용하여 g개의 군을 코딩한다. 식 11.3에서 11.6을 보면 D_1의 상대적 조건부 효과는 $b_1 + b_4W$이고 D_2의 상대적 조건부 효과는 $b_2 + b_5W$이다. 이 식의 W에 임의의 값 w를 넣으면 $\hat{Y}$값의 차이를 계산할 수 있으며 표준오차로부터 $\hat{Y}$의 차이가 유의한지 검정할 수 있다. 표준오차는 다음의 식으로 계산할 수 있다.

$$se_{\theta_{D_1->Y}} = \sqrt{se_{b_1}^2 + (2W)COV_{b_1b_4} + W^2se_{b_4}^2} \quad (11.8)$$

$$se_{\theta_{D_2->Y}} = \sqrt{se_{b_2}^2 + (2W)COV_{b_2b_5} + W^2se_{b_5}^2} \quad (11.9)$$

하지만 이 표준오차는 R이 계산해 주므로 손으로 계산할 필요는 없다.

성차별인식이 상대적으로 높은 사람들 중에서 캐서린의 행동이 호감도에 어떤 영향을 미치는지 검정해 보자. 상대적으로 높다는 것을 sexism의 84번째 백분위수인 $W = 5.896$으로 하면 그림 11.2에서 캐서린에 대한 호감도는 4.920, 6.105, 6.016이다. 전 절에서 이 세 개의 값이 모두 같지는 않다는 것을 보았지만 이들 중 어느 값이 어떤 값과 다른지는 총괄추론으로는 알 수 없다. 전 절에서 식 11.3의 b_1, b_2는 $W = 0$일 때 D_1과 D_2의 Y에 대한 효과를 나타내지만 W의 최소값이 0이 아니므로 의미없는 값이라고 말한 바 있다. 하지만 W의 값을 $W = 5.986$으로 중심화하면 b_1, b_2는 상대적으로 높은 W값을 갖는 사람들 중에서 D_1과 D_2의 효과를 나타낸다. D_1의 효과는 순응군과 개별적인 이의제기군 간의 $\hat{Y}$의 차이인 $\theta_{D_1->Y}$이며, D_2의 효과는 순응군과 종합적 이의제기군 간의 $\hat{Y}$의 차이인 $\theta_{D_2->Y}$이다. W를 5.896으로 중심화함으로써 회귀분석을 통하여 조건부 효과, 표준오차, t값, p값 및 신뢰구간을 얻을 수 있다. 다음은 R을 이용하여 세 개의 W값에 대해 회귀분석을 실시하여 결과를 요약한 것이다.

```
W<-quantile(protest$sexism,probs=c(0.16,0.5,0.84),type=6)
fit<-list()
fitlabels=c(paste0("W = sexism - ",W))
for(i in seq_along(W)){
   protest$W <- protest$sexism-W[i]
```

```
    fit[[i]] <- lm(liking~D1+D2+W+D1:W+D2:W,data=protest)
}
modelsSummary2Table(fit,fitlabels=fitlabels)
```

표 11.2: 조절변수 Sexism값에 따른 회귀모형 요약

		Coef	SE	t	p
Model: 1: W = sexism - 4.25 R2 = 0.135, MSE = 0.992					
Constant	i_Y	5.698	0.229	24.846	<.001
D1	b_1	-0.299	0.340	-0.877	.382
D2	b_2	-0.185	0.309	-0.599	.550
W	b_3	-0.472	0.205	-2.302	.023
D1:W	b_4	0.901	0.288	3.135	.002
D2:W	b_5	0.778	0.275	2.827	.005
Model: 2: W = sexism - 5.12 R2 = 0.135, MSE = 0.992					
Constant	i_Y	5.287	0.156	33.920	<.001
D1	b_1	0.486	0.219	2.216	.029
D2	b_2	0.492	0.216	2.278	.024
W	b_3	-0.472	0.205	-2.302	.023
D1:W	b_4	0.901	0.288	3.135	.002
D2:W	b_5	0.778	0.275	2.827	.005
Model: 3: W = sexism - 5.896 R2 = 0.135, MSE = 0.992					
Constant	i_Y	4.920	0.230	21.398	<.001
D1	b_1	1.185	0.305	3.883	<.001
D2	b_2	1.095	0.316	3.468	.001
W	b_3	-0.472	0.205	-2.302	.023
D1:W	b_4	0.901	0.288	3.135	.002
D2:W	b_5	0.778	0.275	2.827	.005

표 11.2에서 b_1, b_2의 값은 W의 값을 4.250, 5.220, 5.896으로 중심화하여 추정한 값이다. 세 개의 회귀모형에서 b_1, b_2의 값은 다르지만 b_3, b_4, b_5의 값은 영향받지 않는 것을 알 수 있다. 세 번째 모형은 W의 값을 $W = 5.896$을 중심으로 중심화한 것인데 $b_1 = 1.185, b_2 = 1.095$이다. 회귀계수 b_1은 순응군과 개별적 이의제기군 간의 $\hat{Y}$의 차이를 정량화한 것이다: $b_1 = 6.105 - 4.920 = 1.185$. 이 차이는 다음 그림 11.5의 위쪽 패널 오른쪽에 표시되어 있으며 통계적으로 유의하다. 마찬가지로 회귀계수 b_2은 순응군과 종합적 이의제기군 간의 $\hat{Y}$의 차이를 정량화 한 것이다: $b_2 = 6.016 - 4.920 = 1.095$. 여기서 소수점 아래 셋째 자리에서 값의 차이를 보이는 것은 반올림 문제이므로 무시해도 된다. 이 차이는 다음 그림의 아래쪽 패널 오른쪽에

표시되어 있으며 통계적으로 유의하다.

```
condPlotCat(labels=labels,data=protest,catlabels=catlabels,
          add.anova=FALSE,ceno=1)
condPlotCat(labels=labels,data=protest,catlabels=catlabels,
          add.anova=FALSE,ceno=2)
```

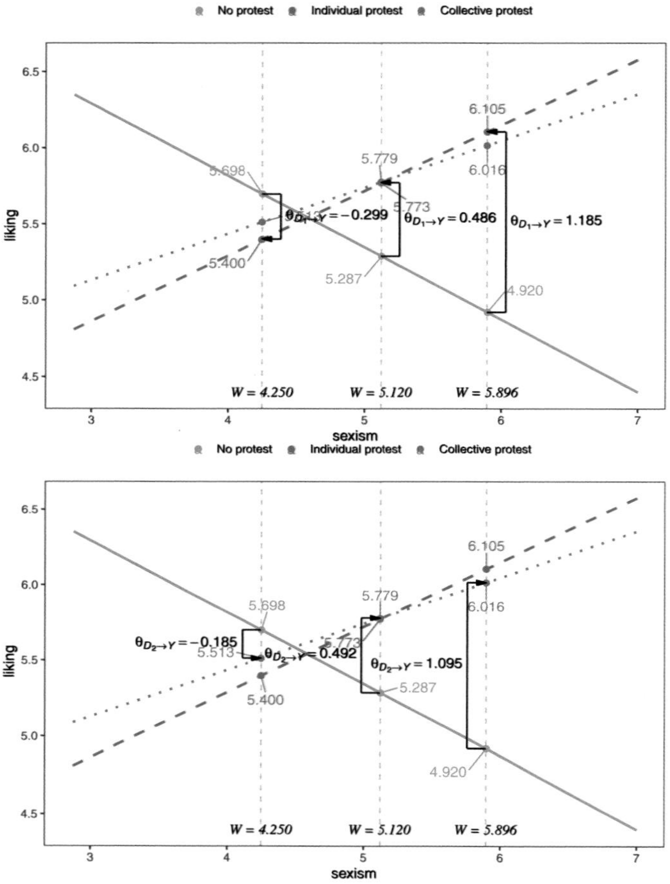

그림 11.5: 순응군과 비교한 이의제기 군의 상대적 조건부효과

위의 그림 및 표 11.2의 결과에서 성차별인식이 상대적으로 적은 경우($W = 4.250$) 캐서린이 개별적인 이의제기 또는 종합적인 이의제기와 상관없이 순응한 경우와 비교해 호감도의 차이가 없었다($b_1 = -0.299 = \theta_{D_1->Y}|(W = 4.250) = 5.400 - 5.698, p = .382; b_2 = -0.185 = \theta_{D_2->Y}|(W = 4.250) = 5.513 - 5.698, p = .550$). 하지만 성차별인식이 상대적으로 중간 정도인 경우($W = 5.120$) 캐서린이 개별적인 이의제기 또는 종합적인 이의제기를 한 경우 순응한 경우와 비교해 호감도가 증가하였다 ($b_1 = 0.486 = \theta_{D_1->Y}|(W = 5.120) = 5.773 - 5.287, p = .029; b_2 = 0.492 = \theta_{D_2->Y}|(W = 5.120) = 5.779 - 5.287, p = .024$). 성차별인식이 상대적으로 높은 경우($W = 5.896$)에도 캐서린이 개별적인 이의제기 또는 종합적인 이의제기를 한 경우 순응한 경우와 비교해 호감도가 증가하였다($b_1 = 1.185 = \theta_{D_1->Y}|(W = 5.896) = 6.105 - 4.920, p =< .001; b_2 = 1.095 = \theta_{D_2->Y}|(W = 5.896) = 6.016 - 4.930, p < .001$).

7.2 Jonson-Neyman 방법

7.2.1 쌍별추론

제5장에서 언급한 Johnson-Neyman 방법을 이용하여 먼저 순응한 경우와 비교해 개별적 이의제기를 한 경우 성차별인식에 따른 캐서린에 대한 호감도의 조건부 효과를 시각화하면 다음과 같다. 이 모형에서 조건부 효과는 $W < 3.335$ 또는 $W > 5.065$인 경우 유의하다.

```
fit=lm(liking~D1+D2+sexism+D1:sexism+D2:sexism,data=protest)
jnPlot(fit,pred="D1",modx="sexism",digits=3)
```

```
JOHNSON-NEYMAN INTERVAL

When sexism is OUTSIDE the interval [3.335, 5.065], the slope of D1 is
p < .05.

Note: The range of observed values of sexism is [2.870, 7.000]
```

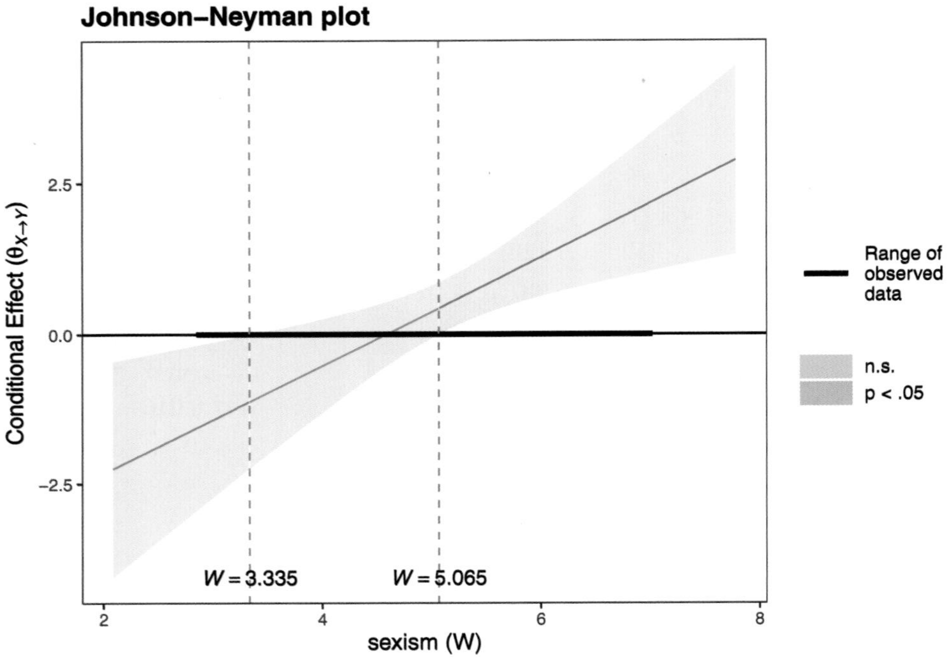

순응한 경우와 비교해 종합적 이의제기를 한 경우 성차별인식에 따른 캐서린에 대한 호감도의 조건부 효과를 시각화하면 다음과 같다. 이 모형에서 조건부 효과는 $W > 5.035$인 경우 유의하다.

```
jnPlot(fit,pred="D2",modx="sexism",digits=3)
```

```
JOHNSON-NEYMAN INTERVAL

When sexism is OUTSIDE the interval [2.847, 5.035], the slope of D2 is
p < .05.

Note: The range of observed values of sexism is [2.870, 7.000]
```

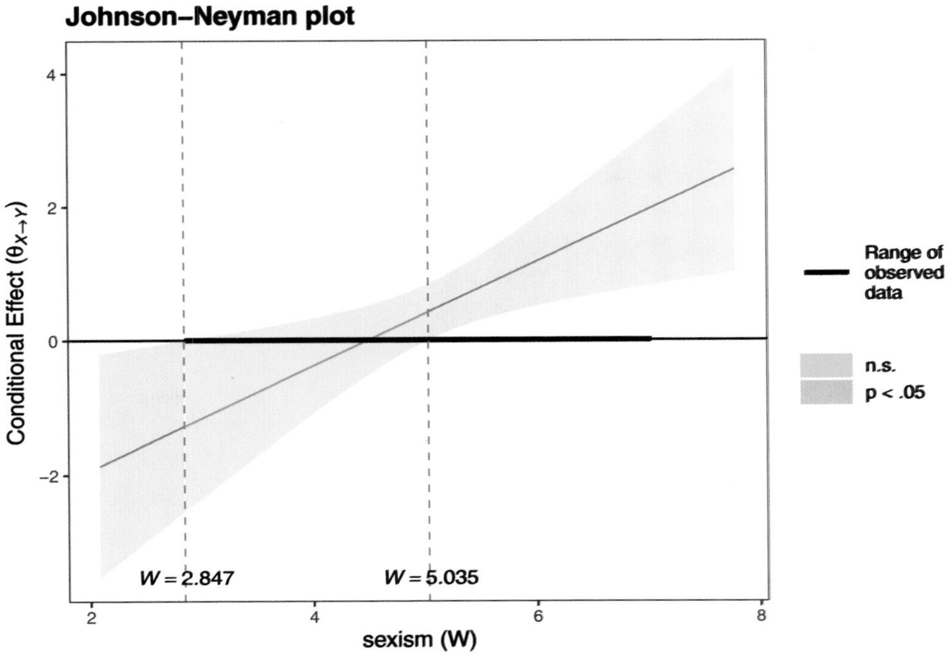

제 8 절 더미변수 없이 R로 분석하기

R을 이용하면 더미변수로 코딩하지 않고 모형에 대한 분석이 가능하다. 다음 결과를 보자.

```
protest$protest1=factor(protest$protest,labels=c("No protest","D1","D2"))
fit=lm(liking~protest1*sexism,data=protest)
summary(fit)
```

```
Call:
lm(formula = liking ~ protest1 * sexism, data = protest)

Residuals:
    Min      1Q  Median      3Q     Max
-3.9894 -0.6831  0.0574  0.7404  2.3650

Coefficients:
                   Estimate Std. Error t value Pr(>|t|)
(Intercept)          7.7062     1.0525   7.322 2.79e-11 ***
protest1D1          -4.1288     1.4985  -2.755  0.00676 **
protest1D2          -3.4908     1.4078  -2.480  0.01451 *
sexism              -0.4725     0.2053  -2.302  0.02303 *
```

```
protest1D1:sexism   0.9012     0.2875   3.135  0.00215 **
protest1D2:sexism   0.7778     0.2752   2.827  0.00549 **
---
Signif. codes:  0 '***' 0.001 '**' 0.01 '*' 0.05 '.' 0.1 ' ' 1

Residual standard error: 0.996 on 123 degrees of freedom
Multiple R-squared:  0.1349,    Adjusted R-squared:  0.09977
F-statistic: 3.837 on 5 and 123 DF,  p-value: 0.002893
```

```
labels=list(X="protest",W="sexism",Y="liking")
drawModel(list(fit),labels=labels,whatLabel="est",maxypos=0.6,minypos=0.2,
             radx=0.16)
```

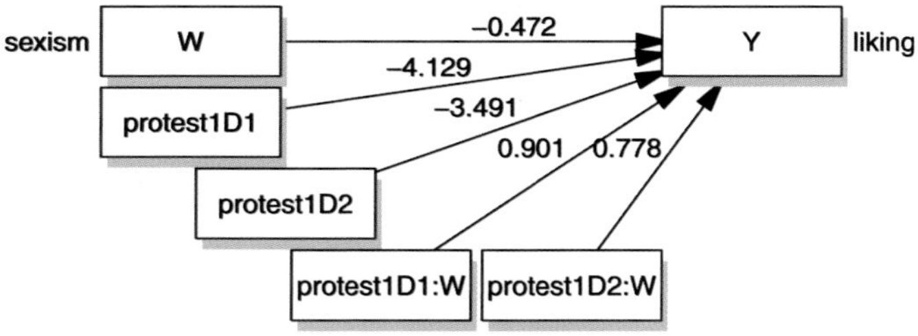

V편

조건부과정분석

제 12 장 조건부과정분석의 기초

지금까지 이 책에서는 회귀분석을 기초로 하여 조절분석과 매개분석에 대해 다루었다. 단순매개모형에서는 독립변수 X가 매개변수 M을 경유하여 종속변수 Y에 미치는 간접효과는 X가 M에 미치는 영향(a)과 M이 Y에 미치는 영향(b)을 곱하여 추정하였다. 이러한 단순매개모형에서는 오직 X만 M에 영향을 미친다고 가정하였고 Y에 영향을 미치는 변수는 X와 M으로 국한시켰다. 매개모형의 직접효과 또는 간접효과도 다른 변수의 영향을 받을 수 있다. 모든 효과는 다른 변수에 의해 조절될 수도 있다고 보는 것이 안전하다. 이는 조절효과가 없는 분석이 틀렸다거나 반드시 조절분석을 포함해야 한다는 주장을 하려는 것은 아니다. 하지만 인간의 행동은 너무나 복잡하기 때문에 어떠한 수학적인 모형도 완전하거나 정확하다고 할 수 없다. 매개모형 또한 다른 변수들에 의해 조절될 수 있다. 조건부과정분석은 조절분석과 매개분석을 통합한 분석기법으로 Hayes에 의해 명명되었으나, 그 이전부터 조절분석과 매개분석을 결합하려는 노력은 있어 왔다. 이번 장에서는 조건부과정분석에서 널리 사용되는 대표적인 모형들의 개념적 모형과 통계적 모형, 조건부 효과들에 대해 살펴보고자 한다.

0.1 사용하는 패키지

이번 장에서는 다음과 같은 패키지를 사용한다.

```
require(processR)
require(lavaan)
require(ggplot2)
```

제 1 절 조건부과정모형들

1.1 직접효과만 조절되는 모형(모형 5)

조건부과정모형 중 가장 간단한 모형은 직접효과만 조절되는 모형이다. 프로세스 마크로 모형 5에 해당한다. 다음 그림은 이 모형의 개념적 모형과 통계적 모형을 나타낸 것이다.

```
labels=list(X="X",M="M",Y="Y")
moderator=list(name="W",site=list(c("c")),pos=5)
drawConcept(labels=labels,moderator=moderator)
drawModel(labels=labels,moderator=moderator)
```

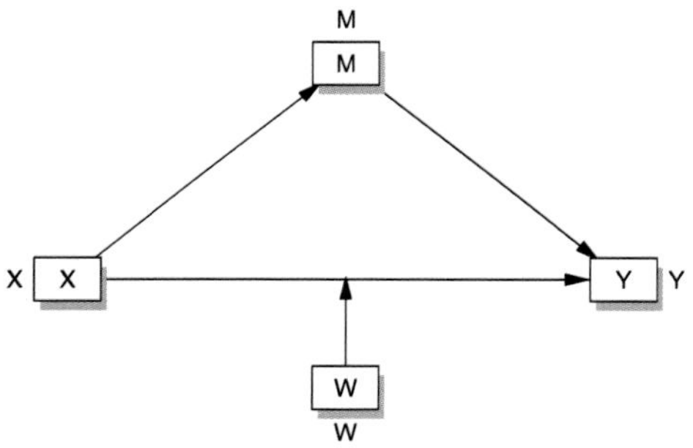

(a) 개념적 모형

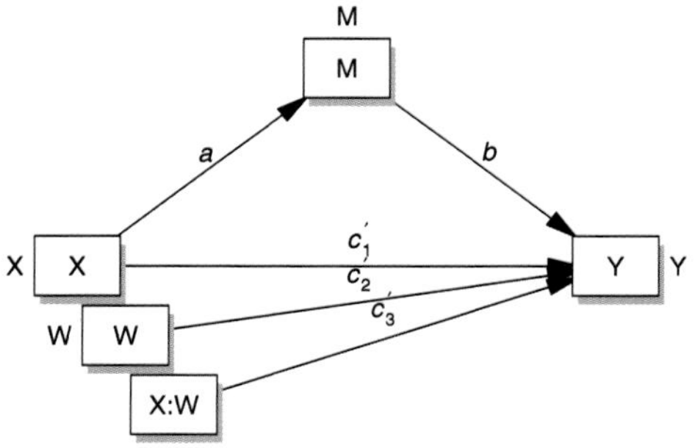

(b) 통계적 모형

그림 12.1: 프로세스 마크로 5번 모형: 직접효과의 조절

이 모형은 두 개의 회귀식으로 나타낼 수 있다. 하나는 매개변수 M을 종속변수로 하는 회귀식이며, 다른 하나는 종속변수 Y를 종속변수로 하는 회귀식이다.

$$M = i_M + aX + \varepsilon_M \tag{12.1}$$

$$Y = i_Y + c_1'X + c_2'W + c_3'XW + bM + \varepsilon_Y \tag{12.2}$$

이 모형에서 간접효과는 $X->M$경로와 $M->Y$경로가 조절되지 않으므로 단순 매개모형과 마찬가지로 ab로 나타낼 수 있다. 하지만 직접효과는 조절변수 W에 의해 조절되는 조건부 효과이다. 위의 식 12.2를 다시 써 보면 다음과 같이 쓸 수 있다.

$$Y = i_Y + (c_1' + c_3'W)X + c_2'W + bM + \varepsilon_Y$$
$$Y = i_Y + \theta_{X->Y}X + c_2'W + bM + \varepsilon_Y$$

위 식에서 $\theta_{X->Y}$는 Y에 대한 X의 조건부 직접효과이며 다음과 같이 정의된다.

$$\theta_{X->Y} = c'_1 + c'_3 W$$

이 모형에서 X는 다른 변수와는 독립적으로 매개변수 M을 통하여 간접적으로 Y에 영향을 미치며, X가 Y에 미치는 직접효과는 W에 의해 조절되는 조건부 효과이다.

1.2 간접효과만 조절되는 모형(모형 14)

보다 흥미로운 조건부과정 모형은 간접효과만 조절되는 모형(모형 14)이다. 다음 그림은 이 모형의 개념적 모형과 통계적 모형을 나타낸 것이다. 이 모형은 단순매개모형의 경로 $M->Y$가 조절변수 W에 의해 조절되는 모형이다.

```
labels=list(X="X",M="M",Y="Y")
moderator=list(name="W",site=list(c("b")),pos=2)
drawConcept(labels=labels,moderator=moderator)
drawModel(labels=labels,moderator=moderator)
```

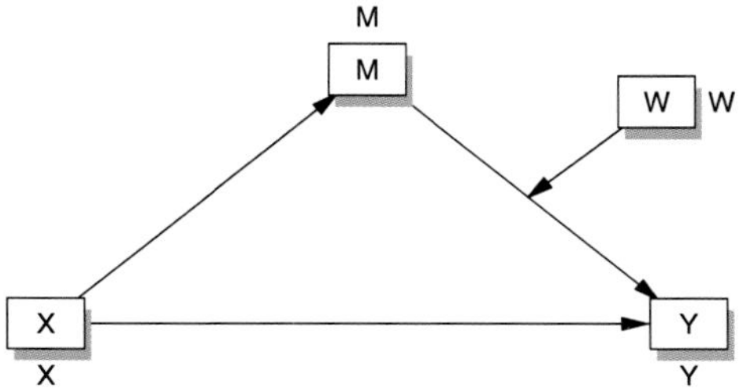

(a) 개념적 모형

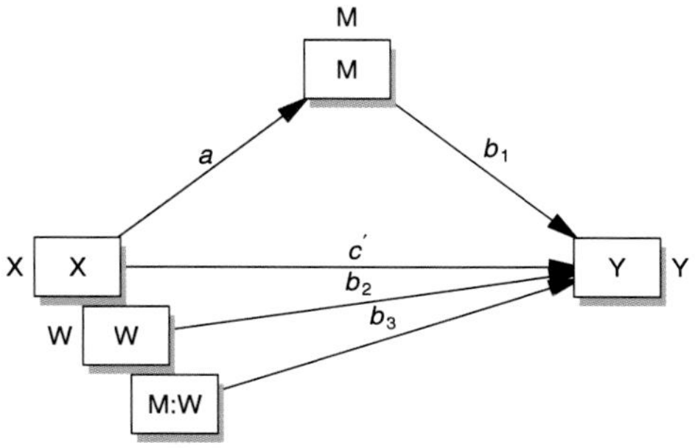

(b) 통계적 모형

그림 12.2: 프로세스 마크로 14번 모형: 간접효과의 조절

이 모형도 두 개의 회귀식으로 나타낼 수 있다.

$$M = i_M + aX + \varepsilon_M \tag{12.3}$$
$$Y = i_Y + c'X + b_1M + b_2W + b_3MW + \varepsilon_Y \tag{12.4}$$

이 모형에서 간접효과는 두 가지 경로로 구성되어 있는데, 첫 번째는 $X->M$경로이며 이 경로는 a로 추정된다. 두 번째 $M->Y$경로에서 M이 Y에 미치는 효과는 W에 달려 있다. 즉 위의 식 12.4를 다시 써 보면 다음과 같다.

$$Y = i_Y + c'X + (b_1 + b_3W)M + b_2W + \varepsilon_Y$$

따라서 Y에 대한 M의 조건부 효과 $\theta_{M->Y} = b_1 + b_3W$로 W에 대한 일차함수이다. 그 결과 Y에 대한 X의 간접효과 또한 W의 일차함수가 된다. 이 모형에서 M을 매개로 하는 Y에 대한 X의 간접효과는 다음과 같다.

$$a\theta_{M->Y} = a(b_1 + b_3W) = ab_1 + ab_3W$$

이 조건부 간접효과는 X의 값이 W에 의존하여 M을 경유, Y의 값에 얼마만큼 변화시키는지 정량화한 값이다. 이와 같이 X의 간접효과가 W에 의해 조절되는 경우 조절된 매개효과라고 할 수 있다. 이 모형에서 직접효과는 조절되지 않으며 c'으로 추정된다.

1.3 직접효과와 간접효과가 모두 조절되는 경우(모형 28)

모형 28은 X의 직접효과와 간접효과가 두 개의 조절변수에 의해 모두 조절되는 모형이다.

```
labels=list(X="X",M="M",Y="Y")
moderator=list(name=c("W","Z"),site=list(c("a"),c("b","c")),
               arr.pos=list(c(0.5),c(0.3,0.7)))
drawConcept(labels=labels,moderator=moderator,nodemode=2)
drawModel(labels=labels,moderator=moderator,nodemode=5)
```

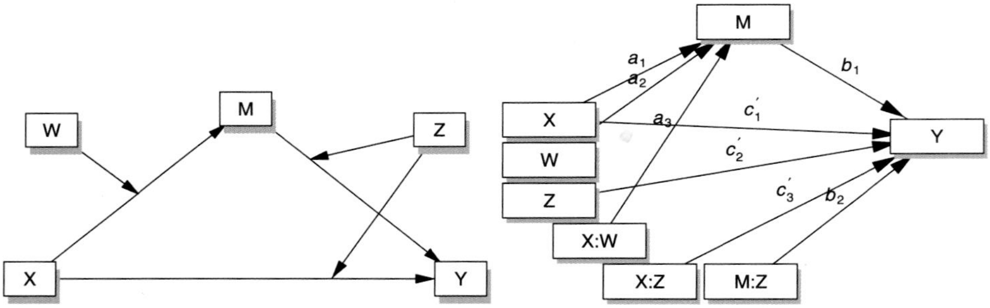

(a) 개념적 모형

(b) 통계적 모형

그림 12.3: 프로세스 마크로 28번 모형: 직접 및 간접효과의 조절

이 모형에서 조절변수 W는 $X->M$경로를 조절함으로써 간접효과를 조절하고 또 다른 조절변수 Z는 $M->Y$경로를 조절함으로써 간접효과를 조절한다. 또한 Z는

X의 직접효과도 조절한다. 이 모형은 다음의 회귀식으로 나타낼 수 있다.

$$M = i_M + a_1X + a_2W + a_3XW + \varepsilon_M \tag{12.5}$$
$$Y = i_Y + c_1'X + c_2'Z + c_3'XZ + b_1M + b_2MZ + \varepsilon_Y \tag{12.6}$$

식 12.5에서 M에 대한 X의 조건부 효과 $\theta_{X->M} = a_1 + a_3W$이며, 식 12.6에서 Y에 대한 M의 조건부 효과 $\theta_{M->Y} = b_1 + b_2Z$이다. M을 경유한 Y에 대한 X의 매개효과는 두 조건부 효과의 곱으로 표현되는 조건부 간접효과이다.

$$\theta_{X->Y}\theta_{M->Y} = (a_1 + a_3W)(b_1 + b_2Z) = a_1b_1 + a_1b_2Z + a_3b_1W + a_3b_2WZ$$

따라서 Y에 대한 X의 간접효과는 W 와 Z의 일차함수이다. 하지만 X의 직접효과는 Z에 의해서만 조절되므로 Z의 함수이다.

$$\theta_{X->Y} = c_1' + c_3'Z$$

1.4 병렬다중매개모형에서 특정간접효과의 조절(모형 58.2)

네 번째 예는 조금 복잡한 모형으로 프로세스 마크로 모형 21번과 유사하지만 조금 다르다. 패키지 processR에서는 편의상 58.2 모형으로 명명하였다. 이 모형은 두 개의 매개변수가 있고 조절변수 W가 M_1의 앞과 뒤에서 조절하며, 나머지 경로들은 조절되고 있지 않다.

```
pmacroModel(58.2)
statisticalDiagram(58.2)
```

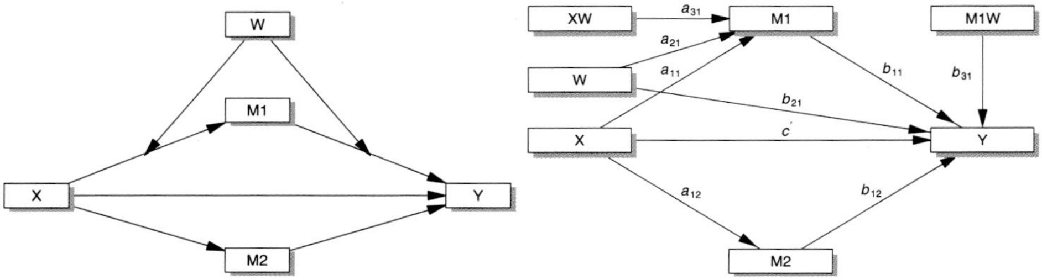

(a) 개념적 모형　　　　　　　　　　　　　　(b) 통계적 모형

그림 12.4: 병렬다중매개모형에서 특정간접효과의 조절

이 모형은 다음과 같은 세 개의 회귀식으로 나타낼 수 있다.

$$M_1 = i_{M_1} + a_{11}X + a_{21}W + a_{31}XW + \varepsilon_{M_1} \tag{12.7}$$

$$M_2 = i_{M_2} + a_{12}X + \varepsilon_{M_2} \tag{12.8}$$

$$Y = i_Y + c'X + b_{11}M_1 + b_{12}M_2 + b_{21}W + b_{31}M_1W + \varepsilon_Y \tag{12.9}$$

식 12.7에서 X가 M_1에 미치는 조건부 효과 $\theta_{X->M_1} = a_{11} + a_{31}W$이다. 또한 식 12.9에서 M_1이 Y에 미치는 조건부 효과 $\theta_{M_1->Y} = b_{11} + b_{31}W$이다. 이 두 효과의 곱은 X가 M_1을 매개로 Y에 영향을 미치는 조건부 특정간접효과이다.

$$\theta_{X->M_1}\theta_{M_1->Y} = (a_{11}+a_{31}W)(b_{11}+b_{31}W) = a_{11}b_{11}+(a_{11}b_{31}+a_{31}b_{11})W+a_{31}b_{31}W^2$$

이 효과는 W의 2차함수가 된다. M_2를 매개로 하는 두 번째 특정간접효과는 조절되지 않는 비조건부 효과로 $a_{12}b_{12}$이다. 끝으로 X의 직접효과도 조절되지 않는 비조건부 효과로 식 12.9의 c'이다.

제 2 절　예제: 역기능행동연구 - 팀원에게 감정을 숨기기 (모형 14)

감정을 숨기지 않고 표현하는 것이 정신건강에 좋다는 의견도 있지만, 직장 특히 팀 내에서 업무를 함께하는 경우에는 자신의 감정을 억누르는 것이 팀의 업무효율을 위해 긍정적인 효과를 나타내는 경우가 많다. Cole 등(2008)은 자동차 부품회사의 60

개 팀을 대상으로 자신의 팀과 팀의 관리자에 대한 여러 가지 질문을 하여 네 가지 변수들을 측정하였다. 팀구성원의 역기능행동(dysfunc: dysfunctional behavior)은 팀구성원이 얼마나 자주 다른 사람들의 업무를 약화시키거나 변화와 혁신을 방해하는 행동을 하는지를 측정한 것이며, 부정적 정서상태(negtone, negative affective tone)는 업무수행 시 얼마나 자주 분노 또는 역겨움을 느끼는지 질문하여 측정하였다. 각 팀의 팀 성과(perform: team performance)는 팀이 얼마나 효율적이고 시간내에 업무를 달성하는지에 대한 상사의 평가이다. 마지막으로 비언어적 부정적 감정표현(negexp: nonverbal negative expressivity)은 팀구성원들이 얼마나 쉽게 자신들의 비언어적 부정적 감정을 표현하는가에 대한 상사의 평가이다. 이 데이터는 teams라는 이름으로 processR 패키지에 포함되어 있다. 이 연구의 목적은 팀구성원들의 역기능행동이 팀 성과에 미치는 부정적인 영향의 기전을 알아내는 것이다. 이 연구에서는 역기능행동(X)이 부정적 정서상태(M)로 가득찬 작업환경을 만들고 이러한 부정적 작업환경은 팀 성과를 떨어뜨린다는 매개모형을 제안하였으며, 팀구성원들이 부정적 감정표현을 조절하여(W) 다른 팀원들에게 감정을 숨김으로써 부정적 정서상태가 아닌 업무에 집중할 수 있게 한다는 조절효과를 포함시켰다. 이 연구의 개념적 모형과 통계적 모형은 다음과 같다. 프로세스 마크로 모형 14에 해당한다.

```
labels=list(X="dysfunc",M="negtone",Y="perform")
moderator=list(name="negexp",site=list("b"),pos=2)
drawConcept(labels=labels,moderator=moderator,box.col="lightcyan")
drawModel(labels=labels,moderator=moderator)
```

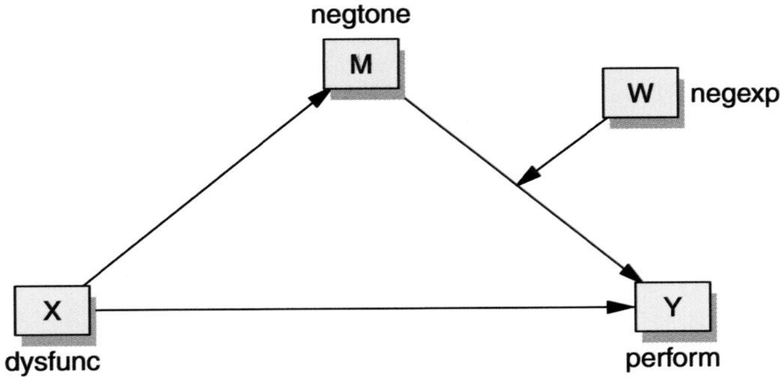

(a) 개념적 모형

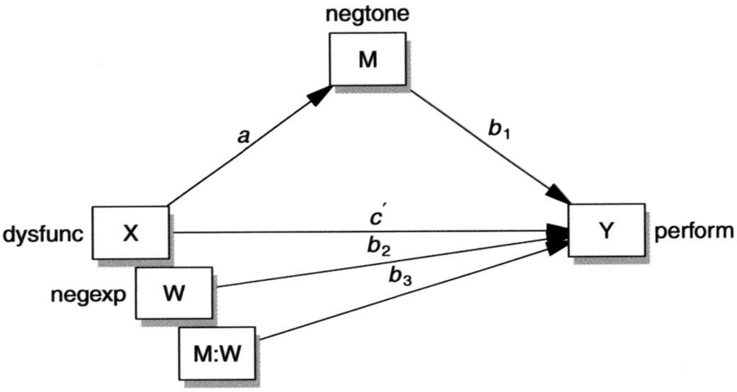

(b) 통계적 모형

그림 12.5: 역기능행동연구 모형

이 모형은 다음과 같은 두 개의 회귀식으로 나타낼 수 있다.

$$M = i_{M_1} + aX + \varepsilon_{M_1} \tag{12.10}$$
$$Y = i_Y + c'X + b_1M + b_2W + b_3MW + \varepsilon_Y \tag{12.11}$$

R을 이용하여 회귀모형을 만들면 다음과 같다.

```
fit1=lm(negtone~dysfunc, data=teams)
fit2=lm(perform~negtone*negexp+dysfunc, data=teams)
```

회귀모형을 표로 요약하면 다음과 같다.

```
modelsSummaryTable(labels=labels,moderator=moderator,data=teams)
```

표 12.1: 역기능행동연구의 회귀모형 요약

	Consequent									
		negtone(M)					perform(Y)			
Antecedent		*Coef*	*SE*	*t*	p		*Coef*	*SE*	*t*	p
dysfunc(X)	*a*	0.620	0.167	3.715	<.001	*c'*	0.366	0.178	2.059	.044
negtone(M)						b_1	-0.436	0.131	-3.338	.002
negexp(W)						b_2	-0.019	0.117	-0.163	.871
negtone:negexp(M:W)						b_3	-0.517	0.241	-2.146	.036
Constant	i_M	0.026	0.062	0.416	.679	i_Y	-0.012	0.059	-0.203	.840
Observations		60					60			
R2		0.192					0.312			
Adjusted R2		0.178					0.262			
Residual SE		0.476 (df = 58)					0.449 (df = 55)			
F statistic		F(1,58) = 13.800, p < .001					F(4,55) = 6.235, p < .001			

이 분석의 결과를 통계적 모형으로 나타내면 다음과 같다.

```
drawModel(labels=labels,moderator=moderator,data=teams,whatLabel = "est",box.col="cornsilk")
```

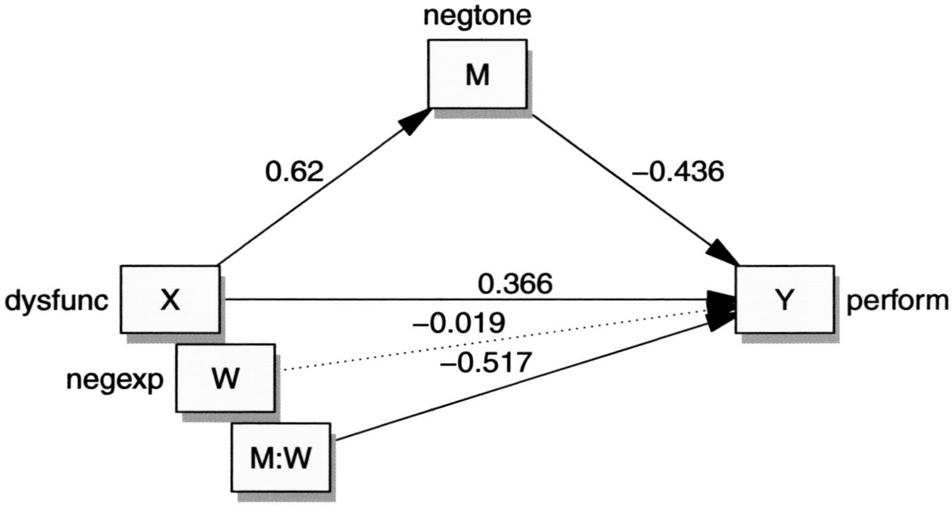

그림 12.6: 역기능행동연구의 통계적 모형

위의 표 12.1에 요약되어 있는 회귀분석의 결과를 이용하여 식 12.10과 식 12.11을 다시 써보면 다음과 같다.

$$\hat{M} = 0.026 + 0.620X$$
$$\hat{Y} = -0.012 + 0.366X - 0.436M - 0.019W - 0.517MW$$

위의 회귀분석 결과를 보면 팀원의 역기능행동이 많을수록 작업환경에서 부정적 정서상태가 많아지며($a = 0.620$) 매개변수 M과 조절변수 W의 상호작용이 통계적으로 유의하므로($b_3 = -0.517, p = .036$), 부정적 정서상태는 비언어적 부정적 감정표현에 의존하여 팀성과에 영향을 미친다고 할 수 있다. M과 W의 회귀계수는 조건부효과로 회귀계수 b_1은 비언어적 부정적 감정표현(negexp)이 0인 경우 부정적 정서상태가 팀 성과에 미치는 효과로 음의 부호를 가지며 통계적으로 0과 유의하게 다르다($b_1 = -0.436, p = .002$). 이 회귀계수는 이 연구의 negexp의 관찰범위가 0을 포함하기 때문에 실질적인 의미가 있다. 비언어적 부정적 감정표현 점수가 0이라는 것은 감정표현이 없다는 뜻이 아니고 평균($\bar{W} = -0.008$)보다 약간 높은 정도이다. 따라서 역기능행동이 일정할 때 부정적 감정표현이 평균보다 약간 높은 정도의 팀에서 보다 부정적인 정서상태는 상사에게는 팀 성과가 비교적 낮은 것으로 감지된다. 비언어적 부정적 감정표현(negexp)의 회귀계수 b_2는 부정적 정서상태가 0인 경우 비언어적 부정적 감정표현이 팀 성과에 미치는 효과이다. 부정적 정서상태 0은 관찰범위 내에 있으며 평균($\bar{M} = 0.047$)보다 약간 낮은 정도이다. 따라서 역기능행동이 일정할 때 부정적 정서상태가 평균보다 약간 낮은 정도의 팀에서 부정적인 감정표현이 보다 많은 경우 상사에게는 팀 성과가 비교적 낮은 것으로 감지된다고 할 수 있으나 이 효과는 통계적으로 유의하지 않다($b_2 = -0.019, p = 0.871$). Y를 반응변수로 하는 회귀식을 M을 중심으로 다시 써 보면 다음과 같다.

$$\hat{Y} = -0.012 + 0.366X - 0.436M - 0.019W - 0.517MW \quad (12.12)$$

$$= -0.012 + 0.366X + (-0.436 - 0.517W)M - 0.019W \quad (12.13)$$

따라서 Y에 대한 M의 효과는 W에 따라 달라지는 조건부 효과이다.

$$\theta_{M->Y} = b_1 + b_3W = -0.436 - 0.517W \quad (12.14)$$

위의 식 12.14에서 조절변수 W의 값으로 16, 50, 84번째 백분위수를 선택한 후 이를 시각화해 보면 다음과 같다.

```
condPlot(fit2,xmode=2,mode=2,xpos=0.72,rangemode=2,depM=TRUE)+
  labs(x="Negative Tone of the Work Climate(M)",
              y="Team Performance(Y)")
```

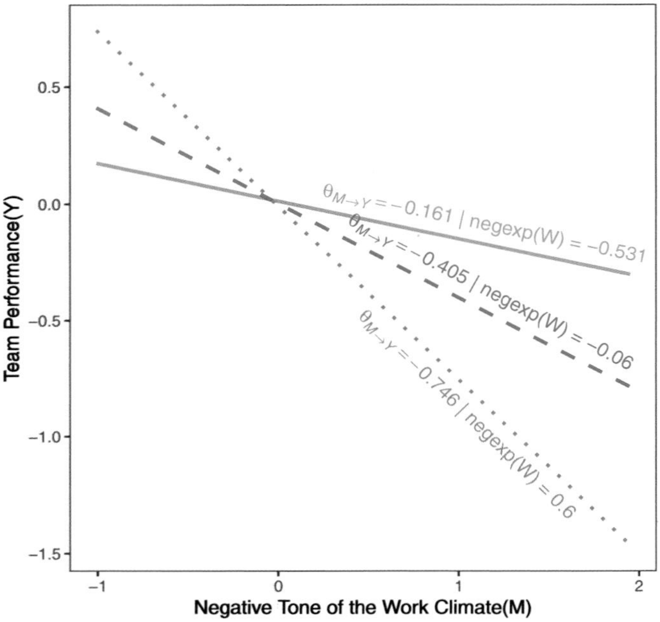

그림 12.7: 역기능행동연구의 조절효과

역기능행동이 평균 정도인 팀($\hat{X} = 0.035$)에서 부정적 정서상태의 16, 50, 84번째 백분위수를 선택한 후 낮은 정도(low negative tone, LN, $M = -0.450$), 중간(mid negative tone,MN, $M = -0.035$), 높은 정도(high negative tone, HN, $M = 0.522$)에서 팀 성과와 부정적 감정표현의 관계를 식으로 나타내보면 다음과 같다.

$$\hat{Y} = -0.012 + 0.366X - 0.436M - 0.019W - 0.517MW$$

$$\hat{Y}_{LN} = -0.012 + 0.366(0.035) - 0.436(-0.450) - 0.019W - 0.517(-0.450)W = 0.197 + 0.213W$$
$$\hat{Y}_{MN} = -0.012 + 0.366(0.035) - 0.436(-0.035) - 0.019W - 0.517(-0.035)W = 0.016 - 0.001W$$
$$\hat{Y}_{HN} = -0.012 + 0.366(0.035) - 0.436(0.522) - 0.019W - 0.517(0.522)W = -0.227 - 0.289W$$

이 결과를 시각화해 보면 다음과 같다.

```
condPlot(fit2,mode=2,xpos=0.65,rangemode=2)
```

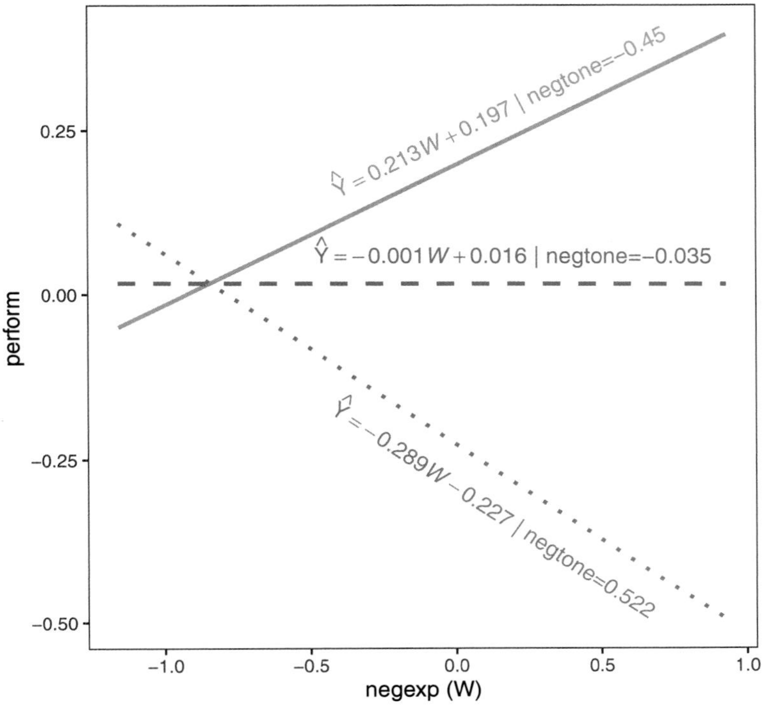

그림 12.8: 역기능행동연구의 조절효과 2

2.1 processR 패키지를 이용한 조건부 효과의 검정

processR 패키지를 이용하여 조건부 효과를 검정하기 위해 먼저 lavaan syntax를 만든다. processR 패키지에 포함되어 있는 tripleEquation함수는 조절변수의 낮은값, 중간값, 높은값을 자동으로 만들어 주는데 디폴트값(rangemode=1)으로는 평균과 평균 ± 표준편차를 만들어 주며, rangmode인수를 2로 지정해 주면 조절변수의 16, 50, 84번째 백분위수를 선택하여 조절변수의 범위를 입력해 준다.

```
labels=list(X="dysfunc",M="negtone",Y="perform",W="negexp")
moderator=list(name="negexp",site=list("b"))
model=tripleEquation(labels=labels,moderator=moderator,data=teams,
                     rangemode=2)
cat(model)
```

```
negtone~a*dysfunc
perform~c*dysfunc+b1*negtone+b2*negexp+b3*negtone:negexp
negexp ~ negexp.mean*1
negexp ~~ negexp.var*negexp
CE.MonY :=b1+b3*-0.06
```

```
indirect :=(a)*(b1+b3*-0.06)
index.mod.med :=a*b3
direct :=c
total := direct + indirect
prop.mediated := indirect / total
CE.MonY.below :=b1+b3*-0.5308
indirect.below :=(a)*(b1+b3*-0.5308)
CE.MonY.above :=b1+b3*0.6
indirect.above :=(a)*(b1+b3*0.6)
direct.below:=c
direct.above:=c
total.below := direct.below + indirect.below
total.above := direct.above + indirect.above
prop.mediated.below := indirect.below / total.below
prop.mediated.above := indirect.above / total.above
```

위에서 만든 lavaan syntax를 sem()함수에 넣어 준다. 재현 가능한 결과를 얻기 위해 set.seed 함수로 시드값을 정해 준다. 이때 부트스트랩에 의한 회귀계수의 신뢰구간을 구하기 위해 se="boot"로 지정하고 부트스트랩 횟수는 1,000회 실시한다(디폴트값, 생략 가능).

```
set.seed(1234)
semfit=sem(model=model,data=teams,se="boot")
```

이 분석의 결과를 보려면 다음과 같이 입력한다.

```
summary(semfit,ci=TRUE)
```

```
lavaan 0.6-5.1457 ended normally after 34 iterations

  Estimator                                         ML
  Optimization method                           NLMINB
  Number of free parameters                         16

  Number of observations                            60

  Model Fit Test Statistic                      16.963
  Degrees of freedom                                 4
  P-value (Chi-square)                           0.002

Parameter Estimates:

  Standard Errors                            Bootstrap
  Number of requested bootstrap draws             1000
  Number of successful bootstrap draws            1000

Regressions:
                   Estimate  Std.Err  z-value  P(>|z|) ci.lower ci.upper
  negtone ~
```

```
    dysfunc     (a)    0.620    0.222    2.794    0.005    0.213    1.075
  perform ~
    dysfunc     (c)    0.366    0.192    1.908    0.056   -0.071    0.653
    negtone    (b1)   -0.436    0.135   -3.227    0.001   -0.647   -0.102
    negexp     (b2)   -0.019    0.105   -0.182    0.856   -0.232    0.185
    ngtn:ngxp  (b3)   -0.517    0.242   -2.138    0.032   -1.094   -0.118

Covariances:
                   Estimate  Std.Err  z-value  P(>|z|) ci.lower ci.upper
  dysfunc ~~
    negtone:negexp   -0.004    0.019   -0.197    0.844   -0.039    0.034

Intercepts:
                   Estimate  Std.Err  z-value  P(>|z|) ci.lower ci.upper
    negexp   (ngx.)  -0.008    0.070   -0.120    0.905   -0.136    0.135
   .negtone           0.026    0.061    0.422    0.673   -0.088    0.151
   .perform          -0.012    0.057   -0.208    0.836   -0.122    0.100
    dysfunc           0.035    0.046    0.746    0.455   -0.054    0.127
    ngtn:ng           0.023    0.036    0.644    0.520   -0.047    0.099

Variances:
                   Estimate  Std.Err  z-value  P(>|z|) ci.lower ci.upper
    negexp   (ngx.)   0.291    0.039    7.388    0.000    0.212    0.371
   .negtone           0.219    0.052    4.254    0.000    0.121    0.323
   .perform           0.185    0.033    5.571    0.000    0.106    0.235
    dysfunc           0.136    0.027    4.982    0.000    0.084    0.196
    ngtn:ng           0.076    0.027    2.816    0.005    0.028    0.136

Defined Parameters:
                   Estimate  Std.Err  z-value  P(>|z|) ci.lower ci.upper
    CE.MonY          -0.405    0.143   -2.835    0.005   -0.623   -0.041
    indirect         -0.251    0.118   -2.131    0.033   -0.477   -0.018
    index.mod.med    -0.320    0.186   -1.723    0.085   -0.762   -0.039
    direct            0.366    0.192    1.907    0.056   -0.071    0.653
    total             0.115    0.194    0.595    0.552   -0.319    0.431
    prop.mediated    -2.177   83.002   -0.026    0.979  -12.774   13.863
    CE.MonY.below    -0.161    0.228   -0.709    0.478   -0.517    0.419
    indirect.below   -0.100    0.147   -0.682    0.495   -0.350    0.259
    CE.MonY.above    -0.746    0.142   -5.267    0.000   -1.051   -0.489
    indirect.above   -0.462    0.170   -2.716    0.007   -0.817   -0.155
    direct.below      0.366    0.192    1.907    0.056   -0.071    0.653
    direct.above      0.366    0.192    1.907    0.056   -0.071    0.653
    total.below       0.266    0.199    1.339    0.181   -0.217    0.583
    total.above      -0.096    0.246   -0.391    0.696   -0.637    0.323
    prop.medtd.blw   -0.376 2613.283   -0.000    1.000   -4.236    6.604
    prop.meditd.bv    4.804   68.694    0.070    0.944  -28.038   35.461
```

이 중 회귀분석 부분을 표로 나타내면 다음과 같다.

```
estimatesTable2(semfit,digits=3)
```

표 12.2: 역기능행동연구의 회귀분석 결과 요약

Variables	Predictors	label	B	SE	z	p	β
negtone	dysfunc	a	0.620	0.222	2.794	0.005	0.438
perform	dysfunc	c	0.366	0.192	1.908	0.056	0.271
perform	negtone	b1	-0.436	0.135	-3.227	0.001	-0.456
perform	negexp	b2	-0.019	0.105	-0.182	0.856	-0.021
perform	negtone:negexp	b3	-0.517	0.242	-2.138	0.032	-0.286

이 표의 회귀분석 결과와 표 12.1의 회귀분석 결과를 비교해 보면 회귀계수는 같으나 p값은 달라진 것을 알 수 있다. 표 12.2는 표준오차를 부트스트랩에 의해 구한 후 회귀계수의 추정치(B)를 표준오차(SE)로 나누어 z통계량을 계산하고, z통계량에 대한 양측검정 p값은 표준정규분포로부터 통상적인 방법으로 얻은 것이다.

2.2 간접효과 및 직접효과의 추론

2.3 직접효과의 추론

이 모형에서 직접효과는 역기능행동이 팀 성과에 미치는 효과로 $c' = 0.366$이다. 직접효과는 조절되지 않으므로 $c' = 0$이라는 영가설은 기각된다($p = 0.044$, 표 12.1 참조). 부정적 정서상태와 비언어적 부정적 감정표현이 일정하다면 역기능행동이 보다 많은 팀의 팀 성과가 상대적으로 우수하다고 할 수 있다. 이러한 결과는 직관과는 반대라고 느낄 수 있는데, 다음과 같이 설명 가능하다. 예를 들어, 어떤 팀에서 역기능행동이 많다는 것은 역기능행동이 적은 팀에 비해 업무능력이나 야망 또는 경쟁력의 차이를 반영하는 것일 수 있으며, 역기능행동이 다른 팀원을 방해하더라도 업무능력이 뛰어난 팀원이 많기 때문에 팀 성과가 우수할 수 있다.

2.4 간접효과의 추론

이 모형에서 간접효과는 $X->M$경로 및 $M->Y$경로의 곱으로 나타낼 수 있으며 $X->M$경로는 M에 대한 X의 효과로 식 12.10의 회귀계수 a이다. Y에 대한 M의 효과는 조절변수 W에 의해 조절되는 조건부 효과로 $\theta_{M->Y} = b_1 + b_3W$로 추정할 수 있다. 따라서 Y에 대한 X의 간접효과는 두 경로의 곱이며 다음 식으로 추정할 수 있다.

$$a\theta_{M->Y} = a(b_1 + b_3W) = ab_1 + ab_3W \quad (12.15)$$
$$= 0.620(-0.436 - 0.517W) = -0.270 - 0.320W \quad (12.16)$$

식 12.15에서 간접효과는 W의 일차함수 형태로 나타낼 수 있으며 그 기울기는 ab_3이다. 이것을 Hayes(2015)는 조절된 매개지수(index of moderated mediation)라고 명명하였다. 이 기울기는 그림 12.9의 빨간색 점선의 기울기이다. 만일 이 기울기가 0이라면($ab_3 = 0$) 간접효과는 조절변수 W와 관련이 없다는 뜻이다. 만일 기울기가 0이 아니라면($ab_3 \neq 0$) 간접효과는 조절변수 W에 따라 달라지므로 매개효과는 조절된다. 따라서 조절된 매개는 조절된 매개지수가 0과 다른지 추론함으로써 검정할 수 있다. 조절된 매개지수는 회귀계수들의 곱으로 계산되는데, 이 값의 표본분포는 정규분포를 따르지 않고 있으므로 부트스트랩 신뢰구간을 사용해 검정할 수 있다. 간접효과를 추론하는 방법은 정규이론방법과 부트스트랩 신뢰구간 방법이 있다. 정규이론방법은 간접효과의 추정량을 표준오차로 나누어 z통계량을 계산하고 z통계량에 대한 양측검정 p값을 표준정규분포로부터 얻는 방법이다. 하지만 이 방법은 단순매개모형과 다중매개모형에서 소벨검정과 동일한 한계성을 내포하고 있다. 즉, 조건부 간접효과는 정규분포하는 회귀계수들의 곱으로 계산되는데, 이 값의 표본분포는 정규분포를 따르지 않고 있다. 또한 Preacher 등(2007)은 시뮬레이션을 통해 정규이론방법이 부트스트랩 신뢰구간 방법보다 검정력이 낮다는 것을 보여주었다. 따라서 정규이론방법보다는 부트스트랩 신뢰구간 방법의 사용이 권장된다.

분석 결과 중 매개 및 조절 분석 결과를 표로 요약해 보면 다음과 같다.

```
medSummaryTable(semfit)
```

표 12.3: 역기능행동연구의 매개 및 조절분석 결과 요약

Effect	Equation	estimate	95% Bootstrap CI
CE.MonY	b1+b3*-0.06	-0.405	(-0.623 to -0.041)
indirect	(a)*(b1+b3*-0.06)	-0.251	(-0.477 to -0.018)
index.mod.med	a*b3	-0.320	(-0.762 to -0.039)
direct	c	0.366	(-0.071 to 0.653)
total	direct+indirect	0.115	(-0.319 to 0.431)
prop.mediated	indirect/total	-2.177	(-12.774 to 13.863)
CE.MonY.below	b1+b3*-0.5308	-0.161	(-0.517 to 0.419)
indirect.below	(a)*(b1+b3*-0.5308)	-0.100	(-0.350 to 0.259)
CE.MonY.above	b1+b3*0.6	-0.746	(-1.051 to -0.489)
indirect.above	(a)*(b1+b3*0.6)	-0.462	(-0.817 to -0.155)
direct.below	c	0.366	(-0.071 to 0.653)
direct.above	c	0.366	(-0.071 to 0.653)
total.below	direct.below+indirect.below	0.266	(-0.217 to 0.583)
total.above	direct.above+indirect.above	-0.096	(-0.637 to 0.323)
prop.mediated.below	indirect.below/total.below	-0.376	(-4.236 to 6.604)
prop.mediated.above	indirect.above/total.above	4.804	(-28.038 to 35.461)

boot.ci.type = perc

위의 표에서 index.mod.med로 표시된 부분이 조절된 매개지수이며 조절된 매개지수와 부트스트랩에 의한 95% 신뢰구간이 같이 제시되고 있다. 조절된 매개지수의 95% 신뢰구간이 0을 포함하고 있지 않으므로 간접효과는 조절변수 W에 따라 달라지며 매개효과는 조절된다고 할 수 있다.

분석 결과 중 조절변수의 값에 따른 직접효과 및 간접효과의 부트스트랩 신뢰구간을 정리해 보면 다음과 같다.

```
modmedSummaryTable(semfit)
```

표 12.4: 역기능행동연구의 직접 및 간접효과 요약

	Indirect Effect (a)*(b1+b3*W)		Direct Effect c	
negexp(W)	estimate	95% Bootstrap CI	estimate	95% Bootstrap CI
-0.531	-0.100	(-0.350 to 0.259)	0.366	(-0.071 to 0.653)
-0.060	-0.251	(-0.477 to -0.018)	0.366	(-0.071 to 0.653)
0.600	-0.462	(-0.817 to -0.155)	0.366	(-0.071 to 0.653)

boot.ci.type = perc

위의 표에서는 비언어적 부정적 감정표현이 낮은 경우(16번째 백분위수, $W = -0.531$)와 중간 정도(50번째 백분위수, $W = -0.060$) 및 높은 경우(84번째 백분위수, $W = 0.600$)의 간접효과의 95% 신뢰구간이 제시되고 있다. 비언어적 부정적 감정표현이 낮은 팀의 경우 95% 신뢰구간이 0을 포함하고 있으나 비언어적 부정적 감정표현이 중간 정도 또는 높은 경우에는 95% 신뢰구간이 모두 0보다 낮다. 이 결과는 비언어적 부정적 감정표현이 적어도 중등도 이상인 팀에서 간접효과가 음수라는 주장을 지지한다. 우연은 간접효과의 추정치와 0의 차이를 설명하지 못한다. 이상의 조건부과정분석 결과는 역기능행동의 결과로 부정적 정서상태에 반응하여 팀원들이 부정적 감정표현을 하는 경우 팀 성과가 감소된다는 주장과 일치한다. 하지만 팀원들이 역기능행동 때문에 괴롭다는 것을 숨기는 경우 팀 성과에 대한 영향은 덜하다. 하지만 역기능행동의 팀 성과에 대한 직접효과는 부정적 정서상태와 부정적 감정표현으로 설명되는 부분을 제외하면 양수이기 때문에 역기능행동이 팀 성과를 떨어뜨린다고 결론 내린다면 이것은 틀린 것이다. 역기능행동이 팀 성과를 감소시키느냐 또는 증가시키느냐는 직접효과와 간접효과의 균형에 따라 달라진다.

2.5 직접효과 및 간접효과의 시각화

이 모형의 분석 결과 중 직접효과 및 간접효과는 다음과 같이 시각화할 수 있다.

```
conditionalEffectPlot(semfit,data=teams)+ylim(c(-0.6,0.4))
```

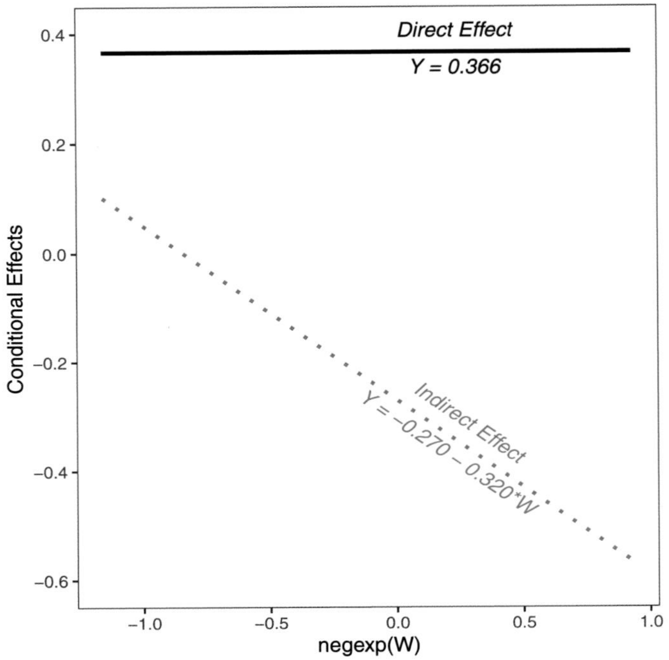

그림 12.9: 역기능행동연구의 직접 및 간접효과

제13장 조건부과정분석의 확장

이번 장에서는 전 장에 이어 조건부과정분석의 확장된 예를 다루고자 한다. 이번 예는 단순매개모형에서의 직접효과 및 간접효과가 모두 조절변수에 의해 조절되는 조금 복잡한 모형을 분석하고자 한다. $X \rightarrow M \rightarrow Y$의 간접효과가 조절되는 경우에 조절된 매개(moderated mediation)라고 할 수 있다. 이와 비슷한 용어로 매개된 조절(mediated moderation)이 있는데, 이는 독립변수(X)와 조절변수 (W)의 상호작용(XW)이 조절변수(M)를 경유하여 종속변수(Y)에 미치는 효과를 의미한다($XW \rightarrow M \rightarrow Y$). 본 장에서는 조절된 매개와 함께 매개된 조절을 분석하고 그 문제점에 대하여도 알아보고자 한다.

0.1 사용하는 패키지

이번 장에서는 다음과 같은 패키지를 사용한다.

```
require(processR)
require(lavaan)
require(ggplot2)
```

제 1 절 disaster 데이터를 이용한 조건부과정분석(모형 8)

이번 장에서 다룰 데이터는 제8장의 조절효과 분석에서 다루었던 disaster 데이터이다. 이 데이터는 211명의 참가자에게 아프리카의 심한 가뭄으로 인한 기아상태에 관한 글을 읽게 하였는데 약 반의 참가자에게는 기후변화에 따른 가뭄에서 기인한 것이라는 정보를 주었고(frame=1, 기후변화), 나머지 반에게는 가뭄에 기후변화와 관계있다는 정보를 주지 않았다(frame=0, 자연발생). 이 글을 읽은 후에 참가자들에게 피해자들에 대한 원조를 중단하는 것이 정당한지에 대한 여러 질문을 하였고 이들 질문들에 대한 반응을 모아 justify변수에 입력하였는데, justify점수가 높을수록 피해자에 대한 원조는 정당하지 않다고 느끼는 것이다. 또한 기후변화가 실존하는지에 대한 질문들에 대한 대답들을 모아 skeptic(climate change skepticism, 기후변화에 대한 회의적인 태도)변수에 기록하였는데, 점수가 높을수록 보다 회의적인 태도를 취하는 것을 뜻한다. 또한 희생자들에게 기부할 의사가 있는지 묻는 질문들에 대한 대답을 donate 변수에 기록하였는데, 점수가 높을수록 기부할 의사가 많다는 것을 뜻한다.

1.1 조절 모형 분석

조건부과정분석에 앞서 먼저 frame을 독립변수로 donate를 종속변수로 하는 모형에 skeptic을 조절변수로 추가한 조절모형을 생각해 보자.

```
labels=list(X="frame",W="skeptic",Y="donate")
pmacroModel(1,labels=labels,ylim=c(0.3,0.9))
statisticalDiagram(1,labels=labels)
```

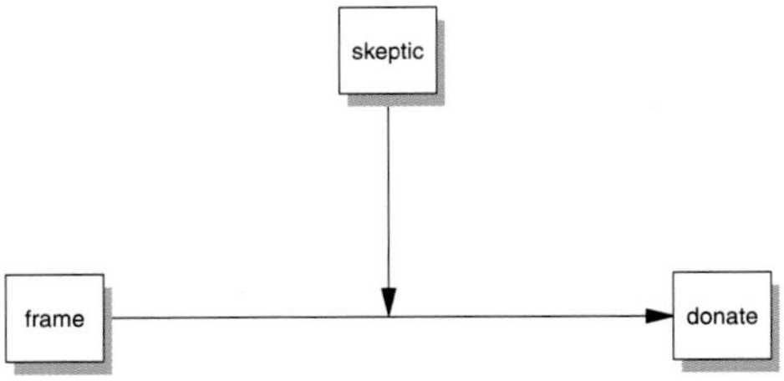

(a) 개념적 모형

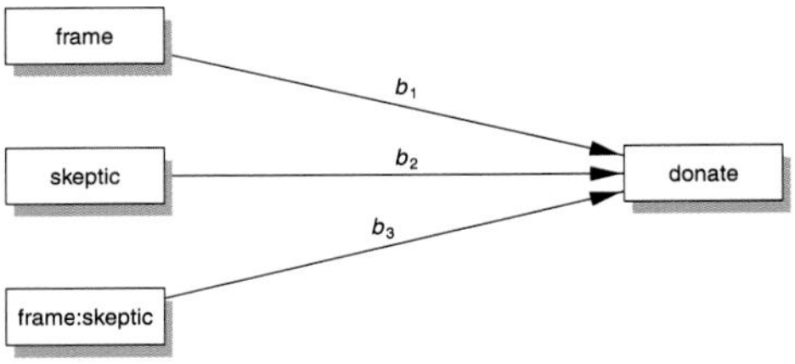

(b) 통계적 모형

그림 13.1: 조절모형

이 모형은 R을 이용해 다음과 같이 만들 수 있다.

```
fit=lm(donate ~ frame * skeptic, data=disaster)
```

이 모형의 회귀계수를 요약해 보면 다음과 같다.

```
modelsSummary2Table(fit,labels=labels,autoPrefix=FALSE)
```

표 13.1: disaster 데이터의 조절모형 요약

		Coef	*SE*	*t*	*p*
Constant	i_Y	5.029	0.226	22.223	<.001
frame(X)	b_1	0.679	0.331	2.053	.041
skeptic(W)	b_2	-0.140	0.058	-2.410	.017
frame:skeptic(X:W)	b_3	-0.171	0.084	-2.034	.043
					R2 = 0.134, MSE =1.524 F(3,207) = 10.709, p < .001

이 모형을 회귀식으로 나타내 보면 다음과 같다.

$$Y = i_Y + b_1X + b_2W + b_3XW + \varepsilon_Y$$
$$\hat{Y} = 5.029 + 0.679X - 0.140W - 0.171XW \tag{13.1}$$

이 회귀모형에서 XW의 회귀계수 $b_3 = -0.171$이며 통계적으로 의미 있다($p = .043$).

이 모형의 조절효과는 다음과 같이 시각화할 수 있다.

```
condPlot(fit,xpos=c(0.7,0.55),rangemode=2,vjust=c(1.3,-1),
        labels=c("Climate change(X=1)","Natural causes(X=0)"))
```

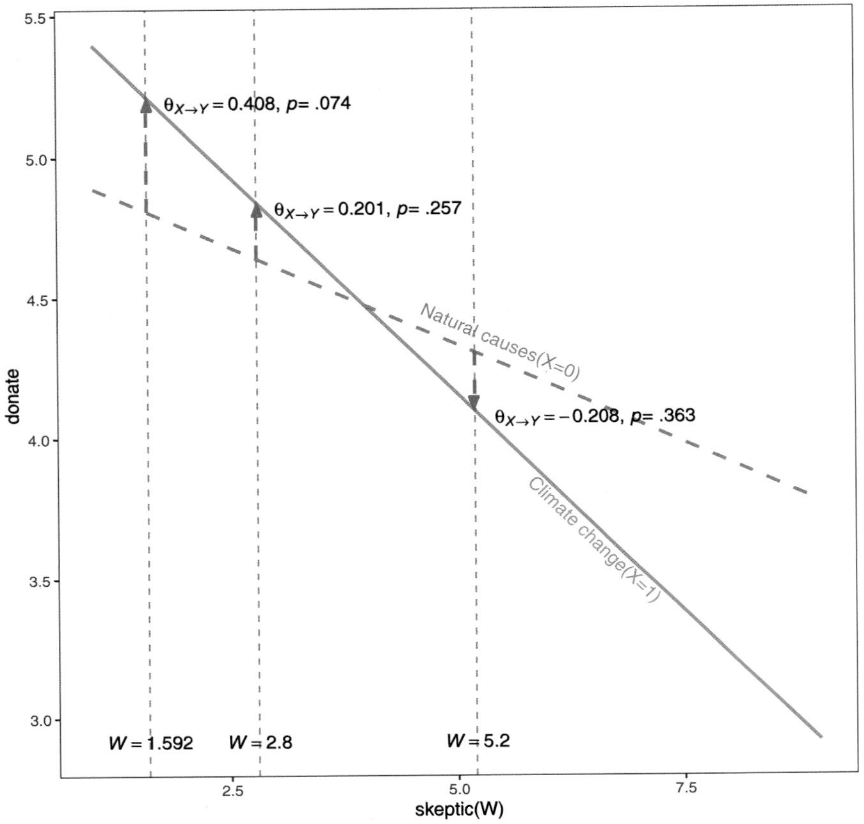

그림 13.2: 기후변화에 대한 회의적인 태도가 낮은 경우, 중간, 높은 경우의 가뭄의 원인에 대한 정보제공이 기부의사에 미치는 조건부 효과

그림 13.2에서 보는 바와 같이 기후변화에 대한 회의적인 태도(skeptic)가 낮은 경우 가뭄의 원인이 기후변화라는 정보를 제공하면 희생자에 대한 기부의사가 증가하는 것으로 보이지만, 기후변화에 대한 회의적인 태도가 높은 경우에는 오히려 반대의 경향을 보인다. 하지만 그림에서 보는 바와 같이 특정값 선택방법에 의해 기후변화에 대한 회의적인 태도가 16, 50, 84번째 백분위수인 경우를 선택한 경우 조건부 효과는 어느 경우에도 유의하지 않았다.

존슨-네이만 방법을 써서 분석한 결과는 다음 그림과 같다.

```
jnPlot(fit)
```

```
JOHNSON-NEYMAN INTERVAL

When skeptic is OUTSIDE the interval [0.790, 25.715], the slope of
frame is p < .05.

Note: The range of observed values of skeptic is [1.000, 9.000]
```

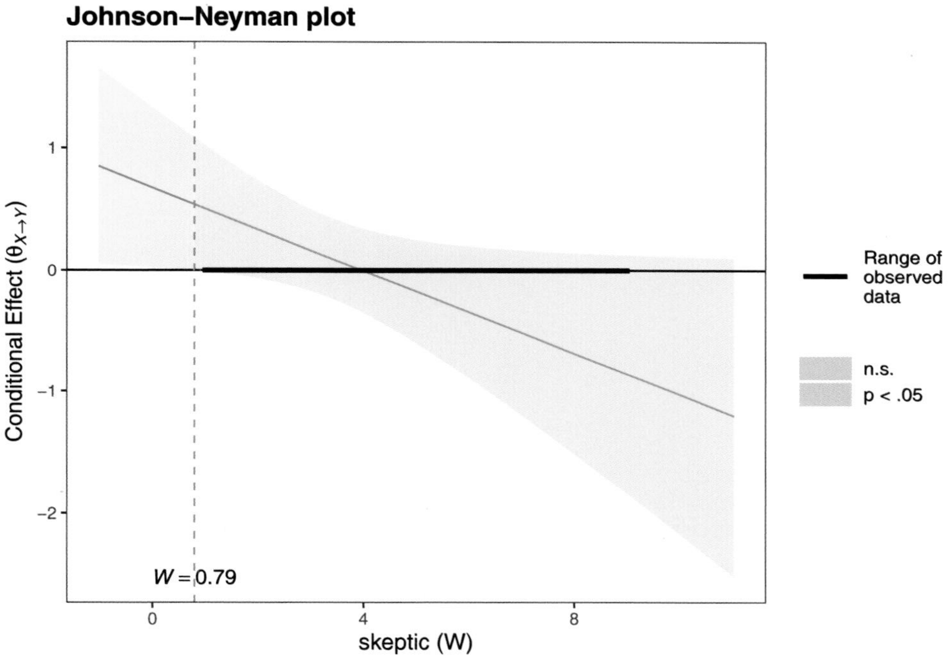

그림 13.3: Johnson-Neyman Plot

위의 그림 13.3에서 보는 바와 같이 데이터에 포함되어 있는 skeptic변수의 범위는 1에서 9 사이이나 통계적으로 유의한 존슨-네이만 간격은 0.79 이하 또는 27.715이상으로 데이터의 범위 안에서 조건부 효과가 유의한 범위는 없었다. 바꿔 얘기하면 데이터의 범위 안에서 X의 효과가 통계적으로 의미 있는 조절변수 W의 값은 존재하지 않는다. 이런 경우에는 Y에 대한 X의 효과가 W에 의해 조절된다고 할 수 없으며, 우리가 내릴 수 있는 유일한 결론은 가뭄에 원인에 대한 정보제공이 희생자에 대한 기부의사에 일부 영향을 미친다는 것이다.

1.2 매개모형 분석

다음으로 우리가 살펴볼 것은 가뭄의 원인에 대한 정보제공이 기부의사에 미치는 효과가 희생자에게 원조를 제공하는 것이 정당한가 하는 개인의 믿음에 영향을 주어 나타나는 것이 아닌가 하는 매개모형이다. 만일 어떤 사람이 기후변화에 의한 가뭄의 희생자는 (그들의 운명이 그렇기 때문에 혹은 원조가 도움이 되지 않을 것이다 등) 도움을 받을 만하지 않다고 느낀다면 자연적인 원인에 의한 가뭄에 비해 기부하고자 하는 마음을 감소시킬 것이다. 이것은 매개가설로 가뭄의 원인에 대한 정보제공이 원조중단의 정당화 강도를 매개로 하여 기꺼이 기부하고자 하는 마음에 간접적인 효과를 나타낸다는 가설을 제시하는 것이다. 이 매개모형의 통계적 모형은 다음과 같다.

```
labels=list(X="frame",M="justify",Y="donate")
statisticalDiagram(4,labels=labels)
```

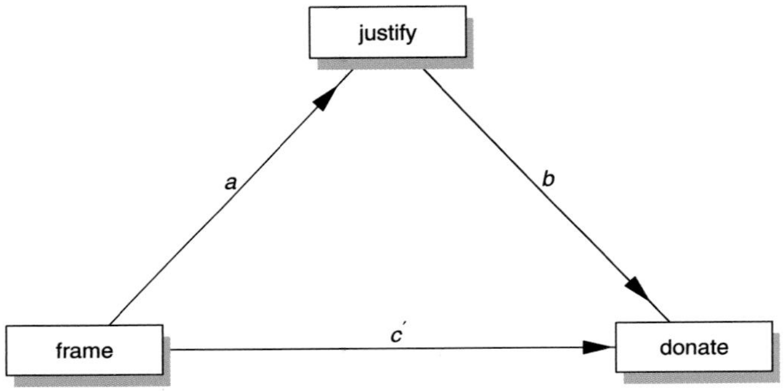

그림 13.4: 매개모형

이 모형을 R을 이용하여 분석하면 다음과 같다.

```
result=mediationBK(labels=labels,data=disaster)
modelsSummaryTable(result$fit,labels=labels)
```

표 13.2: disaster 데이터의 매개모형 요약

		Consequent													
		donate(Y)					justify(M)					donate(Y)			
Antecedent		*Coef*	*SE*	*t*	p		*Coef*	*SE*	*t*	p		*Coef*	*SE*	*t*	p
frame(X)	*c*	0.084	0.182	0.461	.645	*a*	0.134	0.128	1.049	.295	*c'*	0.212	0.135	1.565	.119
justify(M)											*b*	-0.953	0.073	-13.065	<.001
Constant	i_Y	4.564	0.126	36.267	<.001	i_M	2.802	0.089	31.623	<.001	i_Y	7.235	0.225	32.180	<.001
Observations		211					211					211			
R2		0.001					0.005					0.451			
Adjusted R2		-0.004					0.000					0.446			
Residual SE		1.320 (df = 209)					0.929 (df = 209)					0.980 (df = 208)			
F statistic		F(1,209) = 0.213, p = .645					F(1,209) = 1.100, p = .295					F(2,208) = 85.538, p < .001			

회귀모형을 회귀식으로 나타내면 다음과 같다.

$$\hat{M} = 2.802 + 0.134X \tag{13.2}$$

$$\hat{Y} = 7.235 + 0.212X - 0.953M \tag{13.3}$$

분석 결과를 통계적 모형으로 나타내면 다음과 같다.

```
plot(result,type=1,ylim=c(0.3,0.6))
plot(result)
```

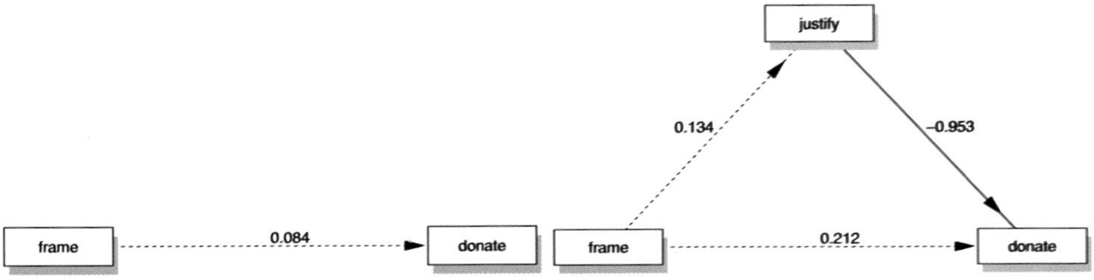

(a) 전체효과 (b) 직접 및 간접효과

그림 13.5: 매개모형의 통계적 모형

이 매개모형의 간접효과를 부트스트랩에 의해 구하기 위해 lavaan 패키지를 이용해 분석하려면 다음과 같이 한다.

```
model=tripleEquation(labels=labels,data=disaster)
set.seed(1234)
semfit=sem(model=model,data=disaster,se="boot")
```

이 분석 결과 중 매개효과를 요약해 보면 다음과 같다.

```
medSummaryTable(semfit)
```

표 13.3: 부트스트랩에 의한 직접 및 간접효과의 신뢰구간

Effect	Equation	estimate	95% Bootstrap CI
indirect	(a)*(b)	-0.128	(-0.362 to 0.103)
direct	c	0.212	(-0.044 to 0.477)
total	direct+indirect	0.084	(-0.291 to 0.436)
prop.mediated	indirect/total	-1.527	(-12.990 to 11.771)

boot.ci.type = perc

위의 표 13.3에 의해 가뭄의 원인에 대한 정보제공이 원조중단의 정당화를 매개로 하여 기꺼이 기부하고자 하는 마음에 미치는 간접적인 효과는 -0.128이다. 간접효과가 음수인 것은 가뭄의 원인이 기후변화에 의한 것이라고 들은 참가자들이 가뭄의 원인이 자연발생적이라고 들은 참가자들에 비해 원조중단을 보다 정당하다고 느꼈으며($a = \bar{M}_{climate\,change} - \bar{M}_{natural\,cause} = 0.134$), 이러한 원조중단의 정당화는 기부하고자 하는 마음을 감소시켰기 때문이다($b = -0.953$). 하지만 간접효과의 부트스트랩 신뢰구간이 0을 포함하기 때문에 간접효과의 크기가 0이 아니라고 할 수 없으며 부호가 양수인지 음수인지도 말할 수 없다. 또한 가뭄의 원인에 대한 정보제공이 기부하고자 하는 마음에 미치는 간접효과는 통계적으로 유의하지 않다고 할 수 있다. 이러한 결과는 가뭄의 원인에 대한 정보가 기부하고자 하는 마음에 미치는 효과를 원조중단의 정당화 강도가 매개한다는 주장을 뒷받침하지 못한다. 하지만 이러한 단순매개분석 결과는 몇가지 만족스럽지 못한 점이 있다. 먼저 이번 장 초반에 다루었던 조절효과를 무시하는 결과이다. 즉, 조절모형에서는 가뭄의 원인에 대한 정보제공이 원조하고자 하는 마음에 미치는 효과를 기후변화에 대한 회의적인 태도가 조절한다는 결과를 보였다. 또한 제6장의 분석 결과에서 기후변화에 대한 회의적인 태도를 갖는 사람들은 가뭄의 원인이 기후변화에 의한 것이라고 들은 경우 원조중단에 대한 정당화 점수가 유의하게 높았으며 반대의 경우, 즉 기후변화가 실존한다고 믿는 사람들에서는 가뭄의 원인이 기후변화라고 들은 경우 원조중단에 대한 정당화 점수가 낮았다. 하지만 단순매개분석 결과에서는 가뭄의 원인에 대한 정보 X가 원조중단의 정당화 M에 미치는 효과에서 이러한 차이는 고려되지 않았다.

1.3 조건부과정모형에서 직접 및 간접효과의 조절

이번 절에서는 제 6장에서 다루었던 조절모형과 앞 절에서 다루었던 조절모형 및 매개모형 등 세 개의 모형을 하나의 조건부과정모형으로 통합시켜 분석하고자 한다. 이 모형은 프로세스 마크로 모형 8에 해당한다.

```
labels1=list(X="frame",W="skeptic",Y="donate")
pmacroModel(1,labels=labels1)
labels2=list(X="frame",M="justify",Y="donate")
pmacroModel(4,labels=labels2)
labels3=list(X="frame",W="skeptic",Y="justify")
pmacroModel(1,labels=labels3)
labels=list(X="frame",M="justify",W="skeptic",Y="donate")
pmacroModel(8,labels=labels)
```

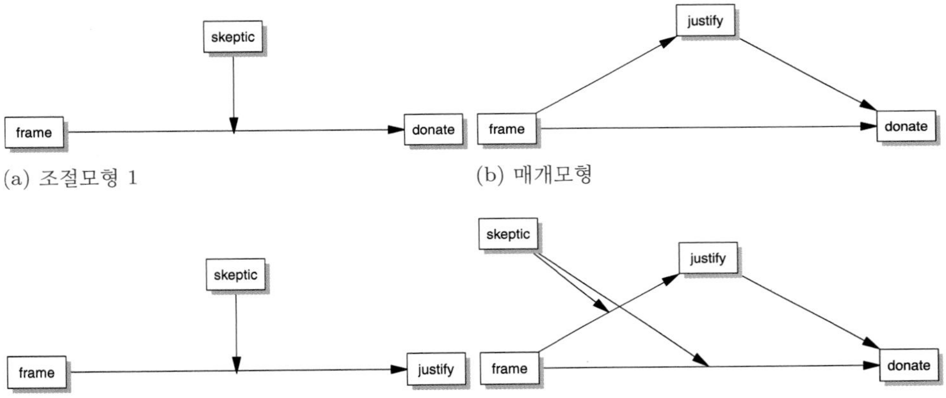

(a) 조절모형 1　(b) 매개모형　(c) 조절모형 2　(d) 조건부과정모형

그림 13.6: 세개의 조절 및 매개모형을 통합한 하나의 조건부과정모형

다음은 이 조건부과정모형의 통계적 모형이다.

```
statisticalDiagram(8,labels=labels)
```

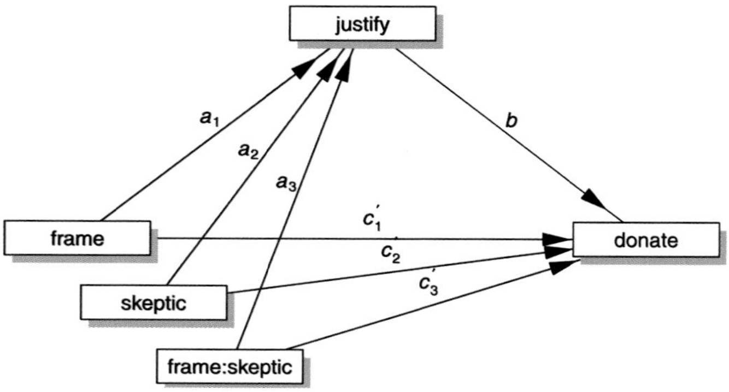

그림 13.7: 조건부과정모형의 통계적 모형

이 모형을 회귀식으로 나타내면 다음과 같은 두 개의 회귀식으로 나타낼 수 있다.

$$M = i_M + a_1X + a_2W + a_3XW + \varepsilon_M \quad (13.4)$$

$$Y = i_Y + c'_1X + c'_2W + c'_3XW + bM + \varepsilon_Y \quad (13.5)$$

R을 이용하여 회귀분석을 할 때 tripleEquation()함수를 이용하면 회귀모형을 쉽게 만들 수 있다. 이 함수를 사용할 때 mode=1로 주면 lm()함수에서 사용하는 회귀식을 얻을 수 있다.

```
labels=list(X="frame",M="justify",W="skeptic",Y="donate")
moderator=list(name="skeptic",site=list(c("a","c")))
equation=tripleEquation(labels=labels,moderator=moderator,mode=1)
cat(equation)
```

```
justify~frame+skeptic+frame:skeptic
donate~frame+skeptic+frame:skeptic+justify
```

이 회귀식을 이용하여 회귀모형의 리스트를 만든다.

```
fit=eq2fit(equation,data=disaster)
```

회귀모형 결과를 요약하면 다음과 같다.

```
modelsSummaryTable(fit,labels=labels)
```

표 13.4: 조건부과정모형의 회귀계수 요약

Antecedent		Consequent								
		justify(M)					donate(Y)			
		Coef	*SE*	*t*	p		*Coef*	*SE*	*t*	p
frame(X)	a_1	-0.562	0.218	-2.581	.011	c'_1	0.160	0.268	0.599	.550
skeptic(W)	a_2	0.105	0.038	2.756	.006	c'_2	-0.043	0.047	-0.907	.365
frame:skeptic(X:W)	a_3	0.201	0.055	3.640	<.001	c'_3	0.015	0.069	0.217	.829
justify(M)						b	-0.923	0.084	-10.981	<.001
Constant	i_M	2.452	0.149	16.449	<.001	i_Y	7.291	0.274	26.642	<.001
Observations		211					211			
R2		0.246					0.454			
Adjusted R2		0.235					0.443			
Residual SE		0.813 (df = 207)					0.983 (df = 206)			
F statistic		F(3,207) = 22.543, p < .001					F(4,206) = 42.816, p < .001			

위의 회귀분석 결과에서 구한 회귀계수를 이용하여 통계적 모형을 그려 보면 다음과 같다.

```
drawModel(fit,labels=labels,whatLabel="est")
```

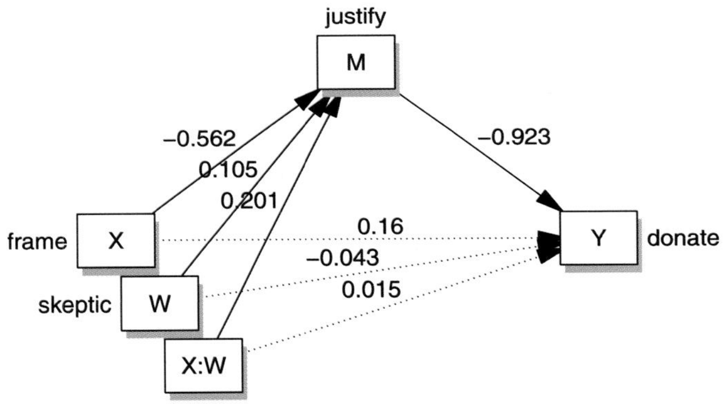

그림 13.8: 조건부과정모형의 통계적 모형

위의 표 13.4의 회귀계수를 이용하여 식 13.4와 식 13.5를 다시 써 보면 다음과 같다.

$$\hat{M} = 2.452 - 0.562X - 0.105W + 0.201XW \tag{13.6}$$

$$\hat{Y} = 7.291 + 0.160X - 0.043W + 0.015XW - 0.923M \tag{13.7}$$

위의 표 13.4에 있는 회귀계수 중 일부는 매개변수(W)인 skeptic의 척도 때문에 실질적인 해석이 불가능하다. 독립변수 X(frame)의 회귀계수인 a_1과 c'_1은 매개변수 $W = 0$일 때 의미가 있는 회귀계수로 이 데이터의 W의 범위를 벗어난다. 이 모형을 분석하기 전에 skeptic변수를 평균중심화했다면 a_1과 c'_1은 기후변화에 대해 평균적인 회귀적인 태도를 갖는 사람들에서 가뭄의 원인에 대한 정보제공의 효과의 추정치가 되며 실질적인 의미가 있으며 해석 가능할 것이다. 하지만 a_2과 c_2'는 $X = 0$일때 W의 조건부 효과로 해석이 가능하며 실질적인 의미가 있다. 회귀계수 a_2는 가뭄의 원인이 자연발생적이라고 들은 사람들($X = 0$)에서 기후변화에 대한 회의적인 태도가 원조중단의 정당화 점수에 미치는 효과이며, c_2'는 같은 사람들에서 기후변화에 대한 회의적인 태도가 기부하고자 하는 마음에 미치는 효과이다. 이 장에서는 평균중심화를 하지 않았는데, 이 분석의 목적이 조건부 직접효과 및 간접효과의 추정 및 해석에 있으므로 조건부 직접효과 및 간접효과는 평균중심화 여부에 관계없이 같은 결과를 보이기 때문이다.

1.4 직접효과 및 간접효과의 추정

1.4.1 조건부 간접효과의 추정

이 모형에서 간접효과는 $X \to M$경로와 $M \to Y$경로의 곱으로 추정할 수 있다. 먼저 $X \to M$경로의 회귀식은 다음과 같다.

$$\begin{aligned} \hat{M} &= i_M + a_1X + a_2W + a_3XW \\ &= i_M + (a_1 + a_3W)X + a_2W \end{aligned}$$

위 식에서 M에 대한 X의 조건부 효과는 다음과 같다.

$$\theta_{X \to M} = a_1 + a_3W \tag{13.8}$$

이때 회귀계수 $a_3 = 0.201, p < .001$로 통계적으로 0과 다르므로 X의 M에 대한 효과는 W의 값에 따라 달라지는 조건부 효과라고 할 수 있다. 여기서 a_3는 X의 M에 대한 효과와 W사이의 선형적 관계를 정량화해 준다. 하지만 a_3는 M을 매개로 하는 Y에 대한 X의 효과인 간접효과의 관계를 정량화하지 못하므로 a_3가 통계적으로 0과 유의하게 다르다는 것은 X의 간접효과에 대하여는 아무것도 얘기해 주지 않는다.
간접효과의 두 번째 경로인 $M \to Y$경로는 조절되지 않는 경로로 회귀식 13.7에서 회귀계수 $b = -0.923$이다. 이 회귀계수는 원조중단이 정당하다고 보다 강하게 느끼는 사람은 희생자에게 기꺼이 기부하고자 하는 마음이 보다 적어진다는 것을 뜻하며, 통계적으로 유의하지만 b는 Y에 대한 X의 간접효과와는 관계가 없다. M을 매개로 하는 Y에 대한 X의 간접효과는 두 경로의 곱으로 이루어진다.

$$\theta_{X\to M}b = (a_1 + a_3W)b = a_1b + a_3bW \quad (13.9)$$
$$= (-0.562 + 0.201W)(-0.923) = 0.519 - 0.186W \quad (13.10)$$

위의 식 13.10은 가뭄의 원인에 대한 정보가 원조중단의 정당화 점수를 매개로 하여 기부하고자 하는 마음에 미치는 간접효과를 정량화한 것으로, 이 값은 기후변화에 대한 회의적인 태도의 일차함수가 된다. 이 값은 하나의 고정된 숫자가 아니며 W의 값을 선택하여 계산하면 그 값에 해당하는 X의 간접효과를 얻을 수 있다.

1.4.2 조건부 직접효과의 추정

경로 $X \to Y$에는 W가 조절변수로 작용한다. 따라서 Y에 대한 X의 조건부 직접효과는 다음과 같다.

$$\theta_{X\to Y} = c_1' + c_3'W \quad (13.11)$$
$$= 0.160 + 0.015W \quad (13.12)$$

1.5 조건부 직접효과 및 간접효과의 신뢰구간 추정

직접효과 및 간접효과의 부트스트랩 방법에 의한 신뢰구간을 얻기 위해 먼저 lavaan에서 사용하는 R syntax를 만든다.

```
labels=list(X="frame",M="justify",W="skeptic",Y="donate")
moderator=list(name="skeptic",site=list(c("a","c")))
model=tripleEquation(labels=labels,moderator=moderator,rangemode=2,
                     data=disaster)
cat(model)
```

```
justify~a1*frame+a2*skeptic+a3*frame:skeptic
donate~c1*frame+c2*skeptic+c3*frame:skeptic+b*justify
skeptic ~ skeptic.mean*1
skeptic ~~ skeptic.var*skeptic
CE.XonM :=a1+a3*2.8
indirect :=(a1+a3*2.8)*(b)
index.mod.med :=a3*b
direct :=c1+c3*2.8
total := direct + indirect
prop.mediated := indirect / total
CE.XonM.below :=a1+a3*1.592
```

```
indirect.below :=(a1+a3*1.592)*(b)
CE.XonM.above :=a1+a3*5.2
indirect.above :=(a1+a3*5.2)*(b)
direct.below:=c1+c3*1.592
direct.above:=c1+c3*5.2
total.below := direct.below + indirect.below
total.above := direct.above + indirect.above
prop.mediated.below := indirect.below / total.below
prop.mediated.above := indirect.above / total.above
```

이 syntax를 이용하여 분석을 진행한다.

```
set.seed(1234)
semfit=sem(model=model,data=disaster,se="boot")
```

분석 결과 중 회귀분석 부분을 요약해 보면 다음과 같다.

```
estimatesTable2(semfit)
```

표 13.5: 조건부과정모형의 회귀분석 요약

Variables	Predictors	label	B	SE	z	p	β
justify	frame	a1	-0.562	0.229	-2.457	0.014	-0.319
justify	skeptic	a2	0.105	0.041	2.560	0.010	0.242
justify	frame:skeptic	a3	0.201	0.063	3.213	0.001	0.504
donate	frame	c1	0.160	0.263	0.610	0.542	0.063
donate	skeptic	c2	-0.043	0.057	-0.745	0.456	-0.068
donate	frame:skeptic	c3	0.015	0.072	0.206	0.837	0.026
donate	justify	b	-0.923	0.075	-12.290	< 0.001	-0.636

분석 결과 중 조절 및 매개효과 부분을 요약해 보면 다음과 같다.

```
medSummaryTable(semfit)
```

표 13.6: 조건부과정모형의 조절 및 매개효과 요약

Effect	Equation	estimate	95% Bootstrap CI
CE.XonM	a1+a3*2.8	0.001	(-0.226 to 0.222)
indirect	(a1+a3*2.8)*(b)	-0.001	(-0.205 to 0.212)
index.mod.med	a3*b	-0.186	(-0.314 to -0.064)
direct	c1+c3*2.8	0.202	(-0.048 to 0.471)
total	direct+indirect	0.201	(-0.130 to 0.560)
prop.mediated	indirect/total	-0.004	(-4.467 to 2.999)
CE.XonM.below	a1+a3*1.592	-0.242	(-0.539 to 0.051)
indirect.below	(a1+a3*1.592)*(b)	0.223	(-0.050 to 0.509)
CE.XonM.above	a1+a3*5.2	0.484	(0.136 to 0.784)
indirect.above	(a1+a3*5.2)*(b)	-0.446	(-0.759 to -0.128)
direct.below	c1+c3*1.592	0.184	(-0.154 to 0.530)
direct.above	c1+c3*5.2	0.238	(-0.148 to 0.631)
total.below	direct.below+indirect.below	0.408	(-0.040 to 0.862)
total.above	direct.above+indirect.above	-0.208	(-0.701 to 0.253)
prop.mediated.below	indirect.below/total.below	0.548	(-0.542 to 1.935)
prop.mediated.above	indirect.above/total.above	2.142	(-13.527 to 16.156)

boot.ci.type = perc

조절변수 W의 값에 따른 조건부 직접효과 및 간접효과를 요약해 보면 다음과 같다.

```
modmedSummaryTable(semfit)
```

표 13.7: 매개변수 W의 값에 따른 조건부 직접효과 및 간접효과 요약

	Indirect Effect (a1+a3*W)*(b)		Direct Effect c1+c3*W	
skeptic(W)	estimate	95% Bootstrap CI	estimate	95% Bootstrap CI
1.592	0.223	(-0.050 to 0.509)	0.184	(-0.154 to 0.530)
2.800	-0.001	(-0.205 to 0.212)	0.202	(-0.048 to 0.471)
5.200	-0.446	(-0.759 to -0.128)	0.238	(-0.148 to 0.631)

boot.ci.type = perc

조건부 직접효과 및 간접효과를 다음과 같이 시각화할 수 있다.

```
conditionalEffectPlot(semfit,data=disaster)+
  labs(x="Climate Change Skepticism(W)",
       y="Effect of Disaster Frame on Willingness to Donate")
```

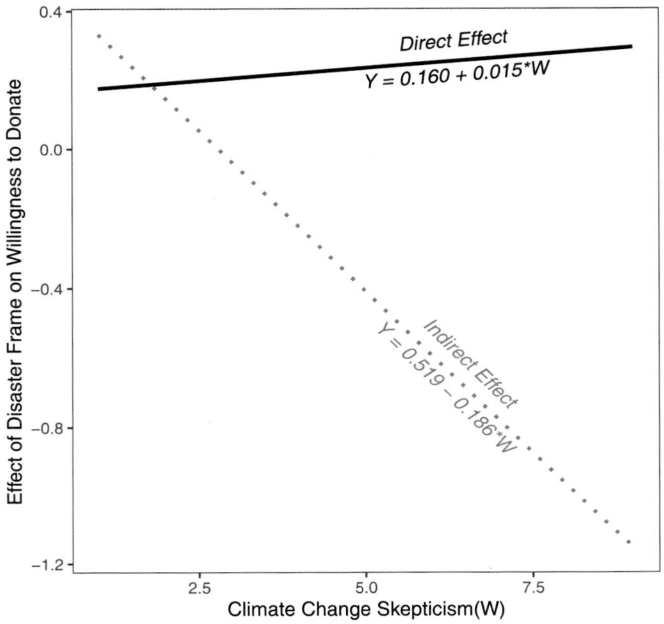

그림 13.9: 조건부 직접효과 및 간접효과의 시각화

1.6 통계적 추론

1.6.1 직접효과에 대한 통계적 추론

이 모형에서 직접효과는 W에 대한 일차함수로 다음과 같이 나타났다.

$$\theta_{X \to Y} = c_1' + c_3' W$$

여기서 회귀계수 c_1'은 $W = 0$일때의 조건부 직접효과의 추정치이고 c_3'은 W가 1단위 만큼 변할 때 조건부 직접효과의 변화량의 추정치이다. 이 값은 그림 13.9의 직선의 기울기이다. 만일 직접효과가 W에 의해 조절된다면 c_3'는 0과 유의하게 차이가 있어야 한다. 표 13.4에서 보는 바와 같이 $c_3' = 0.015, p = .829$로 유의하지 않으므로 가뭄의 원인에 대한 정보가 희생자에게 기부하고자 하는 용의에 미치는 직접효과는 기후변화에 대한 회의적인 태도와 유의하게 관련되어 있지는 않다고 결론 내릴 수 있다. 만일 직접효과가 통계적으로 유의하게 W에 의해 조절된다면, 다음 단계로는 이번 장 처음 절에서와 같이 점추정 또는 존슨-네이만 방법을 써서 탐색하여야 한다.

1.6.2 간접효과에 대한 통계적 추론

조건부과정모형의 간접효과에 대한 통계적 추론은 먼저 간접효과가 조절되는가에 초점을 맞추어야 한다. 간접효과의 조절된다는 증거가 있다면 조건부 간접효과에 대한 추론을 시행한다.

조절된 매개에 대한 통계적 검정 이 모형의 분석에서 먼저 매개변수를 종속변수로 하는 경로 $X \rightarrow M$에서 독립변수 X와 조절변수 W의 상호작용이 통계적으로 유의하고 $M \rightarrow Y$경로에서 Y에 대한 M의 효과가 유의하므로 간접효과가 조절된다는 것을 주장할 수 있다. 비교적 최근까지 이러한 단편적 접근법(piecemeal approach)이 주류를 이루었으나, 보다 바람직한 방법은 간접효과를 결정하는 함수식에서 조절변수의 가중치가 0과 다른지를 검정하는 것이다. 이 검정은 조절된 매개에 대한 가장 직접적인 검정이고, 모형을 구성하는 두 경로에 대한 두 개의 검정이 아닌 한 번의 검정만으로 검정할 수 있으며, 부트스트랩에 의한 신뢰구간을 구할 수 있다. 식 13.10에서 이 모형의 간접효과는 $(a_1 + a_3W)b = a_1b + a_3bW$로 W의 일차함수이다. 이 회귀식에 회귀계수를 대입하면 다음과 같다.

$$(-0.562 + 0.201W)(-0.923) = 0.519 - 0.186W$$

이 간접효과는 그림 13.9에서 시각화하였다. 이 직선의 기울기는 $a_3b = -0.186$으로 조절변수 W가 1단위만큼 변할 때 간접효과의 변화량이다. Hayes(2015)는 이 a_3b를 "조절된 매개지수(index of moderated mediation)"로 명명하였다. 조절된 매개지수가 0인지 검정하는 것은 조절된 매개의 공식검정이다. 조절된 매개지수 a_3b는 회귀계수의 곱으로 그 표본분포는 불규칙하고 정규분포를 따르지 않을 수 있다. 따라서 부트스트랩에 의한 신뢰구간이 추론의 좋은 도구가 되며, 0을 포함하지 않는다면 간접효과와 조절변수의 관계는 0이 아니라고 추론한다. 표 13.6에 있는 index.mod.med는 바로 이 조절된 매개지수로 부트스트랩에 의한 신뢰구간이 -0.314과 -0.064 사이로 0을 포함하지 않으므로 조절된 매개효과가 있다고 할 수 있다. 즉, 기후변화에 대한 회의적인 태도가 매개를 조절한다. 만일 신뢰구간이 0을 포함한다면 간접효과가 조절변수에 의해 조절된다고 확실하게 주장할 수 없다.

1.6.3 조절된 매개의 탐색

간접효과의 표본분포가 정규성 가정을 만족하지 않으면 존슨-네이만 방법을 사용할 수 없으므로 조절된 매개의 탐색방법은 점추정이 유일하다. 점추정을 위하여는 조절변수의 특정값을 선택해야 하는데, 조절변수의 16, 50, 84번째 백분위수인 1.592, 2.8, 5.2를 사용하여 식 13.10에 대입하면 기후변화에 대한 회의적인 태도가 상대적으로 낮은 사람과 중간인 사람, 그리고 상대적으로 높은 사람에서의 조건부 간접효과 및 부트스트랩에 의한 신뢰구간을 구할 수 있게 되며 그 결과는 표 13.7과 같다. 기후변화에 대한 회의적인 태도가 상대적으로 낮은 사람들에서는($W = 1.592$) 조건부 간접효과가 0.223으로 추정되었으나 95% 부트스트랩 신뢰구간이 0을 포함한다. 기후변화에 대한 회의적인 태도가 중간 정도인 경우에도($W = 2.8$) 조건부 간접효과는 -0.001로 추정되었으나 95% 부트스트랩 신뢰구간이 0을 포함한다. 하지만 기후변화에 대한 회의적인 태도가 비교적 높은 경우에는($W = 5.2$) 간접효과의 추정치는 -0.446이며 95% 부트스트랩 신뢰구간이 모두 0보다 낮으므로 매개효과를 조절한다고 할 수 있다. 간접효과의 부호가 음성이므로 가뭄의 원인이 기후변화에 의한 것이라는 정보를 제공함으로써 원조중단을 보다 정당하게 여기게 하고, 이것을 매개로 희생자에 대한 기부하고자 하는 용의를 감소시킨다고 할 수 있다. 하지만 원조중단에 대한 정당화는 기후변화에 대한 회의적인 태도가 낮거나 중간 정도인 경우에는 희생자에게 기부하고자 하는 용의를 감소시키는 효과를 통계적으로 유의하게 매개하지는 않는다.

제 2 절 매개된 조절

매개분석에서 Y에 대한 X의 간접효과가 하나 이상의 조절변수에 의해 조절된다면 조절된 매개라고 할 수 있다. 조절된 매개효과가 있다는 것은 $X \rightarrow M \rightarrow Y$의 매개과정이 서로 다른 사람 혹은 서로 다른 상황에서 조절변수에 따라 다르게 나타난다는 것을 의미한다. 이와 비슷한 개념으로 매개된 조절이 있는데, 이는 X와 W의 상호작용인 XW가 매개변수를 통하여 Y에 영향을 미치는 현상을 의미한다. 이러한 매개된 조절효과에 대한 많은 선행연구들이 있으나 Hayes(2018)에 의하면 매개된 조절보다는 조절된 매개로 개념화하는 것이 보다 의미 있다고 한다. 매개된 조절이 왜 흥미롭지 않고 의미가 없는지 다루기 전에 먼저 매개된 조절의 분석 방법을 알아보기로 한다.

2.1 매개된 조절의 분석 방법

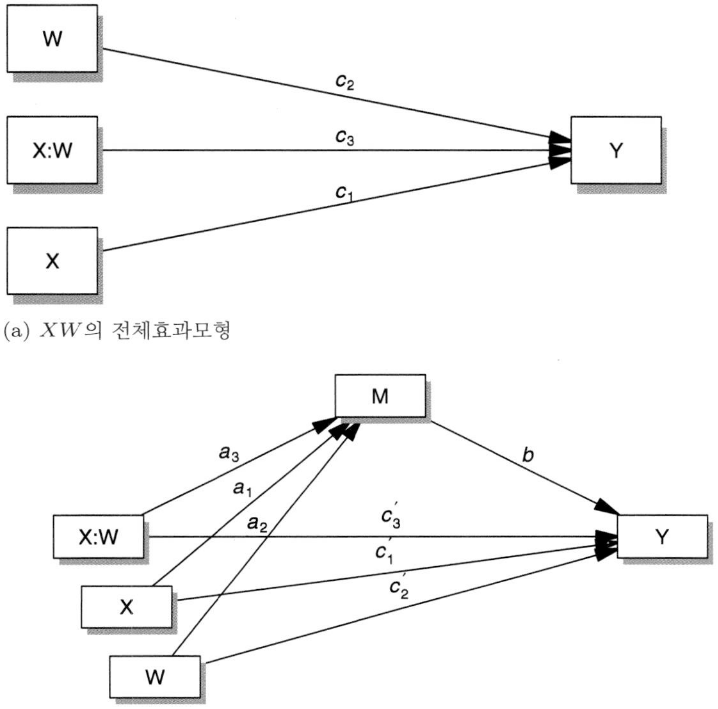

(a) XW의 전체효과모형

(b) XW의 매개효과모형

그림 13.10: 매개된 조절모형

먼저 독립변수 X가 종속변수 Y에 미치는 영향이 조절변수 W에 의해 조절되는 단순 조절 분석의 경우를 생각해 보자.

$$Y = i_Y + c_1X + c_2W + c_3XW + \varepsilon_Y \tag{13.13}$$

이 식은 그림 13.9 (a)의 모형을 나타낸다. 이 회귀모형에서 c_3가 통계적으로 0과 다르다면 Y에 대한 X의 효과는 W에 의존한다고 할 수 있다. 연구자가 매개된 조절 가설에 흥미가 있는 경우 X와 W의 상호작용인 XW의 Y에 대한 효과가 매개변수 M에 의해 매개되는가에 관심이 있을 것이다. Baron과 Kenny(1986)는 매개된 조절 효과를 분석하기 위한 단계적 인과단계 접근 방법을 제안하였다. 먼저 식 13.13의 c_3가 0과 다르다는 것을 검정한 후 이 조건이 충족되면 매개변수 M을 종속변수로 하는 다음 회귀모형을 검정한다.

$$M = i_M + a_1X + a_2W + a_3XW + \varepsilon_M \tag{13.14}$$

이 모형에서 a_3가 0과 통계적으로 다르다면 다음 단계로 넘어간다.

$$Y = i_Y + c'_1X + c'_2W + c'_3XW + bM + \varepsilon_Y \tag{13.15}$$

이 모형에서 b가 통계적으로 0과 다르고 c'_3가 c_3보다 0과 가깝다면 Y에 대한 XW의 효과는 M에 의하여 매개된다고 할 수 있다. 만일 c'_3가 유의하다면 M은 상호작용을 부분매개한다고 할 수 있고, c'_3가 유의하지 않다면 M은 상호작용을 완전매개한다고 할 수 있다. 이러한 분석방법이 일견 합당한 것으로 보이지만 이러한 단계적 인과단계 접근 방법은 단순매개분석에서 설명한 것과 동일한 한계점을 갖고 있기 때문에 단계적 인과단계 접근 방법에 의한 매개된 조절효과의 검정은 권장되지 않는다. 매개된 조절효과에 대해 선호되는 검정 방법은 XW가 M을 매개로 하여 Y에 영향을 미치는 간접효과에 대한 추론 검정을 실시하는 것이다. 그림 13.9(b)에 제시된 통계적 모형에서 XW의 간접효과는 a_3와 b의 곱으로 추정할 수 있다. 또한 그림 13.9(b)의 통계모형을 자세히 보면 이 모형은 XW를 독립변수로 하는 단순매개모형에 X와 W가 공변량으로 추가된 모형이다. XW의 직접효과는 c'_3이고 간접효과는 a_3b이며 총효과는 식 13.13과 그림 13.9 (a)의 c_3이다.

$$c_3 = c'_3 + a_3b$$

간접효과는 총효과에서 직접효과를 뺀 것이다.

$$a_3b = c_3 - c'_3$$

이 간접효과에 대한 추론 검정으로 부트스트랩에 의한 신뢰구간을 구하는 것을 권장한다.

2.2 processR을 이용한 매개된 조절모형 분석

회귀식 13.13, 13.14, 13.15에 대한 검정은 base R로도 가능하지만 간접효과에 대한 추론 검정은 processR 패키지를 이용하여 시행할 수 있다. 먼저 회귀식 13.14, 13.15에 대한 검정은 다음과 같이 시행할 수 있다. 이때 분석은 frame과 skeptic의 상호작용인 frame:skeptic을 독립변수로, frame과 skeptic을 공변량으로 하는 단순매개분석으로 분석하였다.

```
labels=list(X="frame:skeptic",M="justify",Y="donate",C1="frame",C2="skeptic")
covar=list(name=c("frame","skeptic"),site=list(c("M","Y"),c("M","Y")))
eq=tripleEquation(labels=labels,covar=covar,data=disaster,mode=1)
fit=eq2fit(eq,data=disaster)
```

```
modelsSummaryTable(fit,labels=labels)
```

표 13.8: 매개된 조절모형의 회귀계수 요약

		Consequent								
		justify(M)					donate(Y)			
Antecedent		*Coef*	*SE*	*t*	p		*Coef*	*SE*	*t*	p
frame(C1)	f_1	-0.562	0.218	-2.581	.011	g_1	0.160	0.268	0.599	.550
skeptic(C2)	f_2	0.105	0.038	2.756	.006	g_2	-0.043	0.047	-0.907	.365
frame:skeptic(X)	a	0.201	0.055	3.640	<.001	c'	0.015	0.069	0.217	.829
justify(M)						b	-0.923	0.084	-10.981	<.001
Constant	i_M	2.452	0.149	16.449	<.001	i_Y	7.291	0.274	26.642	<.001
Observations		211					211			
R2		0.246					0.454			
Adjusted R2		0.235					0.443			
Residual SE		0.813 (df = 207)					0.983 (df = 206)			
F statistic		F(3,207) = 22.543, p < .001					F(4,206) = 42.816, p < .001			

위의 표에서 회귀계수는 식13.13, 13.14, 13.15의 회귀계수와 다른데, 그 이유는 매개된 조절분석 과정을 보여 주기 위해 frame과 skeptic의 상호작용인 frame:skeptic을 독립변수로, frame과 skeptic을 공변량으로 하는 단순매개분석으로 분석하기 때문이다. 이 표는 표 13.4와 동일하다. 이 모형의 회귀계수를 통계적 모형에 나타내면 다음과 같다.

```
drawModel(fit,labels=labels,whatLabel="est",xlim=c(-0.45,1.3),ylim=c(0.1,1.1))
```

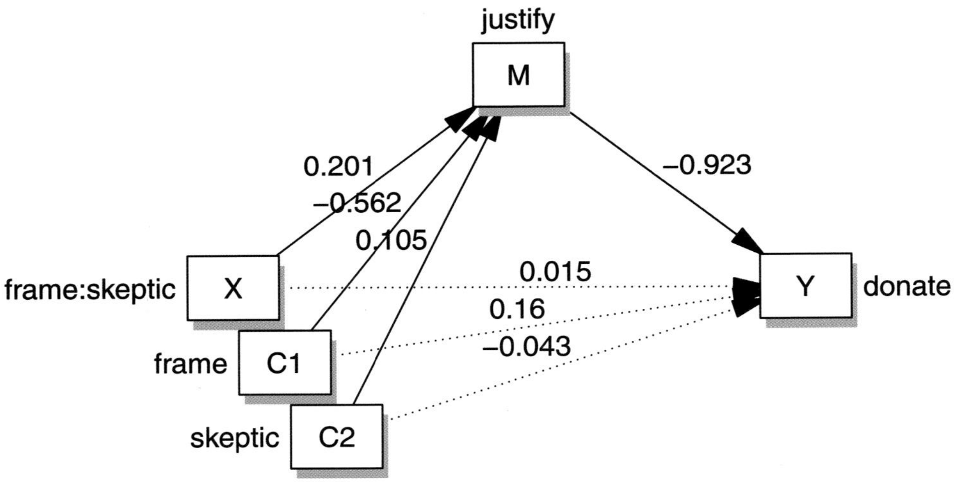

그림 13.11: 매개된 조절의 통계적 모형

이 모형은 그림 13.8에서 보인 조절된 매개모형의 통계적 모형과 동일하다.

매개효과의 부트스트랩에 의한 신뢰구간을 구하기 위해 다음과 같이 분석할 수 있다.

```
model=tripleEquation(labels=labels,covar=covar,data=disaster)
set.seed(1234)
semfit=sem(model=model,data=disaster,se="boot")
```

이 모형의 매개효과에 대한 부트스트랩 신뢰구간은 다음의 표로 요약할 수 있다.

```
medSummaryTable(semfit)
```

표 13.9: 매개된 조절모형의 매개효과 요약

Effect	Equation	estimate	95% Bootstrap CI
indirect	(a)*(b)	-0.186	(-0.314 to -0.064)
direct	c	0.015	(-0.123 to 0.155)
total	direct+indirect	-0.171	(-0.351 to 0.009)
prop.mediated	indirect/total	1.087	(-1.546 to 5.261)

boot.ci.type = perc

이 모형에서 기후변화에 대한 정보(frame)와 기후변화에 대한 회의적인 태도(skeptic)의 곱인 상호작용 XW가 Y에 미치는 간접효과는 -0.186이며 부트스트랩에 의한 신뢰구간이 0을 포함하지 않으므로 통계적으로 유의하다고 할 수 있다. 이 연구의 결과는 가뭄의 원인에 대한 정보가 희생자에게 기부하고자 하는 용의에 미치는 효과를 기후변화에 대한 회의적인 태도가 조절하며, 이 조절효과는 원조중단에 대한 정당성 평가에 의해 매개된다고 할수 있다.

2.3 매개된 조절이 왜 흥미롭지 않고 의미가 없는가

매개된 조절과 조절된 매개모형은 수학적으로 동일하다. 조절된 매개모형과 매개된 조절모형의 통계적 모형을 그림으로 나타내 보면 완전히 동일한 것을 알 수 있다.

```
labels=list(X="frame",M="justify",W="skeptic",Y="donate")
moderator=list(name="skeptic",site=list(c("a","c")))
drawModel(labels=labels,moderator=moderator)
drawModel(labels=labels,moderator=moderator,
        node.pos=list(`X:W`=c(0,0.5),X=c(0.05,0.3),W=c(0.1,0.1)))
```

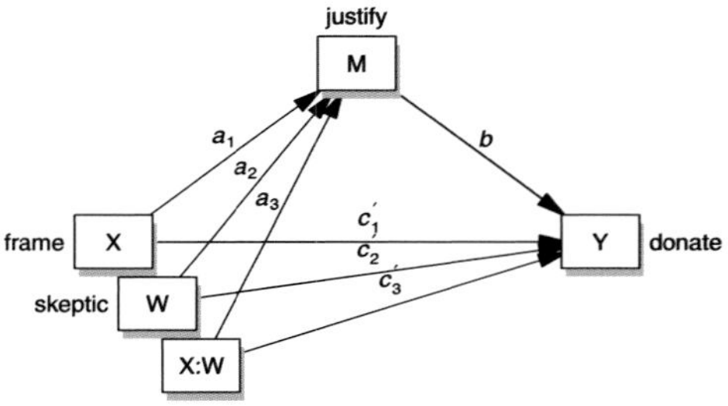

(a) 매개된 조절

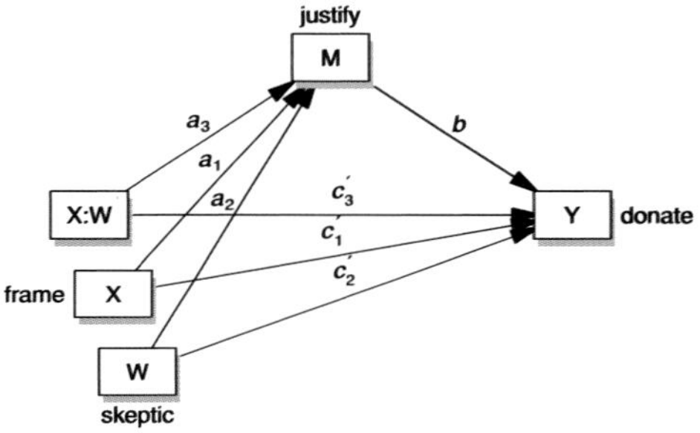

(b) 조절된 매개

그림 13.12: 매개된 조절과 조절된 매개모형

또한 회귀식 13.4는 회귀식 13.14와 동일하며 회귀식 13.5는 회귀식 13.15와 동일하다. 이 두 개의 모형은 수학적으로 동일하며 동일한 결과를 산출한다. 이 두 모형의 차이는 관심의 초점을 모형의 어느 부분에 두느냐와 어떻게 해석하느냐의 차이이다. 조절된 매개분석은 간접효과가 어떻게 조절되는가에 대한 간접효과의 조건부 성격에 초점을 두고 있다. 매개와 간접효과를 개념적으로 동일하게 생각한다면 조절된 매개는 조절된 간접효과를 뜻한다. 조절된 매개분석의 해석은 간접효과를 추정하고 조절변수에 의해 간접효과가 어떻게 변하는지에 초점이 맞추어져 있다. 하지만 조절된 매개는 X와 W의 상호작용이 M을 매개로 Y에 영향을 미치는지에 관심이 있다. 즉, X와 W의 곱인 XW의 간접효과를 추정하는 데에 초점이 있다. 매개된 조절효과의 문제점은 X와 W의 곱인 XW가 개념적으로 아무런 의미도 없다는 것이다. XW는 그 어떤 것의 측정치도 아니다. 식 13.13과 식 13.14에서 XW는 Y에 대한 X의 효과가 W의 일차함수라는 것을 표현하기 위해 도입된 것이다. XW는 모형에서 Y에 대한 X 의 효과가 W에 의존하게 하는 기능 이외에는 아무런 기능이 없다. X의 효과가 W의 값에 의해 변하는 경우 모형의 추가변수로 XW를 도입하지만, XW는 어떤 측정치에도 근거하지 않으며 아무것도 수량화하지 않는다. XW가 아무런 의미가 없고 실질적인 해석이 불가능하므로 XW의 간접효과 또한 의미가 없다. 따라서 매개된 조절도 의미가 없으며 흥미롭지 않다. 이 부분에 대한 토론은 Edwards(2009, pp. 156-157)를 참조해 보기 바란다. XW의 간접효과인 a_3b는 해석 가능하지만 이러한 해석은 분석 모형을 매개된 조절이 아니라 조절된 매개과정으로 개념화할 때만 의미가 있다. 그림 13.9에서 보는 바와 같이 a_3b는 M을 매개로 한 Y에 대한 X의 조건부 간접효과의 기울기이다. 이 기울기는 W가 한 단위만큼 변할 때의 조건부 간접효과의 변화량이며, 이를 "조절된 매개지수"라고 명명했었다. 따라서 XW의 간접효과가 0과 다른지 검정하는 것은 W가 변할 때 X의 간접효과가 얼마나 변하는지에 대한 검정과 같다. 물론 X가 M을 매개로 Y에 미치는 간접효과가 조건부과정 관점에서 생각하지 않는다면 아무런 의미도 없다. a_3b를 실질적으로 해석 가능하게 하기 위해서는 조절된 매개가 아닌 매개된 조절 관점에서 모형을 다시 재개념화해야 한다. 매개된 조절의 간접효과를 실질적으로 해석하기 힘든 이유는 관심의 초점을 X가 아닌 XW에 두었기 때문이다. 만일 연구과제를 "XW가 M을 통해 Y에 영향을 미치는가"에서 "X가 M을 매개로 Y에 미치는 간접효과가 W에 의존하는가"로 전환하면 a_3b는 W가 한 단위만큼 차이 나는 경우 보이는 간접효과크기의 차이라는 의미를 갖게 된다. 따라서 매개된 조절이라는 용어를 더 이상 사용하지 말고 조절된 매개관점에서 연구가설을 재정립하는 것이 바람직하다.

제14장 범주형 독립변수가 포함된 조건부과정분석

이번 장에서는 제5장과 제 9장에서 다루었던 직장에서의 성차별 연구 데이터(protest)를 이용하여 범주형 독립변수가 포함된 조건부과정분석을 다루고자 한다. 제5장에서는 범주형 독립변수가 포함된 매개분석을 다루었으며 g개의 범주를 갖는 범주형 변수 X의 경우 $g-1$개의 상대적 간접효과 및 상대적 직접효과를 추정하고 해석하는 방법을 다루었다. 제9장에서는 범주형 독립변수가 포함된 조절분석을 다루었으며 범주형 변수 X의 상대적 조건부 효과에 대하여 다루었다. 제10장과 제11장에서는 매개분석과 조절분석에 통합된 조건부과정분석을 다루었으며 M을 매개로 하는 Y에 대한 X의 간접효과가 조절변수에 의해 조절되는 조절된 매개를 다루었다. 제 10장에서는 독립변수 X가 연속형 변수였으며 제11장에서는 이분형 변수였다. 두 예제를 통하여 조건부 간접효과 및 조건부 직접효과를 다루었다. 이번 장에서는 범주형 독립변수가 포함된 조건부과정분석을 다루고자 한다. 지금까지 배워 온 것처럼 g개의 범주를 갖는 범주형 변수 X의 경우 X의 효과는 $g-1$개의 상대적 효과로 표현된다. 이 변수가 매개된 조절모형에 포함되면 상대적 조건부 간접효과 및 상대적 조건부 직접효과로 표현된다.

0.1 사용하는 패키지

이번 장에서는 다음과 같은 패키지를 사용한다.

```
require(processR)
require(lavaan)
require(ggplot2)
```

제 1 절 사용하는 데이터: 직장에서의 성차별 연구

이번 장에서 다룰 데이터는 제 5장과 제 9장에서 다루었던 직장에서의 성차별 연구 데이터(protest)이다. 이 데이터는 Garcia 등(2010)의 연구에 사용되었으며 Hayes(2018)의 책에 예제로 사용된 것을 재사용하였다. 이 데이터는 직장에서의 성차별에 관한 연구로 129명의 참가자들에게 변호사 캐서린이 그녀가 일하는 법무법인에서 직장상사의 성차별적인 행동의 결과로 자격 미달의 남자 변호사에게 승진의 기회를 뺏겼다는 이야기를 들려주었다. 참가자들은 무작위로 세 군 중 하나로 배정되었는데 순응(no protest, protest=0)군은 그녀가 매우 실망했음에도 불구하고 이의제기를 하지 않고 직장으로 돌아가 일을 계속했다고 들었으며, 개별적 이의제기(individual protest, protest=1)군은 그녀가 이번 승진결정이 왜 공정하지 않은지, 그 일에 그녀가 보다 적합한지 등 여러 설명을 하며 직장상사에게 이의를 제기했다고 들었으며, 종합적 이의제기(collective protest, protest=2)군은 그녀가 승진결정에 항의하며 과거에 그 법무법인이 여성을 어떻게 차별했는지 폭로하며 여성도 남성과 같은 자격이 있기 때문에 차별받아서는 안 된다고 이의제기를 했다는 얘기를 들었다. 그 후 참가자들은 캐서린의 행동이 어느 정도 적절했는지 묻는 몇 개의 질문에 대답하였는데, 그 결과는 행동의 적절성 평가(respappr)변수에 요약하였다. 행동의 적절성 평가 변수가 높은값을 보이는 경우 그녀의 행동이 적절했다고 강하게 느끼는 것을 뜻한다. 캐서린에 대한 호감도는 liking변수에 요약되어 있다. 또한 참가자들은 사회에 만연해 있는 성차별에 대하여 어느정도 인지하고 있는지 Modern Sexism Scale을 사용하여 조사하였고, 그 결과를 성차별인식(sexism)변수에 요약하였다. 참가자들의 성차별인식 변수의 점수가 높은 경우 우리 사회의 성차별이 깊숙히 만연해 있으며 횡행하고 있다고 느낀다고 할 수 있다. Garcia 등(2010)은 여성에 대한 성차별이 있는 사회에서는 캐서린의 이의제기가 온전히 정당하고 꼭 필요한 것으로 받아들여진다고 제안하였다. 사회에 성차별이 횡행한다고 느끼는 사람들에게는 캐서린의 이의제기가 분별 있고 숭고하기까지 한 행동으로 간주되며, 이는 그녀의 행동이 적절했다는 긍정적인 평가로 이어진다. 만일 그녀가 이의제기를 하지 않는다면 그녀의 행동에 대한 평가는 덜 긍정적인 평가로 이어진다. 따라서 참가자들이 사회에 성차별풍조가 보다 만연하다고 느낄수록 이의제기를 하는 것이 순응하는 것에 비해 보다 적절하다고 평가되고, 이는 캐서린에 대한 보다 긍정적인 평가로 이어지게 된다.

이 과정은 다음 그림의 개념적 모형과 통계적 모형으로 나타낼 수 있다.

```
labels=list(X="X",M="M",Y="Y")
moderator=list(name="W",site=list(c("a","c")),arr.pos=list(c(0.7,0.3)))
drawConcept(labels=labels,moderator=moderator,nodemode=2)
text(0,0.42,"(3 categories)")
drawCatModel(M="M",W="W",xlim=c(-0.08,1),ylim=c(0.13,0.95),ypos=c(1,0.55))
```

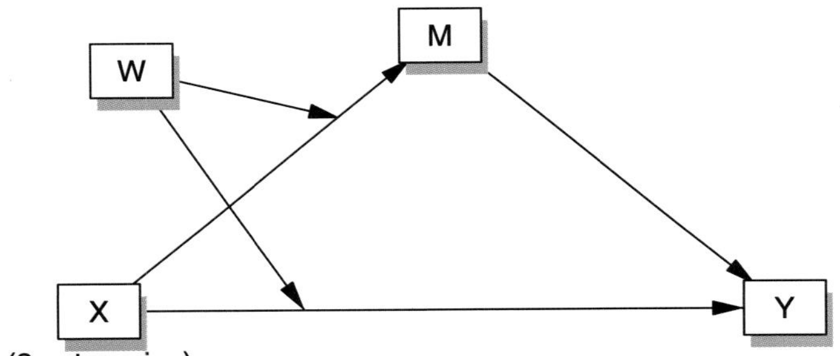

(a) 개념적 모형

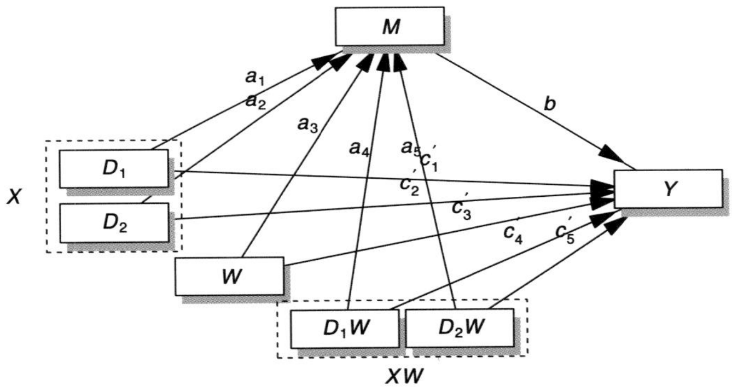

(b) 통계적 모형

그림 14.1: 범주형 독립변수가 포함된 조건부과정모형

그림 14.1(a)의 개념적 모형을 살펴보면 조절변수 W가 직접효과와 간접효과에 모두 작용하고 있어 제11장에서 살펴본 모형과 유사하다. 하지만 제11장의 모형과는 달리 이 연구에서 독립변수 X는 세 개의 범주를 갖는 범주형 변수이다. 따라서 제5장과 제9장에서 다루었던 범주형 변수의 조절 및 매개분석에 관한 내용이 포함되어야 한다. 독립변수 X는 세 개의 범주로 구성되어 있으므로 회귀식에서는 두 개의 변수 D_1과 D_2로 나타내야 하며, 조절변수 W는 연속형 변수이므로 그대로 쓰면 된다. 그림14.1(b)의 통계적 모형은 다음과 같이 두 개의 회귀식으로 나타낼 수 있다.

$$M = i_M + a_1 D_1 + a_2 D_2 + a_3 W + a_4 D_1 W + a_5 D_2 W + \varepsilon_M \tag{14.1}$$

$$Y = i_Y + c_1' D_1 + c_2' D_2 + c_3' W + c_4' D_1 W + c_5' D_2 W + bM + \varepsilon_Y \tag{14.2}$$

식 14.1은 캐서린의 행동이 참가자들의 적절성 평가에 미치는 효과가 참가자들의 성차별 인식에 의해 조절될 수 있게 해 준다. 식 14.2는 캐서린의 행동이 행동의 적절성 평가를 매개로 캐서린에 대한 호감도에 영향을 미칠 수 있게 해 준다. 두 회귀식을 통해 범주형 변수가 X가 Y에 미치는 직접효과 및 M을 매개로 한 간접효과가 조절변수 W의 값에 따라 선형적으로 변하게 해 준다.

1.1 R을 이용한 조건부과정분석

이번 장에서는 이의제기 형태(protest)를 독립변수(X)로, 행동의 적절성 평가(respappr)를 매개변수(M)로, 캐서린에 대한 호감도(liking)를 종속변수(Y)로, 또한 성차별인식(sexism)을 조절변수(W)로 사용한다. 조절변수인 sexism은 $X \to M$경로(a경로) 및 $X \to Y$경로(c경로)에 작용한다. 이를 R코드로 나타내면 다음과 같다.

```
labels=list(X="protest",W="sexism",M="respappr",Y="liking")
moderator=list(name="sexism",site=list(c("a","c")))
```

데이터 protest에서 protest변수는 이의제기를 하지 않은 경우 0으로, 개별적 이의제기는 1로, 종합적 이의제기는 2로 기록되어 있다. 이번 장에서는 이의제기의 형태에 관계없이 이의제기를 한 경우와 하지 않은 경우를 비교하고, 또한 개별적인 이의제기와 집합적인 이의제기를 비교하고자 더미변수를 만들 때 헬머트 코딩(Helmert Coding)을 사용하였다. 이 코딩체계는 두 개의 직교대비를 나타낸다.

헬머트 코딩의 더미변수는 다음의 R코드를 사용하면 확인할 수 있다.

```
ratio=getRatioTable(count=3, mode=3)
colnames(ratio)=c("D1","D2")
rownames(ratio)=c("0(no protest)","1(individual protest)",
                  "2(collective protest)")
knitr::kable(ratio,caption="헬머트 코딩의 더미변수",label="\\label{table:14.1}")
```

표 14.1: 헬머트 코딩의 더미변수

	D1	D2
0(no protest)	-0.6666667	0.0
1(individual protest)	0.3333333	-0.5
2(collective protest)	0.3333333	0.5

헬머트 코딩을 이용하여 더미변수를 만들려면 addCatVars()함수를 사용할 때 mode 인수를 3으로 설정해 주면 된다. 다음의 R코드는 protest 데이터의 protest변수를 헬머트 코딩을 사용하여 변환한 D_1, D_2 변수를 추가하여 data1에 저장한다.

```
data1=addCatVars(protest,varnames="protest",mode=3)
```

catMediation()함수는 범주형 변수를 자동으로 인식하여 D_1, D_2 등으로 바꾼 회귀식을 만들어 준다. 이때 mode인수를 1로 지정해 주면 lm()함수를 이용한 회귀분석에 사용할 R formula를 만들어 준다(mode의 디폴트값은 0이며 이때는 lavaan syntax를 만들어 준다). cat()함수를 이용하여 만들어진 회귀식을 확인해 본다.

```
eq=catMediation(labels=labels,moderator=moderator,data=protest,
                maxylev=6,mode=1)
cat(eq)
```

```
respappr~D1+D2+sexism+D1:sexism+D2:sexism
liking~respappr+D1+D2+sexism+D1:sexism+D2:sexism
```

eq2fit()함수는 이 회귀식을 이용한 회귀모형의 리스트를 만들어 준다.

```
fit=eq2fit(eq,data=data1)
```

회귀모형의 회귀계수 요약을 다음의 R코드로 확인할 수 있다.

```
modelsSummaryTable(fit,labels=labels)
```

표 14.2: 그림 14.1의 조건부과정 모형의 회귀계수 요약

Antecedent		Consequent								
		respappr(M)					liking(Y)			
		Coef	*SE*	*t*	p		*Coef*	*SE*	*t*	p
D1	a_1	-2.940	1.450	-2.028	.045	c'_1	-2.732	1.176	-2.322	.022
D2	a_2	1.671	1.620	1.031	.305	c'_2	0.025	1.299	0.019	.985
sexism(W)	a_3	0.042	0.130	0.320	.749	c'_3	0.072	0.104	0.694	.489
D1:sexism(D1:W)	a_4	0.856	0.281	3.042	.003	c'_4	0.526	0.233	2.257	.026
D2:sexism(D2:W)	a_5	-0.244	0.311	-0.784	.434	c'_5	-0.034	0.249	-0.136	.892
respappr(M)						b	0.367	0.072	5.097	<.001
Constant	i_M	4.607	0.673	6.850	<.001	i_Y	3.477	0.631	5.511	<.001
Observations		129					129			
R2		0.316					0.287			
Adjusted R2		0.288					0.252			
Residual SE		1.138 (df = 123)					0.908 (df = 122)			
F statistic		F(5,123) = 11.342, p < .001					F(6,122) = 8.177, p < .001			

위의 회귀계수를 통계적 모형에 나타내면 다음과 같다.

```
nodelabels=list(D1="No vs. Any\nProtest",D2="Ind. vs Col.\nProtest",
           M="Respappr",W="Sexism",Y="Liking")
drawModel(fit,labels=labels,nodelabels=nodelabels,whatLabel="est",
        xlim=c(-0.4,1.3),ylim=c(0,1.1),
        arrow.pos=list(a3=0.4,a4=0.4,a5=0.3,c5=0.35))
```

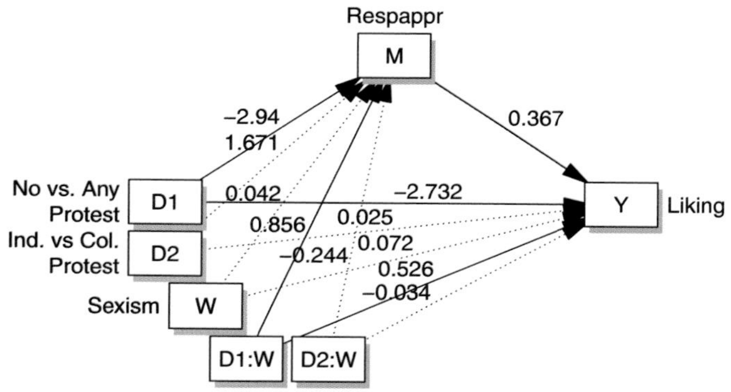

그림 14.2: 회귀계수가 표시된 통계적 모형

이 모형을 lavaan을 이용하여 분석하기 위해 lavaan syntax를 만든다.

```
model=catMediation(labels=labels,moderator=moderator,data=protest,
                maxylev=6,rangemode=2)
cat(model)
```

```
respappr~a1*D1+a2*D2+a3*sexism+a4*D1:sexism+a5*D2:sexism
liking~b*respappr+c1*D1+c2*D2+c3*sexism+c4*D1:sexism+c5*D2:sexism
sexism ~ sexism.mean*1
sexism ~~ sexism.var*sexism

CE.XonM.D1 :=a1+a4*5.12

indirect.D1 :=(a1+a4*5.12)*(b)
index.mod.med.D1 :=a4*b
direct.D1 :=c1+c4*5.12
total.D1 := direct.D1 + indirect.D1
prop.mediated.D1 := indirect.D1 / total.D1
CE.XonM.D1.below :=a1+a4*4.25
indirect.D1.below :=(a1+a4*4.25)*(b)
CE.XonM.D1.above :=a1+a4*5.896
indirect.D1.above :=(a1+a4*5.896)*(b)
direct.D1.below:=c1+c4*4.25
direct.D1.above:=c1+c4*5.896
total.D1.below := direct.D1.below + indirect.D1.below
total.D1.above := direct.D1.above + indirect.D1.above
prop.mediated.D1.below := indirect.D1.below / total.D1.below
prop.mediated.D1.above := indirect.D1.above / total.D1.above

CE.XonM.D2 :=a2+a5*5.12

indirect.D2 :=(a2+a5*5.12)*(b)
index.mod.med.D2 :=a5*b
direct.D2 :=c2+c5*5.12
total.D2 := direct.D2 + indirect.D2
prop.mediated.D2 := indirect.D2 / total.D2
CE.XonM.D2.below :=a2+a5*4.25
indirect.D2.below :=(a2+a5*4.25)*(b)
CE.XonM.D2.above :=a2+a5*5.896
indirect.D2.above :=(a2+a5*5.896)*(b)
direct.D2.below:=c2+c5*4.25
direct.D2.above:=c2+c5*5.896
total.D2.below := direct.D2.below + indirect.D2.below
total.D2.above := direct.D2.above + indirect.D2.above
prop.mediated.D2.below := indirect.D2.below / total.D2.below
prop.mediated.D2.above := indirect.D2.above / total.D2.above
```

만들어진 lavaan syntax를 이용하여 분석하여 semfit에 저장한다. 이때 신뢰구간은 부트스트랩으로 구하고 부트스트랩은 1,000회 반복한다(디폴트값, 생략 가능). 재현 가능한 부트스트랩 결과를 얻기 위해 set.seed함수로 시드값을 정해 준다.

```
set.seed(1234)
semfit=sem(model,data=data1,se="boot")
summary(semfit,ci=TRUE)
```

```
lavaan 0.6-5.1457 ended normally after 114 iterations

  Estimator                                         ML
  Optimization method                           NLMINB
  Number of free parameters                         31

  Number of observations                           129

  Model Fit Test Statistic                       3.041
  Degrees of freedom                                 4
  P-value (Chi-square)                           0.551

Parameter Estimates:

  Standard Errors                            Bootstrap
  Number of requested bootstrap draws             1000
  Number of successful bootstrap draws            1000

Regressions:
                   Estimate  Std.Err  z-value  P(>|z|) ci.lower ci.upper
  respappr ~
    D1         (a1)  -2.940    1.793   -1.640    0.101   -6.182    0.715
    D2         (a2)   1.671    1.466    1.139    0.254   -1.124    4.577
    sexism     (a3)   0.042    0.144    0.288    0.773   -0.224    0.332
    D1:sexism  (a4)   0.856    0.356    2.407    0.016    0.122    1.492
    D2:sexism  (a5)  -0.244    0.278   -0.879    0.380   -0.786    0.285
  liking ~
    respappr    (b)   0.367    0.077    4.760    0.000    0.211    0.522
    D1         (c1)  -2.732    1.425   -1.916    0.055   -5.783   -0.159
    D2         (c2)   0.025    0.995    0.025    0.980   -2.031    1.885
    sexism     (c3)   0.072    0.109    0.662    0.508   -0.150    0.286
    D1:sexism  (c4)   0.526    0.295    1.779    0.075    0.015    1.154
    D2:sexism  (c5)  -0.034    0.192   -0.177    0.860   -0.397    0.362

Covariances:
                   Estimate  Std.Err  z-value  P(>|z|) ci.lower ci.upper
  D1 ~~
    D2                0.002    0.012    0.209    0.835   -0.020    0.028
    D1:sexism         1.104    0.081   13.647    0.000    0.905    1.227
    D2:sexism         0.001    0.062    0.023    0.982   -0.116    0.128
  D2 ~~
```

```
    D1:sexism         0.001    0.061    0.012    0.990   -0.116    0.130
    D2:sexism         0.876    0.055   15.812    0.000    0.766    0.979
  D1:sexism ~~
    D2:sexism        -0.047    0.332   -0.142    0.887   -0.663    0.654

Intercepts:
                   Estimate  Std.Err  z-value  P(>|z|) ci.lower ci.upper
    sexism  (sxs.)    5.117    0.069   74.266    0.000    4.983    5.257
   .respppr           4.607    0.735    6.267    0.000    3.154    6.020
   .liking            3.477    0.603    5.770    0.000    2.363    4.756
    D1                0.016    0.042    0.373    0.709   -0.062    0.101
    D2                0.008    0.037    0.209    0.835   -0.062    0.085
    D1:sxsm           0.094    0.213    0.440    0.660   -0.310    0.527
    D2:sxsm           0.004    0.194    0.023    0.982   -0.366    0.411

Variances:
                   Estimate  Std.Err  z-value  P(>|z|) ci.lower ci.upper
    sexism  (sxs.)    0.610    0.071    8.582    0.000    0.465    0.745
   .respppr           1.234    0.146    8.459    0.000    0.887    1.483
   .liking            0.780    0.136    5.715    0.000    0.492    1.030
    D1                0.217    0.015   14.098    0.000    0.178    0.239
    D2                0.170    0.011   16.208    0.000    0.148    0.190
    D1:sxsm           5.753    0.453   12.712    0.000    4.690    6.466
    D2:sxsm           4.609    0.315   14.625    0.000    3.998    5.184

Defined Parameters:
                   Estimate  Std.Err  z-value  P(>|z|) ci.lower ci.upper
    CE.XonM.D1        1.442    0.243    5.934    0.000    0.935    1.921
    indirect.D1       0.529    0.130    4.069    0.000    0.288    0.811
    index.md.md.D1    0.314    0.147    2.142    0.032    0.047    0.637
    direct.D1        -0.040    0.217   -0.186    0.852   -0.454    0.417
    total.D1          0.489    0.217    2.254    0.024    0.063    0.936
    prop.meditd.D1    1.083    4.795    0.226    0.821    0.449    4.269
    CE.XonM.D1.blw    0.698    0.357    1.952    0.051   -0.010    1.415
    indirct.D1.blw    0.256    0.136    1.882    0.060   -0.003    0.544
    CE.XonM.D1.abv    2.106    0.399    5.275    0.000    1.221    2.881
    indirect.D1.bv    0.773    0.207    3.729    0.000    0.386    1.211
    direct.D1.belw   -0.498    0.248   -2.009    0.045   -0.981   -0.034
    direct.D1.abov    0.367    0.382    0.963    0.336   -0.329    1.180
    total.D1.below   -0.242    0.262   -0.922    0.356   -0.786    0.256
    total.D1.above    1.140    0.416    2.743    0.006    0.348    2.041
    prp.mdtd.D1.bl   -1.058   14.732   -0.072    0.943  -14.462   11.801
    prp.mdtd.D1.bv    0.678    4.200    0.161    0.872    0.335    1.643
    CE.XonM.D2        0.422    0.218    1.937    0.053    0.020    0.890
    indirect.D2       0.155    0.088    1.756    0.079    0.005    0.355
    index.md.md.D2   -0.089    0.105   -0.853    0.394   -0.309    0.107
    direct.D2        -0.149    0.164   -0.909    0.363   -0.469    0.146
```

```
total.D2           0.006    0.184    0.033    0.974   -0.354    0.363
prop.meditd.D2    25.356   20.784    1.220    0.222  -11.046   15.718
CE.XonM.D2.blw     0.634    0.346    1.831    0.067   -0.043    1.351
indirct.D2.blw     0.233    0.138    1.682    0.093   -0.015    0.517
CE.XonM.D2.abv     0.233    0.285    0.817    0.414   -0.286    0.840
indirect.D2.bv     0.085    0.108    0.790    0.430   -0.103    0.342
direct.D2.belw    -0.119    0.232   -0.514    0.607   -0.593    0.287
direct.D2.abov    -0.175    0.223   -0.784    0.433   -0.620    0.243
total.D2.below     0.113    0.277    0.410    0.682   -0.423    0.644
total.D2.above    -0.090    0.226   -0.396    0.692   -0.536    0.366
prp.mdtd.D2.bl     2.050   67.414    0.030    0.976  -12.869   13.009
prp.mdtd.D2.bv    -0.952   11.916   -0.080    0.936   -8.830    9.671
```

이 분석 결과 중 회귀분석 부분을 요약하면 다음과 같다.

```
estimatesTable2(semfit)
```

표 14.3: 그림 14.1의 조건부과정 모형의 회귀분석 요약

Variables	Predictors	label	B	SE	z	p	β
respappr	D1	a1	-2.940	1.793	-1.640	0.101	-1.020
respappr	D2	a2	1.671	1.466	1.139	0.254	0.514
respappr	sexism	a3	0.042	0.144	0.288	0.773	0.024
respappr	D1:sexism	a4	0.856	0.356	2.407	0.016	1.529
respappr	D2:sexism	a5	-0.244	0.278	-0.879	0.380	-0.390
liking	respappr	b	0.367	0.077	4.760	< 0.001	0.472
liking	D1	c1	-2.732	1.425	-1.916	0.055	-1.218
liking	D2	c2	0.025	0.995	0.025	0.980	0.010
liking	sexism	c3	0.072	0.109	0.662	0.508	0.054
liking	D1:sexism	c4	0.526	0.295	1.779	0.075	1.208
liking	D2:sexism	c5	-0.034	0.192	-0.177	0.860	-0.070

이 분석 결과 중 매개와 조절 및 매개된 조절 부분을 요약하면 다음과 같다.

```
medSummaryTable(semfit)
```

표 14.4: 그림 14.1의 조건부과정 모형의 매개와 조절 및 매개된 조절 요약

Effect	Equation	estimate	95% Bootstrap CI
CE.XonM.D1	a1+a4*5.12	1.442	(0.935 to 1.921)
indirect.D1	(a1+a4*5.12)*(b)	0.529	(0.288 to 0.811)
index.mod.med.D1	a4*b	0.314	(0.047 to 0.637)
direct.D1	c1+c4*5.12	-0.040	(-0.454 to 0.417)
total.D1	direct.D1+indirect.D1	0.489	(0.063 to 0.936)
prop.mediated.D1	indirect.D1/total.D1	1.083	(0.449 to 4.269)
CE.XonM.D1.below	a1+a4*4.25	0.698	(-0.010 to 1.415)
indirect.D1.below	(a1+a4*4.25)*(b)	0.256	(-0.003 to 0.544)
CE.XonM.D1.above	a1+a4*5.896	2.106	(1.221 to 2.881)
indirect.D1.above	(a1+a4*5.896)*(b)	0.773	(0.386 to 1.211)
direct.D1.below	c1+c4*4.25	-0.498	(-0.981 to -0.034)
direct.D1.above	c1+c4*5.896	0.367	(-0.329 to 1.180)
total.D1.below	direct.D1.below+indirect.D1.below	-0.242	(-0.786 to 0.256)
total.D1.above	direct.D1.above+indirect.D1.above	1.140	(0.348 to 2.041)
prop.mediated.D1.below	indirect.D1.below/total.D1.below	-1.058	(-14.462 to 11.801)
prop.mediated.D1.above	indirect.D1.above/total.D1.above	0.678	(0.335 to 1.643)
CE.XonM.D2	a2+a5*5.12	0.422	(0.020 to 0.890)
indirect.D2	(a2+a5*5.12)*(b)	0.155	(0.005 to 0.355)
index.mod.med.D2	a5*b	-0.089	(-0.309 to 0.107)
direct.D2	c2+c5*5.12	-0.149	(-0.469 to 0.146)
total.D2	direct.D2+indirect.D2	0.006	(-0.354 to 0.363)
prop.mediated.D2	indirect.D2/total.D2	25.356	(-11.046 to 15.718)
CE.XonM.D2.below	a2+a5*4.25	0.634	(-0.043 to 1.351)
indirect.D2.below	(a2+a5*4.25)*(b)	0.233	(-0.015 to 0.517)
CE.XonM.D2.above	a2+a5*5.896	0.233	(-0.286 to 0.840)
indirect.D2.above	(a2+a5*5.896)*(b)	0.085	(-0.103 to 0.342)
direct.D2.below	c2+c5*4.25	-0.119	(-0.593 to 0.287)
direct.D2.above	c2+c5*5.896	-0.175	(-0.620 to 0.243)
total.D2.below	direct.D2.below+indirect.D2.below	0.113	(-0.423 to 0.644)
total.D2.above	direct.D2.above+indirect.D2.above	-0.090	(-0.536 to 0.366)
prop.mediated.D2.below	indirect.D2.below/total.D2.below	2.050	(-12.869 to 13.009)
prop.mediated.D2.above	indirect.D2.above/total.D2.above	-0.952	(-8.830 to 9.671)

boot.ci.type = perc

위의 표에서 index.mod.med로 표시된 부분이 조절된 매개지수이다. 조절된 매개지수는 D_1의 경우 0.314이며 95% 부트스트랩 신뢰구간이 0을 포함하고 있지 않다. D_2의 경우 조절된 매개지수는 -0.089로 95% 부트스트랩 신뢰구간이 0을 포함하고 있다.

1.2 X의 간접효과

매개과정은 최소한 두 단계로 이루어진다. 첫 번째 단계는 독립변수 X가 매개변수 M에 효과를 나타내는 단계이고, 두 번째 단계는 매개변수 M이 종속변수 Y에 효과를 나타내는 단계이다. 직렬 매개모형과 같은 보다 복잡한 모형은 더 많은 단계를 포함할 수 있다. 이번 장의 모형과 같이 매개변수가 하나인 경우 M을 매개로 Y에 미치는 X의 간접효과는 두 단계의 곱으로 계산할 수 있다. 이 두 단계 중 한 단계 또는 두 단계 모두 조절되는 경우 각 단계를 보다 세밀히 살펴서 곱함으로써 조절변수의 값에 따라 M을 매개로 한 X의 간접효과가 어떻게 달라지는지 이해할 수 있다.

1.2.1 매개과정의 첫 번째 단계

이 모형의 첫 번째 단계는 캐서린의 행동(X)이 참가자들의 행동에 대한 적절성 평가(M)에 효과를 미치는 단계로 참자가들의 성차별인식(W)이 조절변수로 작용한다. 이때 독립변수 X는 세 개의 범주를 갖는 범주형 변수로 회귀식에서는 두 개의 변수 D_1과 D_2로 나타내야 하며 조절변수 W는 연속형 변수이므로 그대로 쓰면 된다. 앞의 회귀식 14.1에 표 14.2의 회귀계수를 넣어 회귀식을 다시 써 보면 다음과 같다.

$$\hat{M} = 4.607 - 2.940D_1 + 1.671D_2 + 0.043W + 0.856D_1W - 0.244D_2W \quad (14.3)$$

이 회귀식을 그림으로 나타내 보면 그림 14.3과 같다.

```
catlabels=c("No protest","Individual protest","Collective protest")
catlabels2=c("No protest","Individual protest","Collective protest",
            "Any protest")
xlab="Perceived Pervasiveness of Sex Discrimination in Society(W)"
ylab="Perceived Appropriateness of Response(M)"
condPlotCat(labels=labels,yvar="M",data=protest,catlabels=catlabels,
    mode=3,ypos=c(0.2,0.15,0.35),add.arrow=FALSE,addvars=FALSE)+
  xlim(c(3.5,6.5))+labs(x=xlab,y=ylab)
labels=list(X="protest",W="sexism",M="respappr",Y="liking")
condPlotCat(labels=labels,yvar="M",data=protest,mode=3,
           catlabels=catlabels2,ceno=c(1,2),add.anova = FALSE)+
  xlim(c(3.5,6.5))+labs(x=xlab,y=ylab)
```

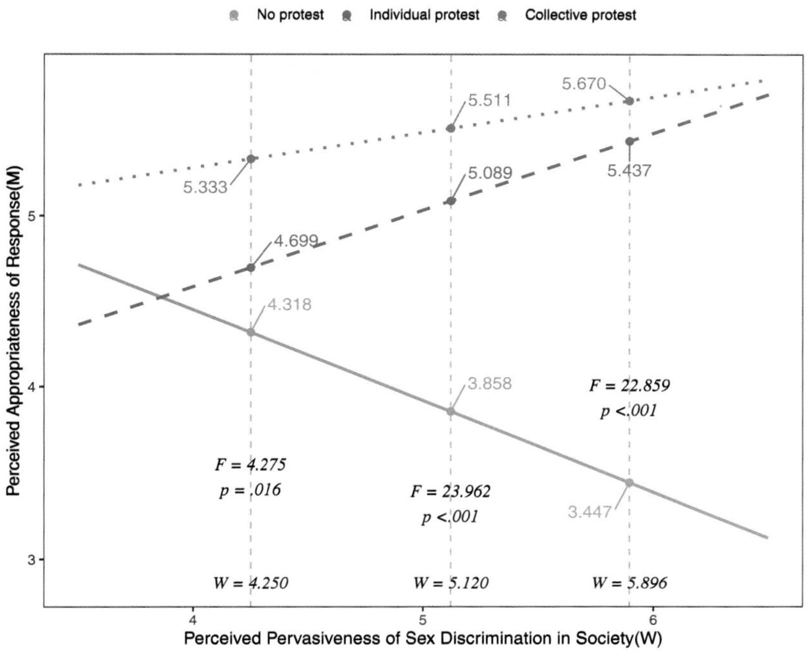

(a) 조건부 효과에 대한 총괄검정

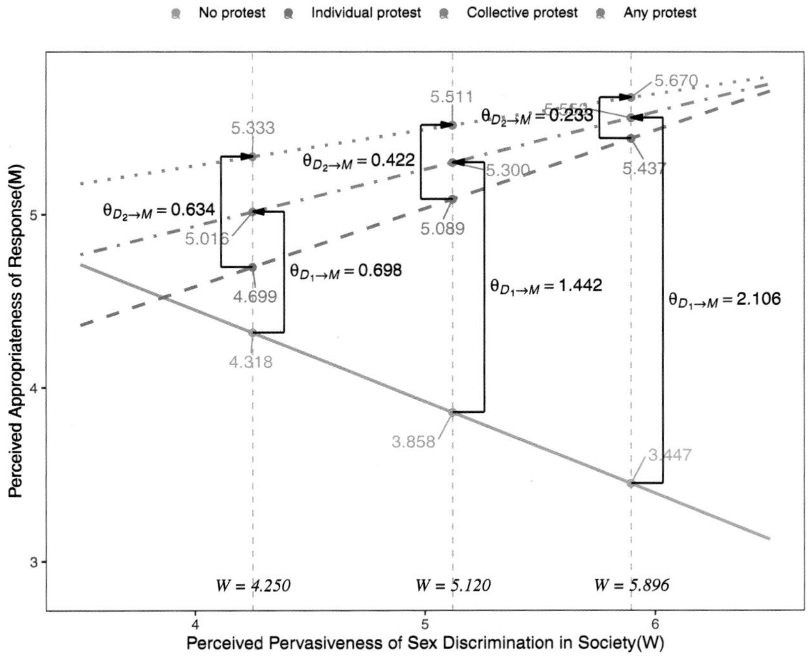

(b) 상대적 조건부 효과

그림 14.3: 캐서린의 행동과 성차별인식에 따른 참자가들의 캐서린의 행동에 대한 적절성 평가

캐서린의 행동이 독립변수이므로 세 선의 차이 및 조절변수인 성차별인식의 변화에 따라 세 선의 차이가 어떻게 변화하는지에 초점을 맞추어야 한다. 이 단계에서의 종속변수는 캐서린의 행동에 대한 적절성 평가이다. 그림에서 보는 바와 같이 우리 사회에 성차별이 만연한다고 느끼는 사람들에서는($W = 5.896$, 84번째 백분위수) 이의제기를 한 경우가 순응한 경우에 비해 보다 적절하다고 평가되었으며, 이의제기의 형태에 따른 차이는 별로 없었다. 이러한 양상은 우리 사회에 성차별이 중간 정도로 만연한다고 느끼는 사람들($W = 5.120$, 50번째 백분위수)에서도 지속되었으나 성차별인식이 낮은 사람들에서는($W = 4.250$, 16번째 백분위수) 종합적인 이의제기를 한 경우 개별적인 이의제기 또는 순응한 경우에 비해 보다 적절하다고 평가하였으며, 개별적인 이의제기와 순응한 경우의 차이는 없었다. 하지만 이러한 해석은 조금 성급한 것이다. 매개변수를 종속변수로 하는 첫 번째 단계에서 독립변수와 조절변수의 상호작용에 대한 공식검정은 제9장에서 배운 바 있다. 간략히 설명하면 먼저 g개의 범주를 갖는 독립변수 X를 코딩하는 $g-1$개의 더미변수와 조절변수 W를 설명변수로 하는 회귀모형을 하나 만들고, 두 번째로 $g-1$개의 더미변수와 조절변수 W의 곱을 포함시킨 회귀모형을 만들어 두 모형을 비교하여 통계적으로 유의한 R^2의 증가를 보인다면 M에 대한 X의 효과가 W에 의해 조절된다고 추론한다. 다음의 R코드로 두 개의 회귀모형을 만든다.

```
fit1=lm(respappr~D1+D2+sexism,data=data1)
fit2=lm(respappr~D1+D2+sexism+D1:sexism+D2:sexism,data=data1)
```

이 두 개의 회귀모형을 비교한다.

```
modelsSummaryTable(list(fit1,fit2),labels=labels)
```

표 14.5: 매개변수를 종속변수로 하는 회귀모형에서 상호작용의 검정을 위한 두 모형의 비교

		Consequent								
		respappr(M)					respappr(M)			
Antecedent		*Coef*	*SE*	*t*	p		*Coef*	*SE*	*t*	p
D1	a_1	1.432	0.222	6.454	<.001	a_1	-2.940	1.450	-2.028	.045
D2	a_2	0.361	0.251	1.437	.153	a_2	1.671	1.620	1.031	.305
sexism(W)	a_3	0.059	0.133	0.444	.658	a_3	0.042	0.130	0.320	.749
D1:sexism(D1:W)						a_4	0.856	0.281	3.042	.003
D2:sexism(D2:W)						a_5	-0.244	0.311	-0.784	.434
Constant	i_M	4.539	0.689	6.589	<.001	i_M	4.607	0.673	6.850	<.001
Observations		129					129			
R2		0.262					0.316			
Adjusted R2		0.244					0.288			
Residual SE		1.172 (df = 125)					1.138 (df = 123)			
F statistic		F(3,125) = 14.784, p < .001					F(5,123) = 11.342, p < .001			

두 모형의 비교 결과 R^2의 차이는 0.054이다. 다음은 ANOVA를 통해 두 모형을 비교해 본다.

```
anova(fit1,fit2)
```

```
Analysis of Variance Table

Model 1: respappr ~ D1 + D2 + sexism
Model 2: respappr ~ D1 + D2 + sexism + D1:sexism + D2:sexism
  Res.Df    RSS Df Sum of Sq      F   Pr(>F)
1    125 171.71
2    123 159.22  2    12.487 4.8233 0.009624 **
---
Signif. codes:  0 '***' 0.001 '**' 0.01 '*' 0.05 '.' 0.1 ' ' 1
```

위의 ANOVA 결과 $F(2, 123) = 4.823, p = .010$으로 상호작용은 유의하다고 결론 내릴 수 있다. 위의 과정을 보다 쉽게 하기 위해 processR 패키지에 포함되어 있는 r2diff()함수를 사용할 수 있다. 이 함수에 검정하고자 하는 상호작용이 있는 모형을 넣어 주면 된다.

```
r2diff(fit2)
```

```
Test of highest order unconditional interaction(s)

Removing :  D1:sexism,D2:sexism
r2diff = 0.054, F(2,123) = 4.823, p = .010
```

조절변수인 성차별인식이 상대적으로 낮은 경우(16번째 백분위수, $W = 4.250$)와 중간 정도인 경우(50번째 백분위수, $W = 5.120$), 상대적으로 높은 경우(84번째 백분위수, $W = 5.896$) 상호작용을 탐색한 결과가 그림 14.3(a)에 요약되어 있다. 제 9장에서 배운 방법을 사용하여 조절변수의 세 값에 대한 총괄검정을 시행한 결과, 캐서린의 행동에 대한 적절성 평가는 모두 유의한 차이를 보여 주었다. 하지만 이러한 총괄 정보는 그룹 간의 차이에 대한 모호한 정보만을 제공해 주며, X의 상대적 조건부 간접효과에 대한 정보는 제공해 주지 않는다. 대신 쌍별접근방법을 통해 X의 M에 대한 상대적 조건부 효과를 탐색해 보고자 한다. 이 예에서는 X의 M에 대한 상대적 효과 중 $\theta_{D_1 \to M}$은 캐서린이 이의제기를 하지 않은 경우와 이의제기를 한 경우의 캐서린의 행동에 대한 적절성 평가의 차이를 추정한 것이고, $\theta_{D_2 \to M}$은 개별적 이의제기와 종합적 이의제기를 한 경우의 캐서린의 행동에 대한 적절성 평가의 차이를 추정한 것이다. 식 14.1에서 이 조건부 효과는 다음과 같다.

$$\theta_{D_1 \to M} = a_1 + a_4 W = -2.940 + 0.856W \tag{14.4}$$

$$\theta_{D_2 \to M} = a_2 + a_5 W = 1.671 - 0.244W \tag{14.5}$$

위의 식에서 보는 바와 같이 두 조건부 효과는 모두 W의 함수이다. 성차별인식이 상대적으로 낮은 경우($W = 4.250$)에는 다음과 같이 계산된다.

$$\theta_{D_1 \to M} = -2.940 + 0.856(4.250) = 0.698$$

이 값은 캐서린이 이의제기를 했다고 들은 사람들은 이의제기를 하지 않았다고 들은 사람에 비해 캐서린의 행동에 대한 적절성 평가가 0.698단위만큼 증가했다는 것을 의미한다.

$$\theta_{D_2 \to M} = 1.671 - 0.244(4.250) = 0.634$$

이 값은 캐서린이 종합적인 이의제기를 했다고 들은 사람들은 개별적인 이의제기를 했다고 들은 사람에 비해 캐서린의 행동에 대한 적절성 평가가 0.634단위만큼 증가했다는 것을 의미한다.

이 상대적 조건부 효과는 모형에서 세 군의 M의 추정량을 비교해 보면 이해가 쉬워진다. 식 14.1에서 성차별인식이 상대적으로 낮은 경우($W = 4.250$) 이의제기를 하지 않은 경우의 M의 추정량 $\hat{M}_{NP} = 4.318$이고, 개별적 이의제기를 한 경우의 M의 추정량 $\hat{M}_{IP} = 4.699$이며 종합적 이의제기를 한 경우 M의 추정량 $\hat{M}_{CP} = 5.333$이다. 이 값을 이용하여 $W = 4.250$일 때의 상대적 조건부 효과를 계산해 보면 다음과 같다.

$$\begin{aligned}
\theta_{D_1 \to M}|(W = 4.250) &= \frac{\hat{M}_{IP} + \hat{M}_{CP}}{2} - \hat{M}_{NP} \\
&= \frac{4.699 + 5.333}{2} - 4.318 \\
&= 5.016 - 4.318 \\
&= 0.698
\end{aligned}$$

$$\begin{aligned}
\theta_{D_2 \to M}|(W = 4.250) &= \hat{M}_{CP} - \hat{M}_{NP} \\
&= 5.333 - 4.699 \\
&= 0.634
\end{aligned}$$

그림 14.3(b)에서 $\theta_{D_1 \to M}|(W = 4.250) = 0.698$은 x축의 4.250을 나타내는 수직선과

개별적 이의제기군과 종합적 이의제기군의 평균을 나타내는 보라색 점선의 교점과 이의제기를 하지 않은 군을 나타내는 빨간색 실선의 교점 간의 간격이다. $\theta_{D_2 \to M}|(W = 4.250) = 0.634$는 개별적 이의제기군과 종합적 이의제기군을 나타내는 푸른색과 녹색의 점 사이의 간격이다. 표 14.4에 매개 및 조절효과가 요약되어 있다. 이 표에서 CE.XonM.D1.below는 $\theta_{D1 \to M}|(W = 4.250)$을 나타낸다. 이 표에서 W가 특정값일 때 조건부 효과의 추정량 및 부트스트랩에 의한 95% 신뢰구간도 확인할 수 있다. 패키지 processR에서 lavaan syntax를 만들어 주는 tripleEquation()함수를 사용할 때 rangemode=2로 지정해 주면 조절변수의 상대적으로 낮은값, 중간값, 높은값으로 16번째, 50번째, 84번째 값을 사용하여 상대적 조건부 간접효과 및 상대적 조건부 직접효과의 추정량 및 부트스트랩에 의한 95% 신뢰구간과 함께 p값을 제시해 준다. 만일 디폴트값인 rangemode=1을 사용한다면 조절변수의 평균 − 표준편차, 평균, 평균 + 표준편차값을 사용하여 상대적 조건부 효과를 추정해 준다. 성차별 인식이 비교적 중간 정도인 경우($W = 5.120$) 위의 계산을 반복해 보면 다음과 같다.

$$\theta_{D_1 \to M} = -2.940 + 0.856(5.120) = 1.442$$
$$\theta_{D_2 \to M} = 1.671 - 0.244(5.120) = 0.422$$

위의 값을 세 군의 M의 추정량과 비교해 보면 다음과 같다.

$$\begin{aligned}\theta_{D_1 \to M}|(W = 5.120) &= \frac{\hat{M}_{IP} + \hat{M}_{CP}}{2} - \hat{M}_{NP} \\ &= \frac{5.512 + 5.089}{2} - 3.858 \\ &= 5.301 - 3.858 \\ &= 1.442\end{aligned}$$

$$\begin{aligned}\theta_{D_2 \to M}|(W = 5.120) &= \hat{M}_{CP} - \hat{M}_{NP} \\ &= 5.512 - 5.089 \\ &= 0.422\end{aligned}$$

lavaan 패키지의 분석 결과 및 14.4에 요약되어 있는 것과 같이 $\theta_{D_1 \to M}$만이 유의하다. 즉, 캐서린이 이의제기를 하지 않았다고 들은 사람들에 비해 캐서린이 이의제기를 했다고 들은 사람들은 그녀의 행동에 대해 보다 적절했다고 느꼈다. 하지만 종합적인 이의제기를 했다고 들은 사람들과 개별적인 이의제기를 했다고 들은 사람들 간에는 유의한 차이가 없었다. 마지막으로 성차별인식이 비교적 높은 경우($W = 5.896$) 위의 계산을 반복해 보면 다음과 같다.

$$\theta_{D_1 \to M} = -2.940 + 0.856(5.896) = 2.106$$
$$\theta_{D_2 \to M} = 1.671 - 0.244(5.896) = 0.23$$

위의 값을 세 군의 M의 추정량과 비교해 보면 다음과 같다.

$$\begin{aligned}\theta_{D_1 \to M}|(W = 5.896) &= \frac{\hat{M}_{IP} + \hat{M}_{CP}}{2} - \hat{M}_{NP} \\ &= \frac{5.671 + 5.438}{2} - 3.448 \\ &= 5.554 - 3.448 \\ &= 2.106\end{aligned}$$

$$\begin{aligned}\theta_{D_2 \to M}|(W = 5.896) &= \hat{M}_{CP} - \hat{M}_{NP} \\ &= 5.671 - 5.438 \\ &= 0.233\end{aligned}$$

lavaan 패키지의 분석 결과 및 14.4에 요약되어 있는 것과 같이 $\theta_{D_1 \to M}$만이 유의하다. 즉, 캐서린이 이의제기를 하지 않았다고 들은 사람들에 비해 캐서린이 이의제기를 했다고 들은 사람들은 그녀의 행동에 대해 보다 적절했다고 느꼈다. 하지만 종합적인 이의제기를 했다고 들은 사람들과 개별적인 이의제기를 했다고 들은 사람들 간에는 유의한 차이가 없었다. 실험조건과 성차별에 대한 인식 차이의 상호작용에 대한 또다른 쌍별접근 방법은 그림 14.3의 이의제기를 하지 않은 군을 나타내는 빨간 선과 개별적인 이의제기와 종합적인 이의제기의 평균을 나타내는 보라색 선 사이의 간격이다. 이 간격은 성차별인식이 높을수록 커진다. 이 차이의 변화의 비율은 a_4로 이 회귀계수는 식 14.1에서 D_1W의 회귀계수이다. $_Ta_4$에 대한 추론은 이 차이가 W의 값에 따라 변하는가에 대한 추론이다. 표 14.2에서 $a_4 = 0.856, p = .003$이므로 캐서린이 이의제기를 하지 않았다고 들은 사람들과 이의제기를 했다고 들은 사람들 사이의 그녀의 행동에 대한 적절성 평가는 참가자들의 성차별인식에 따라 유의하게 달라진다 또는 성차별인식에 의해 조절된다고 할 수 있다. 이와 마찬가지 논리로 D_2W의 회귀계수인 a_5는 개별적인 이의제기를 했다고 들은 사람들과 종합적인 이의제기를 했다고 들은 사람들 사이의 캐서린의 행동에 대한 적절성 평가 사이의 간격이 성차별인식의 차이에 따라 변화하는 비율이다. 이 계수는 표 14.2에서 $a_5 = -0.244, p = .434$로 유의하지 않았다. 따라서 개별적인 이의제기를 했다고 들은 사람들과 종합적인 이의제기를 했다고 들은 사람들 사이의 캐서린의 행동에 대한 적절성 평가를 성차별인식이 조절한다고 할 수 없다.

1.3 상대적 조건부 간접효과

매개변수가 하나 있는 모형에서 간접효과는 M에 대한 X의 효과와 Y에 대한 M의 효과의 곱이다. 캐서린의 행동(X)이 그녀의 행동에 대한 적절성 평가(M)를 매개로 호감도(Y)에 미치는 간접효과는 M에 대한 X의 효과와 Y에 대한 M의 효과의 곱으로 계산할 수 있다. 하지만 이 경우 X가 세 개의 범주를 갖는 범주형 변수이므로 간접효과가 두 개 존재하며, 이들 간접효과를 상대적 간접효과라고 부른다(제9장 참조). 하지만 상대적 간접효과도 효과의 곱으로 계산되며 이 모형의 경우 M에 대한 X의 효과가 W의 함수이므로 간접효과 또한 W의 함수가 된다. 전 절에서 M에 대한 X의 효과는 두 개의 상대적 효과로 나누어 볼 수 있었다.

$$\theta_{D_1 \to M} = a_1 + a_4 W$$
$$\theta_{D_2 \to M} = a_2 + a_5 W$$

또한 Y에 대한 M의 효과는 b이므로 이의제기를 하지 않은 군과 비교했을 때 이의제기를 한 군의 상대적 간접효과는 다음과 같다.

$$\theta_{D_1 \to M} b = (a_1 + a_4 W) b = a_1 b + a_4 b W \tag{14.6}$$

위의 식을 표 14.2의 회귀계수로 바꾸어 써 보면 다음과 같다.

$$\begin{aligned} \theta_{D_1 \to M} b &= (-2.940 + 0.856W)(0.367) \\ &= -2.940(0.367) + 0.856(0.367)W \\ &= -1.079 + 0.314W \end{aligned} \tag{14.7}$$

마찬가지로 개별적인 이의제기를 한 군과 비교했을 때 종합적인 이의제기를 한 군의 상대적 간접효과는 다음과 같다.

$$\theta_{D_2 \to M} b = (a_2 + a_5 W) b = a_2 b + a_5 b W \tag{14.8}$$

위의 식을 표 14.2의 회귀계수로 바꾸어 써 보면 다음과 같다.

$$\begin{aligned} \theta_{D_2 \to M} b &= (1.671 - 0.244W)(0.367) \\ &= 1.671(0.367) - 0.244(0.367)W \\ &= 0.613 - 0.089W \end{aligned} \tag{14.9}$$

위의 식 14.7과 14.9는 각각 기울기가 $a_4 b, a_5 b$이고 y절편이 $a_1 b, a_2 b$인 직선을 나타낸다. 그림 14.4는 캐서린의 행동이 호감도에 미치는 상대적 직접효과 및 상대적 간접효과를 시각화한 것이다.

```
catlabels=c("Indirect: Protest\n   vs. No Protest",
            "Direct: Protest\n vs. No Protest",
            "Indirect: Collective\n       vs. Individual",
            "Direct: Collective\n     vs. Individual")
condPlotCat2(labels=labels,data=data1,semfit=semfit,catlabels=catlabels,
             xpos=c(0.8,0.2,0.85,0.8),add.point=TRUE,
             vjust=c(-1,-1,-1,-1)) +
  xlab("Perceived Pervasiveness of Sex Discrimination in Society")
```

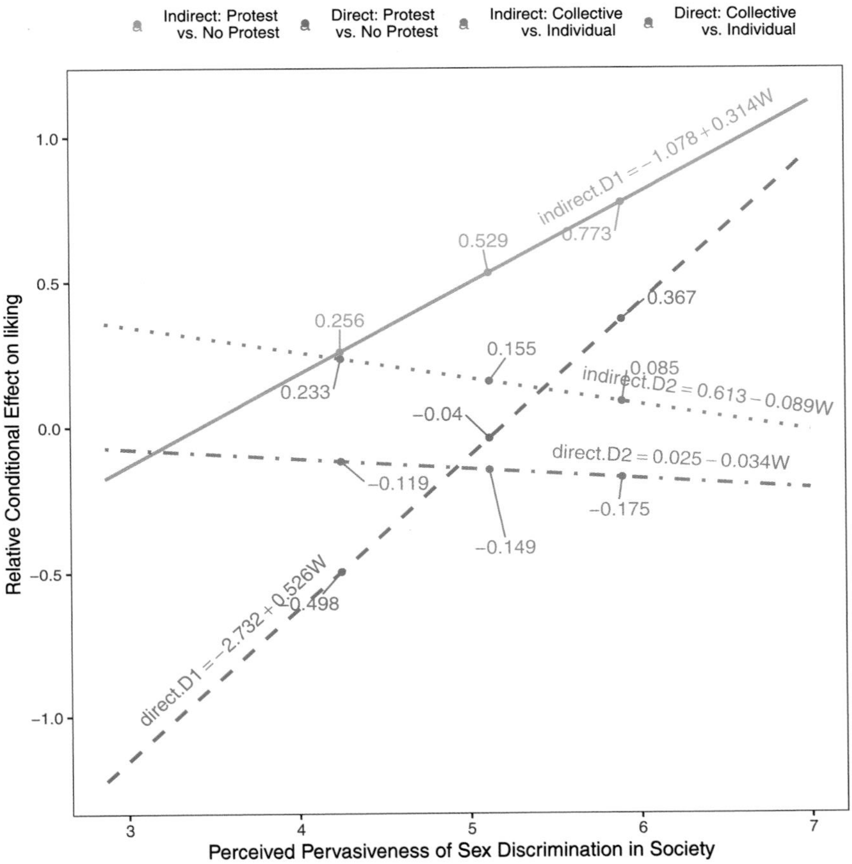

그림 14.4: 캐서린의 행동이 호감도에 미치는 상대적 직접효과 및 상대적 간접효과

위의 식 14.7과 14.9에 조절변수 W의 특정값을 대입하면 그 값에서의 X의 상대적 조건부 간접효과를 구할 수 있다. 예를 들어, 성차별인식 정도가 비교적 낮은 사람들(W = 4.250, 16번째 백분위수)에서 이의제기를 하지 않은 경우와 비교했을 때 이의제기를 한 경우의 캐서린의 행동이 호감도에 미치는 상대적 조건부 간접효과는 다음과 같다.

$$\theta_{D_1 \to M} b | (W = 4.250) = -1.079 + 0.314(4.250) = 0.256$$

또한 개별적인 이의제기를 한 경우와 비교했을 때 종합적 이의제기를 한 경우의 캐서린의 행동이 호감도에 미치는 상대적 조건부 간접효과는 다음과 같다.

$$\theta_{D_2 \to M} b | (W = 4.250) = 0.613 - 0.089(4.250) = 0.232$$

위의 과정을 성차별인식 정도가 비교적 중간인 경우($W = 5.120$), 상대적으로 높은 경우의 상대적 조건부 간접효과를 구하여 표로 요약하면 다음과 같다.

```
modmedSummaryTable(semfit,showP=TRUE)
```

표 14.6: 그림 14.1의 조건부과정 모형의 매개된 조절 요약

		Indirect Effect D1:(a1+a4*W)*(b) D2:(a2+a5*W)*(b)		Direct Effect D1:c1+c4*W D2:c2+c5*W	
sexism(W)	X	estimate	95% Bootstrap CI	estimate	95% Bootstrap CI
4.250	D1	0.256	(-0.003 to 0.544)	-0.498	(-0.981 to -0.034)
5.120	D1	0.529	(0.288 to 0.811)	-0.040	(-0.454 to 0.417)
5.896	D1	0.773	(0.386 to 1.211)	0.367	(-0.329 to 1.180)
4.250	D2	0.233	(-0.015 to 0.517)	-0.119	(-0.593 to 0.287)
5.120	D2	0.155	(0.005 to 0.355)	-0.149	(-0.469 to 0.146)
5.896	D2	0.085	(-0.103 to 0.342)	-0.175	(-0.620 to 0.243)

boot.ci.type = perc

조건부 상대적 간접효과의 실질적인 해석을 위해서는 이 효과를 구성하는 효과들의 부호에 관한 지식이 필요하다. 이 예에서 조건부 상대적 간접효과는 W가 주어졌을 때 M에 대한 X의 조건부 효과와 Y에 대한 M의 효과의 곱이다. 표 14.6에서 보는 바와 같이 주어진 세 개의 W의 값에서 M에 대한 X의 조건부 효과는 모두 양의 부호를 갖는데, 그 의미는 이의제기를 한 경우 하지 않은 경우에 비해 보다 적절하다고 평가되며(즉, 세 개의 W의 값에 대해 모두 $\theta_{D_1 \to M} > 0$), 종합적 이의제기를 한 경우 개별적인 이의제기를 한 것에 비해 보다 적절하다고 평가된다는 뜻이다(즉, 세 개의 W의 값에 대해 모두 $\theta_{D_2 \to M} > 0$). 이들 양의 효과들을 마찬가지로 양의 부호를 갖는 Y에 대한 M의 효과와 곱하면 그 결과 또한 양의 부호를 갖는 조건부 상대적 간접효과가 된다. 따라서 캐서린이 이의제기를 한 경우 하지 않은 경우에 비해 보다 적절한 행동을 한 것으로 평가되며, 보다 적절한 행동을 한 경우 호감도는 증가한다. 마찬가지로 종합적인 이의제기를 한 경우 개별적인 이의제기를 한 경우와 비교해 보다 적절한 행동이라고 평가되며, 보다 적절한 행동에 의해 호감도는 증가한다.

1.4 조절된 매개의 검정 및 탐색

앞에서 살펴본 상대적 조건부 간접효과에 대한 논의는 총괄적이고 기술적이었다. 회귀분석의 결과로부터 조절변수의 주어진 값에 대해 상대적 조건부 간접효과를 계산하였으나 조절변수의 값이 변함에 따른 간접효과의 변화가 단지 우연에 의한 것보다 더 큰지 통계적인 추론을 통해 검정하지는 않았다. 어찌 되었건 상대적 조건부 간접효

과는 불확실한 추정치인 회귀계수로부터 계산된 것이고, 이러한 불확실성은 상대적 조건부 간접효과 추정의 표본분산으로 나타난다. 이번 절에서는 먼저 간접효과가 조절변수에 의해 변화하는지에 초점을 맞춘 후 간접효과의 조절의 증거들을 탐색해보고자 한다.

1.4.1 상대적 간접효과의 조절 검정

제11장과 제12장에서 다룬 것처럼 간접효과의 조절에 관한 검정은 조절된 매개지수에 기초한다. 조절된 매개지수는 Y에 대한 X의 간접효과의 추정식에서 조절변수의 가중치이다. 이 지수의 부트스트랩에 의한 신뢰구간이 0을 포함하지 않는다면 간접효과는 조절변수에 따라 선형적으로 변하므로 조절된 매개효과를 뒷받침하는 것이 된다. 하지만 부트스트랩에 의한 신뢰구간이 0을 포함한다면 간접효과는 조절변수와 관련이 없으며, 따라서 조절된 매개도 없다고 할 수 있다. 이 모형에서도 마찬가지 논리가 적용될 수 있으나 이 모형에서는 간접효과가 하나가 아니라 두 개의 상대적 간접효과가 있기 때문에 약간 더 복잡하다. 앞 절에서 살펴본 것같이 이의제기를 하지 않은 경우와 비교한 이의제기를 한 경우의 상대적 간접효과는 다음과 같다.

$$\theta_{D_1 \to M} b = (a_1 + a_4 W)b = a_1 b + a_4 bW = -1.079 + 0.314W$$

따라서 조절된 매개지수는 $a_4 b = 0.314$이고 그림 14.4의 붉은 실선의 기울기이다. 표 14.4에 요약되어 있는 바와 같이 이 지수의 부트스트랩 신뢰구간은 0보다 모두 위쪽이므로 이의제기를 하지 않은 경우와 비교하여 이의제기를 한 경우의 간접효과는 성차별인식에 의해 조절된다고 할 수 있다. 두 번째 조절된 매개지수는 개별적인 이의제기와 비교한 종합적 이의제기의 상대적 간접효과로 다음의 식으로 나타낼 수 있다.

$$\theta_{D_2 \to M} b = (a_2 + a_5 W)b = a_2 b + a_5 bW = 0.613 - 0.089W$$

따라서 조절된 매개지수는 $a_5 b = -0.089$이고 그림 14.4의 푸른색 점선의 기울기이다. 표 14.4에 요약되어 있는 바와 같이 이 지수의 부트스트랩 신뢰구간은 0을 포함하고 있으므로 이 지수는 0과 통계적으로 다르다고 할 수 없다. 제5장에서 X가 g개의 범주를 갖는 범주형 변수인 매개모형의 경우, $g-1$개의 상대적 간접효과 중 최소한 하나 이상이 부트스트랩 신뢰구간에 근거하여 통계적으로 0과 다르다면 M을 매개로 한 Y에 대한 X의 효과는 매개된다고 할 수 있다고 하였다. 간접효과의 조절에 관하여도 같은 논리를 적용할 수 있다. X가 g개의 범주를 갖는 범주형 변수인 경우, $g-1$개의 상대적 간접효과 중 하나 이상이 W에 의해 조절된다면 M을 매개로 한 Y에 대한 X의 매개효과는 조절된다고 할 수 있다. 즉, $g-1$개의 조절된 매개 지수의 부트스트랩 신뢰구간들 중 하나 이상이 0을 포함하고 있지 않다면 X의 간접효과는 조절된다고 할 수 있으며 이 모형은 이 조건을 만족한다. 하지만 제5.4절에서 X가 범주형 변수일 때 상대적 간접효과의 부트스트랩 신뢰구간에 근거한 매개의 검정은 코딩체계에 따라 달라질 수 있다고 하였다. 조절된 매개의 경우도 마찬가지이다. 세 범주를 나타내기 위해 다른 코딩체계를 사용한다면 조절된 매개지수의 부트스트랩 신뢰구간이 두 개 모두 0을 포함할 수 있다. 이 점은 이러한 접근법의 한계이며 제5.4절에서의 권장사항이 여기서도 적용된다.

1.4.2 조절된 매개의 탐색

조절효과가 있는 경우 분석적인 탐색을 통해 조절효과가 0과 다른 조절변수의 범위를 알아내는 것이 조절효과를 이해하는 데 도움이 된다. 점추정 방법은 시행하기 쉬운 방법으로 조절변수의 특정값들을 선택하여 그 값에서의 상대적 조건부 간접효과를 추정한 후 통계적 추론을 시행한다. 조절변수 W의 값이 비교적 낮은 경우와 중간인 경우, 비교적 높은 경우일 때 상대적 조건부 간접효과를 계산하는 방법을 12.2절에서 다룬바 있다. 표 14.6에 부트스트랩에 의한 상대적 조건부 간접효과의 95% 신뢰구간이 요약되어 있다. 부트스트랩에 의한 95% 신뢰구간이 0을 포함한다면 W의 특정값을 보이는 사람들에서는 이의제기를 하지 않은 경우와 비교하여 이의제기를 한 경우 행동의 적절성 평가를 매개로 하여 간접적으로 호감도에 영향을 미친다는 주장을 지지하지 못한다. 하지만 신뢰구간이 0을 포함하지 않는다면 W의 주어진 값에서 매개효과의 증거가 된다. 표 14.6의 처음 세 개의 행에는 X가 D_1인 경우의 조건부 간접효과가 요약되어 있다. 조절변수의 세 값 모두에서 95% 신뢰구간이 0보다 높으므로 조건부 간접효과는 조절되며 성차별인식이 높을수록 증가한다고 말할 수 있다. 또한 이번 절 마지막 부분에서 언급하겠지만 세 상대적 조건부 간접효과는 서로 다르다고 할 수 있다. 표 14.6의 나머지 부분에는 X가 D_2인 경우의 조건부 간접효과가 요약되어 있다. 조절된 매개지수의 신뢰구간에 따르면 개별적인 이의제기와 비교했을 때 종합적인 이의제기를 한 경우의 간접효과는 성차별인식에 의해 조절된다고 말할 수 없다. 이것은 세 개의 상대적 조건부 간접효과의 부트스트랩 신뢰구간과 다른 결과이다. 개별적인 이의제기와 비교했을 때 종합적인 이의제기를 한 경우 성차별인식 정도가 비교적 낮거나 중간 정도인 경우 상대적 조건부 간접효과는 유의하게 0보다 크지만, 성차별인식 정도가 비교적 높은 경우에는 유의하지 않다. 이러한 차이는 6.5절에 기술되어 있다. 어떤 효과의 조절에 대한 검정은 두 개 이상의 조건부 효과가 0과 같은지의 검정 결과와 일치하지 않는다. 개별적인 이의제기와 비교했을 때 종합적인 이의제기를 한 경우의 상대적 간접효과는 성차별인식 정도가 낮은 경우와 높은 경우가 다르다고 말하고 싶은 충동을 느끼겠지만, 매개된 조절지수의 신뢰구간이 0을 포함하고 있으므로 그렇게 주장하면 안 된다.

1.4.3 상대적 조건부 간접효과의 비교

조절된 매개지수를 사용한 상대적 간접효과의 증거가 있는 경우 조건부 간접효과들을 서로 비교하기 위한 검정은 필요 없다. 조건부 간접효과에 적용되었던 논리적 근거가 상대적 조건부 간접효과에도 그대로 적용된다. 두 개의 상대적 조건부 간접효과(예를 들어, $W = w_1$일 때와 $W = w_2$일 때)의 차이는 조건부 간접효과의 조절된 매개지수에 두 개의 조절변수의 차이인 $w_2 - w_1$을 곱한 것과 같다. $w_2 - w_1$는 일정하므로 두 상대적 조건부 간접효과 사이의 표본분산을 결정하지 않으며 또한 신뢰구간이 0을 포함하는지 여부에 영향을 미치지 않는다. 따라서 조절된 매개지수의 검정에 의해 상대적 간접효과가 조절된다면 조절변수의 값이 다른 임의의 두 상대적 조건부 간접효과는 다르다고 생각할 수 있다. 만일 상대적 간접효과가 조절된다는 증거가 없다면 임의의 두 상대적 조건부 간접효과는 서로 다르다고 할 수 없다.

1.5 상대적 조건부 직접효과

X의 직접효과는 Y에 대한 X의 효과 중 매개변수를 경유하지 않는 효과이다. 이 예에서 직접효과는 W에 의해 조절된다. X의 효과가 D_1과 D_2의 두 개의 코드로 나타나므로 두 개의 상대적 직접효과가 있다. 이 예에서 Y를 종속변수로 하는 회귀모형은 다음과 같다.

$$Y = i_Y + c_1' D_1 + c_2' D_2 + c_3' W + c_4' D_1 W + c_5' D_2 W + bM + \varepsilon_Y \qquad (14.10)$$

위 식은 다음 형태로 고쳐 쓸 수 있다.

$$Y = i_Y + (c_1' + c_4' W) D_1 + (c_2' + c_5' W) D_2 + c_3' W + bM + \varepsilon_Y \qquad (14.11)$$

위 식에서 Y에 대한 X의 직접효과는 두 개의 상대적 직접효과로 표현될 수 있다.

$$\theta_{D_1 \to Y} = c_1' + c_4' W \qquad (14.12)$$

$$\theta_{D_2 \to Y} = c_2' + c_5' W \qquad (14.13)$$

직접효과의 조절에 대한 검정은 D_1W와 D_2W에 대한 회귀계수가 둘 다 0이라는 귀무가설에 대한 검정을 하면 된다. 검정 방법은 먼저 상호작용이 포함되어 있지 않은 모형과 상호작용이 포함되어 있는 모형을 만들어 통계적으로 유의한 R^2의 증가를 보이는지 검정한다. processR 패키지에 포함되어 있는 r2diff()함수를 사용하면 이 과정을 거쳐 검정 결과를 보여 준다.

```
fit=lm(liking~D1*sexism+D2*sexism+respappr,data=data1)
r2diff(fit)
```

```
Test of highest order unconditional interaction(s)

Removing :  D1:sexism,sexism:D2
r2diff = 0.030, F(2,122) = 2.548, p = .082
```

검정 결과는 회귀모형에 D1:sexism과 D2:sexsim의 두 상호작용항을 넣었을 때 $R^2 = 0.030, F(2, 122) = 2.548, p = .082$로 통계적으로 유의하지 않은 결과를 보였으나, 이 예에서는 설명을 목적으로 직접효과에 대한 plot을 그려 보고 상호작용을 탐색해 보고자 한다. c'_4, c'_5는 상대적 직접효과와 W의 관계를 정량화해 주는 회귀계수로 표 14.3에서 보는 바와 같이 c'_4는 통계적으로 유의하므로 이의제기를 하지 않은 경우와 비교할 때 이의제기를 한 경우의 직접효과는 성차별인식에 의해 조절된다고 할 수 있다. 이 결과를 직접효과의 조절과 일치한다고 해석할 수 있느냐 여부에 상관없이 다음과 같이 조절효과를 탐색하는 연습을 해 보는 것은 독자 여러분 자신의 데이터를 가지고 분석해 보는 데 도움이 될 것이다. 다음의 R코드를 사용하여 직접효과의 조절을 시각화할 수 있다.

```
catlabels=c("No protest","Individual protest","Collective protest")
ylab="Evalusion fo the Attorney(Y)"
xlab="Percieved Pervasiveness of Sex Discrimination in Society(W)"
condPlotCat(labels=labels,data=protest,catlabels=catlabels,total=TRUE,
            ypos=0.1,add.arrow=FALSE)+
  xlim(c(4,6))+labs(x=xlab,y=ylab)
catlabels2=c("No protest","Individual protest","Collective protest",
             "Any protest")
condPlotCat(labels=labels,data=protest,total=TRUE,catlabels=catlabels2,
            add.anova=FALSE,ceno=c(1,2),xinterval=0.05,
            hjust1=c(-0.05,-0.05,1.05),hjust2=c(-0.05,1.05,1.05),
            ypos2=c(0.5,0.1,0.3),ypos3=c(0.2,0.4,0.4),mode=3)+
  xlim(c(4,6))+labs(x=xlab,y=ylab)
```

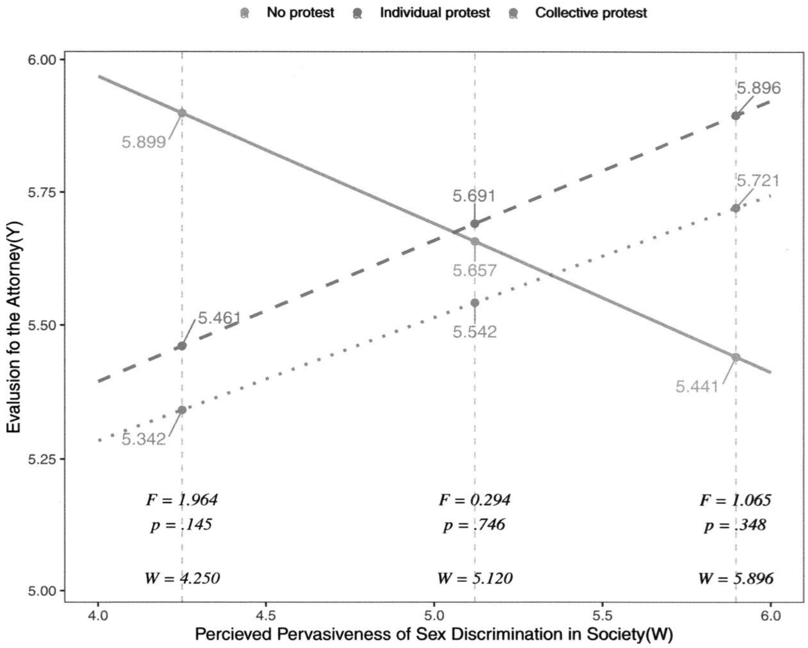

(a) 직접효과에 대한 총괄검정

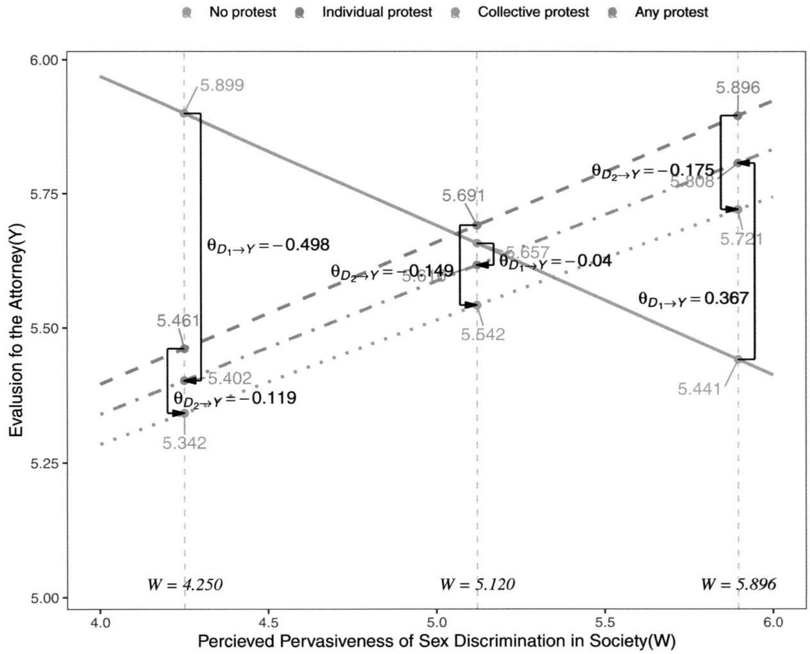

(b) 상대적 조건부 직접효과

그림 14.5: 캐서린의 행동이 호감도에 미치는 직접효과에 대한 성차별인식에 의한 조절효과

그림 14.5(a)에 조절변수 W가 특정값일 때의 세 그룹의 평균이 표시되어 있다. 얼핏 보기에는 세 선사이의 간극이 W의 값에 따라 심하게 변하는 것처럼 보이지만, 수직축의 값을 보면 캐서린에 대한 호감도가 5에서 6 사이로 변하므로 세 선 사이의 간극의 크기는 Y값의 한 단위 차이 이내로 작은 것을 알 수 있다. 하지만 이 그림을 잘 들여다 보면 성차별인식 정도가 낮은 사람들에서는($W = 4.250$) 캐서린이 이의제기를 하지 않았을 때 이의제기를 한 것보다 호감도가 큰 것을 알 수 있고, 성차별인식 정도가 높은 사람들에서는($W = 5.896$) 캐서린이 이의제기를 했을 때 이의제기를 하지 않았을 때보다 호감도가 큰 것을 알 수 있다. 성차별인식 정도가 중간 정도인 사람들에서는 ($W = 5.120$) 캐서린의 행동에 따른 호감도의 차이가 거의 없었다. 제9장에서 범주형 독립변수 X의 효과에 대한 연속형 변수 W에 의한 조절효과는 총괄검정 또는 쌍별검정을 통해 탐색할 수 있다는 것을 다루었다. 특정값 선택을 통한 총괄검정은 조절변수 W의 특정값에서 종속변수의 추정치가 같은지 검정하는 것으로, 그림 14.5(a)에 그 결과가 표시되어 있다. 그림에서 보는 바와 같이 W의 값이 16, 50, 84번째 백분위수일 때 모두 조건부 효과가 같다는 귀무가설을 기각하지 못한다. 세 경우 모두 F값이 작고 p값이 크다. 총괄검정은 검정의 결과와 상관없이 그룹 간의 차이에 대해 모호한 정보만을 제공해 주지만, 쌍별검정은 보다 구체적인 정보를 제공해 준다. 이 예의 회귀모형에서 X는 직교대비를 나타내는 D_1과 D_2로 코딩되었으므로 D_1은 이의제기를 한 두 가지 경우와 이의제기를 하지 않은 경우의 종속변수의 평균 추정치를 비교하는 것이고, D_2는 개별적인 이의제기를 한 경우와 종합적인 이의제기를 한 경우를 비교한 것이다. D_1과 D_2의 효과는 집합적으로 X의 효과를 나타내는데, 성차별인식 정도(W)의 함수가 된다. 식 14.12와 식14.13을 회귀계수를 대입하여 다시 써 보면 다음과 같다.

$$\theta_{D_1 \to Y} = c'_1 + c'_4 W = -2.732 + 0.526W \tag{14.14}$$
$$\theta_{D_2 \to Y} = c'_2 + c'_5 W = 0.02 - 0.034W \tag{14.15}$$

성차별인식 정도가 비교적 낮은 경우($W = 4.250$) 상대적 조건부 직접효과는 위의 식 14.14와 식 14.15에 W의 값을 대입함으로써 구할 수 있다.

$$\theta_{D_1 \to Y} = -2.732 + 0.526(4.250) = -0.498$$
$$\theta_{D_2 \to Y} == 0.02 - 0.034(4.250) = -0.119$$

이 값으로 세 군의 종속변수 Y의 값을 추정하려면 식 14.2에 회귀계수와 세 군의 D_1, D_2값과 W값을 넣고 M에 평균값인 $\bar{M} = 4.866$을 넣으면 된다. 조절변수의 세 값에 대해 구한 Y의 추정치 9개가 그림 14.5에 표시되어 있다. 성차별인식 정도가 비교적 낮은 경우($W = 4.250$)의 상대적 조건부 직접효과 $\theta_{D_1 \to Y}$ 및 $\theta_{D_2 \to Y}$는 다음과 같다.

$$
\begin{aligned}
\theta_{D_1 \to Y} | (W = 4.250) &= \frac{\hat{Y}_{IP} + \hat{Y}_{CP}}{2} - \hat{Y}_{NP} \\
&= \frac{5.461 + 5.342}{2} - 5.899 \\
&= 5.401 - 5.899 \\
&= -0.498
\end{aligned}
$$

$$
\begin{aligned}
\theta_{D_2 \to Y} | (W = 4.250) &= \hat{Y}_{CP} - \hat{Y}_{NP} \\
&= 5.342 - 5.461 \\
&= -0.119
\end{aligned}
$$

이 조건부 효과는 표 14.4 및 그림 14.5(b)에 표시되어 있다. 표 14.4 및 표 14.6을 보면 이들 상대적 조건부 직접효과는 유의하지 않다.이 과정을 반복하여 성차별인식 정도가 중간 정도인 경우($W = 5.120$)의 상대적 조건부 직접효과는 다음과 같이 구할 수 있다.

$$
\begin{aligned}
\theta_{D_1 \to Y} &= -2.732 + 0.526(5.120) = -0.040 \\
\theta_{D_2 \to Y} &== 0.02 - 0.034(5.120) = -0.149
\end{aligned}
$$

이 결과는 다음 결과와 같다.

$$
\begin{aligned}
\theta_{D_1 \to Y} | (W = 5.120) &= \frac{\hat{Y}_{IP} + \hat{Y}_{CP}}{2} - \hat{Y}_{NP} \\
&= \frac{5.691 + 5.542}{2} - 5.657 \\
&= 5.617 - 5.657 \\
&= -0.040
\end{aligned}
$$

$$\begin{aligned}\theta_{D_2 \rightarrow Y}|(W = 5.120) &= \hat{Y}_{CP} - \hat{Y}_{NP} \\ &= 5.542 - 5.691 \\ &= -0.149\end{aligned}$$

이 값 또한 그림 14.5(b)에 표시되어 있다. 표 14.4 및 표 14.6을 보면 이들 상대적 조건부 직접효과는 유의하지 않다. 마지막으로 성차별인식 정도가 비교적 높은 경우 ($W = 5.896$)의 상대적 조건부 직접효과는 다음과 같이 구할 수 있다.

$$\begin{aligned}\theta_{D_1 \rightarrow Y} &= -2.732 + 0.526(5.896) = 0.368 \\ \theta_{D_2 \rightarrow Y} &== 0.02 - 0.034(5.896) = -0.175\end{aligned}$$

이 결과는 다음 결과와 같다.

$$\begin{aligned}\theta_{D_1 \rightarrow Y}|(W = 5.896) &= \frac{\hat{Y}_{IP} + \hat{Y}_{CP}}{2} - \hat{Y}_{NP} \\ &= \frac{5.896 + 5.721}{2} - 5.441 \\ &= 5.808 - 5.441 \\ &= 0.368\end{aligned}$$

$$\begin{aligned}\theta_{D_2 \rightarrow Y}|(W = 5.896) &= \hat{Y}_{CP} - \hat{Y}_{NP} \\ &= 5.721 - 5.896 \\ &= -0.175\end{aligned}$$

이 값 또한 그림 14.5(b)에 표시되어 있다. 표 14.4 및 표 14.6을 보면 이들 상대적 조건부 직접효과는 유의하지 않다. 이상의 결과를 종합해 보면 총괄검정에서 유의하지 않게 나온 결과와 일치한다. 이상의 결과에서 캐서린의 행동이 그녀에 대한 호감도에 미치는 효과가 성차별인식 정도에 따라 조절된다는 설득력 있는 증거는 없기 때문에 이 모형의 직접효과는 조절되지 않는 것으로 단순화하는 것이 현명할 수 있다. 즉, 프로세스 마크로 8번 모형이 아니라 7번 모형을 이용해 분석하는 것이다. R을 이용해 분석할 때는 다음과 같이 moderator 부분을 바꾸어 주면 된다.

```
require(processR)
labels=list(X="protest",W="sexism",M="respappr",Y="liking")
moderator=list(name="sexism",site=list(c("a")))
data1=addCatVars(protest,varnames="protest",mode=3)
eq=catMediation(labels=labels,moderator=moderator,data=protest,
                maxylev=6,rangemode=2,mode=1)

fit=eq2fit(eq,data=data1)
nodelabels=list(D1="No vs. Any\nProtest",D2="Ind. vs Col.\nProtest",
                M="Respappr",W="Sexism",Y="Liking")
drawModel(fit,labels=labels,nodelabels=nodelabels,whatLabel="est",
          xlim=c(-0.4,1.3),ylim=c(-0.1,1.1),
          arrow.pos=list(a2=0.45,a3=0.4,a4=0.4,a5=0.3,c2=0.6))
```

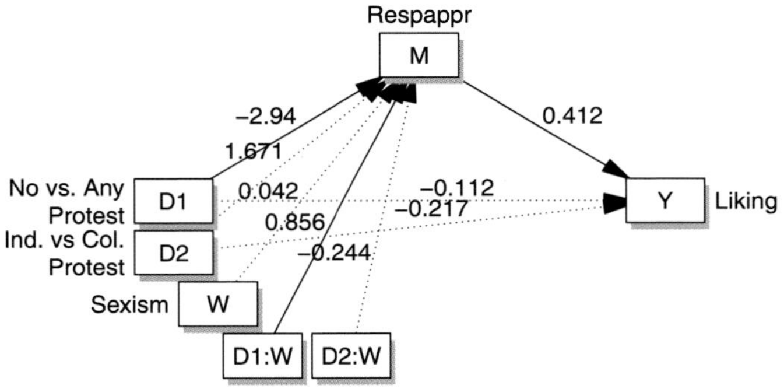

1.6 종합적인 해석

이 예에서와 같이 복잡한 조건부과정 분석은 많은 통계량을 다루어야 하고 매개된 조절이나 조건부 간접효과 또는 조건부 직접효과와 같은 많은 가설들에 대한 검정을 요한다. 하지만 궁극적으로 우리가 분석하는 것은 이들 통계분석에 대해 얘기하려는 것이 아니라 영향변수(독립변수) X가 반응변수(종속변수) Y에 작용하는 심리적, 인지적 또는 생물학적 과정에 대해 실질적인 주장을 하고자 하는 것이다. 지금까지 수행한 분석들에 대해 실질적인 해석을 해 보면 다음과 같다. 이 분석 결과에 의하면 이의제기를 하지 않은 경우와 비교했을 때 캐서린이 상사의 결정에 이의제기를 한 경우 그녀의 행동이 (특히, 성차별인식 정도가 높은 사람들인 경우) 보다 적절한 것으로 평가되며, 적절한 행동을 한 경우 그녀에 대한 호감도가 증가되므로 캐서린에 대한 호감도는 증가한다. 이의제기가 호감도에 미치는 이러한 간접효과는 성차별인식 정도가 높은 경우에 보다 크게 나타난다. 종합적인 이의제기는 보다 적절한 행동으로 받아들여지므로 캐서린에 대한 호감도를 증가시키는데, 이 기전은 성차별인식 정도와는 독립적으로 나타난다. 이 과정과는 별개로 캐서린의 행동이 그녀에 대한 호감도에 미치는 직접효과를 뒷받침하는 근거는 없었다. 이의제기를 하지 않은 경우와 비교해 이의제기를 한 경우의 직접효과는 성차별인식 정도와 관련이 있으나(성차별인식 정도의 분포 어느 곳에서는 직접효과가 0과 다르다.) 성차별인식 정도가 상대적으로 낮을 때, 중간 정도일때, 상대적으로 높을 때의 상대적 조건부 직접효과는 통계적으로 유의하지 않았다.

1.7 모형의 추가적인 확장

이 장의 예에서는 X가 범주형 변수였으며 간접효과의 조절은 간접효과의 첫 번째 단계에서 일어났고(즉, $X \rightarrow M$경로) 매개변수가 하나인 모형이었다. 이 모형의 많은 변형과 확장이 있을 수 있다. 이 모형의 변형으로서 W가 범주형 변수인 경우도 생각해 볼 수 있으며, 간접효과의 조절이 간접효과의 두 번째 단계(즉, $M \rightarrow Y$경로)에서 일어나는 모형도 생각해 볼 수 있다. 또한 매개변수가 하나 이상 직렬 또는 병렬로 연결된 모형도 생각해 볼 수 있다. 또한 두 번째 조절변수 Z가 X에서 Y에 이르는 경로의 일부를 조절하는 모형도 생각해 볼 수 있는데, 그 경우 Z가 작용하는 경로에 따라 Hayes(2018)가 언급한 부분조절된 매개, 조건부 조절된 매개 또는 조절된 조절된 매개 등을 생각해 볼 수 있다. 이러한 모형들에 대한 추정이나 해석은 이 책이 다루는 범위를 넘어서지만 processR 패키지를 이용하면 이러한 모형들도 분석이 가능하다.

부록 A

processR을 이용한 프로세스 마크로 모형의 분석

processR을 이용하여 조건부과정 분석을 할 경우 Hayes 교수가 개발한 PROCESS Macro와는 달리 모형 번호가 필요 없다. 하지만 PROCESS Macro에 익숙한 분들을 위해 프로세스 마크로 모형 번호에 따른 모형을 processR을 이용해 어떻게 분석하는지 예를 들고자 한다. 이번 장의 모형을 그릴 때는 다음 패키지가 필요하다.

```
require(processR)
```

제 1 절 프로세스 마크로 모형 1

```
labels=list(X="X",Y="Y")
moderator=list(name="W",site=list("c"))
drawConcept(labels=labels,moderator=moderator,
            node.pos=list(W=c(0.5,0.7)),nodemode=2)
drawModel(labels=labels,moderator=moderator,nodemode=2)
```

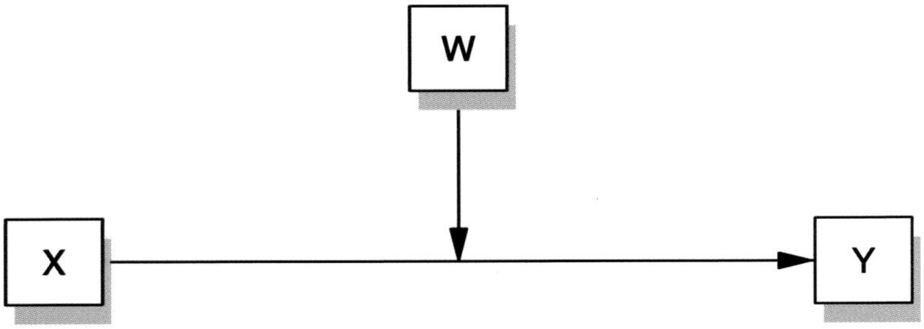

(a) 개념적 모형

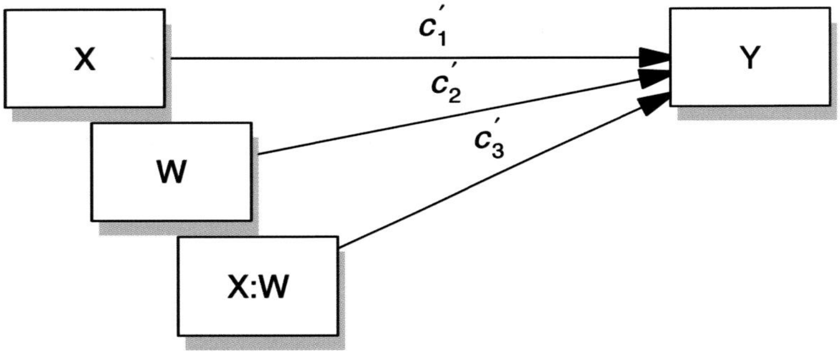

(b) 통계적 모형

그림 A.1: 프로세스 마크로 모형 1

제 2 절 프로세스 마크로 모형 2

```
labels=list(X="X",Y="Y")
moderator=list(name=c("W","Z"),site=list(c("c"),c("c")),
               arr.pos=list(c(0.3),c(0.7)))
drawConcept(labels=labels,moderator=moderator,
            node.pos=list(W1=c(0.3,0.7),W2=c(0.7,0.7)),nodemode=2)
drawModel(labels=labels,moderator=moderator)
```

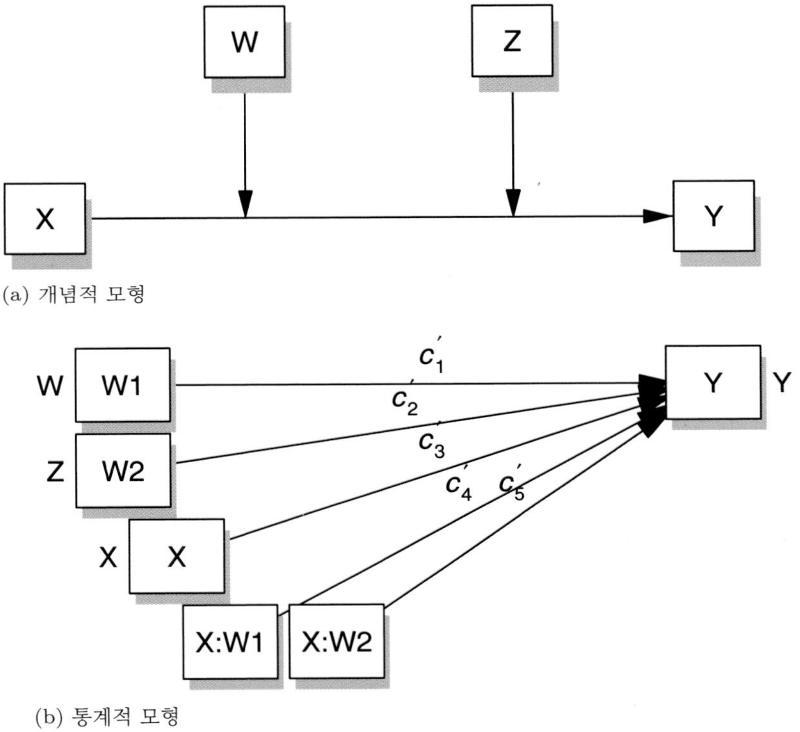

그림 A.2: 프로세스 마크로 모형 2

제 3 절 프로세스 마크로 모형 3

```
labels=list(X="X",Y="Y")
vars=list(name=list(c("W","Z")),site=list(c("c")),pos=6)
drawConcept(labels=labels,vars=vars,node.pos=list(Z=c(0.3,0.8)))
drawModel(labels=labels,vars=vars)
```

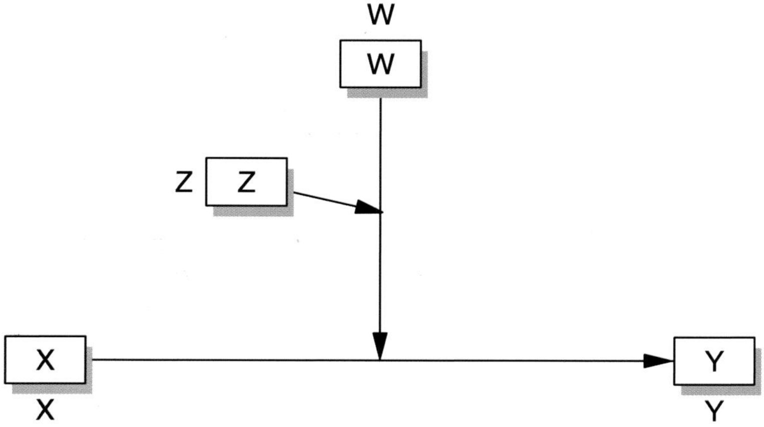

(a) 개념적 모형

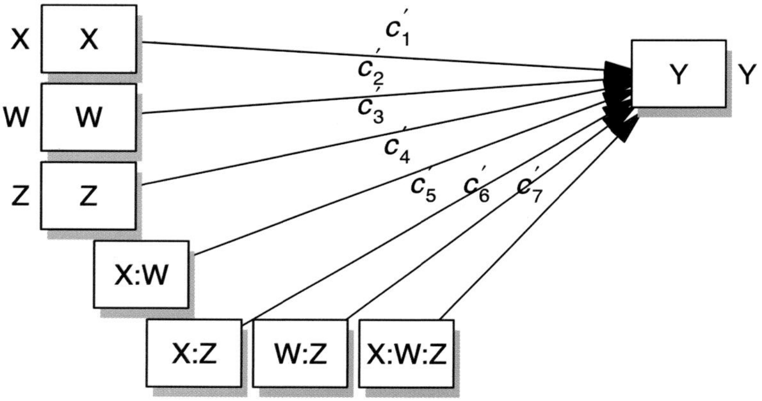

(b) 통계적 모형

그림 A.3: 프로세스 마크로 모형 3

제 4 절 프로세스 마크로 모형 4

```
labels=list(X="X",M="M",Y="Y")
drawConcept(labels=labels,nodemode=2)
drawModel(labels=labels)
```

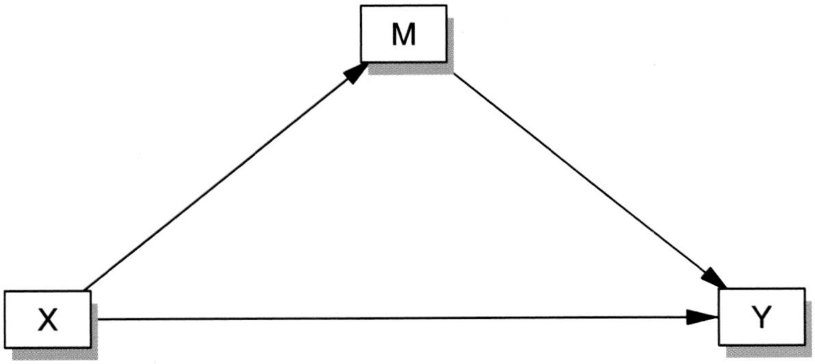

(a) 개념적 모형

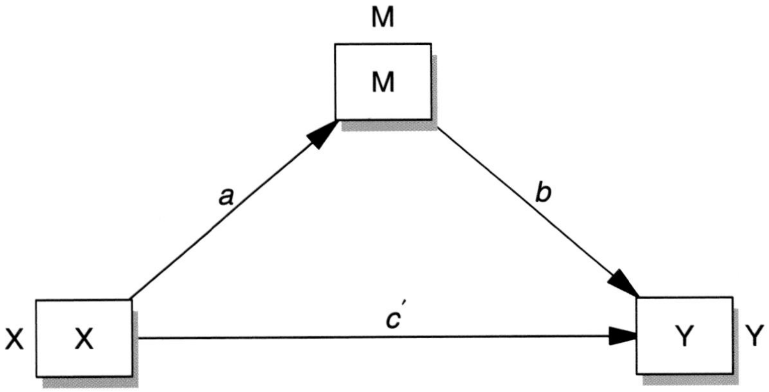

(b) 통계적 모형

그림 A.4: 프로세스 마크로 모형 4

제 5 절 프로세스 마크로 모형 5

```
labels=list(X="X",M="M",Y="Y")
moderator=list(name="moderator",site=list(c("c")),pos=5)
drawConcept(labels=labels,moderator=moderator)
drawModel(labels=labels,moderator=moderator)
```

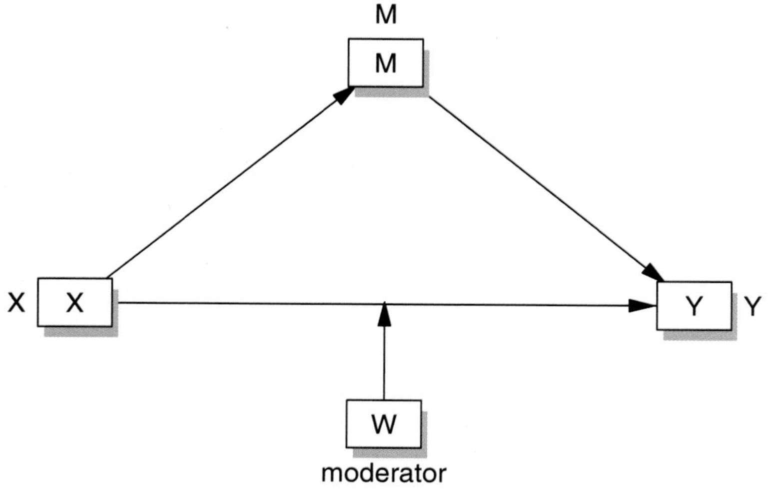

(a) 개념적 모형

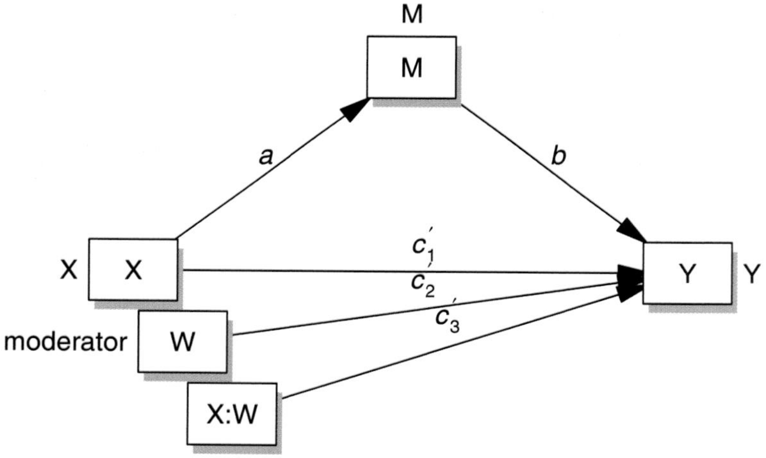

(b) 통계적 모형

그림 A.5: 프로세스 마크로 모형 5

제 6 절 프로세스 마크로 모형 6

```
labels=list(X="X",M=c("M1","M2"),Y="Y")
drawConcept(labels=labels,serial=TRUE,nodemode=2)
drawModel(labels=labels,serial=TRUE,nodemode=2)
```

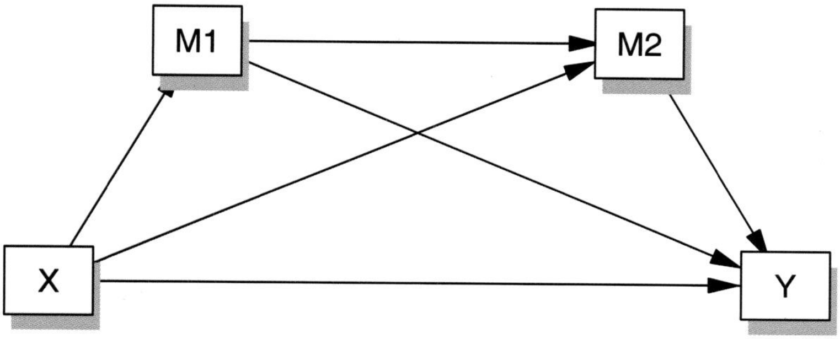

(a) 개념적 모형

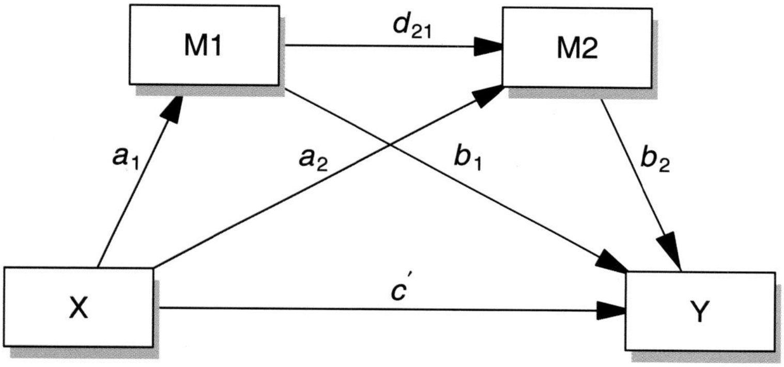

(b) 통계적 모형

그림 A.6: 프로세스 마크로 모형 6

제 7 절 프로세스 마크로 모형 6 - 매개변수가 3개인 모형

```
labels=list(X="X",M=c("M1","M2","M3"),Y="Y")
drawConcept(labels=labels,serial=TRUE,nodemode=2)
drawModel(labels=labels,serial=TRUE,nodemode=2)
```

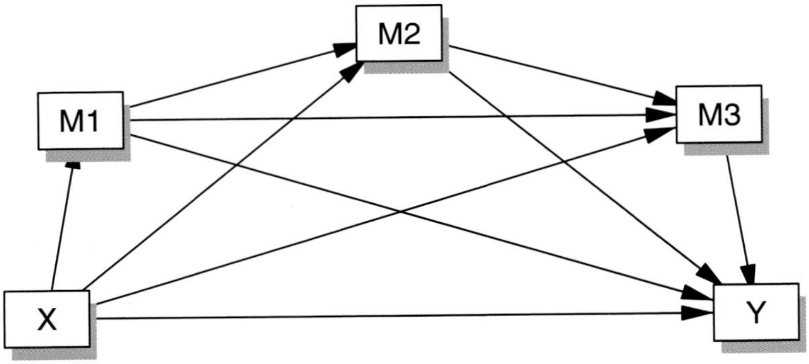

(a) 개념적 모형

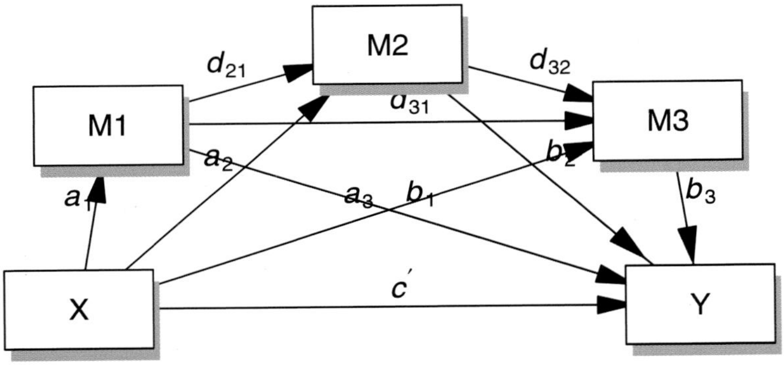

(b) 통계적 모형

그림 A.7: 프로세스 마크로 모형 6 - 매개변수가 3개인 경우

제 8 절 프로세스 마크로 모형 7

```
labels=list(X="X",M="M",Y="Y")
moderator=list(name="moderator",site=list(c("a")))
drawConcept(labels=labels,moderator=moderator)
drawModel(labels=labels,moderator=moderator)
```

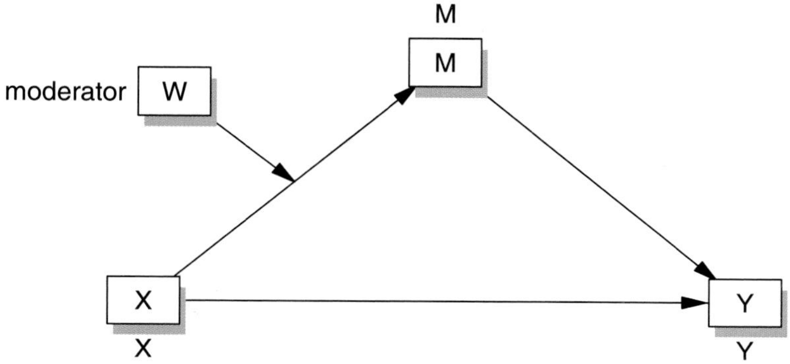

(a) 개념적 모형

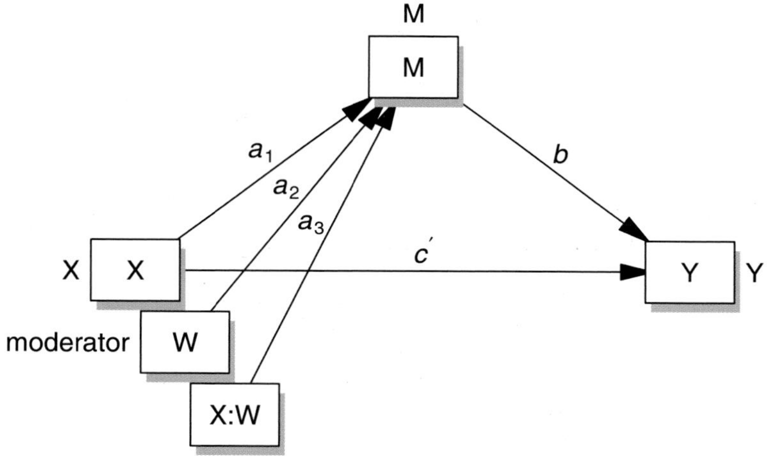

(b) 통계적 모형

그림 A.8: 프로세스 마크로 모형 7

제 9 절 프로세스 마크로 모형 8

```
labels=list(X="X",M="M",Y="Y")
moderator=list(name="W",site=list(c("a","c")),pos=1,arr.pos=list(c(0.5,0.3)))
drawConcept(labels=labels,moderator=moderator,nodemode=2)
drawModel(labels=labels,moderator=moderator,nodemode=2)
```

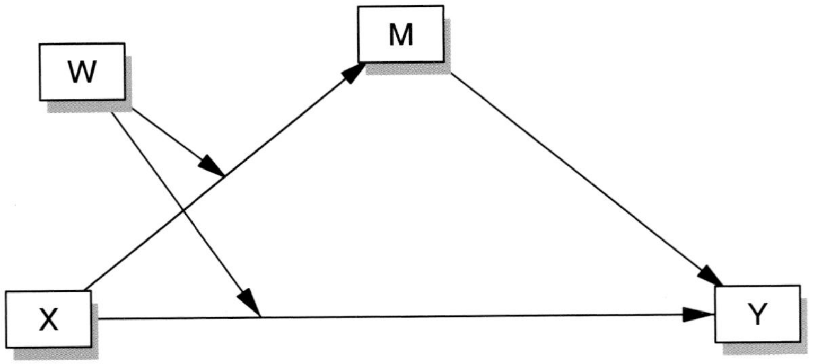

(a) 개념적 모형

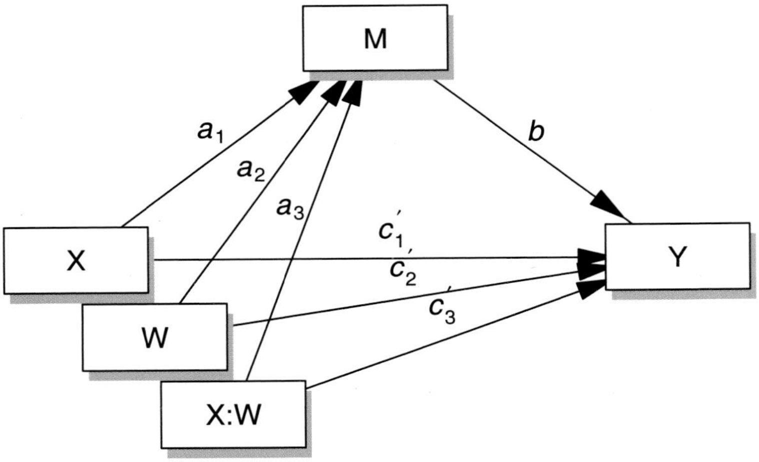

(b) 통계적 모형

그림 A.9: 프로세스 마크로 모형 8

제 10 절 프로세스 마크로 모형 9

```
#9
labels=list(X="X",M="M",Y="Y")
moderator=list(name=c("W","Z"),site=list(c("a"),c("a")),pos=c(1,5))
drawConcept(labels=labels,moderator=moderator,nodemode=2)
drawModel(labels=labels,moderator=moderator)
```

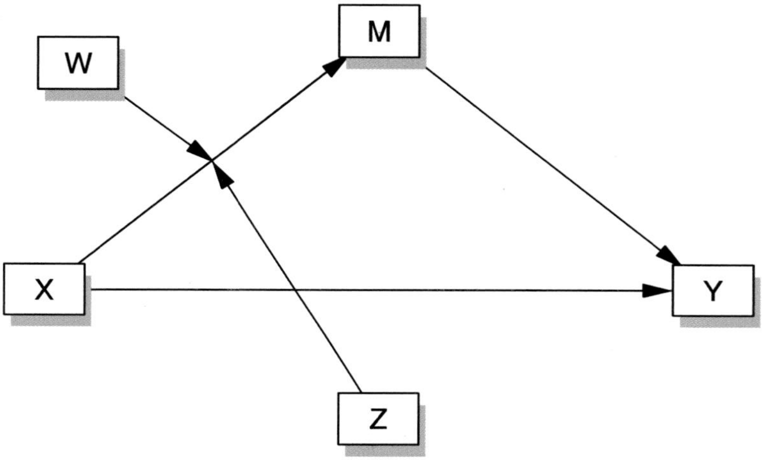

(a) 개념적 모형

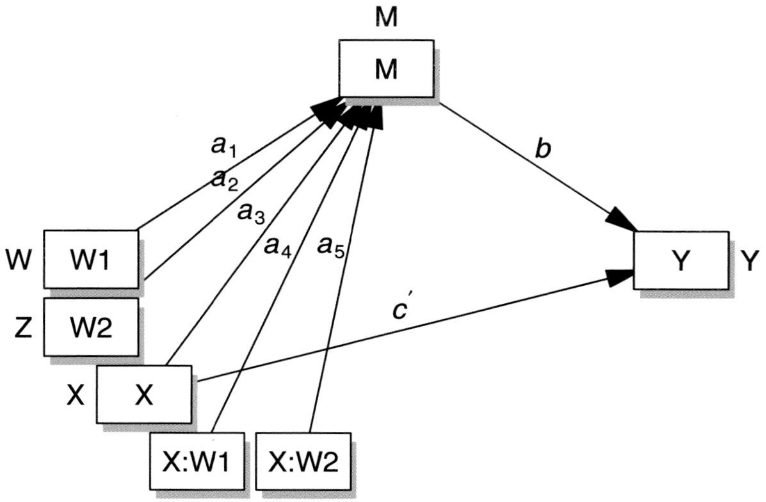

(b) 통계적 모형

그림 A.10: 프로세스 마크로 모형 9

제 11 절 프로세스 마크로 모형 10

```
labels=list(X="X",M="M",Y="Y")
moderator=list(name=c("W","Z"),site=list(c("a","c"),c("a","c")),pos=c(1,5),
               arr.pos=list(c(0.7,0.3),c(0.5,0.5)))
drawConcept(labels=labels,moderator=moderator,nodemode=2)
drawModel(labels=labels,moderator=moderator)
```

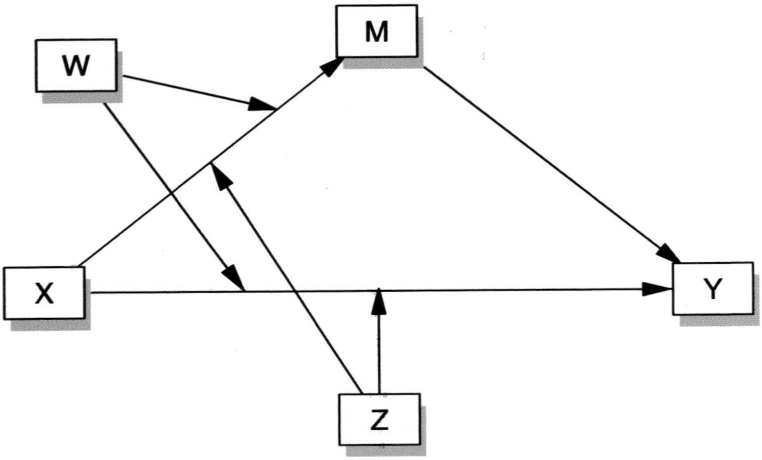

(a) 개념적 모형

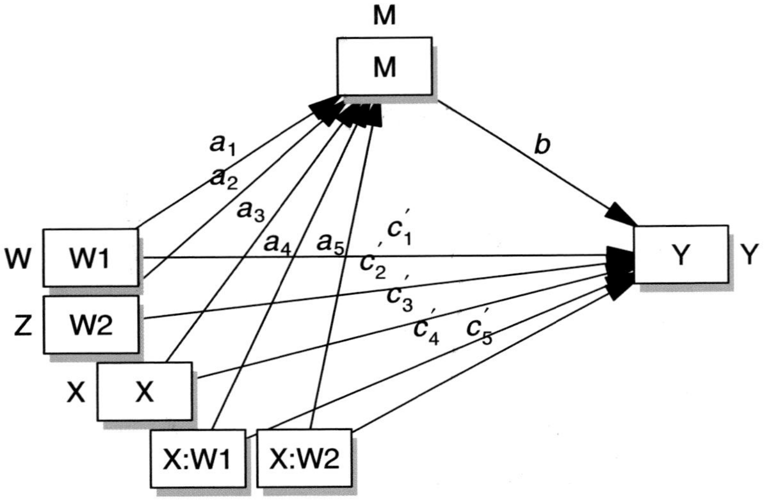

(b) 통계적 모형

그림 A.11: 프로세스 마크로 모형 10

제 12 절 프로세스 마크로 모형 11

```
labels=list(X="X",M="M",Y="Y")
vars=list(name=list(c("W","Z")),site=list(c("a")))
drawConcept(labels=labels,vars=vars,nodemode=2)
drawModel(labels=labels,vars=vars,nodemode=2)
```

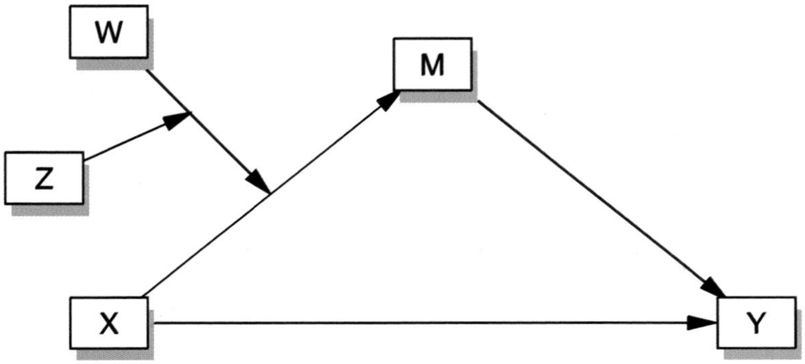

(a) 개념적 모형

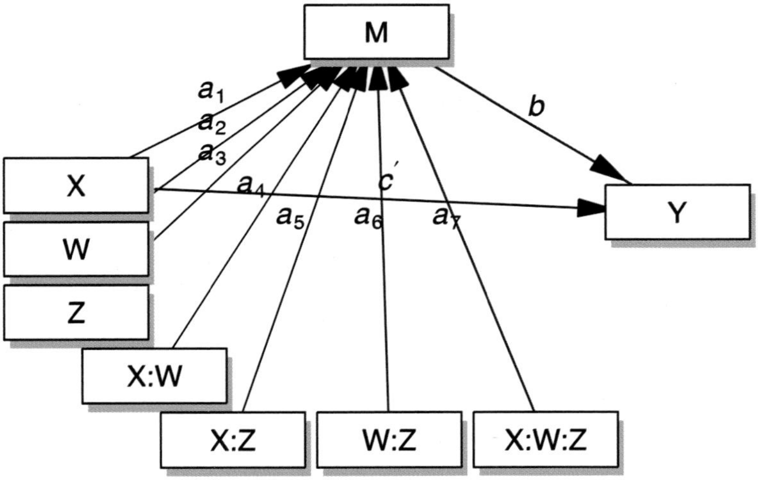

(b) 통계적 모형

그림 A.12: 프로세스 마크로 모형 11

제 13 절　프로세스 마크로 모형 12

```
labels=list(X="X",M="M",Y="Y")
vars=list(name=list(c("W","Z")),site=list(c("a","c")),
         arr.pos=list(c(0.6,0.3)))
drawConcept(labels=labels,vars=vars,nodemode=2)
drawModel(labels=labels,vars=vars,nodemode=2)
```

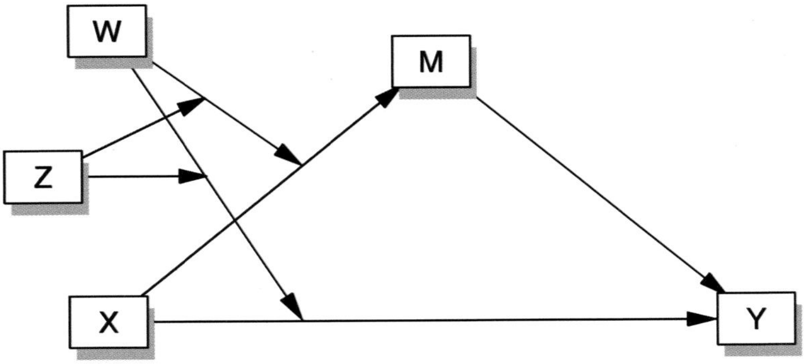

(a) 개념적 모형

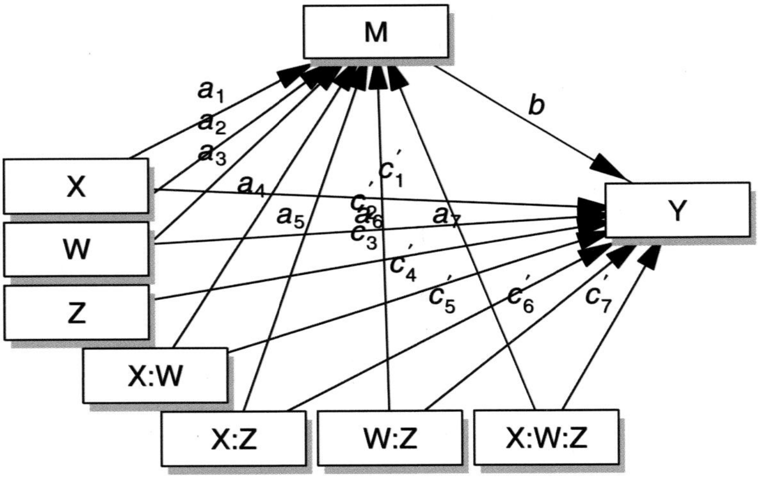

(b) 통계적 모형

그림 A.13: 프로세스 마크로 모형 4

제 14 절 프로세스 마크로 모형 13

```
labels=list(X="X",M="M",Y="Y")
vars=list(name=list(c("W","Z")),site=list(c("a")),arr.pos=list(0.3))
moderator=list(name=c("W"),site=list(c("c")))
drawConcept(labels=labels,vars=vars,moderator=moderator,nodemode=2)
drawModel(labels=labels,vars=vars,moderator=moderator,nodemode=2,
        arrow.pos=list(a5=0.4,a6=0.2,a7=0.2))
```

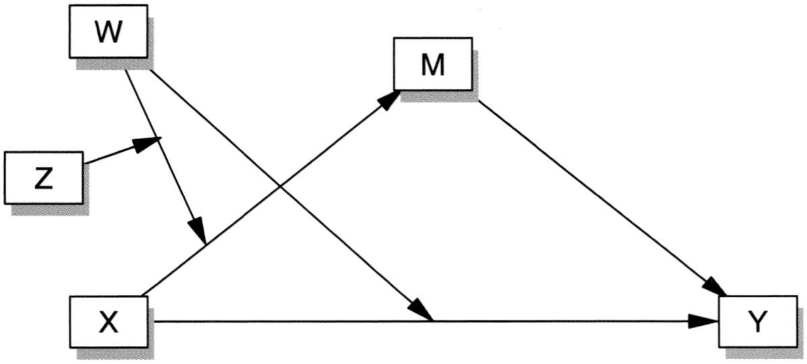

(a) 개념적 모형

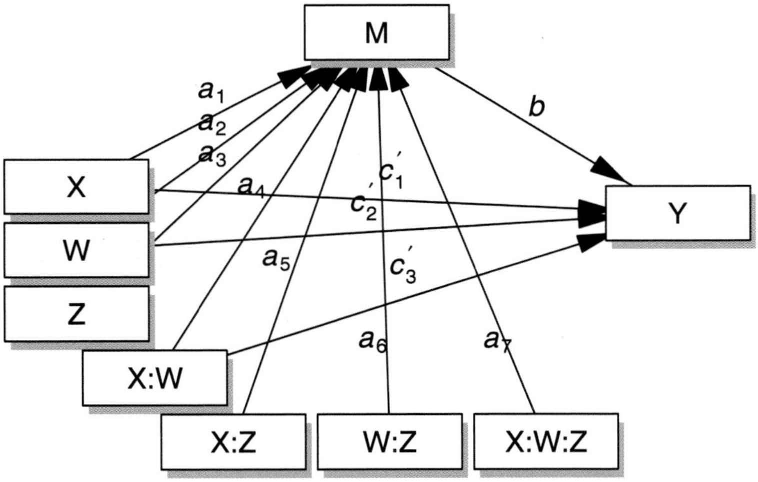

(b) 통계적 모형

그림 A.14: 프로세스 마크로 모형 4

제 15 절　프로세스 마크로 모형 14

```
#14
labels=list(X="X",M="M",Y="Y")
moderator=list(name=c("W"),site=list(c("b")),pos=2)
drawConcept(labels=labels,moderator=moderator,nodemode=2)
drawModel(labels=labels,moderator=moderator)
```

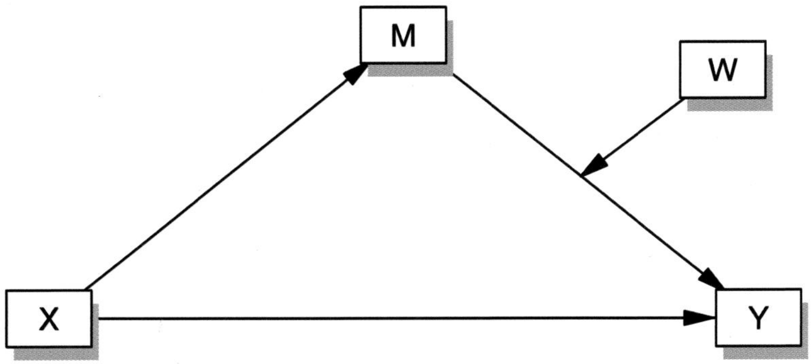

(a) 개념적 모형

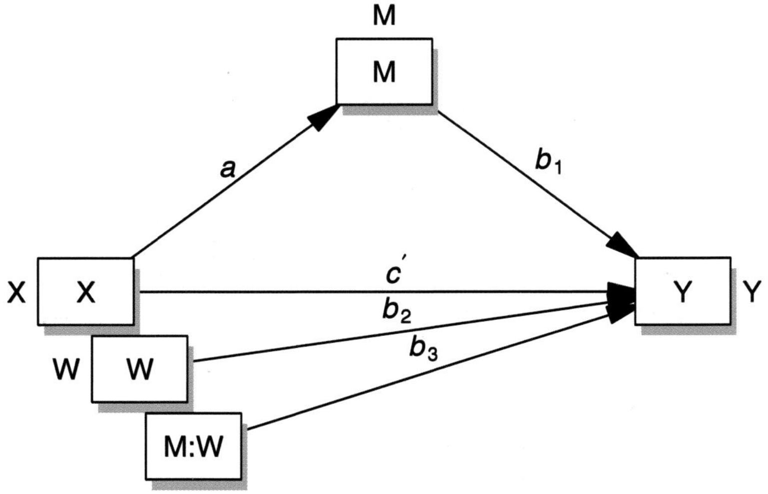

(b) 통계적 모형

그림 A.15: 프로세스 마크로 모형 14

제 16 절 프로세스 마크로 모형 15

```
labels=list(X="X",M="M",Y="Y")
moderator=list(name=c("W"),site=list(c("b","c")),pos=2,arr.pos=list(c(0.3)))
drawConcept(labels=labels,moderator=moderator,nodemode=2)
drawModel(labels=labels,moderator=moderator)
```

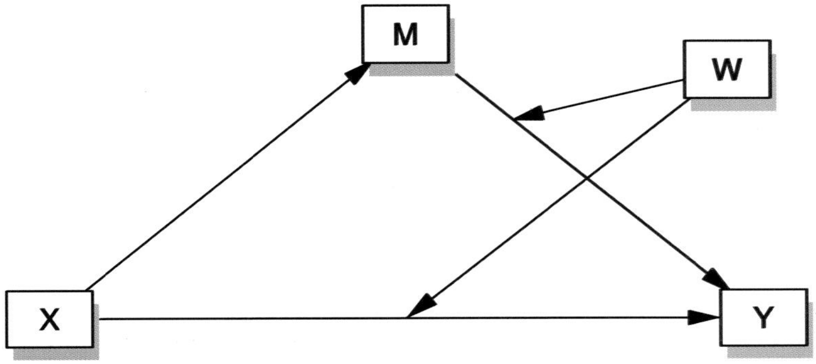

(a) 개념적 모형

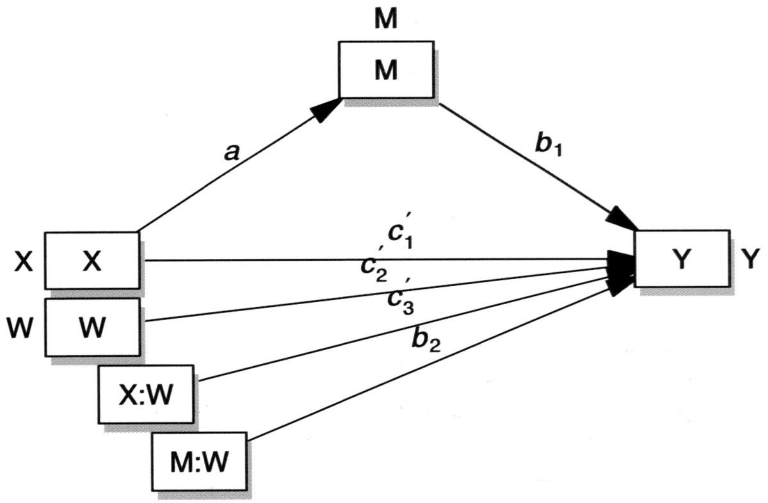

(b) 통계적 모형

그림 A.16: 프로세스 마크로 모형 15

제 17 절 프로세스 마크로 모형 16

```
labels=list(X="X",M="M",Y="Y")
moderator=list(name=c("W","Z"),label=c("W","Z"),
               site=list(c("b"),c("b")),pos=c(2,5))
drawConcept(labels=labels,moderator=moderator,nodemode=2)
drawModel(labels=labels,moderator=moderator,nodemode=2)
```

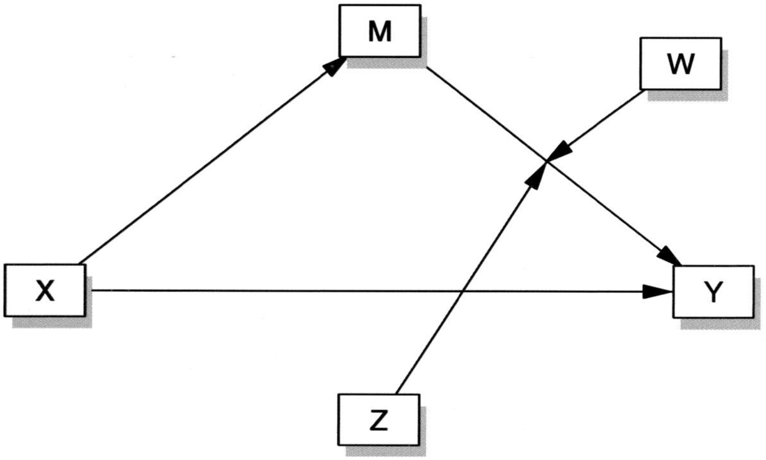

(a) 개념적 모형

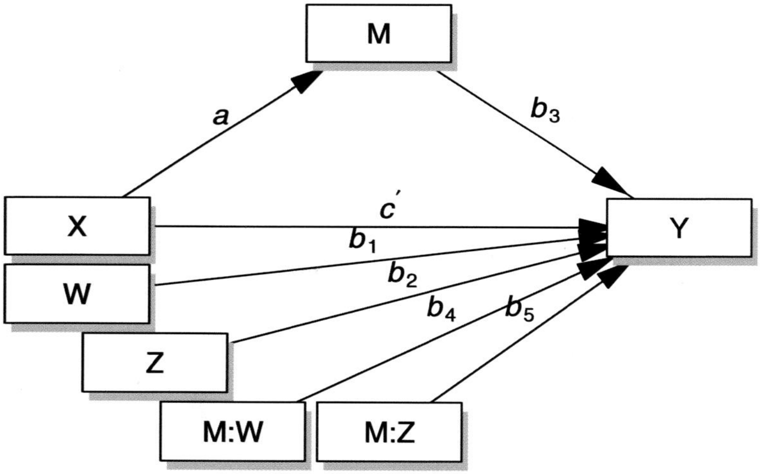

(b) 통계적 모형

그림 A.17: 프로세스 마크로 모형 16

제 18 절 프로세스 마크로 모형 17

```
labels=list(X="X",M="M",Y="Y")
moderator=list(name=c("W","Z"),label=c("W","Z"),
               site=list(c("b","c"),c("b","c")),pos=c(2,5),arr.pos=list(c(0.3,0.7)))
drawConcept(labels=labels,moderator=moderator,nodemode=2)
drawModel(labels=labels,moderator=moderator,nodemode=2)
```

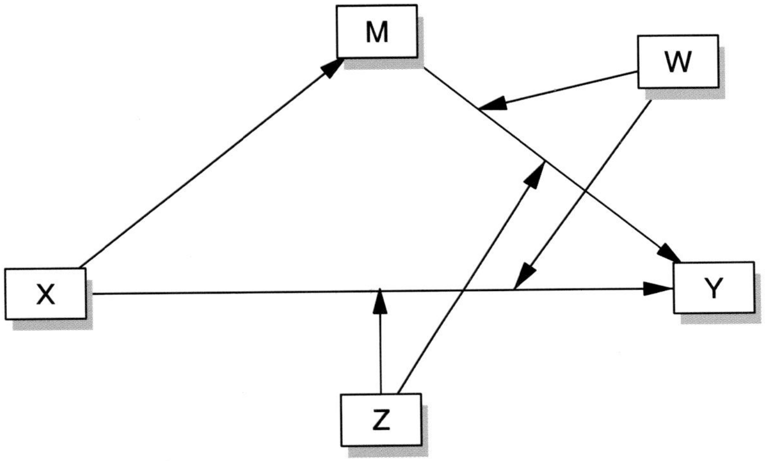

(a) 개념적 모형

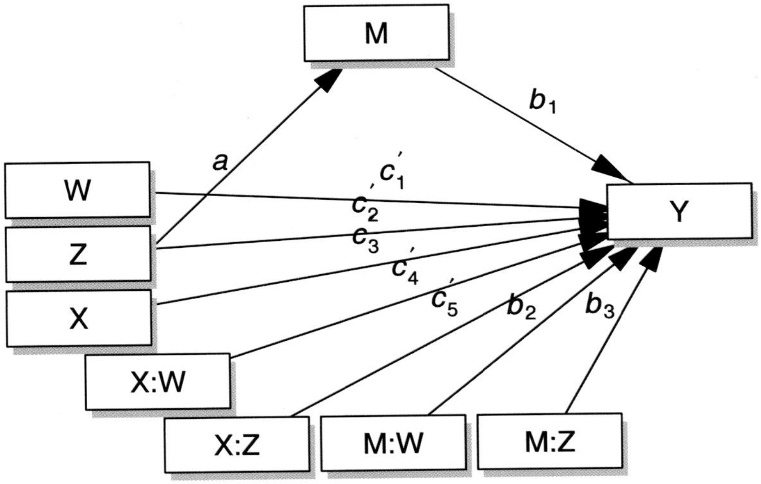

(b) 통계적 모형

그림 A.18: 프로세스 마크로 모형 17

제 19 절 프로세스 마크로 모형 18

```
labels=list(X="X",M="M",Y="Y")
vars=list(name=list(c("W","Z")),site=list(c("b")),pos=2)
drawConcept(labels=labels,vars=vars,nodemode=2)
drawModel(labels=labels,vars=vars,nodemode=2)
```

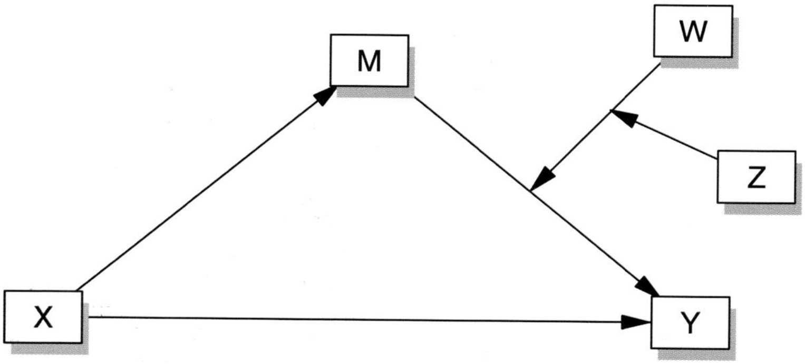

(a) 개념적 모형

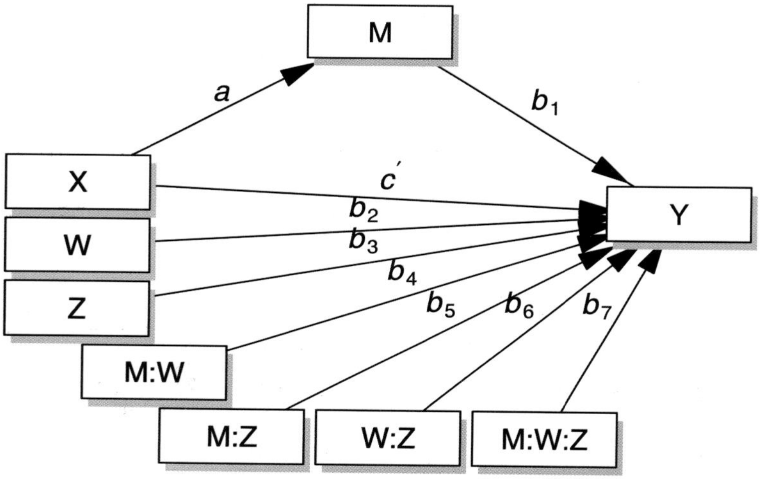

(b) 통계적 모형

그림 A.19: 프로세스 마크로 모형 18

제 20 절 프로세스 마크로 모형 19

```
labels=list(X="X",M="M",Y="Y")
vars=list(name=list(c("W","Z")),site=list(c("b","c")),pos=c(2),
        arr.pos=list(c(0.7),c(0.5)))
drawConcept(labels=labels,vars=vars,nodemode=2)
drawModel(labels=labels,vars=vars,nodemode=2)
```

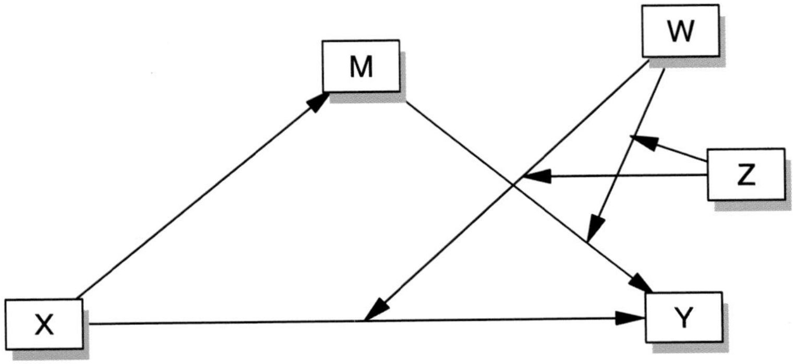

(a) 개념적 모형

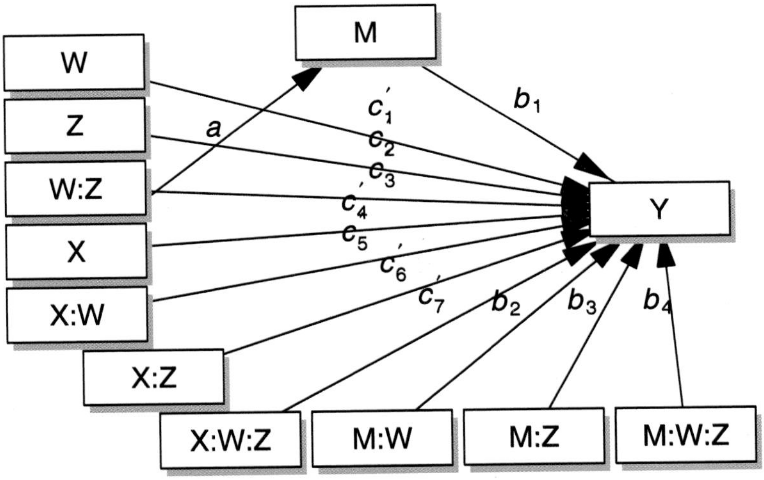

(b) 통계적 모형

그림 A.20: 프로세스 마크로 모형 19

제 21 절 프로세스 마크로 모형 20

```
labels=list(X="X",M="M",Y="Y")
vars=list(name=list(c("W","Z")),site=list(c("b")),pos=c(2),
          arr.pos=list(0.7))
moderator=list(name=c("W"),site=list(c("c")))
drawConcept(labels=labels,vars=vars,moderator=moderator,nodemode=2)
drawModel(labels=labels,vars=vars,moderator=moderator,nodemode=2)
```

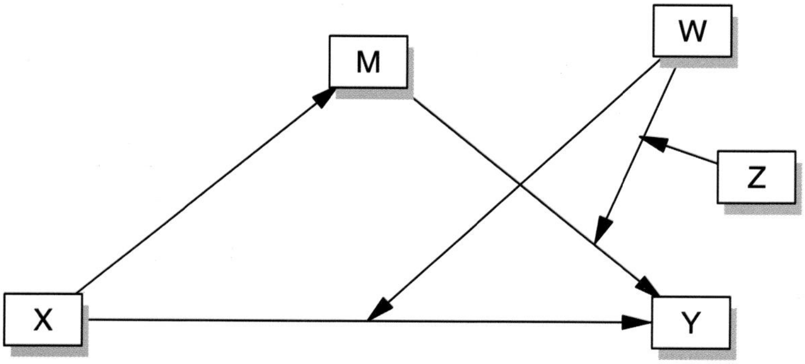

(a) 개념적 모형

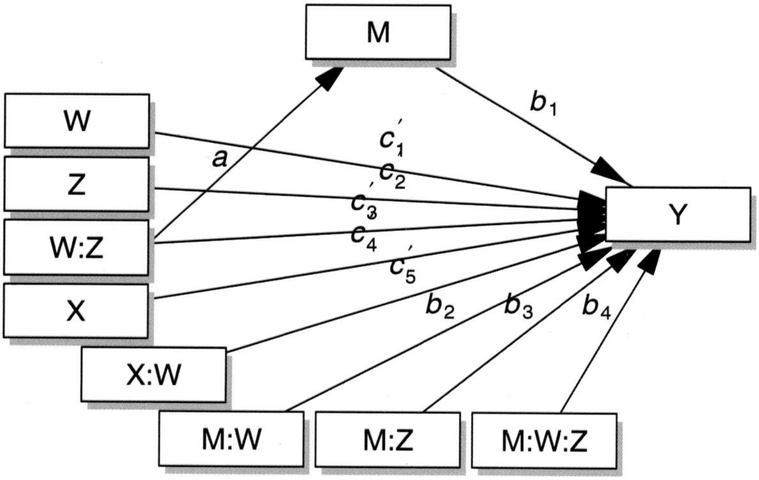

(b) 통계적 모형

그림 A.21: 프로세스 마크로 모형 20

제 22 절 프로세스 마크로 모형 21

```
labels=list(X="X",M="M",Y="Y")
moderator=list(name=c("W","Z"),site=list(c("a"),c("b")))
drawConcept(labels=labels,moderator=moderator,nodemode=2)
drawModel(labels=labels,moderator=moderator,nodemode=5)
```

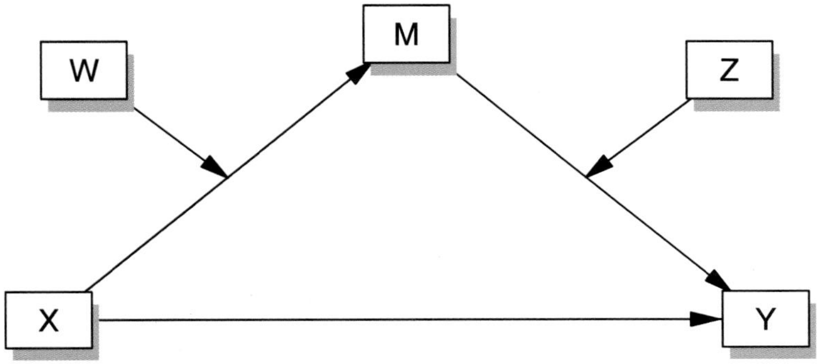

(a) 개념적 모형

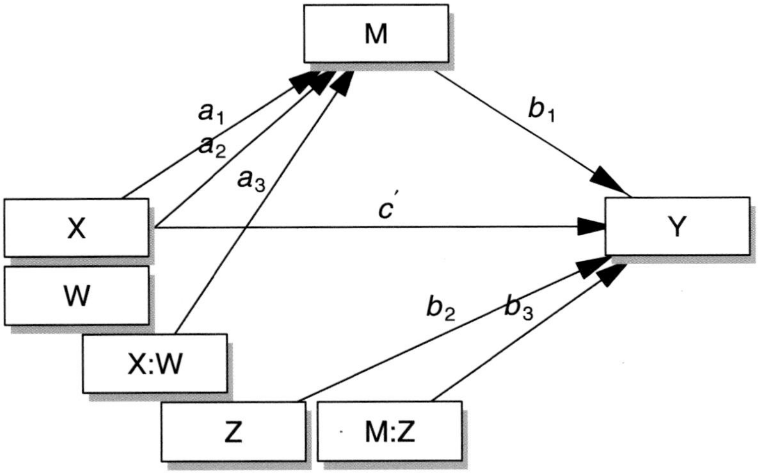

(b) 통계적 모형

그림 A.22: 프로세스 마크로 모형 21

제 23 절 프로세스 마크로 모형 22

```
labels=list(X="X",M="M",Y="Y")
moderator=list(name=c("W","Z"),site=list(c("a","c"),c("b")),
            arr.pos=list(c(0.3,0.5),0.5))
drawConcept(labels=labels,moderator=moderator,nodemode=2)
drawModel(labels=labels,moderator=moderator,nodemode=5)
```

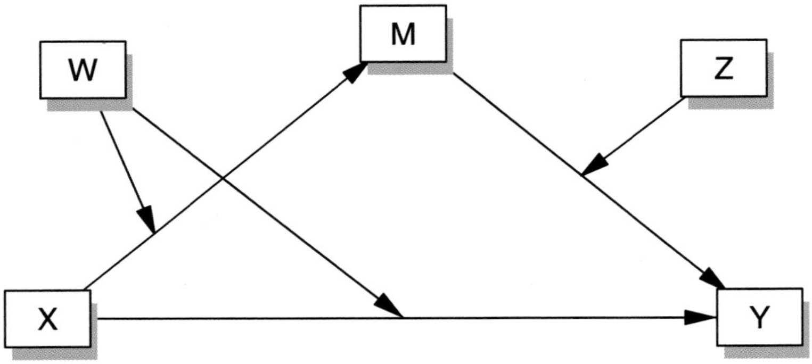

(a) 개념적 모형

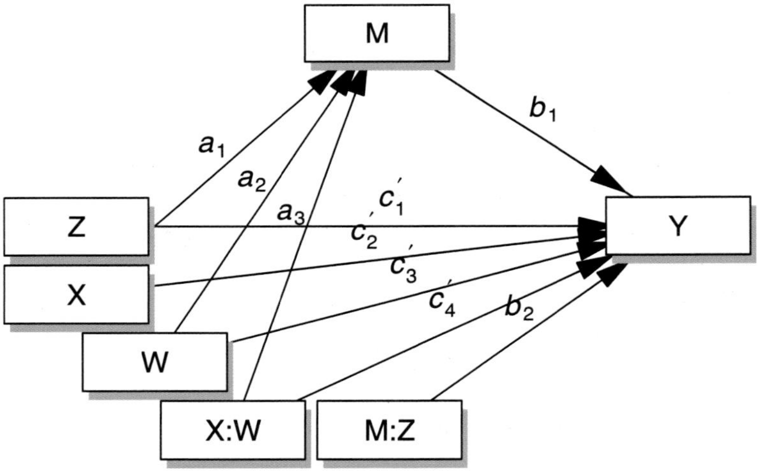

(b) 통계적 모형

그림 A.23: 프로세스 마크로 모형 22

제 24 절　프로세스 마크로 모형 25

```
labels=list(X="X",M="M",Y="Y")
vars=list(name=list(c("W","Z")),site=list(c("a","c")),
          arr.pos=list(c(0.3,0.5)))
moderator=list(name=c("V"),site=list(c("b")))
drawConcept(labels=labels,vars=vars,moderator=moderator,nodemode=2)
drawModel(labels=labels,vars=vars,moderator=moderator,nodemode=2)
```

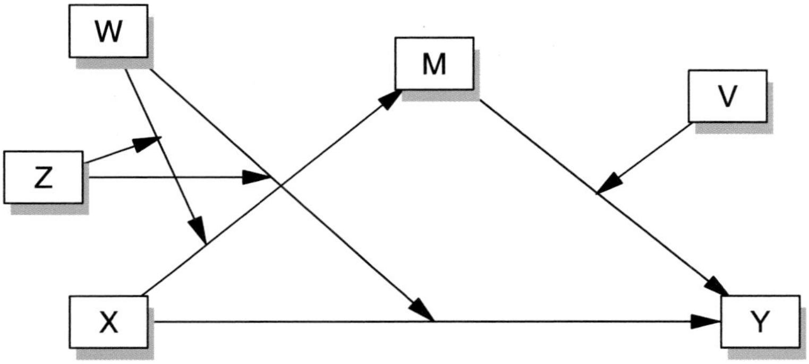

(a) 개념적 모형

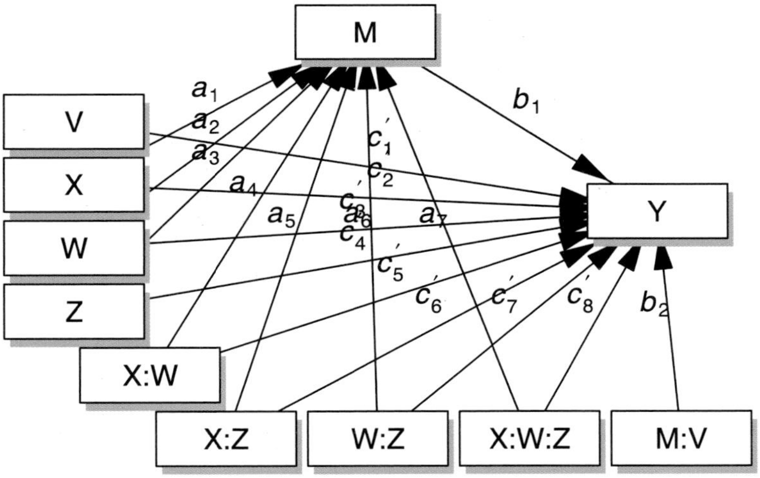

(b) 통계적 모형

그림 A.24: 프로세스 마크로 모형 25

제 25 절　프로세스 마크로 모형 37

```
labels=list(X="X",M="M",Y="Y")
vars=list(name=list(c("W","Z")),site=list(c("b")),pos=2)
moderator=list(name=c("V"),site=list(c("a")),pos=1)
drawConcept(labels=labels,vars=vars,moderator=moderator,nodemode=2)
drawModel(labels=labels,vars=vars,moderator=moderator,nodemode=2)
```

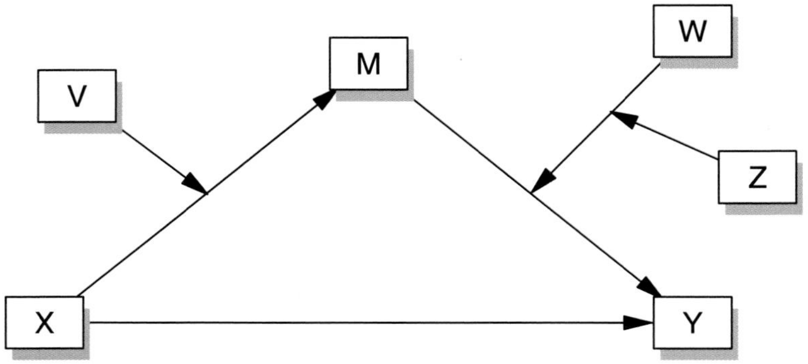

(a) 개념적 모형

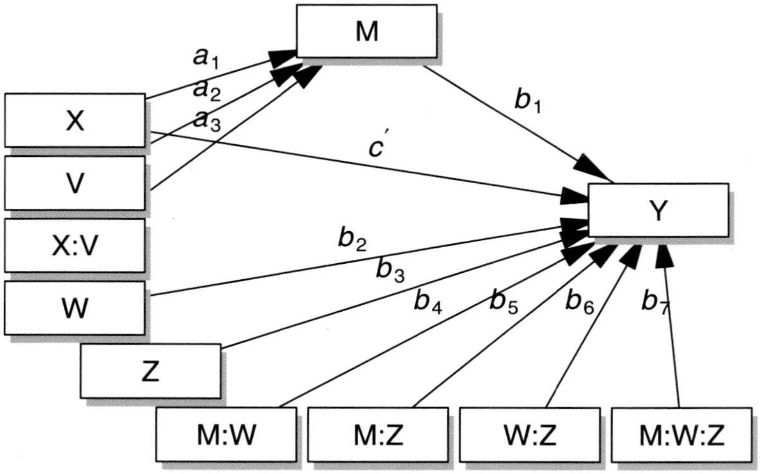

(b) 통계적 모형

그림 A.25: 프로세스 마크로 모형 37

제 26 절　프로세스 마크로 모형 57

```
labels=list(X="X",M="M",Y="Y")
vars=list(name=list(c("W","Z"),c("V","Q")),
          site=list(c("a","c"),c("b","c")),
          arr.pos=list(c(0.3,0.45),c(0.7,0.55)))
drawConcept(labels=labels,vars=vars,nodemode=2)
drawModel(labels=labels,vars=vars,nodemode=5,
          arrow.pos = list(a3=0.4,a4=0.3,a5=0.2,a6=0.15,a7=0.15))
```

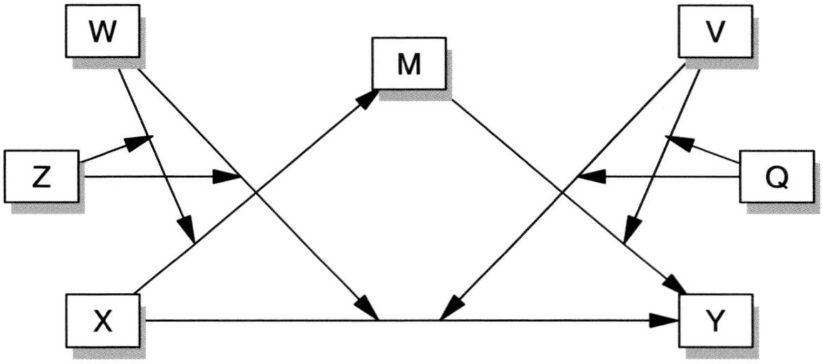

(a) 개념적 모형

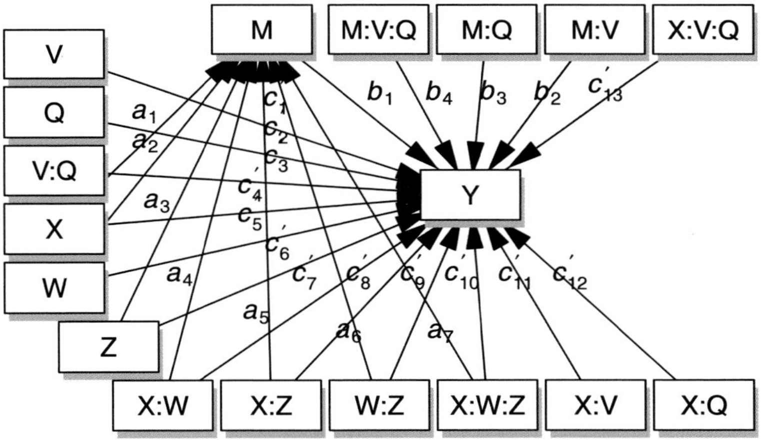

(b) 통계적 모형

그림 A.26: 프로세스 마크로 모형 57

제 27 절　프로세스 마크로 모형 58

```
labels=list(X="X",M="M",Y="Y")
moderator=list(name="W",site=list(c("a","b")))
drawConcept(labels=labels,moderator=moderator,nodemode=2,node.pos=list(W=c(0.5,1.2)))
drawModel(labels=labels,moderator=moderator,nodemode=2)
```

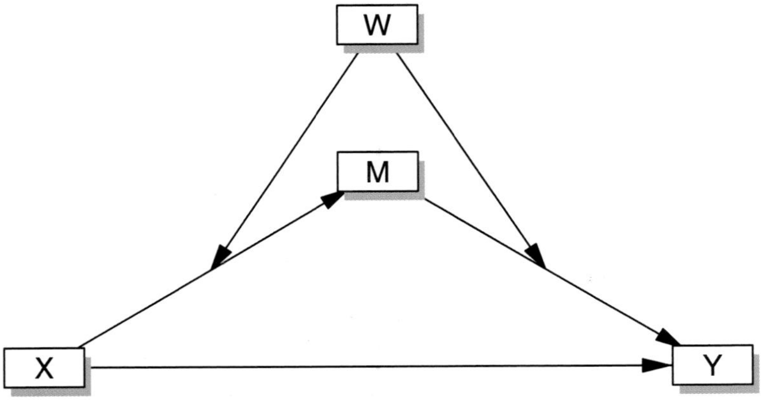

(a) 개념적 모형

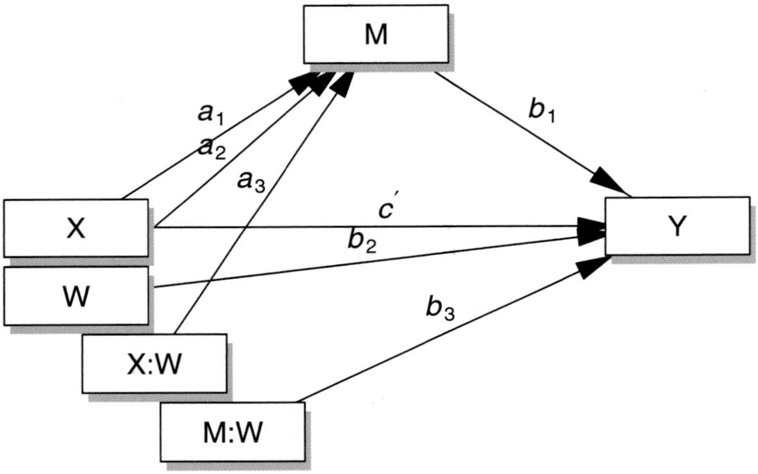

(b) 통계적 모형

그림 A.27: 프로세스 마크로 모형 58

제 28 절 프로세스 마크로 모형 59

```
labels=list(X="X",M="M",Y="Y")
moderator=list(name="W",site=list(c("a","b","c")),pos=5)
drawConcept(labels=labels,moderator=moderator,nodemode=2)
drawModel(labels=labels,moderator=moderator,nodemode=2)
```

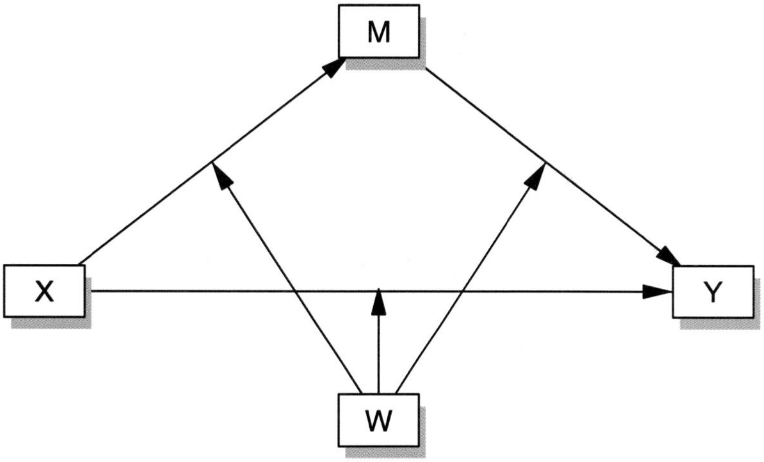

(a) 개념적 모형

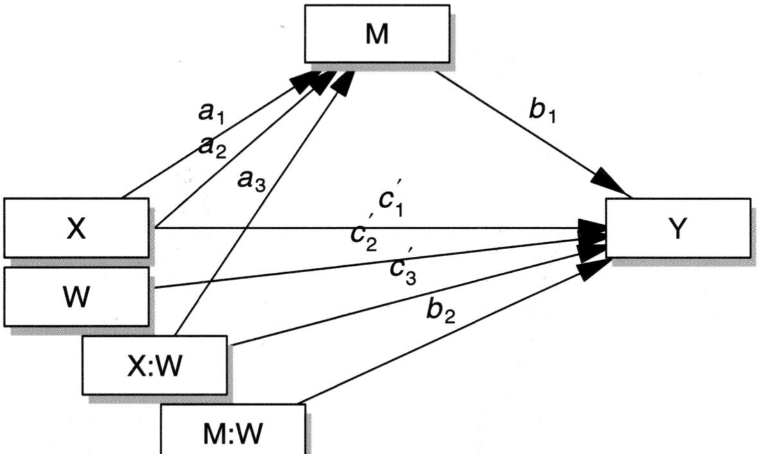

(b) 통계적 모형

그림 A.28: 프로세스 마크로 모형 59

제 29 절 프로세스 마크로 모형 73

```
labels=list(X="X",M="M",Y="Y")
vars=list(name=list(c("W","Z")),site=list(c("a","b","c")),pos=5)
drawConcept(labels=labels,vars=vars,nodemode=2)
drawModel(labels=labels,vars=vars,nodemode=2)
```

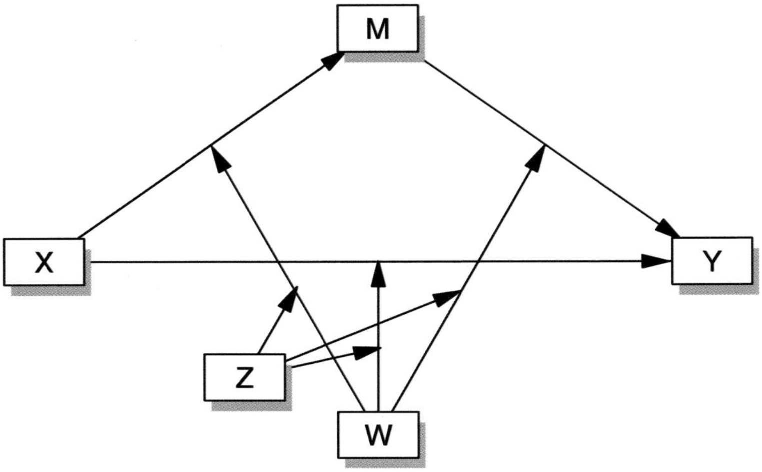

(a) 개념적 모형

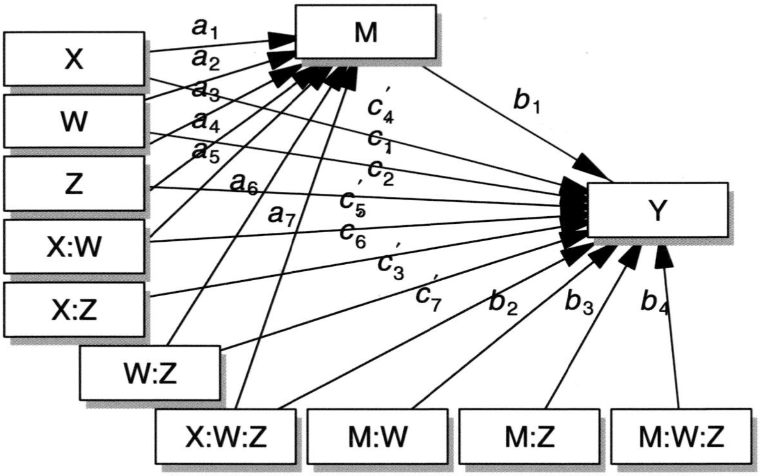

(b) 통계적 모형

그림 A.29: 프로세스 마크로 모형 73

제 30 절 프로세스 마크로 모형 74

```
labels=list(X="X",M="M",Y="Y")
moderator=list(name="X",site=list(c("b")))
drawConcept(labels=labels,moderator=moderator,nodemode=2)
drawModel(labels=labels,moderator=moderator,nodemode=2)
```

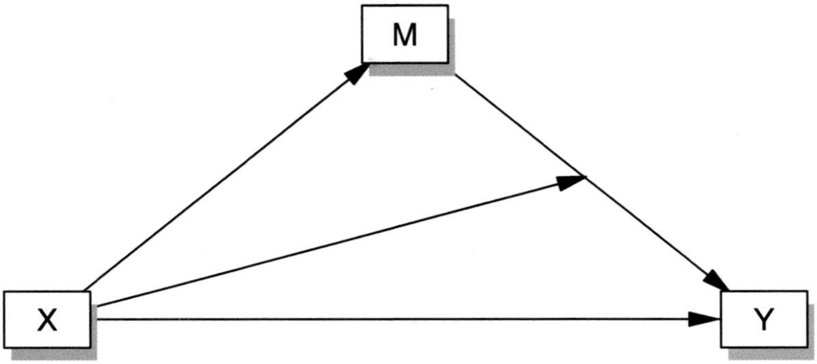

(a) 개념적 모형

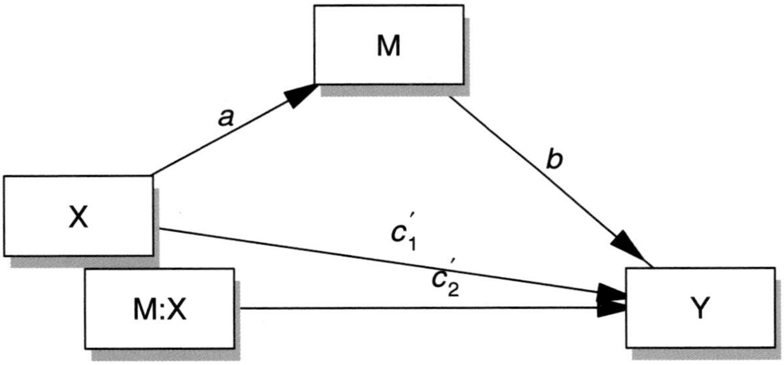

(b) 통계적 모형

그림 A.30: 프로세스 마크로 모형 74

제 31 절 프로세스 마크로 모형 75

```
labels=list(X="X",M="M",Y="Y")
moderator=list(name=c("W","Z"),site=list(c("a","b"),c("a","b")))
drawConcept(labels=labels,moderator=moderator,nodemode=2)
drawModel(labels=labels,moderator=moderator,nodemode=2)
```

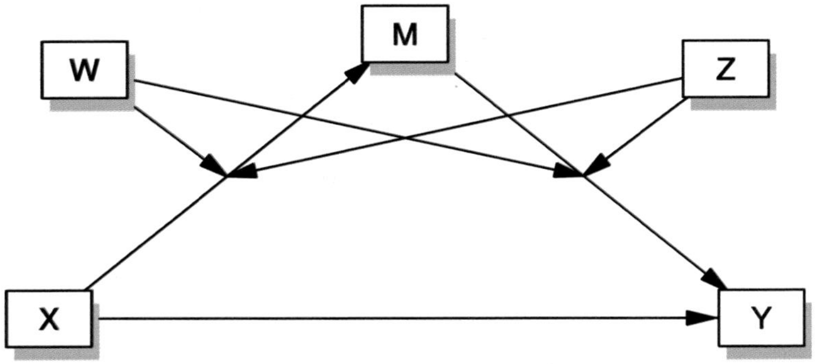

(a) 개념적 모형

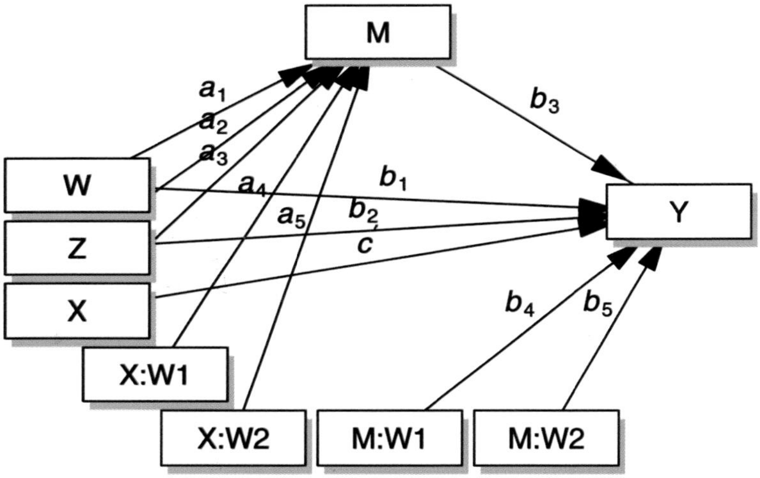

(b) 통계적 모형

그림 A.31: 프로세스 마크로 모형 75

제 32 절 프로세스 마크로 모형 80

```
labels=list(X="X",M=c("M1","M2","M3"),Y="Y")
bmatrix=c(1,1,0,1,1,1,1,1,1,1)
cmatrix=c(0,0,0,0,0,0,0.2,0,0,0)
drawModel(labels=labels,bmatrix=bmatrix,parallel2=TRUE,nodemode=2,
          node.pos = list(X=c(0,0.5),M3=c(0.7,0.5),Y=c(1.2,0.5)),
          curved.arrow = list(c=0.2))
```

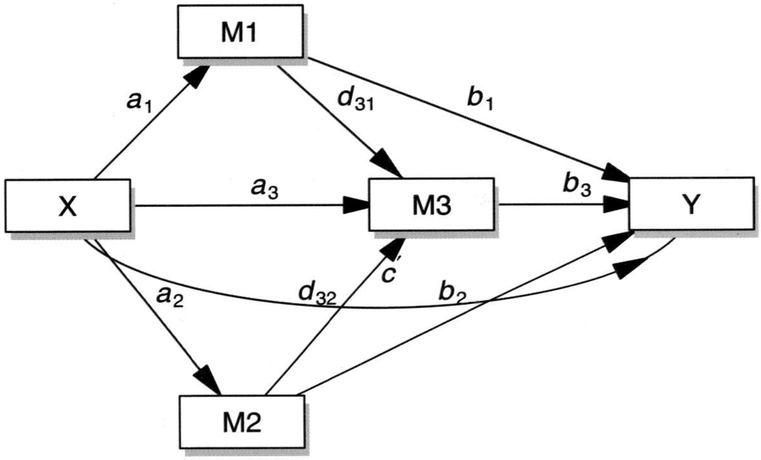

그림 A.32: 프로세스 마크로 모형 80

제 33 절　프로세스 마크로 모형 81

```
labels=list(X="X",M=c("M1","M2","M3"),Y="Y")
bmatrix=c(1,1,1,1,1,0,1,1,1,1)
cmatrix=c(0,0,0,0,0,0,0.3,0,0,0)
drawModel(labels=labels,bmatrix=bmatrix,parallel3=TRUE,nodemode=2,
          node.pos = list(X=c(0,0.5),M1=c(0.5,0.5),M2=c(0.75,0.8),M3=c(0.75,0.1)),
          curved.arrow = list(c=0.3))
```

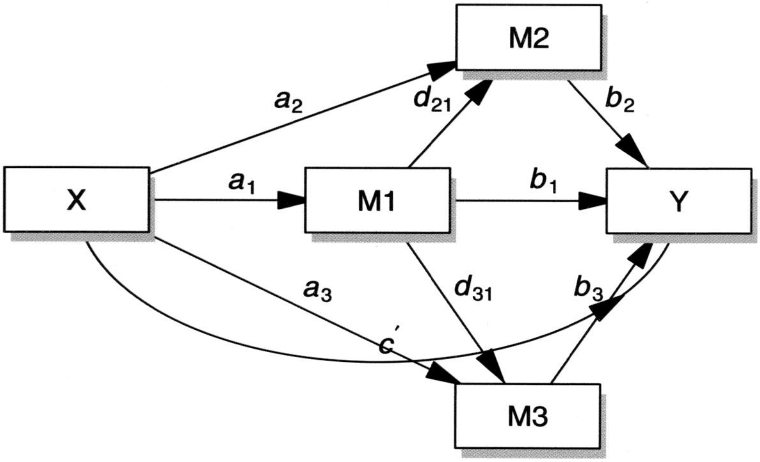

그림 A.33: 프로세스 마크로 모형 81

제 34 절 프로세스 마크로 모형 82

```
labels=list(X="X",M=c("M1","M2","M3","M4"),Y="Y")
bmatrix=c(1,1,1,1,0,0,1,0,0,1,1,1,1,1,1)
drawConcept(labels=labels,parallel3=TRUE,bmatrix=bmatrix,nodemode=2)
drawModel(labels=labels,parallel3=TRUE,bmatrix=bmatrix,nodemode=2,node.pos=list(X=c(0,0.5)))
```

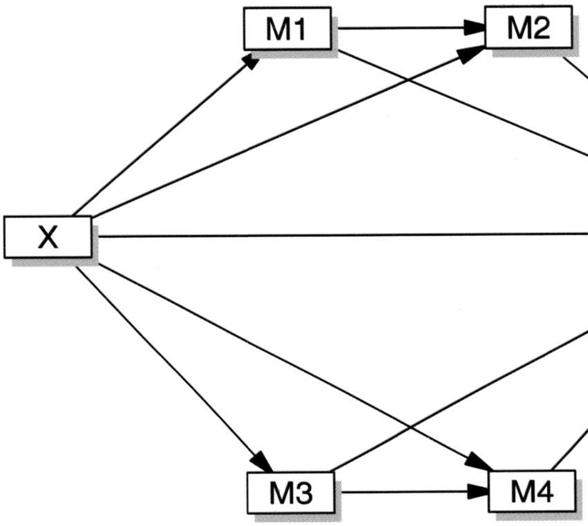

(a) 개념적 모형

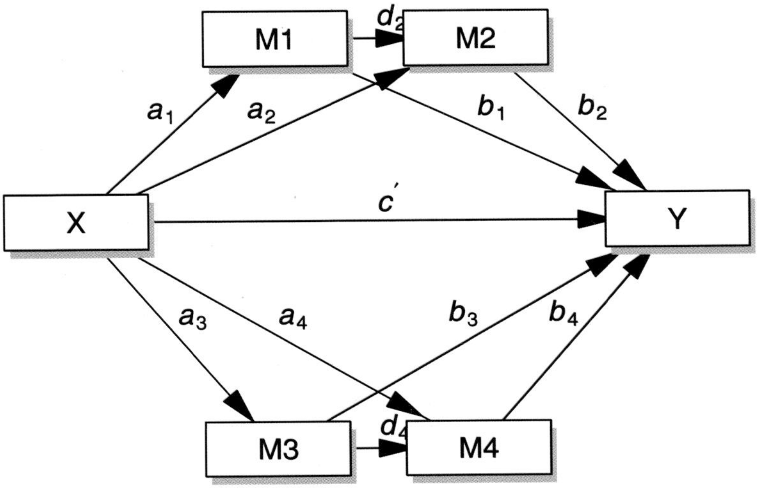

(b) 통계적 모형

그림 A.34: 프로세스 마크로 모형 82

제 35 절 프로세스 마크로 모형 83

```
labels=list(X="X",M=c("M1","M2"),Y="Y")
moderator=list(name="W",matrix=list(c(1,0,0,0,0,0)),pos=5)
drawConcept(labels=labels,serial=TRUE,moderator=moderator,nodemode=2)
drawModel(labels=labels,serial=TRUE,moderator=moderator,nodemode=2,
          node.pos=list("W"=c(0.3,0.45),"X:W"=c(0.6,0.3)))
```

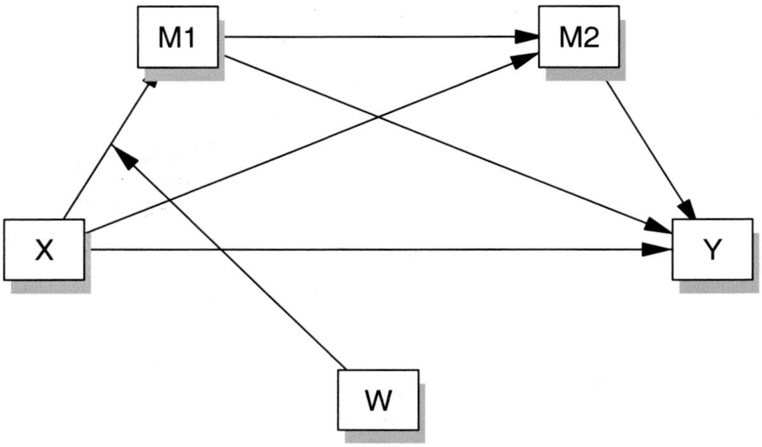

(a) 개념적 모형

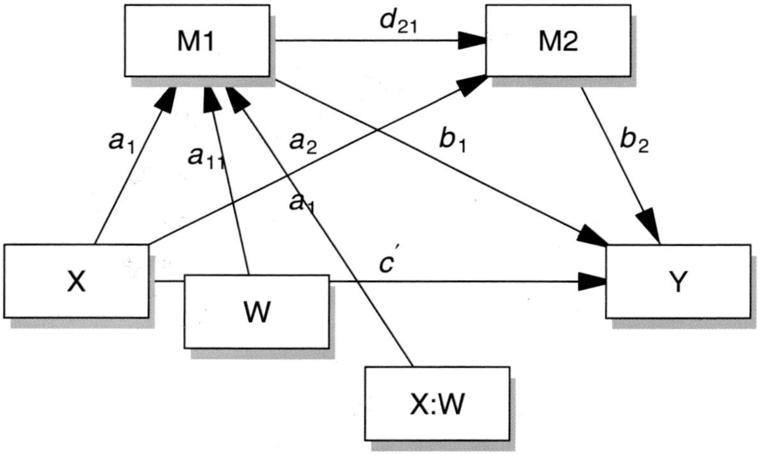

(b) 통계적 모형

그림 A.35: 프로세스 마크로 모형 83

제 36 절 프로세스 마크로 모형 84

```
labels=list(X="X",M=c("M1","M2"),Y="Y")
moderator=list(name="W",matrix=list(c(1,1,0,0,0,0)),pos=5)
drawConcept(labels=labels,serial=TRUE,moderator=moderator,nodemode=2)
drawModel(labels=labels,serial=TRUE,moderator=moderator,nodemode=2,
        node.pos=list("W"=c(0.3,0.45),"X:W"=c(0.6,0.3)))
```

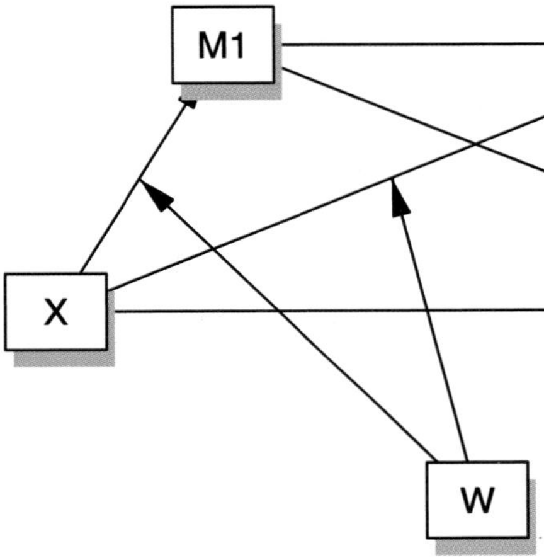

(a) 개념적 모형

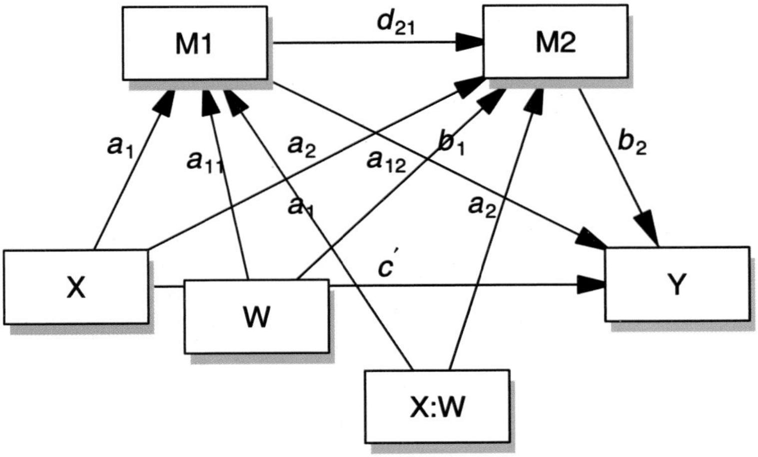

(b) 통계적 모형

그림 A.36: 프로세스 마크로 모형 84

제 37 절 프로세스 마크로 모형 85

```
labels=list(X="X",M=c("M1","M2"),Y="Y")
moderator=list(name="W",matrix=list(c(1,1,0,1,0,0)),pos=5)
drawConcept(labels=labels,serial=TRUE,moderator=moderator,nodemode=2)
drawModel(labels=labels,serial=TRUE,moderator=moderator,nodemode=2,
        node.pos=list("W"=c(0.3,0.45),"X:W"=c(0.6,0.3)))
```

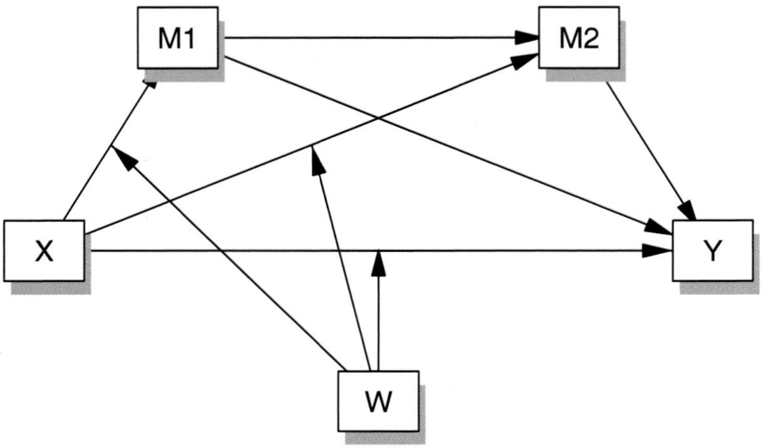

(a) 개념적 모형

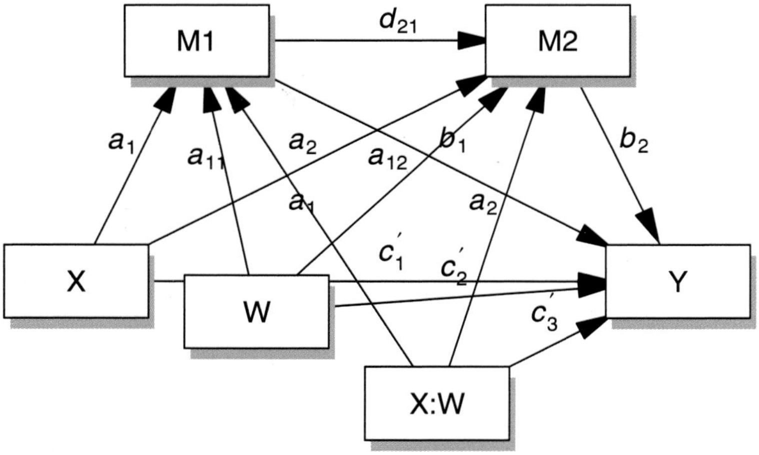

(b) 통계적 모형

그림 A.37: 프로세스 마크로 모형 85

제 38 절　프로세스 마크로 모형 86

```
labels=list(X="X",M=c("M1","M2"),Y="Y")
moderator=list(name="W",matrix=list(c(1,0,0,1,0,0)),pos=5)
drawConcept(labels=labels,serial=TRUE,moderator=moderator,nodemode=2)
drawModel(labels=labels,serial=TRUE,moderator=moderator,nodemode=2)
```

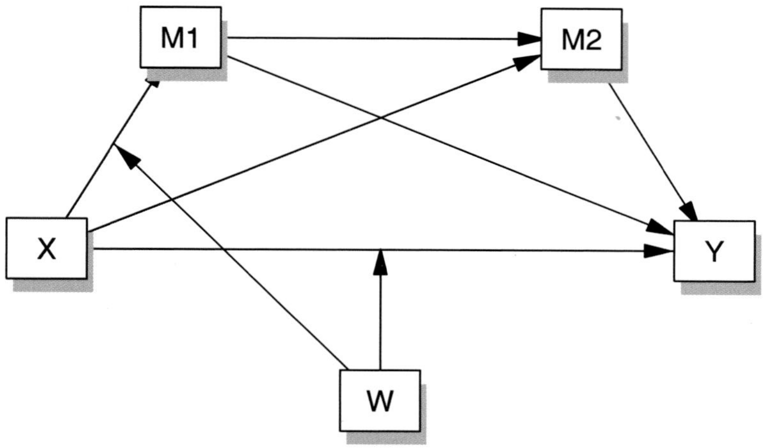

(a) 개념적 모형

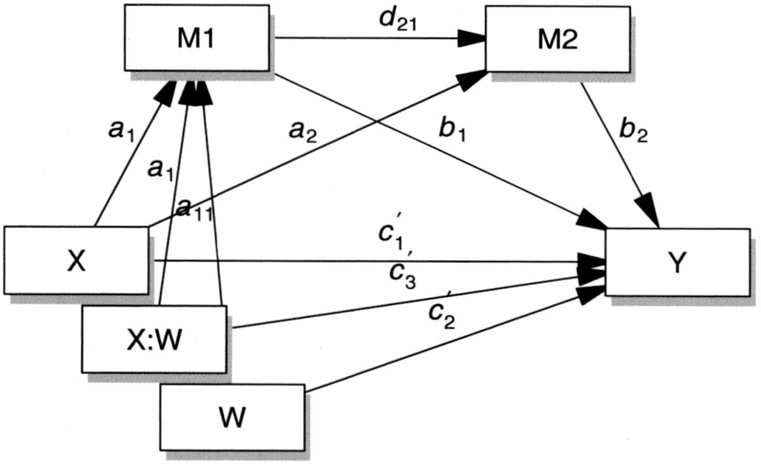

(b) 통계적 모형

그림 A.38: 프로세스 마크로 모형 86

제 39 절　프로세스 마크로 모형 87

```
labels=list(X="X",M=c("M1","M2"),Y="Y")
moderator=list(name="W",matrix=list(c(0,0,0,0,0,1)),pos=2)
drawConcept(labels=labels,serial=TRUE,moderator=moderator,nodemode=2)
drawModel(labels=labels,serial=TRUE,moderator=moderator,nodemode=2)
```

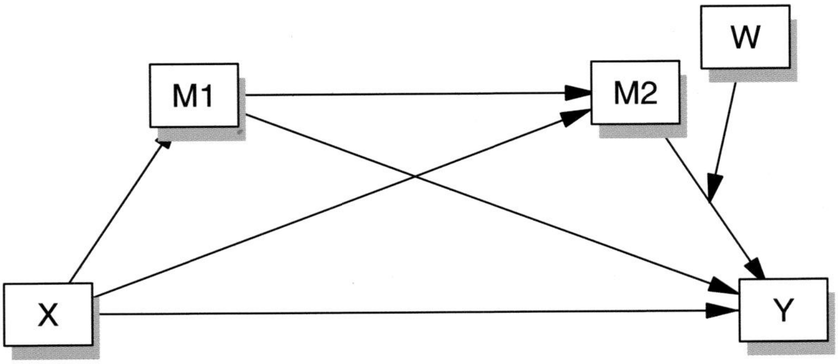

(a) 개념적 모형

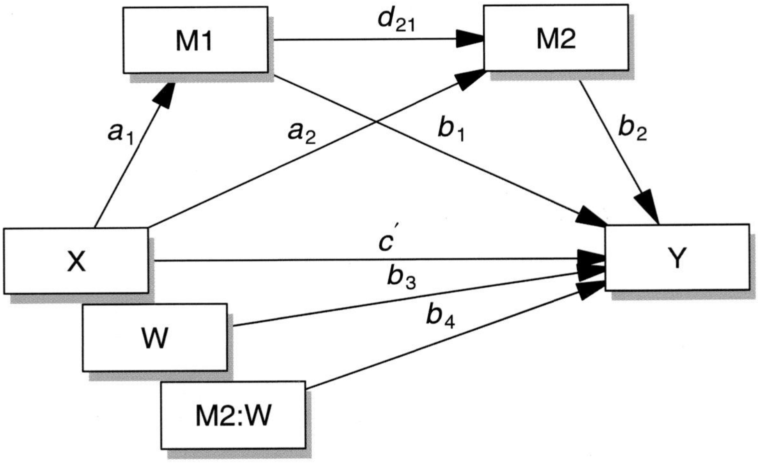

(b) 통계적 모형

그림 A.39: 프로세스 마크로 모형 87

제 40 절　프로세스 마크로 모형 88

```
labels=list(X="X",M=c("M1","M2"),Y="Y")
wmatrix=c(0,0,0,0,1,0)
moderator=list(name="W",matrix=list(wmatrix),pos=5)
drawConcept(labels=labels,serial=TRUE,moderator=moderator,nodemode=2)
drawModel(labels=labels,serial=TRUE,moderator=moderator,nodemode=2)
```

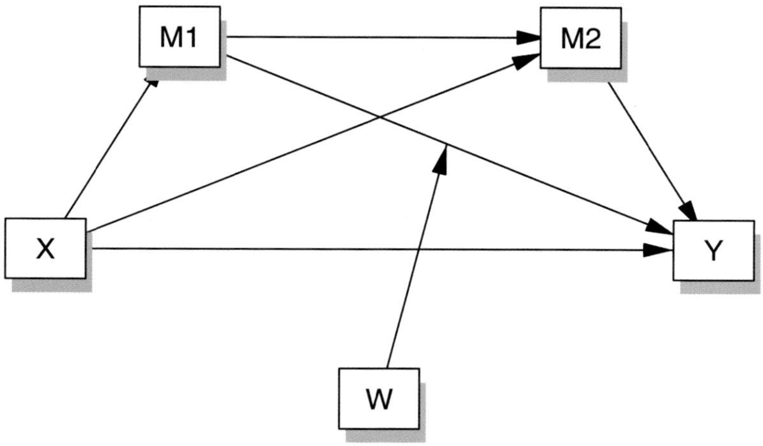

(a) 개념적 모형

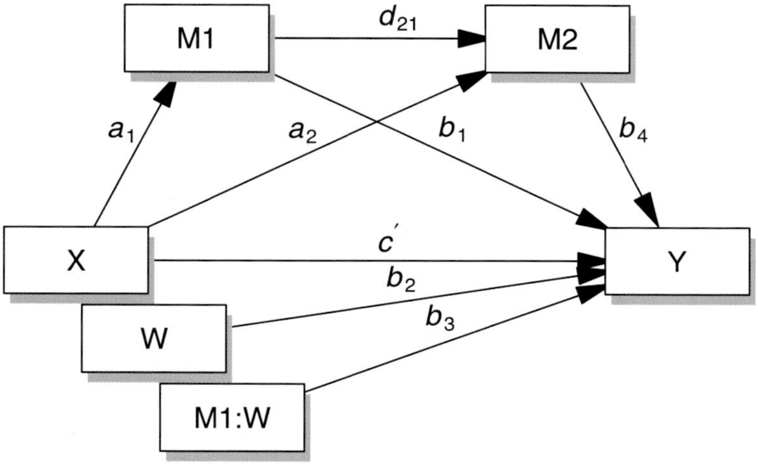

(b) 통계적 모형

그림 A.40: 프로세스 마크로 모형 88

제 41 절 프로세스 마크로 모형 89

```
labels=list(X="X",M=c("M1","M2"),Y="Y")
wmatrix=c(0,0,0,1,1,1)
moderator=list(name="W",matrix=list(wmatrix),pos=5)
drawConcept(labels=labels,serial=TRUE,moderator=moderator,nodemode=2)
drawModel(labels=labels,serial=TRUE,moderator=moderator,nodemode=2)
```

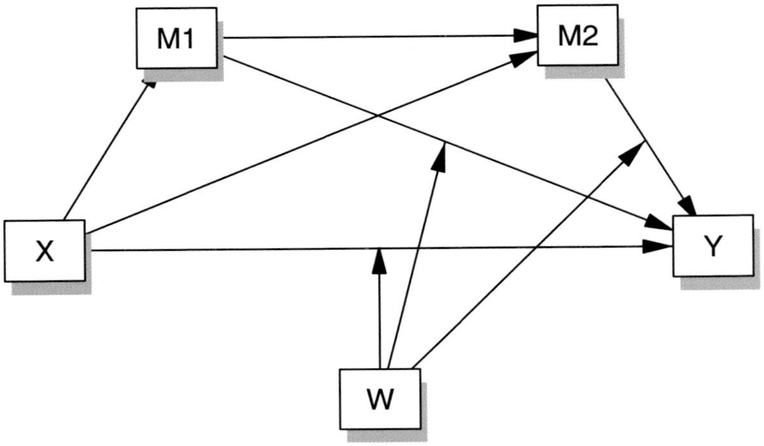

(a) 개념적 모형

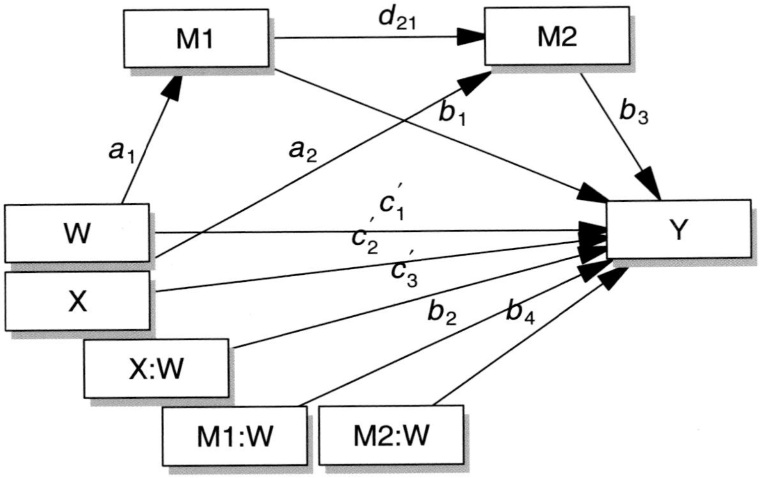

(b) 통계적 모형

그림 A.41: 프로세스 마크로 모형 89

제 42 절　프로세스 마크로 모형 90

```
labels=list(X="X",M=c("M1","M2"),Y="Y")
wmatrix=c(0,0,0,1,0,1)
moderator=list(name="W",matrix=list(wmatrix),pos=5)
drawConcept(labels=labels,serial=TRUE,moderator=moderator,nodemode=2)
drawModel(labels=labels,serial=TRUE,moderator=moderator,nodemode=2)
```

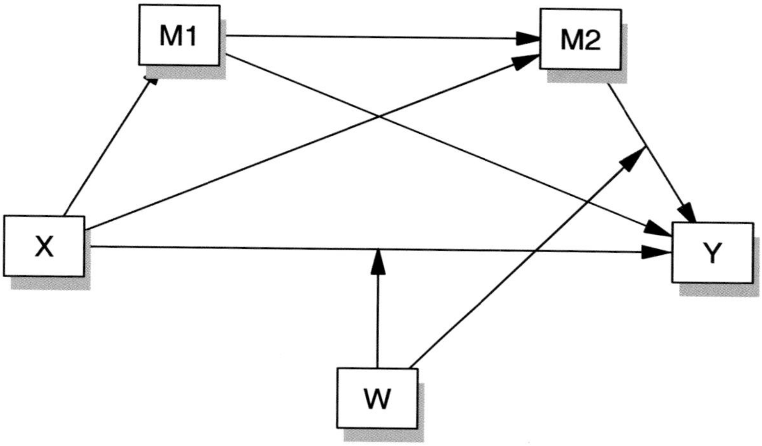

(a) 개념적 모형

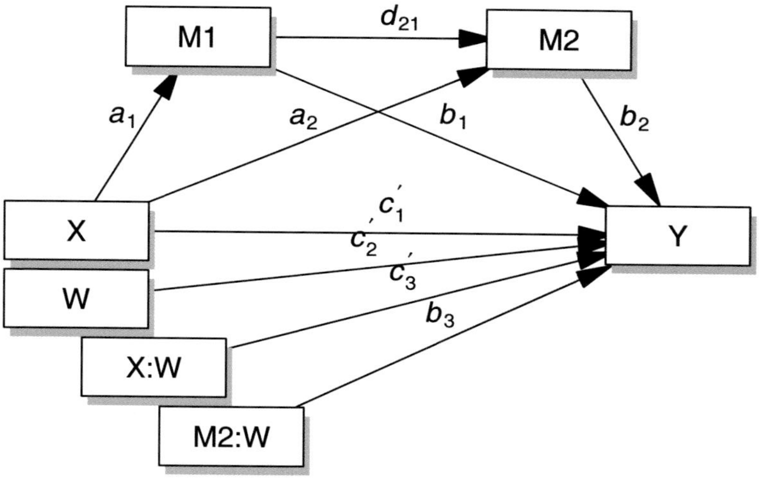

(b) 통계적 모형

그림 A.42: 프로세스 마크로 모형 90

제 43 절 프로세스 마크로 모형 91

```
labels=list(X="X",M=c("M1","M2"),Y="Y")
wmatrix=c(0,0,1,0,0,0)
moderator=list(name="W",matrix=list(wmatrix),pos=6)
drawConcept(labels=labels,serial=TRUE,moderator=moderator,nodemode=2)
drawModel(labels=labels,serial=TRUE,moderator=moderator,nodemode=2)
```

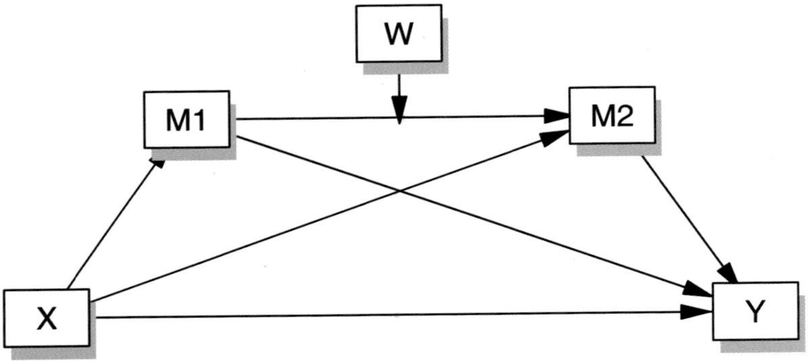

(a) 개념적 모형

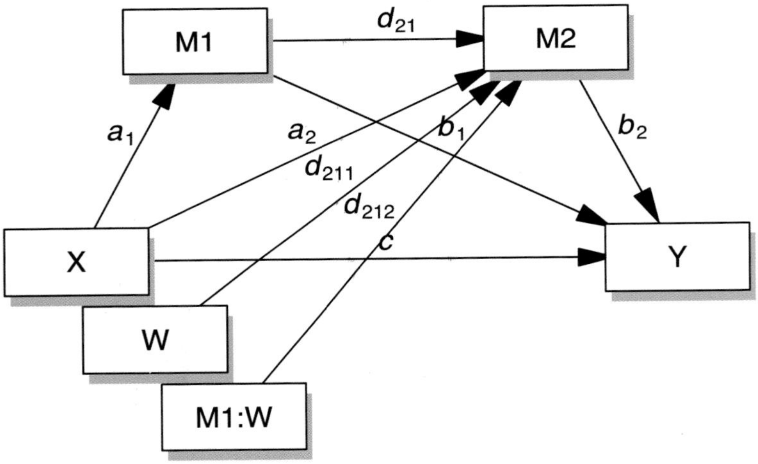

(b) 통계적 모형

그림 A.43: 프로세스 마크로 모형 91

제 44 절 프로세스 마크로 모형 92

```
labels=list(X="X",M=c("M1","M2"),Y="Y")
wmatrix=c(1,1,1,1,1,1)
moderator=list(name="W",matrix=list(wmatrix),pos=5,
              arr.pos=list(c(0.5,0.5,0.5,0.6,0.5,0.5)))
drawConcept(labels=labels,serial=TRUE,moderator=moderator,nodemode=2)
drawModel(labels=labels,serial=TRUE,moderator=moderator,nodemode=2)
```

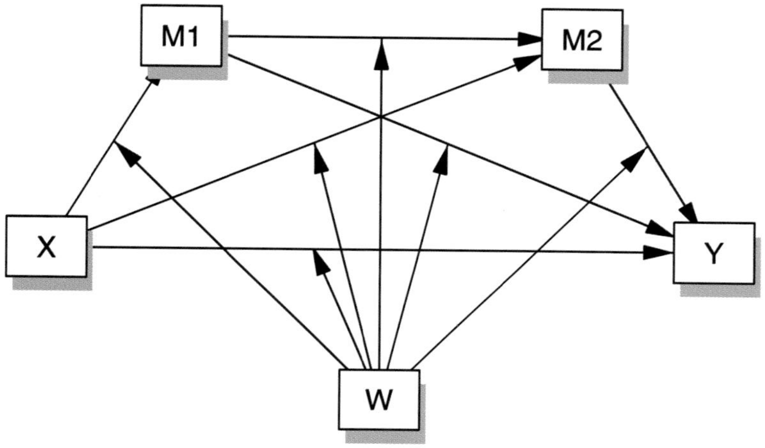

(a) 개념적 모형

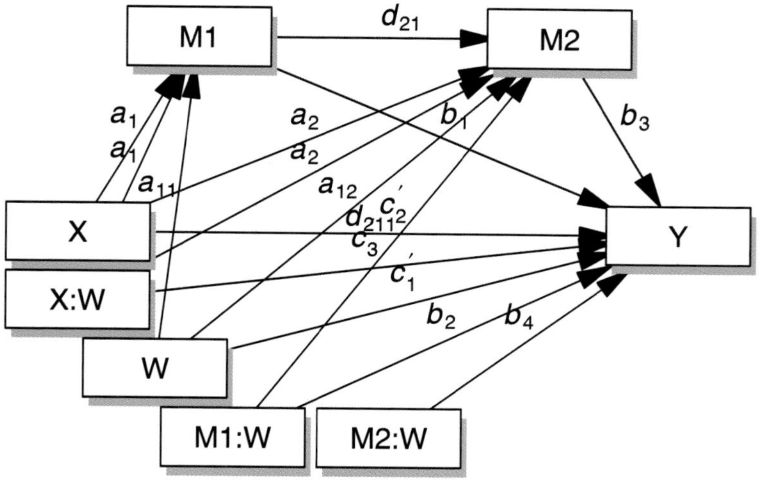

(b) 통계적 모형

그림 A.44: 프로세스 마크로 모형 92

부록 B
processR을 이용한 분석의 시각화

제 1 절 다중매개모형에서 매개경로의 시각화

제6장 다중매개모형 분석에서 매개변수가 여러 개인 경우 매개변수들이 서로 영향을 미치지 않는 병렬다중매개모형과 매개변수들이 인과관계의 사슬로 서로 얽혀 있는 직렬다중매개모형을 다루었다. 세 개 이상의 매개변수가 있는 경우 매개변수들 간의 경로가 여러 개이므로 이들 경로들의 포함 여부에 따라 다양한 모형을 만들기 위해 bmatrix의 개념을 도입하였다.

```
require(processR)
## panel(A)(B)
bmatrix=c(1,1,1)
matrixPlot(bmatrix)
labels=list(X="X",M="M",Y="Y")
drawModel(labels=labels,nodemode=2,whatLabel="none")
## panel(C)(D)
bmatrix=c(1,1,1,1,1,1)
matrixPlot(bmatrix)
labels=list(X="X",M=c("M1","M2"),Y="Y")
eq=multipleMediation(labels=labels,bmatrix=bmatrix,mode=1)
drawModel(equation=eq,labels=labels,nodemode=2,whatLabel="none")
## panel(E)(F)
bmatrix=c(1,1,1,0,0,1)
matrixPlot(bmatrix)
labels=list(X="X",M=c("M1","M2"),Y="Y")
eq=multipleMediation(labels=labels,bmatrix=bmatrix,mode=1)
```

```
drawModel(equation=eq,labels=labels,nodemode=2,whatLabel="none")
## panel(G)(H)
bmatrix=c(1,1,0,1,0,0,1,1,1,1)
matrixPlot(bmatrix)
labels=list(X="X",M=c("M1","M2","M3"),Y="Y")
eq=multipleMediation(labels=labels,bmatrix=bmatrix,mode=1)
drawModel(equation=eq,labels=labels,parallel=TRUE,nodemode=2,whatLabel="none")
```

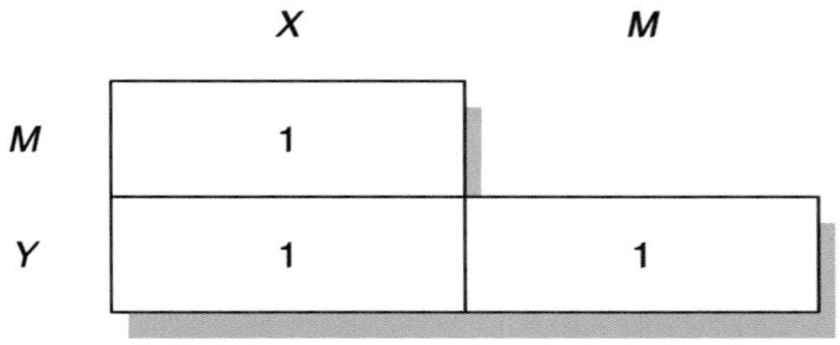

(a) bmatrix=c(1,1,1)

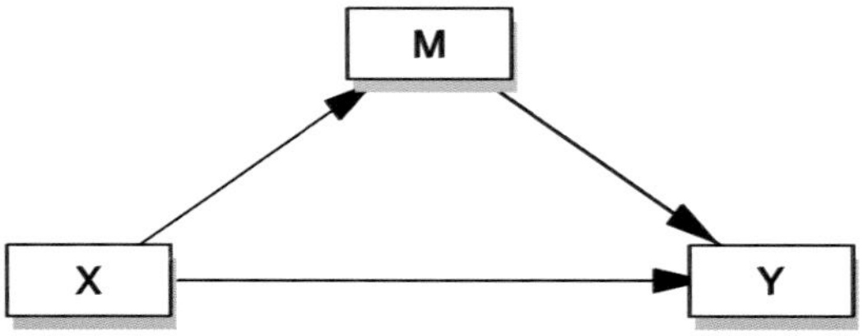

(b) bmatrix=c(1,1,1)

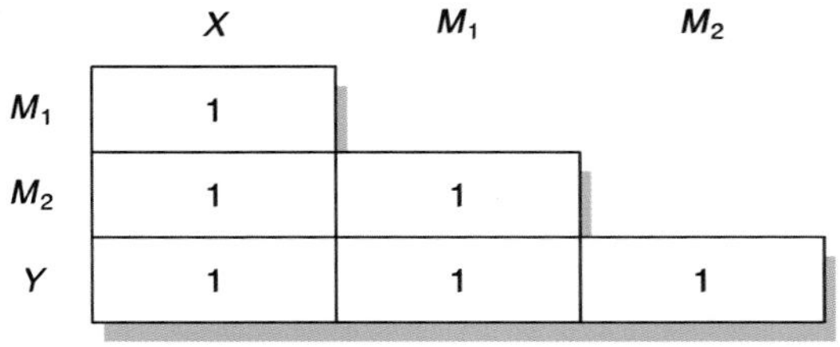

(c) bmatrix=c(1,1,1,1,1,1)

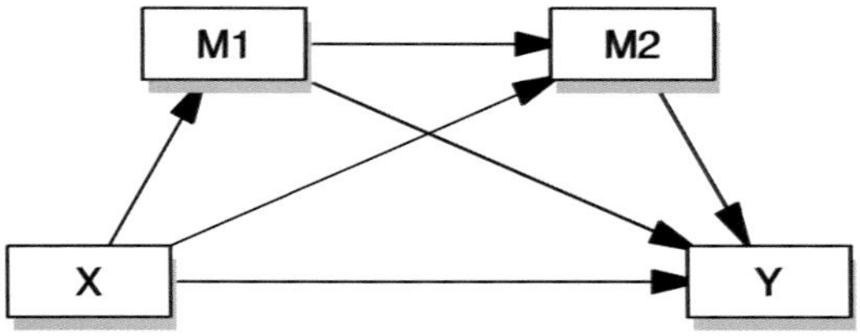

(d) bmatrix=c(1,1,1,1,1,1)

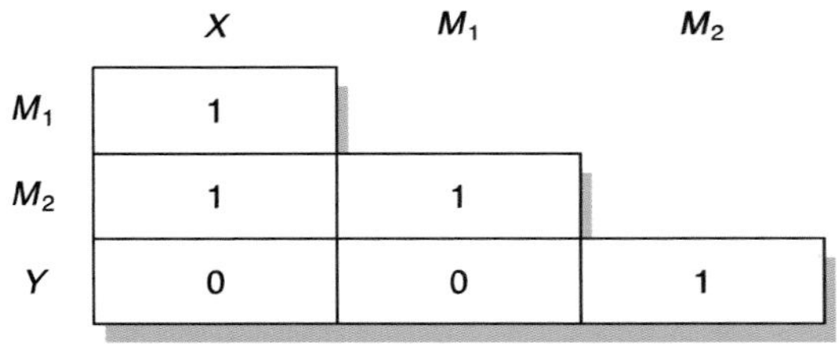

(e) bmatrix=c(1,1,1,0,0,1)

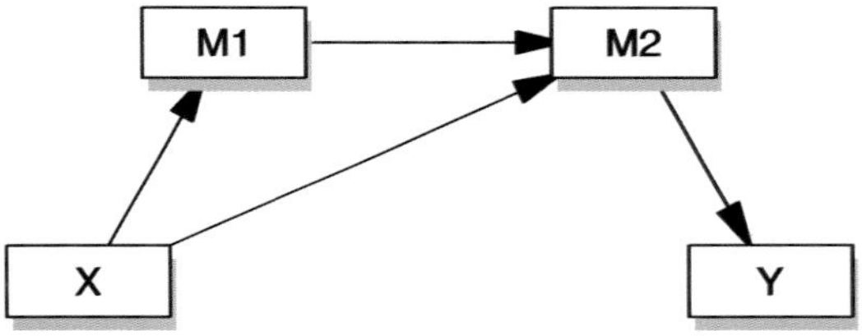

(f) bmatrix=c(1,1,1,0,0,1)

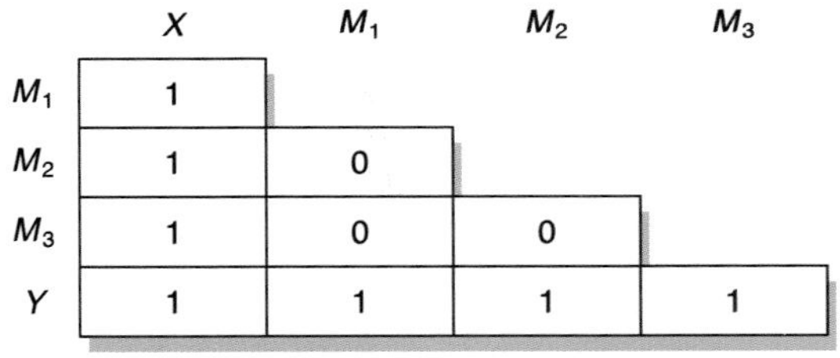

(g) bmatrix=c(1,1,0,1,0,0,1,1,1,1)

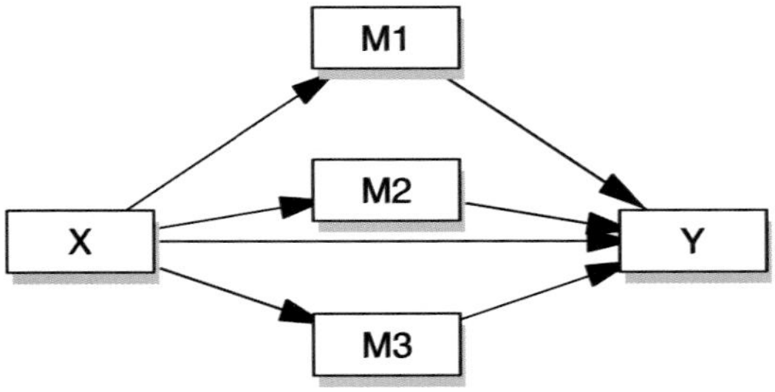

(h) bmatrix=c(1,1,0,1,0,0,1,1,1,1)

그림 B.1: bmatrix를 사용한 매개모형의 사용자화

매개변수가 하나인 모형에서 매개과정은 그림 B.1(a)와 같이 표현된다. bmatrix의 순서는 그림에서 위에서 아래로, 좌에서 우로 기록하는데, 해당 경로를 나타내는 bmatrix의 숫자가 1이면 모형에 해당 경로가 포함되고 0인 경우에는 모형에서 해 당경로가 제외된다. 그림 B.1(a)와 (b)는 단순매개모형으로 bmatrix는 세 개의 1로 나타낼 수 있다.

bmatrix=c(1,1,1)

매개변수가 두 개인 직렬다중매개모형은 그림 B.1(c)와 (d)에 해당하며 이 모형의 bmatrix는 다음과 같다.

bmatrix=c(1,1,1,1,1,1)

이 모형에서 Y에 대한 X의 직접효과와 Y에 대한 M_1의 효과를 0으로 바꾸면 그림 B.8(e)와 (f) 와 같다. 이 모형의 bmatrix는 다음과 같다.

bmatrix=c(1,1,1,0,0,1)

매개변수가 세 개인 병렬다중매개모형은 그림 B.1(g)와 (h)에 나타내었으며 이 모형의 bmatrix는 다음과 같다.

bmatrix=c(1,1,0,1,0,0,1,1,1,1)

위와 같은 방법으로 연구자가 원하는 어떤 매개과정도 사용자화하여 모형에 포함시킬 수 있다. 또한 조절변수의 경로 또한 위와 비슷한 matrix로 사용자화할 수 있다.

제 2 절　다중매개모형에서 조절경로의 사용자화

조절변수를 지정할 때 bmatrix를 지정할 때와 같은 방법으로 matrix를 지정해 주면 조절변수가 작용하는 경로를 지정해 줄 수 있다. 예를 들어, 세 개의 매개변수가 있는 모형에서 bmatrix를 사용하여 매개경로를 사용자화 한 모형을 생각해 보자.

```
## bmatrix with wmatrix
labels=list(X="baby",M=c("wine","tent","sand"),Y="tile")
bmatrix=c(1,1,0,0,1,1,1,1,0,1)
matrixPlot(bmatrix,labels=labels)
drawConcept(labels=labels,parallel2=TRUE,bmatrix=bmatrix,rady=0.08)
```

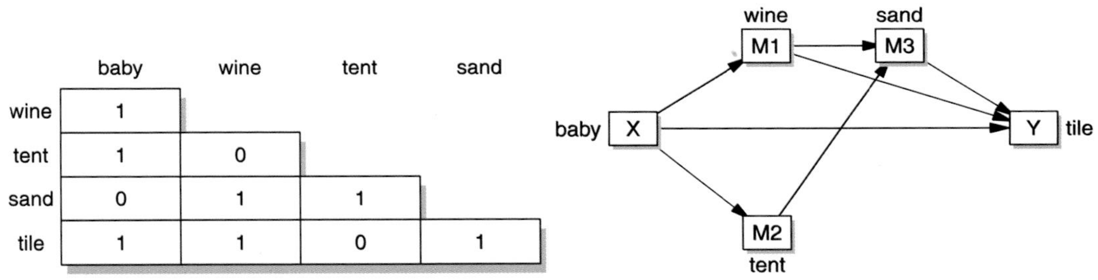

(a) bmatrix=c(1,1,0,0,1,1,1,1,0,1)　(b) 개념적 모형

그림 B.2: bmatrix를 사용한 매개모형의 사용자화

이 모형에 두 개의 조절변수 milk와 hair를 추가하려고 한다. 첫 번째 조절변수 milk는 $X \to M_1$, $M_1 \to M3$, $X \to Y$경로에 조절변수로 작용하고, 두 번째 조절변수 hair는 $X \to M_1$, $X \to M_2$경로에 조절변수로 작용한다면 두 개의 조절변수에 해당하는 matrix를 다음과 같이 정의할 수 있다.

```
matrix1=c(1,0,0,0,1,0,1,0,0,0)
matrix2=c(1,1,0,0,0,0,0,0,0,0)
matrixPlot(matrix1)
matrixPlot(matrix2)
```

	X	M_1	M_2	M_3
M_1	1			
M_2	0	0		
M_3	0	1	0	
Y	1	0	0	0

(a) matrix1=c(1,0,0,0,1,0,1,0,0,0)

	X	M_1	M_2	M_3
M_1	1			
M_2	1	0		
M_3	0	0	0	
Y	0	0	0	0

(b) matrix2=c(1,1,0,0,0,0,0,0,0,0)

그림 B.3: 조절효과의 사용자화를 위한 matrix의 사용

조절변수를 정의할 때 다음과 같이 matrix를 리스트로 지정해 주면 원하는 경로에 작용하는 조절변수를 모형에 포함시킬 수 있다.

```
moderator=list(name=c("milk","hair"),matrix=list(matrix1,matrix2),
               arr.pos=list(c(0.5,0,0,0,0.5,0,0.3,0,0,0),matrix2/2))
drawConcept(labels=labels,moderator=moderator,parallel2=TRUE,
            bmatrix=bmatrix,node.pos=list(W1=c(0.7,0.1),W2=c(0,0.9)),
            rady=0.08,minypos=0.1)
```

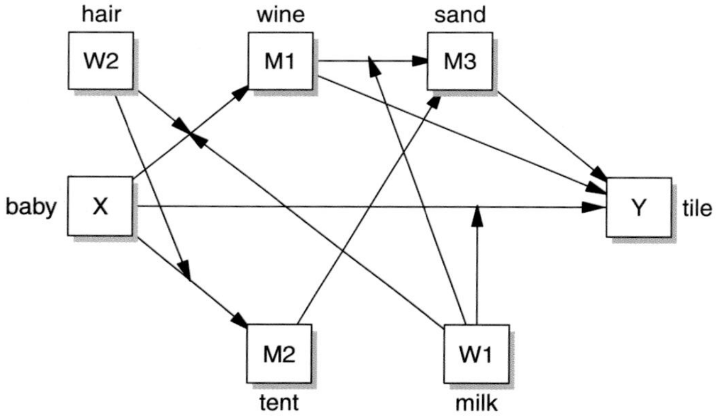

그림 B.4: matrix를 사용한 조절효과의 사용자화

2.1 병렬다중매개모형에서 조절경로의 사용자화

다음 예는 세 개의 매개변수가 있는 병렬다중매개모형에서 두 개의 조절변수를 추가한 예이다. 먼저 개념적 모형은 다음과 같다.

```
labels=list(X="baby",M=c("wine","tent","sand"),Y="tile")
bmatrix=c(1,1,0,1,0,0,1,1,1,1)
moderator=list(name=c("milk","hair"),labels=c("W","Z"),
          matrix=list(c(1,0,0,0,0,0,0,0,0,0),c(0,0,0,0,0,0,0,1,0,0)))

drawConcept(labels=labels,parallel=TRUE,bmatrix=bmatrix,moderator=moderator)
```

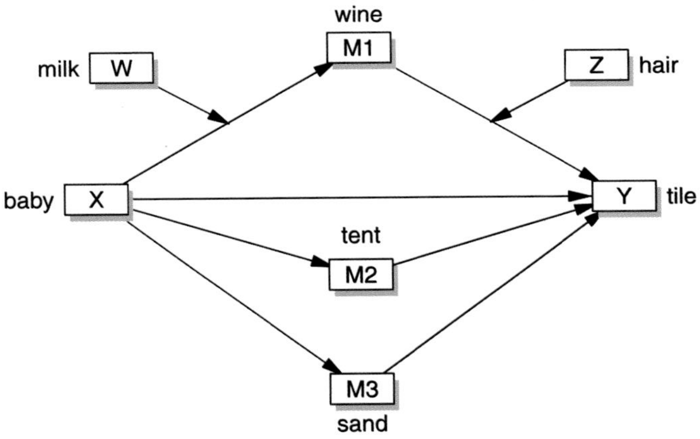

그림 B.5: 병렬다중매개모형에서 조절효과의 사용자화: 개념적 모형

통계적 모형은 다음과 같이 그릴 수 있다.

```
drawModel(labels=labels,parallel=TRUE,bmatrix=bmatrix,moderator=moderator,
        node.pos = list(M2=c(0.5,0.65),W=c(0,0.7),`X:W`=c(0,0.9),
                        Z=c(0.75,0.9),`M1:Z`=c(1,0.9)))
```

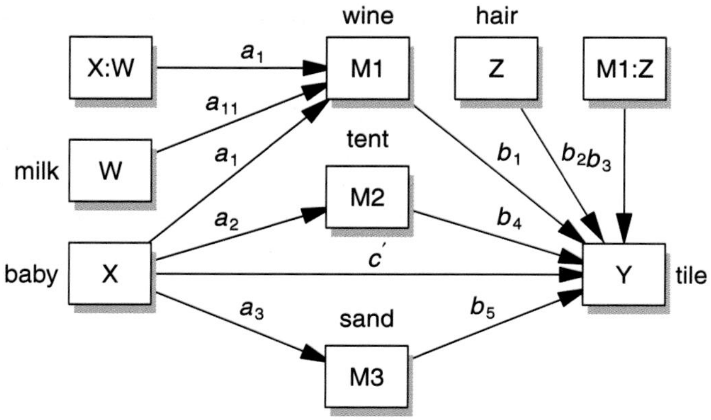

그림 B.6: 병렬다중매개모형에서 조절효과의 사용자화: 통계적 모형

제 3 절 다중매개모형에서 조절된 조절경로의 사용자화

조절된 조절변수를 지정할 때 bmatrix를 지정할 때와 같은 방법으로 matrix를 지정해 주면 조절된 조절변수가 작용하는 경로를 지정해 줄 수 있다. 예를 들어, 세 개의 매개변수가 있는 모형에서 bmatrix를 사용하여 매개경로를 사용자화한 모형을 생각해 보자.

```
# Three mediator with triple Interactions
labels=list(X="baby",M=c("wine","tent","sand"),Y="tile")
bmatrix=c(1,1,0,1,0,0,1,1,1,1)
vars=list(name=list(c("milk","hair")),matrix=list(c(1,0,0,0,0,0,0,0,0,0)))
drawConcept(labels=labels,vars=vars,parallel=TRUE,bmatrix=bmatrix,rady=0.08)
drawModel(labels=labels,vars=vars,parallel=TRUE,bmatrix=bmatrix,
          node.pos = list(M1=c(0.5,0.35),M2=c(0.5,0.7),M3=c(0.5,0.95)))
```

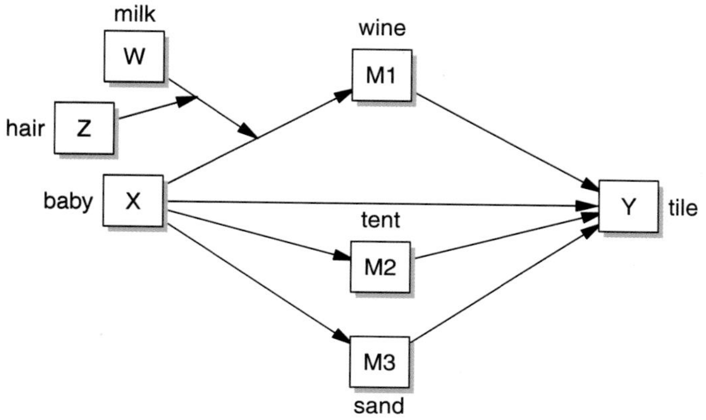

(a) 개념적 모형

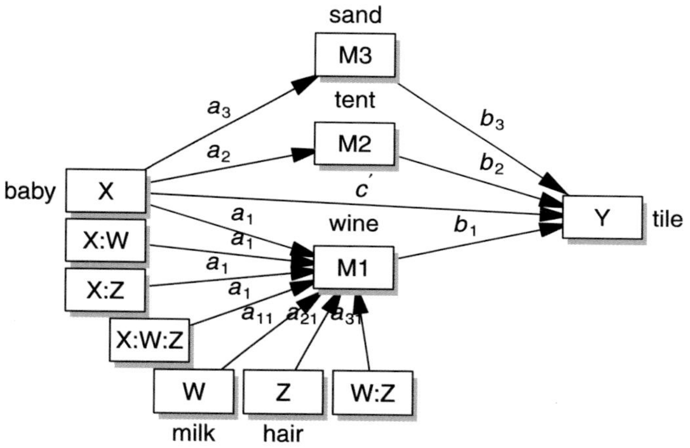

(b) 통계적 모형

그림 B.7: 병렬다중매개모형에서 조절된 조절효과의 사용자화

위 모형 그림에서 통계적 모형의 M1과 M3의 위치가 개념적 모형과 바뀌었는데 이는 화살표가 M1에 집중되기 때문에 화살표가 겹치는 문제를 해결하기 위해 위치를 바꾼 것이다. 그림에서 변수들의 위치는 node.pos인수를 통해 조절할 수 있는데, 위치를 조절하고자 하는 변수의 위치를 c(가로위치,세로위치) 형식으로 지정해 주면 된다.

제 4 절 조절변수가 공변량으로 작용하는 경우

경우에 따라 한 경로에 작용하는 조절변수가 다른 경로의 공변량으로 작용할 수도 있다. 다음 모형에서는 milk변수가 $X \rightarrow M$경로의 조절변수로 작용하면서 $X \rightarrow Y$ 경로에서 공변량으로 작용하는 모형이다.

```r
## making a moderator a covariate
labels=list(X="baby",M="wine",Y="tile")
moderator=list(name=c("milk"),site=list("a"))
covar=list(name=c("milk","tent","sand"),site=list(c("Y"),c("M","Y"),c("M","Y")))
drawConcept(labels=labels,moderator=moderator,covar=covar)
drawConcept(labels=labels,moderator=moderator,covar=covar,
        node.pos=list(C2=c(0.8,0.8),C3=c(0.9,0.9)))
```

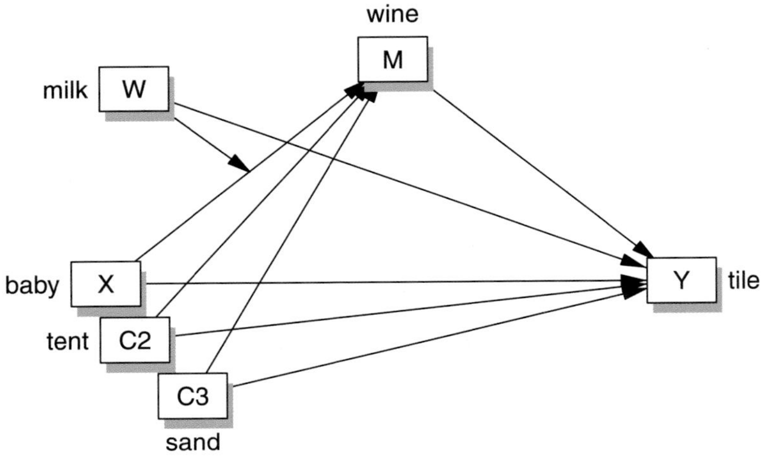

(a) 개념적 모형: 기본위치

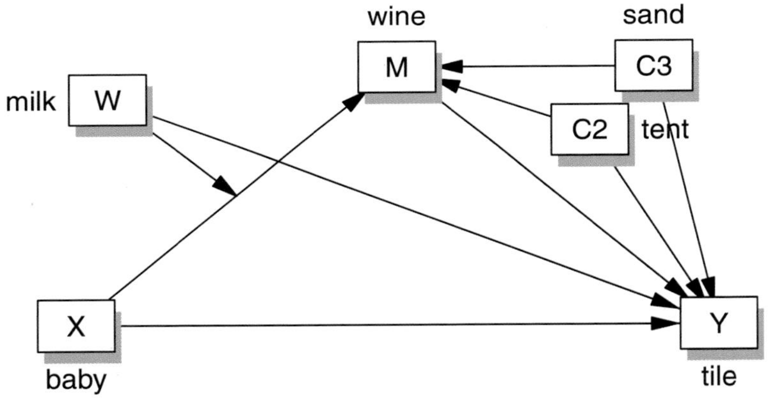

(b) 개념적 모형: 변수위치의 사용자화

그림 B.8: 조절변수가 공변량으로 작용하는 모형

위의 그림에서 왼쪽 그림은 변수위치를 기본위치로 사용한 예이며, 오른쪽 그림은 변수위치를 사용자가 임의로 조절한 예이다. 이 모형의 통계적 모형은 다음과 같이 그릴 수 있다.

```
drawModel(labels=labels,moderator=moderator,covar=covar)
```

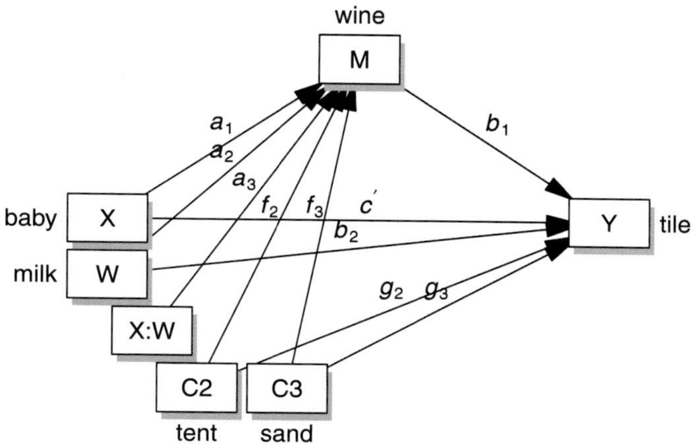

그림 B.9: 조절변수가 공변량으로 작용하는 모형: 통계적 모형

참고로 drawConcept() 또는 drawModel()함수로 모형을 그릴 때 각 변수의 기본위치가 필요한 경우 showPos인수를 TRUE로 지정해 주면 된다.

```
drawConcept(labels=labels,moderator=moderator,covar=covar,showPos=TRUE)
```

```
  name label xpos ypos
1 baby     X 0.00 0.50
2 wine     M 0.50 0.90
3 tile     Y 1.00 0.50
4 milk     W 0.05 0.85
5 tent    C2 0.05 0.40
6 sand    C3 0.15 0.30
```

제 5 절 예제: 다중매개모형에서 조절경로의 사용자화

이번 절에서는 processR에 포함되어 있는 pmi 데이터로 다중매개모형을 만들고 공변량을 추가하고 조절변수의 조절경로를 사용자화하는 예를 들어 본다. 이 예제에 대한 자세한 설명은 생략하고 분석 방법에 대해 간단히 설명하고자 한다. 먼저 우리가 분석하고자 하는 모형의 개념적 모형은 다음과 같다.

```
labels=list(X="cond",M=c("import","pmi"),Y="reaction")
moderator=list(name="gender",matrix=list(c(0,0,0,0,0,1)))
covar=list(name="age",site=list(c("M1","M2","Y")))
drawConcept(labels=labels,moderator=moderator,covar=covar,parallel=TRUE,
          node.pos = list(C1=c(1,0.9),W=c(0.9,0)))
```

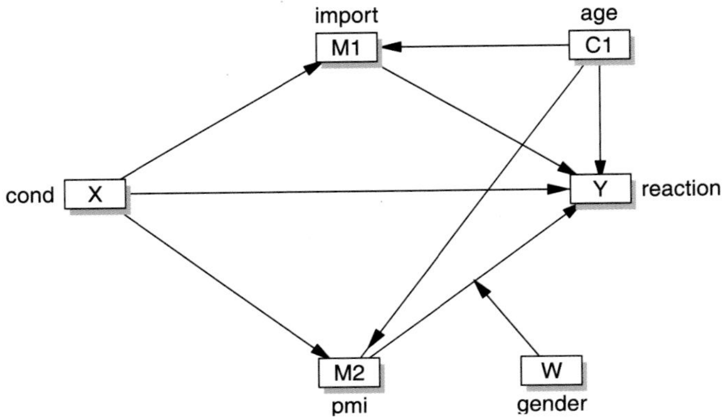

즉, 매개변수가 두 개인 병렬다중매개모형에 $M1, M2, Y$에 작용하는 공변량을 추가하고 $M2 \rightarrow Y$경로에 이분형 조절변수를 추가한 모형이다.

이 모형의 통계적 모형은 다음과 같다.

```
drawModel(labels=labels,moderator=moderator,covar=covar,parallel=TRUE,
        node.pos = list(C1=c(1,0.9),W=c(1,0),`M2:W`=c(0.8,0)))
```

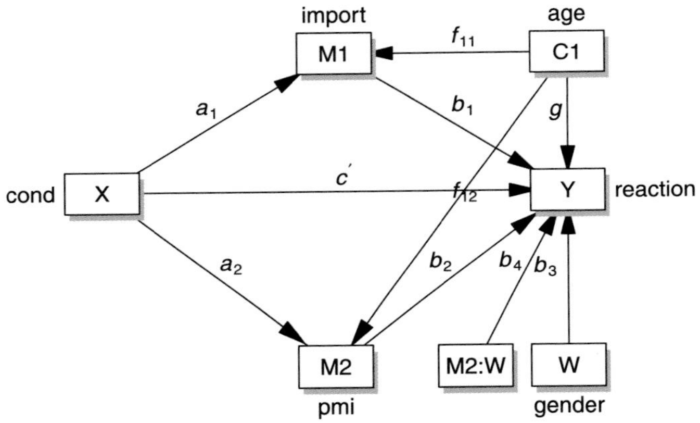

이 모형의 회귀모형을 만들어 회귀계수를 요약한 표를 만들면 다음과 같다.

```
modelsSummaryTable(labels=labels,moderator=moderator,covar=covar,data=pmi)
```

	Consequent														
		import(M1)					pmi(M2)					reaction(Y)			
Antecedent		*Coef*	*SE*	*t*	p		*Coef*	*SE*	*t*	p		*Coef*	*SE*	*t*	p
cond(X)	a_1	0.621	0.310	2.000	.048	a_2	0.477	0.237	2.016	.046	c'	0.098	0.242	0.406	.685
age(C1)	f_{11}	0.021	0.027	0.769	.443	f_{12}	-0.002	0.020	-0.106	.916	g	-0.031	0.021	-1.459	.147
import(M1)											b_1	0.333	0.071	4.671	<.001
pmi(M2)											b_2	0.437	0.118	3.688	<.001
gender(W)											b_3	0.690	1.047	0.658	.512
pmi:gender(M2:W)											b_4	-0.110	0.181	-0.610	.543
Constant	i_{M1}	3.402	0.691	4.927	<.001	i_{M2}	5.430	0.527	10.310	<.001	i_Y	0.336	0.833	0.404	.687
Observations			123					123					123		
R2			0.037					0.033					0.340		
Adjusted R2			0.021					0.017					0.306		
Residual SE			1.718 (df = 120)					1.310 (df = 120)					1.292 (df = 116)		
F statistic			F(2,120) = 2.336, p = .101					F(2,120) = 2.033, p = .135					F(6,116) = 9.950, p < .001		

이 모형을 분석하기 위한 lavaan syntax는 다음과 같이 만들 수 있다.

```
model=multipleMediation(labels=labels,moderator=moderator,covar=covar,
                         data=pmi, rangemode=2)
cat(model)
```

```
import ~ a1*cond + f1*age
pmi ~ a2*cond + f2*age
reaction ~ b1*import+b2*pmi+b3*gender+b4*pmi:gender+c*cond + g*age
gender ~ gender.mean*1
gender ~~ gender.var*gender


# Indirect Effect(s)

indirect1 := ( a1 )*(b1)
direct1 :=c
indirect1.below :=( a1 )*(b1)
indirect1.above :=( a1 )*(b1)
direct1.below:=c
direct1.above:=c
total1.below := direct1.below + indirect1.below
total1.above := direct1.above + indirect1.above
prop.mediated1.below := indirect1.below / total1.below
prop.mediated1.above := indirect1.above / total1.above

indirect2 := ( a2 )*(b2+b4*0)
index.mod.med2 := a2 *b4

direct2 :=c
indirect2.below :=( a2 )*(b2+b4*0)
indirect2.above :=( a2 )*(b2+b4*1)
direct2.below:=c
direct2.above:=c
total2.below := direct2.below + indirect2.below
total2.above := direct2.above + indirect2.above
prop.mediated2.below := indirect2.below / total2.below
prop.mediated2.above := indirect2.above / total2.above


# Specific Indirect Effect Contrast(s)

Contrast1 := indirect1-indirect2

# Indirect/Direct/Total Effect(s)

indirect := indirect1+indirect2
direct := c
total := indirect + direct
```

```
prop.mediated := indirect / total
```

위에서 만든 syntax를 이용하여 분석한다. 회귀계수의 표준오차는 부트스트랩으로 구하고 부트스트랩은 1,000회 시행한다.

```
require(lavaan)
set.seed(123)
semfit=sem(model=model,data=pmi,se="boot")
```

회귀분석 결과를 요약해 보면 다음과 같다.

```
plot(estimatesTable2(semfit))
```

Variables	Predictors	label	B	SE	z	p	β
import	cond	a1	0.621	0.317	1.958	0.050	0.179
import	age	f1	0.021	0.032	0.637	0.524	0.069
pmi	cond	a2	0.477	0.238	2.006	0.045	0.181
pmi	age	f2	-0.002	0.021	-0.104	0.917	-0.010
reaction	import	b1	0.333	0.071	4.705	< 0.001	0.364
reaction	pmi	b2	0.437	0.103	4.221	< 0.001	0.363
reaction	gender	b3	0.690	0.821	0.840	0.401	0.208
reaction	pmi:gender	b4	-0.110	0.159	-0.691	0.489	-0.196
reaction	cond	c	0.098	0.236	0.417	0.677	0.031
reaction	age	g	-0.031	0.019	-1.618	0.106	-0.114

매개 및 조절효과를 요약해 보면 다음과 같다.

```
plot(medSummaryTable(semfit))
```

Effect	Equation	estimate	95% Bootstrap CI
indirect1	(a1)*(b1)	0.207	(-0.010 to 0.445)
direct1	c	0.098	(-0.391 to 0.568)
indirect1.below	(a1)*(b1)	0.207	(-0.010 to 0.445)
indirect1.above	(a1)*(b1)	0.207	(-0.010 to 0.445)
direct1.below	c	0.098	(-0.391 to 0.568)
direct1.above	c	0.098	(-0.391 to 0.568)
total1.below	direct1.below+indirect1.below	0.305	(-0.212 to 0.809)
total1.above	direct1.above+indirect1.above	0.305	(-0.212 to 0.809)
prop.mediated1.below	indirect1.below/total1.below	0.678	(-5.773 to 5.654)
prop.mediated1.above	indirect1.above/total1.above	0.678	(-5.773 to 5.654)
indirect2	(a2)*(b2+b4*0)	0.208	(-0.004 to 0.453)
index.mod.med2	a2*b4	-0.053	(-0.249 to 0.108)
direct2	c	0.098	(-0.391 to 0.568)
indirect2.below	(a2)*(b2+b4*0)	0.208	(-0.004 to 0.453)
indirect2.above	(a2)*(b2+b4*1)	0.156	(-0.009 to 0.395)
direct2.below	c	0.098	(-0.391 to 0.568)
direct2.above	c	0.098	(-0.391 to 0.568)
total2.below	direct2.below+indirect2.below	0.307	(-0.213 to 0.793)
total2.above	direct2.above+indirect2.above	0.254	(-0.260 to 0.753)
prop.mediated2.below	indirect2.below/total2.below	0.679	(-3.300 to 6.581)
prop.mediated2.above	indirect2.above/total2.above	0.613	(-4.557 to 6.556)
Contrast1	indirect1-indirect2	-0.001	(-0.337 to 0.285)
indirect	indirect1+indirect2	0.415	(0.061 to 0.757)
direct	c	0.098	(-0.391 to 0.568)
total	indirect+direct	0.513	(-0.052 to 1.036)
prop.mediated	indirect/total	0.809	(-1.922 to 4.082)

boot.ci.type = perc

조절된 매개효과를 요약해 보면 다음과 같다.

```
plot(modmedSummaryTable(semfit))
```

		Indirect Effect M1:(a1)*(b1) M2:(a2)*(b2+b4*W)		Direct Effect M1:c M2:c	
gender(W)	M	estimate	95% Bootstrap CI	estimate	95% Bootstrap CI
0.000	M1	0.207	(-0.010 to 0.445)	0.098	(-0.391 to 0.568)
1.000	M1	0.207	(-0.010 to 0.445)	0.098	(-0.391 to 0.568)
0.000	M2	0.208	(-0.004 to 0.453)	0.098	(-0.391 to 0.568)
1.000	M2	0.156	(-0.009 to 0.395)	0.098	(-0.391 to 0.568)

boot.ci.type = perc

이 모형의 경우 간접효과는 import를 경유하는 경로와 pmi를 경유하는 경로로 나눠 볼 수 있다. 이 중 두 번째 경로를 경유하는 간접경로의 조건부 효과를 시각화하면 다음과 같다.

```
conditionalEffectPlot(semfit,data=pmi,no=2)
```

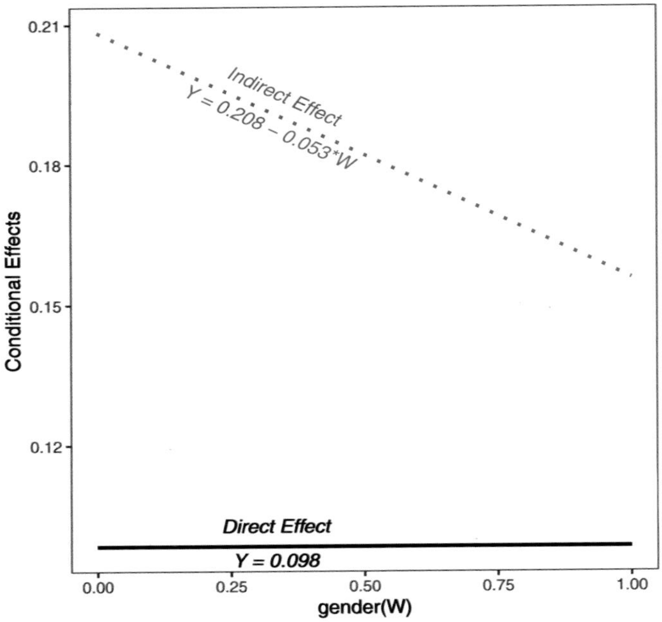

이 모형의 통계적 모형에 회귀계수를 넣어 다시 그려 보면 다음과 같다.

```
drawModel(semfit,labels=labels,moderator=moderator,covar=covar,data=pmi,parallel=TRUE,
        node.pos = list(C1=c(1,0.9),W=c(1,0),`M2:W`=c(0.8,0)),whatLabel="est",
        arrow.pos = list(b3=0.3,g=0.3))
```

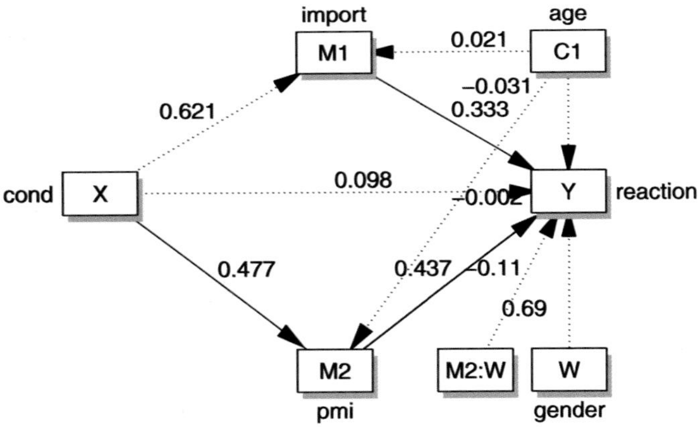

부록 C
R을 이용한 재현 가능한 연구

이번 장에서는 R과 RStudio를 이용하여 사람이 읽을 수 있는 문서와 데이터 및 데이터를 이용해 R로 만드는 통계, 도표, 그림을 통합하여 서로 연동되는 데이터 연동형 문서를 만드는 방법을 배운다. 데이터가 추가되거나 변동되는 경우 자동으로 표, 그래프가 갱신되어 다시 만들지 않아도 되는 재현 가능한 연구(Reproducible Research), 즉 데이터 연동형 문서 제작은 앞으로의 연구 활동에 있어서 불필요한 반복작업을 줄여 줄 수 있는 유용한 수단이다.

제 1 절　프로젝트: 각각의 연구를 따로 관리하기

아마 여러분은 한 번에 하나의 연구만 하고 있지는 않을 것이다. 여러분이 하는 연구 하나하나를 각각의 프로젝트라고 하면 각각의 프로젝트마다 원시 데이터 파일이 있고 정리된 데이터 파일도 있을 것이다. 통계 소프트웨어에서 사용하는 데이터 파일, R을 이용해 통계를 돌렸다면 R파일, 그림파일 등이 있을 것이고 논문으로 쓴 워드 프로세서 파일, 레퍼런스 등이 있을 것이다. 연구를 하나만 한다면 모르지만 대부분 연구가 오래 걸리므로 한 시점에서 보면 여러 개의 프로젝트를 진행하게 되어 파일들이 섞이게 되고, 시간이 어느 정도 경과하게 되면 어느 파일이 어느 건지 헷갈리다가 1년쯤 지나서 다시 보면 거의 기억이 나지 않는다. 따라서 **하나의 연구를 할 때는 반드시 하나의 프로젝트 폴더를** 만들어 그 안에서 자료파일, 그림파일, R파일 등을 따로 관리하면 좋을 것이다. 이제 새로운 프로젝트를 시작해 보자.

제 2 절　새로운 프로젝트 시작하기

- 다음 그림과 같이 RStudio의 화면 오른쪽 위에 있는 Project 버튼을 클릭한다.

그림 C.1: 새로운 프로젝트 시작하기

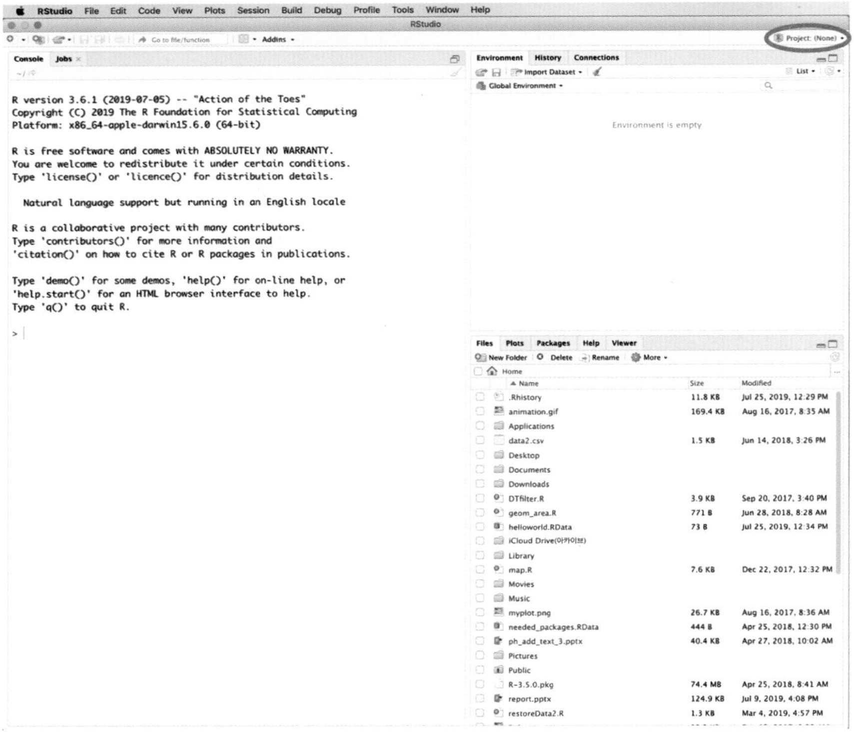

- New project를 클릭한다.

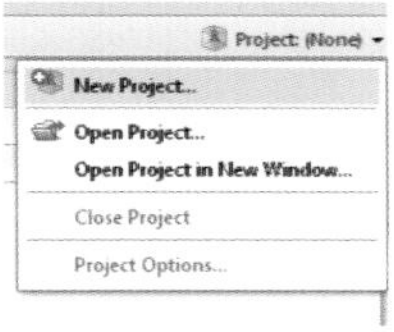

- New directory...Empty Project를 선택한다.

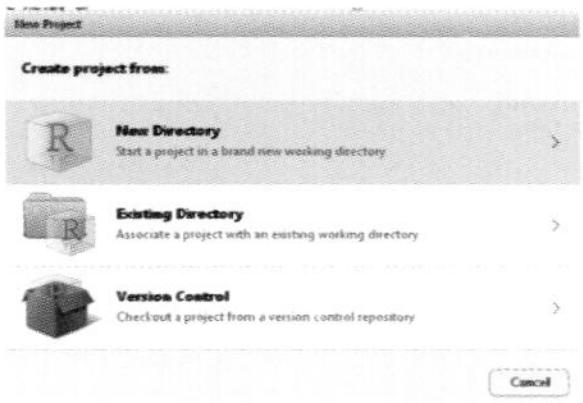

- New Project를 선택한다.

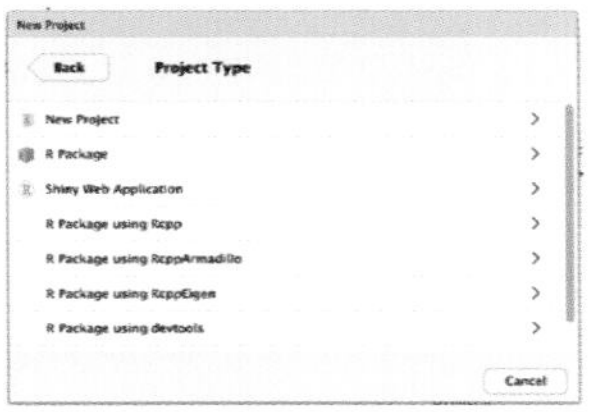

- 새로운 프로젝트 이름을 임의로(여기서는 RR로) 정하고 Create Project를 누른다.

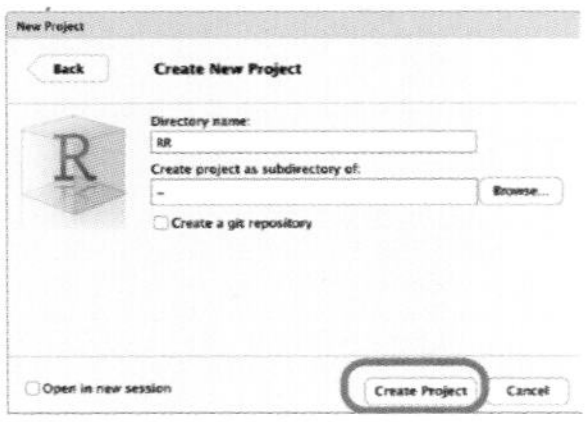

- 아래과 같이 화면이 바뀐다. 오른쪽 위에는 프로젝트 이름이 나타나고 아래 파일 창에는 RR.Rproj 파일이 생긴다.

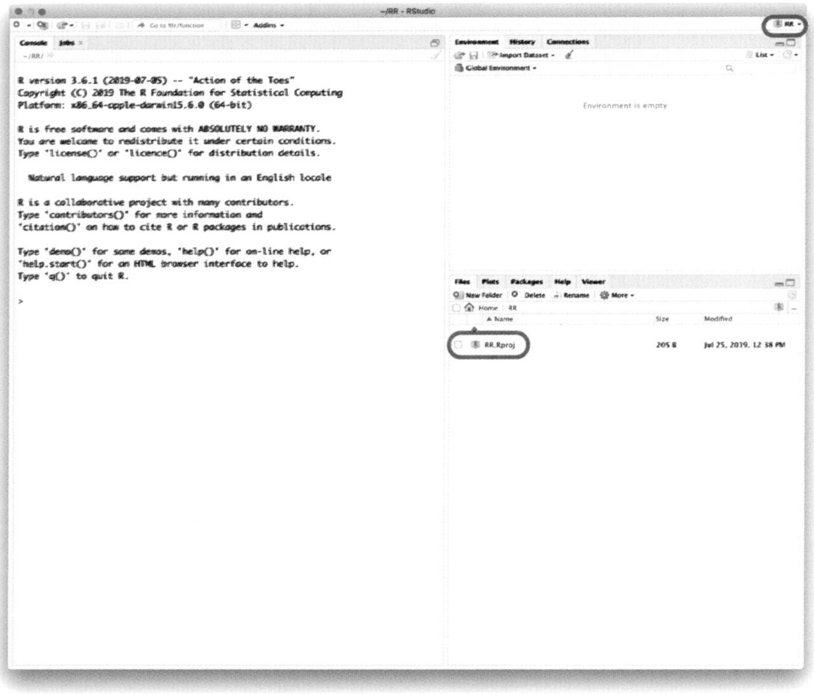

제 3 절　R markdown 파일 맛보기

- File ... New File... R markdown을 선택한다.

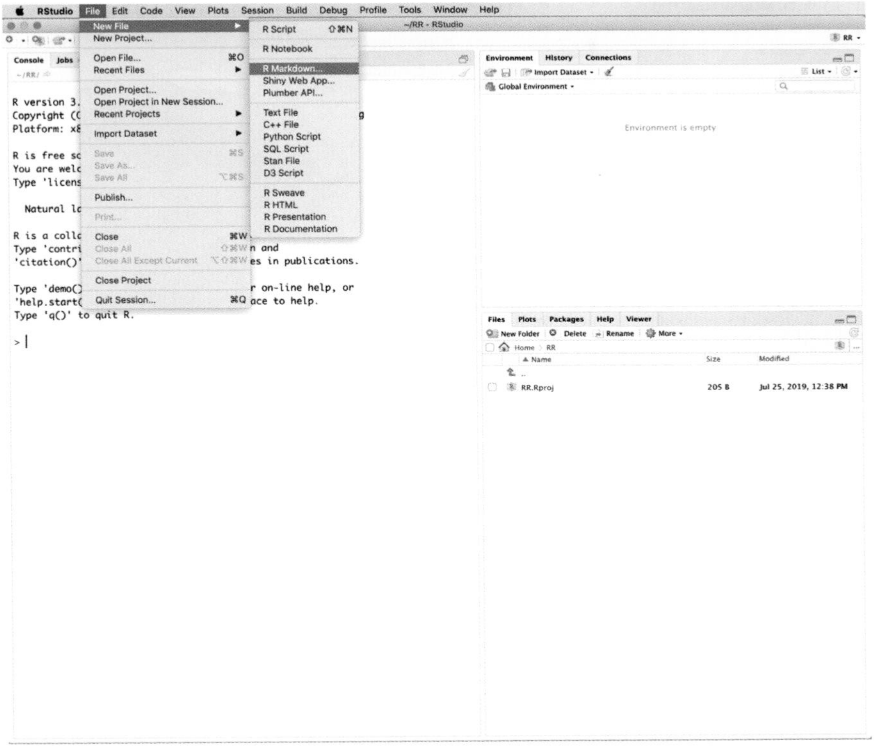

- R markdown 파일의 이름과 저자의 이름을 입력한다.

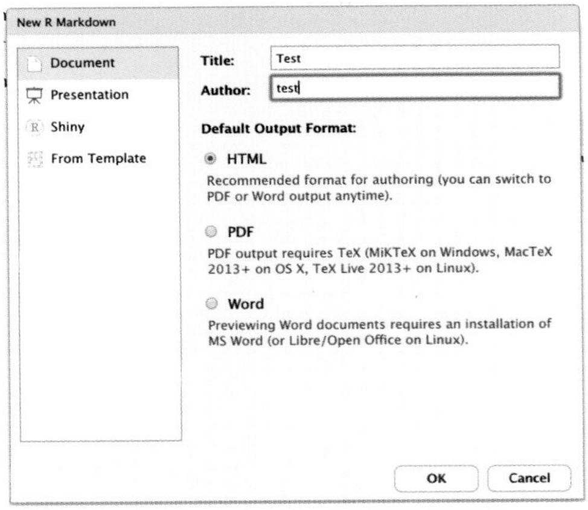

• 다음과 같은 sample 파일이 나타난다. 이 파일은 먼저 Header가 있고 R code 및 사람이 읽을 수 있는 문장(Human Readable)들로 이루어져 있다. 창 위쪽의 Knit 버튼을 누른다.

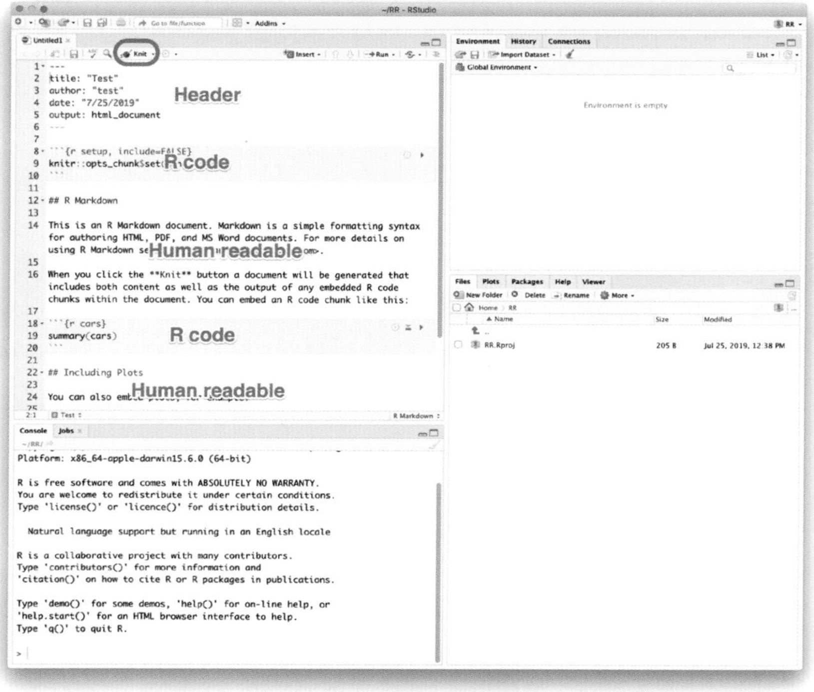

• 다음과 같이 웹페이지 형식인 HTML 형식의 파일이 미리보기 창에 나타난다. 창 위쪽의 Publish 버튼을 누르면 Rpubs.com에 게시할 수 있다.

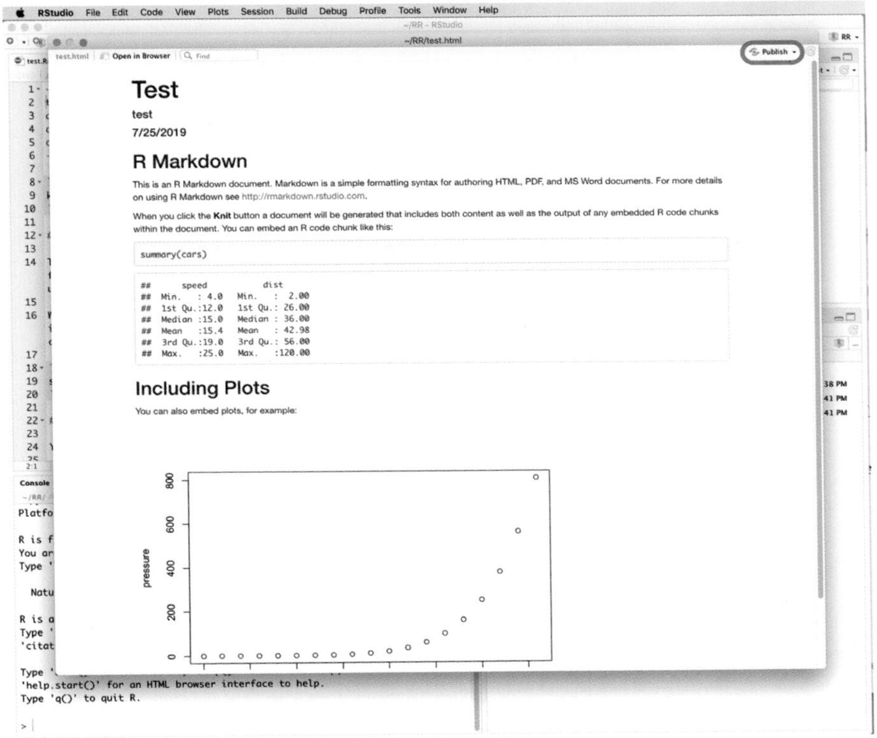

• Publish 버튼을 누르면 Rpubs와 RStudio Connect를 선택할 수 있다. 이 중 RPubs를 선택한다.

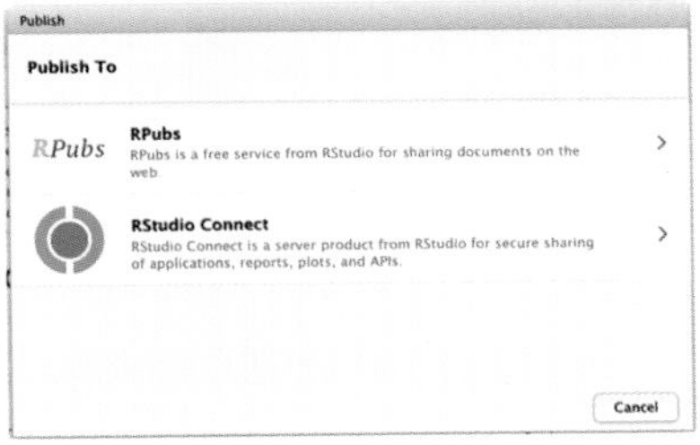

- Publish 버튼을 누르면 Rpubs.com에 게시물을 게시할 수 있다. 하지만 Rpubs.com에 게시된 파일은 누구나 제한 없이 볼 수 있으므로 주의해야 한다.

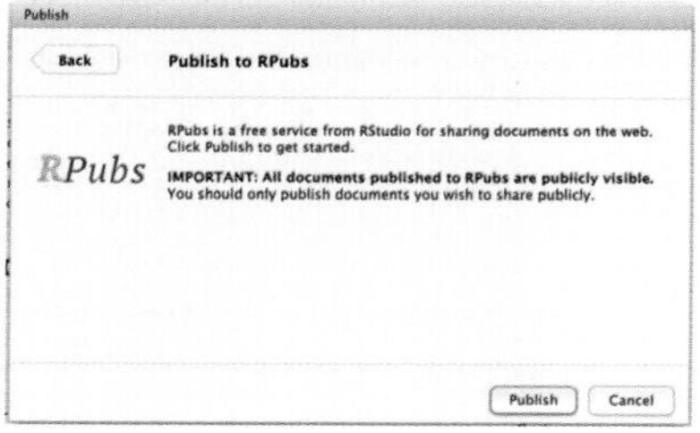

- 미리보기 창을 닫고 다시 RStudio 창에서 이번에는 Knit 버튼 옆에 있는 작은 역삼각형 버튼을 누른 후 Knit Word를 클릭한다.

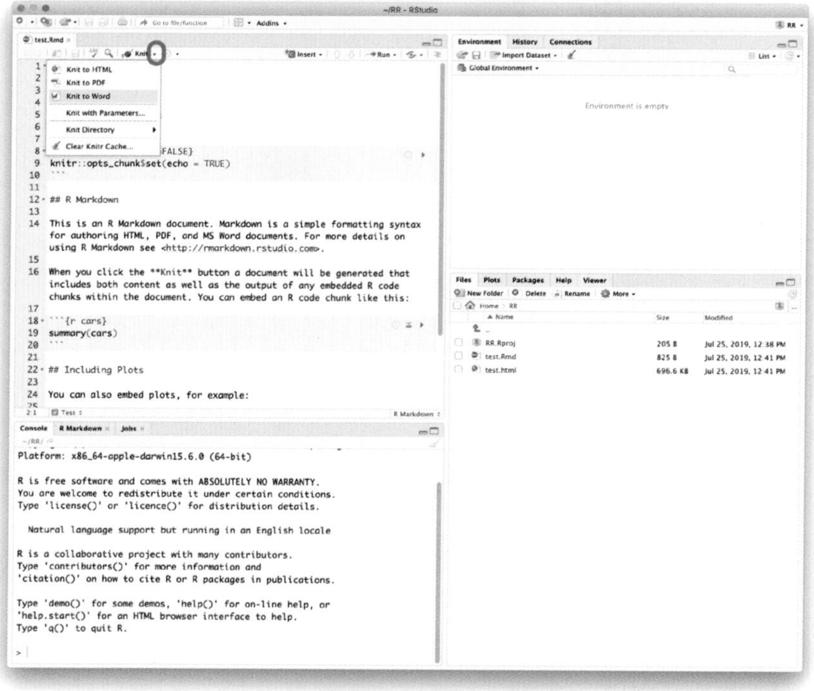

• 컴퓨터에 MS Word가 설치되어 있는 경우 MS Word에 지금 만든 문서가 docx 파일 형식으로 나타난다.

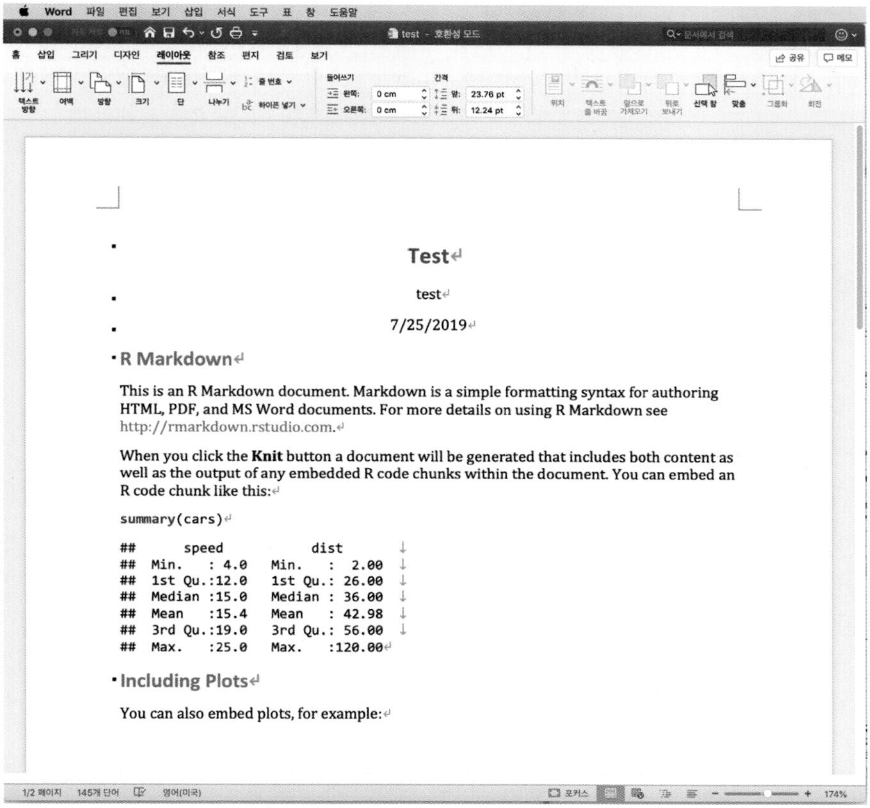

제 4 절 Reproducible Research란 무엇인가?

R과 Rstudio를 이용하면 여러분의 데이터와 도표, 그림이 통합되어 서로 연동되는 데이터 연동형 문서를 쉽게 만들 수 있다. 이러한 것을 **reproducible research**라고 하는데, 이 문서에는 여러분의 데이터와 도표 그리고 그림이 역동적으로 통합되어 있다.

4.1 기존 연구과정의 문제점

기존의 연구논문 작성 과정을 보면

- 먼저 데이터를 모으고, 모인 데이터를 검증한 후
- 통계 소프트웨어를 이용하여 통계를 돌린 후
- 그 통계 결과를 바탕으로 수동으로 표를 그리고
- 그래프는 다른 소프트웨어를 이용하여 그린 후
- 워드프로세서에서 문서를 작성하고 표를 그리며 여기에 그래프를 삽입하였다.

이러한 전통적인 방법의 문제는 데이터와 통계, 표, 그래프, 문서가 모두 제각각 분리되어 있다는 것이다. 예를 들어, 몇 개월 후에 실험을 다시 해서 데이터가 몇 개 추가된다면 처음부터 다시 통계, 표 그리기, 그림 그리기 등을 해야 한다는 점이다. 또한 시간이 지나면 그때 내가 돌린 통계가 무슨 통계를 이용하여 돌렸는지 기억이 나지 않을 수도 있다. 단지 자료가 몇 개 추가되었을 뿐인데 모든 작업을 처음부터 다시 해야 하는 번거로움이 있다.

4.2 대안: Reproducible Research

여기에 대한 대안이 바로 **Reproducible Research**이다. 여기서는 논문을 작성할 때 처음부터 사람이 읽을 수 있는 문서 부분과 데이터 및 데이터를 이용해 R로 만드는 통계, 도표, 그림을 통합하여 뜨게질하여(knit) 문서 하나(Rmarkdown 문서)로 만들어 놓는다. 이 문서는 우리의 필요에 따라 웹에서 사용할 수 있는 html파일, 인쇄한 것과 같은 pdf파일, 그리고 word파일로 자유롭게 변환시킬 수가 있다. 데이터 처리 및 통계의 모든 과정이 문서화되므로 시간이 지난 후에 다시 보더라도 무슨 통계를 어떻게 돌렸는지 알 수가 있으며 데이터를 이용한 도표, 그래프 등을 다시 그리지 않아도 되는 장점이 있다. 데이터가 추가되거나 변동되는 경우 자동으로 표, 그래프가 갱신되어 다시 만들지 않아도 되는 Reproducible Research, 즉 데이터 연동형 문서 제작은 앞으로의 연구 활동에 불필요한 반복작업을 줄여 줄 수 있는 유용한 수단이다.

제 5 절　R markdown 파일 실습

- 이번에는 sample 파일의 내용을 지우고 새로운 내용을 입력해 보자. 이번 장에서는 실습 예제로 제10장 조건부과정분석의 기초에서 다루었던 내용을 입력해 본다.
- File ... New File... R markdown을 선택한다.

- Rmarkdown 파일의 이름과 저자의 이름을 입력한다. 파일의 이름은 Untitled 로 되어 있으나 자기가 원하는 이름으로 고쳐도 된다.

- Sample 파일이 나타나면 Header를 제외한 모든 부분을 지운다.
- R코드를 입력한다. R코드를 입력할 때 Insert 버튼을 누르면 R코드를 입력할 수 있는 R코드 Chunks(덩어리)가 생긴다. 또는 단축키로 윈도즈/리눅스 컴퓨터에서는 Ctrl+Alt+I를 입력하면 되고 매킨토시에서는 Cmd+Option+I를 입력하면 된다.

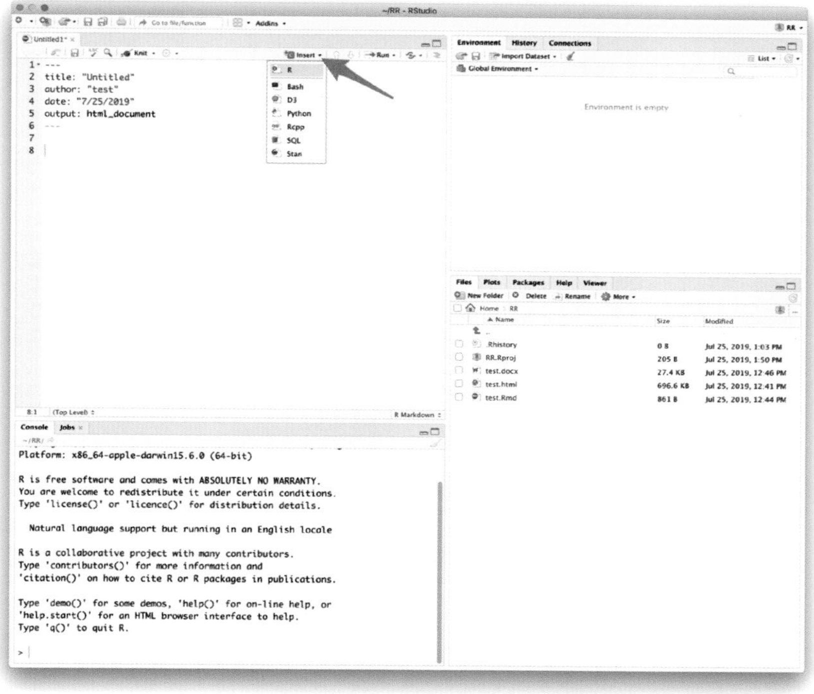

이때 R코드의 시작 부분은 다음과 같다.

```
```{r}  # 코드의 시작 부분
```

코드의 끝 부분은 다음과 같다.

```
```    # 코드의 끝 부분
```

R코드는 그 사이에 입력한다.

````
```{r}
이 부분에 코드를 입력한다.
```
````

- 다음 그림을 참조해서 R코드를 입력한다. 입력하는 R코드는 다음 페이지를 참조한다.

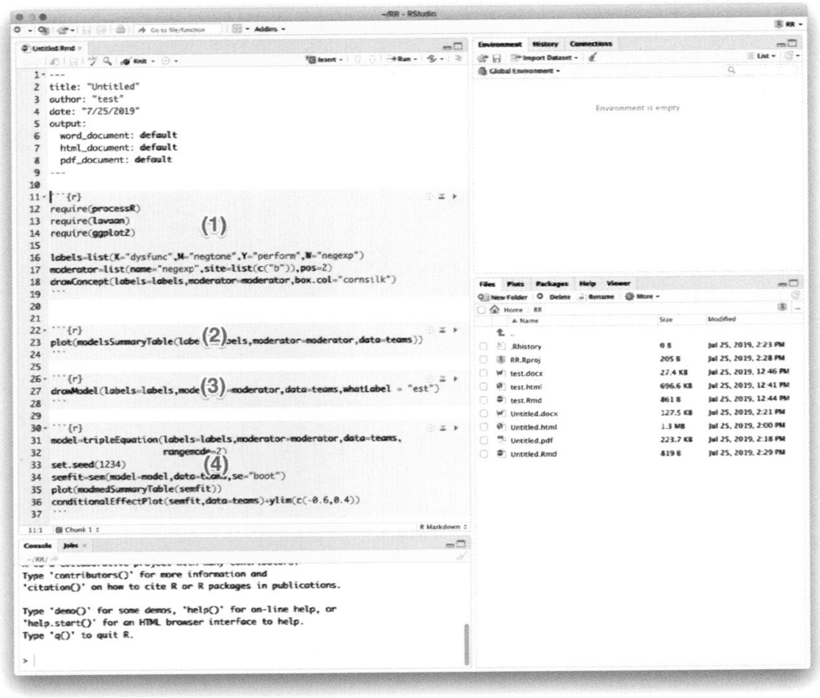

첫 번째 코드 덩어리(청크) 부분 (1)에는 다음과 같이 입력하였다.

```
require(processR)
require(lavaan)
require(ggplot2)

labels=list(X="dysfunc",M="negtone",Y="perform",W="negexp")
moderator=list(name="negexp",site=list(c("b")),pos=2)
drawConcept(labels=labels,moderator=moderator,box.col="cornsilk")
```

두 번째 코드 덩어리(청크) 부분 (2)에는 다음과 같이 입력하였다.

```
plot(modelsSummaryTable(labels=labels,moderator=moderator,data=teams))
```

세 번째 코드 덩어리(청크) 부분 (3)에는 다음과 같이 입력하였다.

```
drawModel(labels=labels,moderator=moderator,data=teams,whatLabel = "est")
```

네 번째 코드 덩어리(청크) 부분 (4)에는 다음과 같이 입력하였다.

```
model=tripleEquation(labels=labels,moderator=moderator,data=teams,
                     rangemode=2)
set.seed(123)
semfit=sem(model=model,data=teams,se="boot")
plot(modmedSummaryTable(semfit))
conditionalEffectPlot(semfit,data=teams)+ylim(c(-0.6,0.4))
```

- Knit WORD를 해 보자. 다음과 같이 우리가 만든 문서가 나타난다.

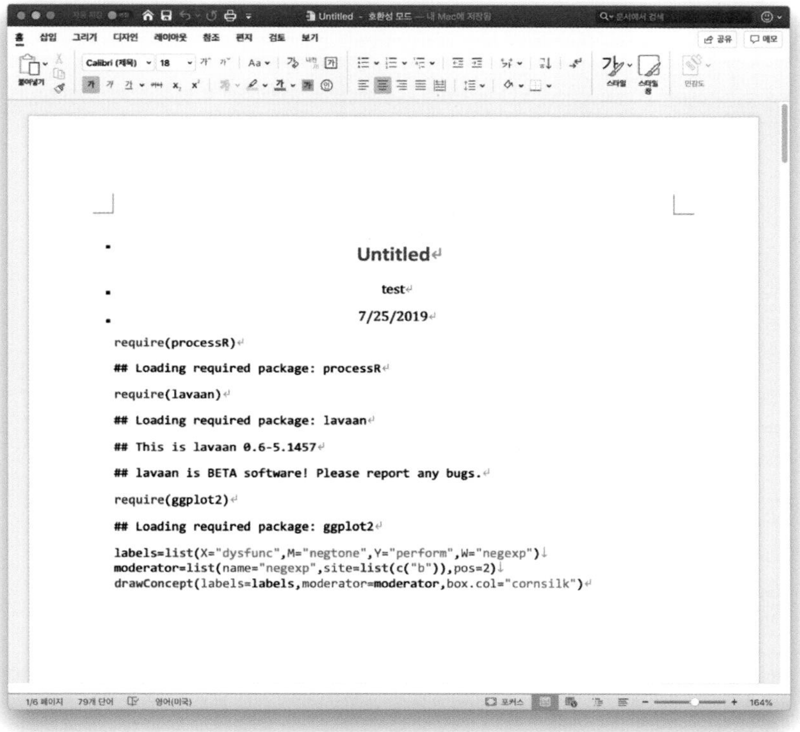

MS Word로 파일이 잘 나타났으나 자세히 보면 require(processR) 명령 다음에

Loading required package: processR

이라는 패키지 로드 메시지가 나타난다. 이런 message를 보이지 않게 하려면 r코드 시작 부분에 {r,**message=FALSE**}라고 써 주면 된다.

또한 R출력 부분에 "##" 표시가 계속 나타나는데 이 표시가 나타나지 않게 하려면 **comment=NA**를 추가한다.

또한 만들어진 워드문서를 보면 그림과 테이블의 해상도가 떨어진다. 이러한 문제들을 해결하기 위해 문서의 header 바로 아래에 다음과 같은 R코드를 삽입하면 좋다. 이 코드의 의미는 다음 절에서 설명한다.

````
```{r, include=FALSE}
knitr::opts_chunk$set(echo = TRUE,comment=NA,message=FALSE,
                      warning=FALSE,
                      fig.height=5,fig.width=7, dpi=300, fig.pos='H',
                      out.width='90%',fig.align='center')
```
````

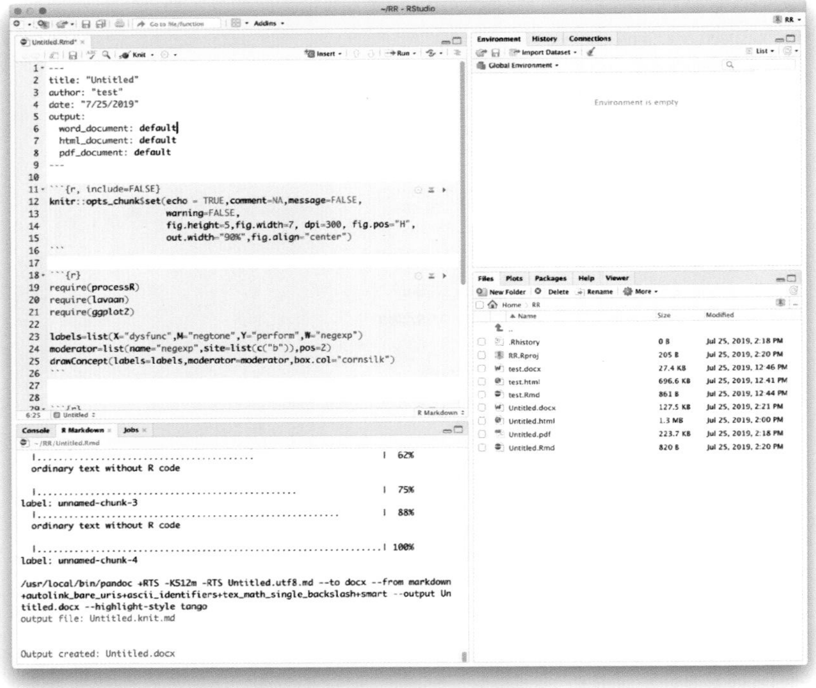

• 이번에는 Knit HTML을 해 보자. 앞서 나왔던 패키지 로드 메시지와 ## 표시가 없어지니 훨씬 깔끔해 보인다.

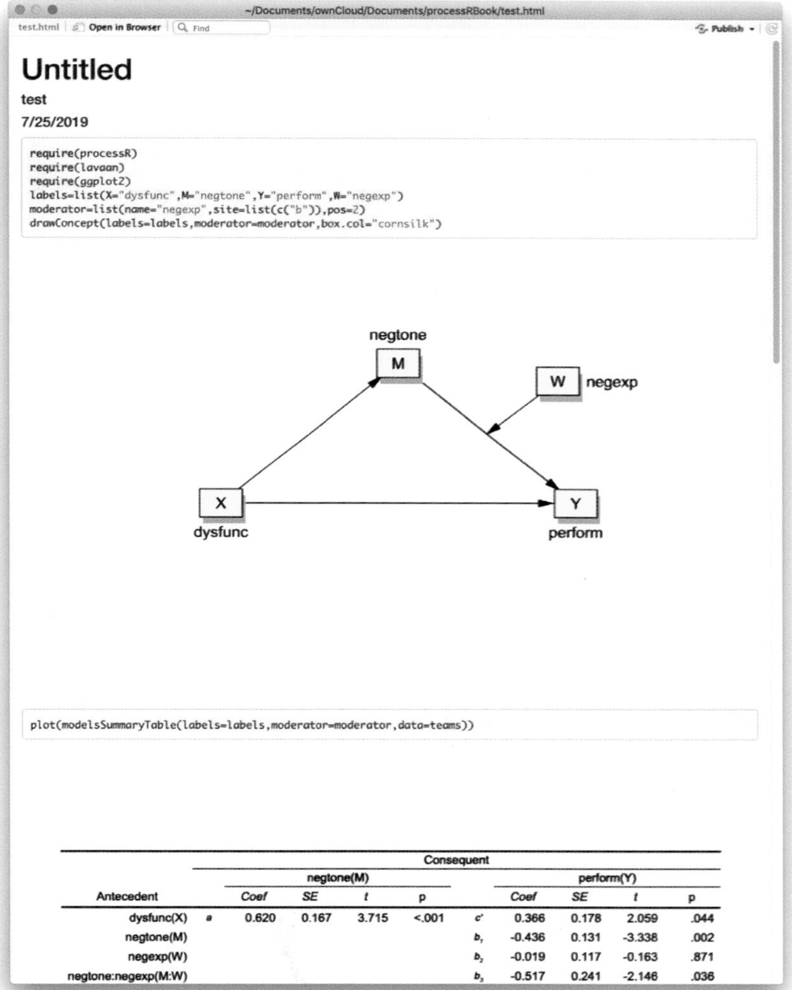

Untitled

test

7/25/2019

```
require(processR)
require(lavaan)
require(ggplot2)
labels=list(X="dysfunc",M="negtone",Y="perform",W="negexp")
moderator=list(name="negexp",site=list(c("b")),pos=2)
drawConcept(labels=labels,moderator=moderator,box.col="cornsilk")
```



```
plot(modelsSummaryTable(labels=labels,moderator=moderator,data=teams))
```

	Consequent									
		negtone(M)					perform(Y)			
Antecedent		*Coef*	*SE*	*t*	p		*Coef*	*SE*	*t*	p
dysfunc(X)	*a*	0.620	0.167	3.715	<.001	*c'*	0.366	0.178	2.059	.044
negtone(M)						b_1	-0.436	0.131	-3.338	.002
negexp(W)						b_2	-0.019	0.117	-0.163	.871
negtone:negexp(M:W)						b_3	-0.517	0.241	-2.146	.036

- 만일 컴퓨터에 레이텍이 설치되어 있다면 Knit PDF를 해 보자. 그러면 훨씬 깨끗한 pdf파일을 얻을 수 있다.

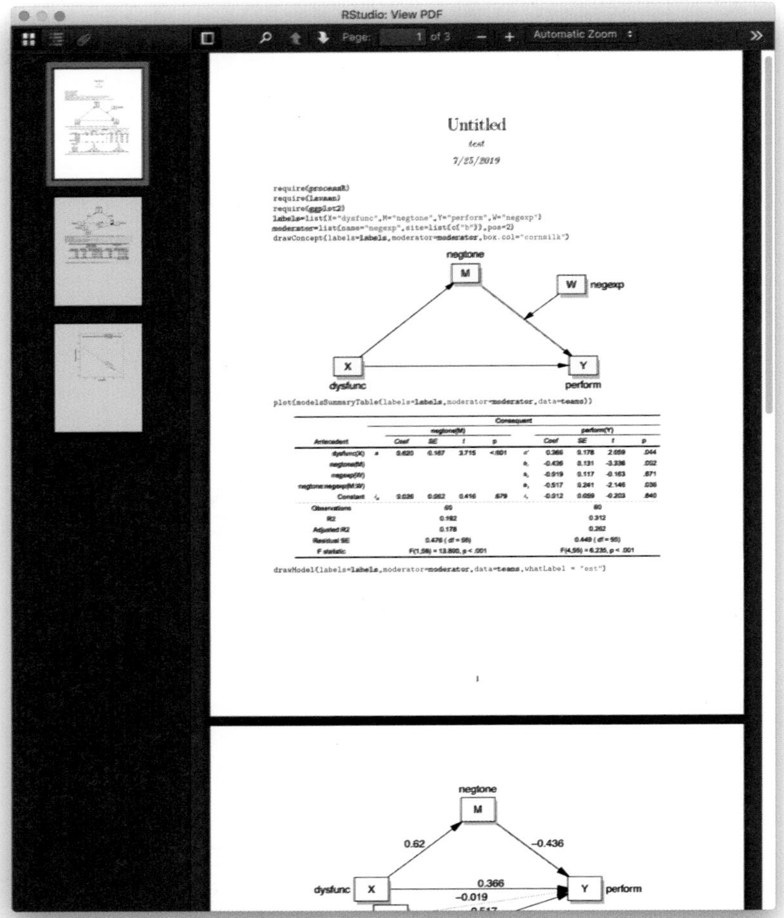

- 자신의 컴퓨터에 레이텍을 설치하고 싶은 사람은 한글 레이텍을 설치해야 한다. www.ktug.org를 방문해서 내려받기를 클릭한 후 자신의 컴퓨터에 맞는 레이텍을 설치하면 된다. 레이텍 설치에 관한 자세한 내용은 이 책의 범위를 벗어나므로 생략한다.

제 6 절 R코드 청크(Chunks, 덩어리)에 쓰이는 옵션

R코드 청크 시작 부분에 쓸 수 있는 옵션들은 다음과 같은 것들이 있다. 모두 52가지가 있는데 그중 중요한 것을 소개하면 다음과 같다. 자세한 것은 도움말 창에 opts_chunk를 입력해 보면 52가지에 대한 자세한 설명을 볼 수 있다.

옵션	기본값	설명
eval	TRUE	코드 덩어리 내의 코드의 실행 여부
echo	TRUE	코드 표시 여부
results	'markup'	'markup' 포맷화된 결과로 표시 'asis' 포맷 없이 결과를 표시- 레이텍인 경우 사용 'hide' 결과를 감추기
error	FALSE	에러인 경우 메시지를 출력 지정하지 않으면 에러가 있는 경우 문서작성이 멈춘다.
warning	TRUE	경고 메시지를 출력
tidy	TRUE	자동으로 코드 들여쓰기 실행
prompt	FALSE	결과물에 R prompt 표시 여부
comment	"##"	R 출력 부분 앞에 출력하는 문자 출력을 원하지 않는 경우 NA로 지정한다.
message	TRUE	메시지를 출력

이 책은 RStudio를 이용하여 R markdown 문서로 만든 것이다. 이 책에 쓰인 R코드 청크는 매우 많은데 comment=NA가 공통적으로 쓰였다. R코드 청크마다 일일이 같은 옵션을 주면 매우 번거로우므로 기본적으로 주는 옵션을 정해 주면 좋을 것이다. knitr 패키지의 opts_chunk를 이용해 기본적으로 쓰는 코드 청크의 옵션들을 정해 주면 이후에는 따로 정해 주지 않을 경우 모두 같은 옵션이 적용된다. R markdown 문서 처음 부분에 다음과 같은 코드 청크를 쓴다.

````
```{r, include=FALSE}
knitr::opts_chunk$set(echo = TRUE,comment=NA,message=FALSE,
                      warning=FALSE,
                      fig.height=5,fig.width=7, dpi=300, fig.pos='H',
                      out.width='90%',fig.align='center')
```
````

Reproducible research에 대한 자세한 내용은 Christopher Gandrud(2015)의 Reproducible Research with R and R Studio(2nd Ed)(CRC Press)를 참조하기 바란다.

제 7 절 파워포인트 파일로 출력

앞 절에서 만든 R markdown 문서를 파워포인트 파일로 출력할 수 있다. 먼저 header 부분에 output을 powerpoint_presentation으로 바꾸어 주고 코드 청크의 옵션에서 echo=FALSE를 지정해 준 후 knit 버튼을 누르면 된다.

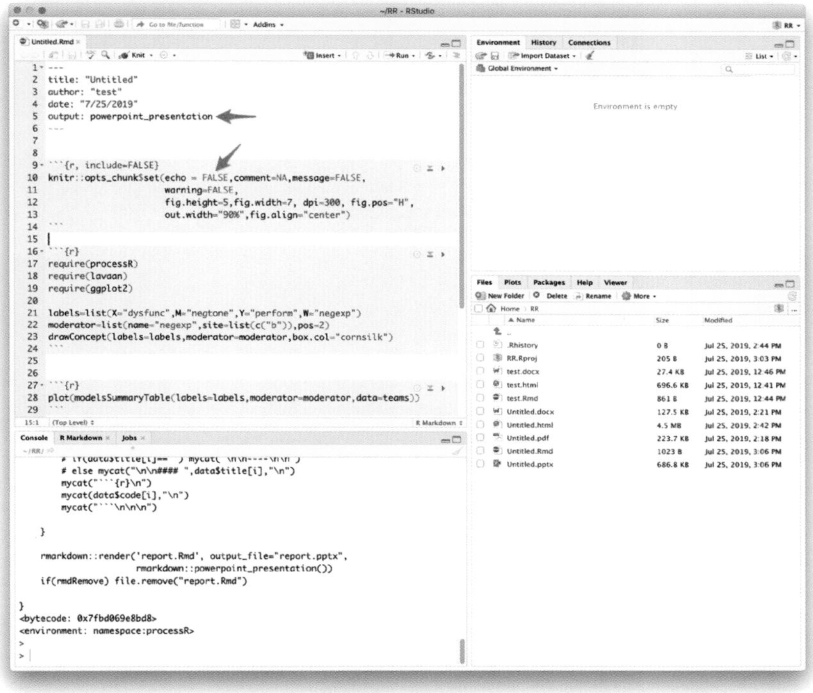

다음과 같이 파워포인트 파일을 얻을 수 있다.

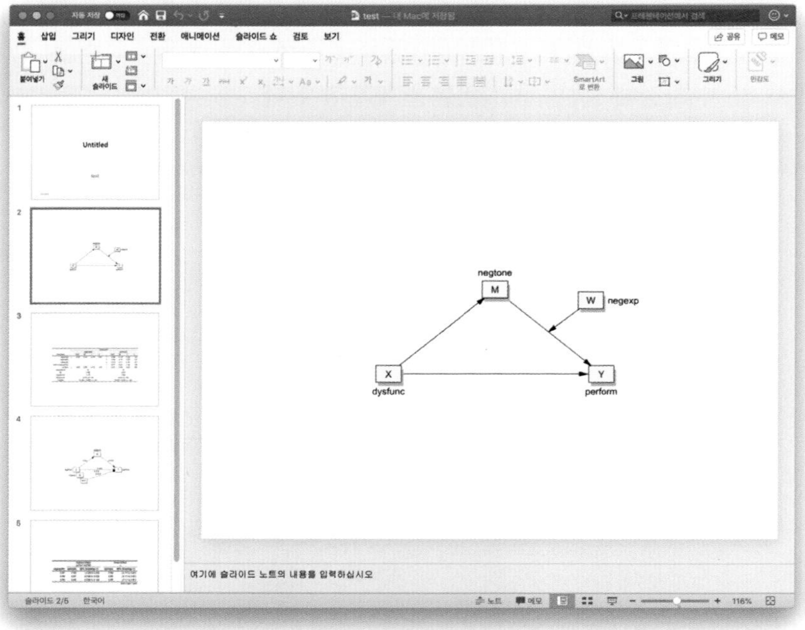

이때 테이블은 그림으로 출력한 후 파워포인트 파일에 삽입되었다. 우리가 만든 R markdown 문서에서 테이블을 만드는 명령어를 plot()함수에 넣어 주었기 때문이다.

```
plot(modelsSummaryTable(labels=labels,moderator=moderator,data=teams))
plot(modmedSummaryTable(semfit))
```

만일 편집 가능한 테이블을 삽입하고 싶으면 위의 코드를 다음과 같이 고쳐 주면 된다.

```
modelsSummaryTable(labels=labels,moderator=moderator,data=teams)
modmedSummaryTable(semfit)
```

부록 D
참고문헌

Aiken, L. S., & West, S. G. (1991). Multiple regression: Testing and interpreting interactions. Thousand Oaks, CA: Sage Publications.

Aroian, L. A. (1947). The probability function of the product of two normally distributed variables. Annals of Mathematical Statistics, 18, 265–271.

Baron, R. M., & Kenny, D. A. (1986). The moderator–mediator variable distinction in social psychological research: Conceptual, strategic, and statistical considerations. Journal of Personality and Social Psychology, 51, 1173–1182.

Bauer, D. J., & Curran, P. J. (2005). Probing interactions in fixed and multilevel regression: Inferential and graphical techniques. Multivariate Behavioral Research, 40, 373–400.

Bohns, V. K., Newark, D. A., & Xu, A. Z. (2016). For a dollar, would you? how (we think) money affects compliance with our requests. Organizational Behavior and Human Decision Processes, 134, 45–62.

Brach, S., Walsh, G., & Shaw, D. (2017). Sustainable consumption and third- party certification labels: Consumers' perceptions and reactions. European Management Journal.

Chapman, D. A., & Lickel, B. (2016). Climate change and disasters: How framing affects justifications for giving or withholding aid to disaster victims. Social Psychological and Personality Science, 7, 13–20.

Chew, J., Haase, A. M., & Carpenter, J. (2017). Individual and family factors associated with self-esteem in young people with epilepsy: A multiple mediation analysis. Epilepsy & Behavior, 66, 19–26.

Cohen, J., Cohen, P., West, S. G., & Aiken, L. S. (2003). Applied multiple regression and correlation for the behavioral sciences (3rd ed.). Mahwah, NJ: Lawrence Erlbaum Associates.

Cole, M. S., Walter, F., & Bruch, H. (2008). Affective mechanisms linking dysfunctional behavior to performance in work teams: A moderated mediation study. Journal of Applied Psychology, 93, 945–958.

Edwards, J. R. (2009). Seven deadly myths of testing moderation in organizational research. In C. E. Lance & R. J. Vanderberg (Eds.), Statistical and methodological myths and urban legends (pp. 143–164). New York, NY: Routledge.

Gandrud, Christopher(2015). Reproducible Research with R and R Studio(2nd Ed). CRC Press.

Garcia, D. M., Schmitt, M. T., Branscombe, N. R., & Ellemers, N. (2010). Women's reactions to ingroup members who protest discriminatory treatment: The importance of beliefs about inequality and response appropriateness. Euro- pean Journal of Social Psychology, 40, 733–745.

Gelman, A., & Stern, H. (2006). The difference between "significant" and "not significant" is not itself statistically significant. The American Statistician, 60, 328–331.

Ghaemi, S. (2009). A Clinician's Guide to Statistics and Epidemiology in Mental Health: Measuring Truth and Uncertainty. Cambridge: Cambridge University Press. doi:10.1017/CBO9780511581250.

Goodman, L. A. (1960). On the exact variance of products. Journal of the American Statistical Association, 55, 708–713.

Hayes, A. F. (2018). Introduction to mediation, moderation, and conditional process analysis: A regression-based approach(2nd Ed.). New York: The Guilford Press.

Kalyanaraman, S., & Sundar, S. S. (2006). The psychological appeal of personalized content in web portals: Does customization affect attitudes and behavior? Journal of Communication, 31, 254–270.

MacKinnon, D. P., Warsi, G., & Dwyer, J. H. (1995). A simulation study of mediated effect measures. Multivariate Behavioral Research, 30, 41–62.

MacKinnon, D. P. (2000). Contrasts in multiple mediator models. In J. Rose, L. Chassin, C. C. Presson, & S. J. Sherman (Eds.), Multivariate applications in substance use and research: New methods for new questions (pp. 141–160). Mahwah, NJ: Lawrence Erlbaum Associates.

MacKinnon, D. P. (2008). An introduction to statistical mediation analysis. New York: Routledge.

Moon, K. (2019a). predict3d: Draw Three Dimensional Predict Plot Using Package 'rgl'. R package version 0.1.3.3. https://github.com/cardiomoon/predict3d

Moon, K (2019b). processR: Implementation of the 'PROCESS' Macro. R package version 0.2.2.4. https://github.com/cardiomoon/processR

Pollack, J. M., VanEpps, E. M., & Hayes, A. F. (2012). The moderating effect of social ties on entrepreneurs' depressed affective and withdrawal intentions in response to economic stress. Journal of Organizational Behavior, 33, 789–810.

Preacher, K. J., & Hayes, A. F. (2008a). Asymptotic and resampling strategies for assessing and comparing indirect effects in multiple mediator models. Behavior Research Methods, 40, 879–891.

Preacher, K. J., Rucker, D. D., & Hayes, A. F. (2007). Assessing moderated mediation hypotheses: Theory, methods, and prescriptions. Multivariate Behavioral Research, 42, 185–227.

Rosseel, Y (2012). lavaan: An R Package for Structural Equation Modeling. Journal of Statistical Software, 48(2), 1-36. URL http://www.jstatsoft.org/v48/i02/.

Sobel, M. E. (1982). Asymptotic confidence intervals for indirect effects in structural equation models. In S. Leinhart (Ed.), Sociological methodology (pp. 290–312). San Francisco, CA: Jossey-Bass.

Spiller, S. A., Fitzsimons, G. J., Lynch, J. G., & McClelland, G. H. (2013). Spotlights, floodlights, and the magic number zero: Simple effects tests in moderated regression. Journal of Marketing Research, 50, 277–288.

Tal-Or, N., Cohen, J., Tsfati, Y., & Gunther, A. C. (2010). Testing causal direction in the influence of presumed media influence. Communication Research, 37, 801–824.

Taylor, A. B., MacKinnon, D. P., & Tein, J.-Y. (2008). Tests of the three-path mediated effect. Organizational Research Methods, 11, 241–269.

Teixeira, P. J., Silva, M. N., Coutinho, S. R., Palmeira, A. L., Mata, J., Vieira, P. N., et al. (2010). Mediators of weight loss and weight loss maintenance in middle-aged women. Obesity, 18, 725–735.

Wickham, H., Hester J. & Chang W.(2019). devtools: Tools to Make Developing R Packages Easier. R package version 2.1.0. https://CRAN.R-project.org/package=devtools

Wickham, H (2017). tidyverse: Easily Install and Load the 'Tidyverse'. R package version 1.2.1. https://CRAN.R-project.org/package=tidyverse

Wickham, H(2019). stringr: Simple, Consistent Wrappers for Common String Operations. R package version 1.4.0. https://CRAN.R-project.org/package=stringr

이형권(2015). PROCESS macro를 이용한 매개분석, 조절분석 및 조절된 매개분석. 신영사.

찾아보기

MEMO

MEMO

MEMO

MEMO

저자소개

문 건 웅(Keon-Woong Moon) cardiomoon@gmail.com

가톨릭대학교 의과대학 순환기내과 교수다. 1990년에 가톨릭대학교 의과대학을 졸업 후 줄곧 대학병원에 근무하면서 협심증, 심근경색과 같은 관상동맥 질환 환자의 중재시술을 담당하고 있고, 현재 가톨릭대학교 부속 성빈센트병원 순환기내과 교수로 재직 중이다. 2001년에 정보처리기사 1급 자격증을 취득하였고, 2014년에는 Coursera(www.coursera.org)를 통해 Jones Hopkins 대학의 data science라는 제목의 specialization course 9과목을 모두 수료하였다. 저서로는 『의학논문작성을 위한 R통계와 그래프』(2015, 한나래), 『웹에서 클릭만으로 하는 R 통계분석』(2015, 한나래), 『Learn ggplot2 using shiny app』(2017, Springer)가 있으며 2015년부터 웹에서 하는 R통계(web-r.org) 를 직접 운영하고 있다. 최근에는 mycor, moonBook, ztable, ggiraphExtra, dplyrAssist, editData, ggplotAssist, webr, rrtable, predict3d, processR 등 11개의 R 패키지를 개발하여 CRAN(CRAN.r-project.org)을 통하여 배포하고 있다.

R을 이용한 조건부과정분석

– 매개분석, 조절분석 및 조절된 매개분석 –

Conditional Process Analysis with R

2019년 9월 20일 1판 1쇄 인쇄
2019년 9월 30일 1판 1쇄 발행

지은이 • 문건웅
펴낸이 • 김진환
펴낸곳 • (주) 학지사
04031 서울특별시 마포구 양화로 15길 20 마인드월드빌딩
대표전화 • 02)330-5114 팩스 • 02)324-2345
등록번호 • 제313-2006-000265호

홈페이지 • http://www.hakjisa.co.kr
페이스북 • https://www.facebook.com/hakjisabook

ISBN 978-89-997-1939-4 93310

정가 38,000원

이 도서의 국립중앙도서관 출판시도서목록(CIP)은 서지정보유통지원시스템 홈페이지(http://seoji.nl.go.kr)와 국가자료공동목록시스템(http://www.nl.go.kr/kolisnet)에서 이용하실 수 있습니다.
(CIP 제어번호: CIP2019034780)